독도 영토주권과 국제법적 권원 Ⅲ

일러두기

• 이 책은 2021년도 동북아역사재단 기획연구 수행 결과물임(NAHF-2021-기획연구-3).

동북아역사재단
연구총서 100

독도 영토주권과 국제법적 권원 III

도시환 편

동북아역사재단
NORTHEAST ASIAN HISTORY FOUNDATION

발간사

독도주권 연구의 장도에 부쳐

대한제국이 칙령 제41호로 독도에 대한 영토주권을 선포한 지 120주년이던 지난 2020년 재개관한 일본 영토주권전시관이 1905년 이후 독도에 대한 일본의 국제법상 합법적 지배와 한국의 불법점거를 강조하고 있는 점에 주목하지 않을 수 없다. 이는 일본제국주의 침략노선의 근간인 일제식민주의에 입각한 일본의 지속적인 독도주권 침탈의 역사가 여전히 현재진행형일 뿐만 아니라, 일본의 독도주권 침탈 시도가 1905년을 중심으로 공공연히 재개되고 있는 반증이기 때문이다.

더욱이 1952년 한국 정부의 평화선 선언 이래 일본 정부가 역사적 진실 은폐와 왜곡을 통해 제기하는 독도영유권 주장의 장기전략 왜곡프레임이 총체적인 국제법적 권원 강화정책으로 전환되고 있는 점에서 문제의 심각성이 존재한다. 따라서 일본 정부의 독도영유권 주장과 관련하여 정책적 토대를 구축해온 일본 국제법학계의 권원 연구의 계보를 추적하고 법리적 왜곡의 본질적 문제점을 규명하는 것은 오늘날 우리에게 부여된 역사적 소명이자 국제법적 과제라 할 것이다.

그러한 전제하에 선행연구에서는 일본 국제법학계의 권원 연구의 계보를 검토한 결과, 미나가와 다케시(皆川洸)의 '역사적 권원론'을 시작으로, 우에다 도시오(植田捷雄)의 '본원적 권원론', 다이주도 가나에(太壽堂鼎)의 '대체적 권원론', 세리타 겐타로(芹田健太郎)의 '공유적 권원론'으로 이어지며 계보의 정점에 히로세 요시오(廣瀬善男)의 '실효적 권원론'이 존재함을 밝혔다. 이를 통해 일본 국제법학계의 독도에 대한 다양한 권원 주장들은 학설적 차이와는 관계없이 모두 일제식민주의를 전제로 한 일본의 독도영유권 주장을 옹호하는 것으로 귀결되는 문제점을 규명하였다. 나아가 제1차 세계대전을 기준으로 그 이전의 독도 침탈과 일제의 식민지배 모두 국제법상 합법이라고 주장하는 히로세 요시오의 국제법사관에 입각하고 있다는 점에서, 이후 국제법 권원 연구의 주류 학자로 등장하는 쓰카모토 다카시(塚本孝), 나카노 데쓰야(中野徹也)의 주장을 검토할 필요가 있다. 이들은 모두 독도에 대한 무주지 선점론을 전제로 한 본원적 권원화를 시도할 뿐만 아니라 이들의 주장은 일본 영토주권전시관의 주장과 일치하고 있다는 점에서 한국의 독도주권에 대한 총체적인 법리적 왜곡의 문제점을 규명해야 하는 것은 긴요한 과제인 것이다.

이 책은 한국 영토주권의 상징으로서 '독도주권'을 국제법적으로 조명한 다섯 번째 학술연구서이다. 이 책에서는 '독도 영토주권과 국제법적 권원'이라는 대주제 아래, 일본 정부가 주장하는 독도영유권의 정책적 토대를 구축해온 일본 국제법학계의 무주지 선점을 전제로 한 본원적 권원 연구에 내재된 일제식민주의의 법리적 왜곡과 본질적 문제점을 선제적으로 규명하고자 한다. 이러한 전제에서 첫째, 국제법 권원 연구 계보의 정점인 히로세 요시오 이후 본원적 권원의 계보로 분류되는 주류 학자군의 법리적 왜곡을 추적하고, 둘째, 국제법상 식민주의와 선점 및 영토편입 사례에서 실효적 지배 관련 법리의 왜곡에 대한 규명과 병행하여, 셋째, 일본 국제법학계의 선점론과 샌프란시스코강화조약과의 정합성을 포괄적으로 분석함으로써, 국제법을 앞세운 일본의 국제법 권원 주장의 법리적 문제점을 검토하고자 한다.

이 책의 주요 논지는 다음과 같다.

제1장 '독도주권과 일본의 본원적 권원 주장에 관한 국제법적 검토'에서는 일본 정부가 주장하는 독도영유권의 정책적 토대를 구축해온 일본 국제법학계의 권원 연구 계보에서 정점에 위치한 히로세 요시오 이후 주류 학자군이 주장하는 국제법 권원 법리상의 문제점을 검토한다. 도시환 책임연구위원은 주류 연구자로 등장한 쓰카모토 다카시, 나카노 데쓰야 등이 모두 무주지 선점을 전제로 한 본원적 권원의 계보로 분류될 뿐만 아니라 이들의 주장이 영토주권전시관의 주장과 일치하고 있다고 지적한다. 그러나 쓰카모토 다카시는 다이주도 가나에의 '대체적 권원론'에 내재된 법리적 문제점을 답습할 뿐만 아니라 일본의 독도 명칭 혼선을 왜곡한다는 점에서 한계가 있으며, 나카노 데쓰야는 역사적 권원과의 절연의 법리로 주권평등의 원칙을 근간으로 하는 근대 국제법체제를 주장하면서도 독도주권 침탈을 비롯한 통고문제 등에서 일제식민주의를 합법화하는 점에서 한계를 노정하고 있다. 더욱이 무주지 선점론을 전제로 한 본원적 권원 주장자들이 실효적 점유의 법리로 제시하는, 클리퍼튼섬 사건, 동부그린란드 사건, 망키에-에크르오 사건 등은 무인도나 원격지에서는 실효적 지배의 엄격한 요건 적용이 완화될 뿐만 아니라 타국의 영토를 소속불명으로 규정하여 선점법리를 적용하는 것은 국제법 법리 자체에 대한 왜곡이라고 비판한다.

제2장 '식민주의와 선점 권원의 국제법 법리에서 본 독도주권에의 함의'에서는 베를린회의(1885)와 국제법학회(1888)에서 제시된 법리를 중심으로 국제법상 선점 권원의 법리적 문제점을 검토한다. 오시진 교수는 무주지 선점 법리가 19세기 당시에도 국제법 차원에서 법리적으로 논란

이었던 점을 지적한다. 베를린회의 일반의정서 제34조는 아프리카 대륙 내의 땅을 취득하게 될 때 그리고 보호관계가 성립될 때 여타 베를린회의 일반의정서 당사국들에게 통고하여야 한다고 규정하고 있다. 선점의 요건으로서 타국과의 분쟁을 예방한다는 취지의 통고 규정에, 무주지에 대한 보호관계의 성립을 비롯하여 선점 지역에 대한 실제에 있어서 실효적인 통제로 보기 어려운 문제를 분석한다. 아울러 무주지는 로마법상 무주물과 구분해야 한다는 전제에서 1888~1889년 국제법학회(Institut de Droit International)에서 논의한 기록을 검토한다. 이를 통해 당시의 논의에서도 무주지의 대상 범위를 확립하지 못하였을 뿐만 아니라, 무주지 법리가 국제공법의 법체계상 공백이 있다는 점을 인식하고 있었다고 지적한다.

제3장 '국제법상 선점과 일본 영토편입 사례의 독도주권에의 함의'에서는 19세기 국제법상 무주지 선점론의 의미와 일본의 도서 편입 절차의 불법적인 문제점에 대해 검토한다. 서인원 박사는 국제법에서 무주지 선점론은 서구제국에 의해 식민지 획득을 합법화하기 위한 도구로 발명된 것이자 문명이라는 개념을 이용하여 약소국 침략을 정당화시키기 위한 법리적 왜곡으로 분석한다. 일본의 영토편입은 국제법상 영토취득 절차를 준수하지 않았을 뿐만 아니라 무주지 선점을 전제로 한 여러 도서의 영토편입 과정에서 다음과 같은 문제점을 제기한다. 첫째, 일본의 도서 편입에서 개인과 사기업이 영유를 선언한 것은 선점에 대한 국가의 영유선언이라 할 수 없을 뿐만 아니라 실효적인 지배라고 볼 수 없다. 둘째, 일본 정부의 도서 편입은 타국과의 분쟁을 방지하기 위한 통고의무를 제대로 이행하지 않았다. 셋째, 일본 정부는 무주지 선점론을 침략전쟁의 도구로 이용하면서 영토확장을 위해 여러 도서들을 군사적으로 비밀리 편입하였다. 이러한 일본 정부의 영토편입은 국제법상 선점의 요건을 구비하지

못한 것으로 합법적인 영토편입으로 볼 수 없다고 비판한다.

제4장 '독도의 실효적 지배론에 관한 일본의 국제법적 연구 검토'에서는 국제법상 영토주권의 권원과 관련하여 해당 지역에 대해 일정 기간 동안 주권자의 자격으로서 "계속적이고 평화적인 국가권한의 행사"인 실효적 지배원칙에 대해 검토한다. 이성환 교수는 일본 국제법학계가 1953년 망키에-에크르오 사건 판결에서 제시된 실효적 지배에 대한 상대적 우월성을 전제로 1905년 이후 독도에 대한 실효적 지배를 강조하고 있는 문제점을 지적한다. 일본의 주장은 독도 편입 자체의 합법성뿐만 아니라 편입 이후의 실효적 지배가 새로운 권원을 확립할 정도로 안정적이고 지속적인 것이었다는 사실이 입증되어야 성립하기 때문이다. 1905년 이전 1699년 울릉도쟁계 이후 합의와 이를 승계한 1877년의 태정관지령 등을 통해 한국의 권원 입증과 일본의 독도 편입의 불법성에 더하여, 1905년 이후 독도에 대한 일본의 실효적 지배에 대해서는 조선이 일본의 점유를 승인하거나 주권을 포기하지 않았다는 점에서 일본의 실효적 지배가 독도에 대한 권원 확립으로 연결되지 않는다는 점도 지적한다. 나아가 1945년 이후 한국의 독도에 대한 실효적 지배가 국제법적으로 평가받을 가능성 등에 대한 논의의 필요성도 제기한다.

제5장 '일본의 선점론과 샌프란시스코강화조약의 국제법상 정합성 검토'에서는 일본 정부가 1905년 독도 편입의 근거로 주장하는 무주지 선점론과 독도에 대한 영유권이 국제적으로 재확인되었다고 하는 샌프란시스코강화조약 제2조 (a)항 규정이 얼마나 합치되는지를 검토한다. 강병근 교수는 샌프란시스코강화조약이 제2차 세계대전 이후의 국제질서를 형성했을 뿐만 아니라 독도영유권은 제2차 세계대전 후 형성된 국제정치질서 차원에서 결정된 것으로 설명하는 일본 정부의 주장에 대해 비판한다. 이것은 19세기 말 20세기 초 일본제국이 동북아시아 지역에서 극

단적인 영토확장정책을 표방하던 시기에 유행했던 소위 '세력권(sphere of influence)' 개념에 근거한 것이기 때문이다. 당시 유럽열강들이 세력권을 기반으로 영토권을 행사했으나 이는 국제정치적인 현상 분석에 한정된 개념일 뿐 그 당시 국제법이나 현재의 국제법에서도 세력권에 의하여 영토권이 결정되지 않는다. 따라서 21세기에도 일본 외무성이 세력권 개념을 바탕으로 독도영유권을 주장하는 것은 정치적 선전 전술에 불과할 뿐 국제법상 온전한 영토권원 법리의 왜곡이라고 지적한다.

제6장 '일본 국제법학계의 영토권원 연구에 대한 연대기적 동향 검토'에서는 일본이 주장하고 있는 독도 영토주권의 권원으로서 무주지 선점과 영토편입에 대한 국제법적 논의의 배경과 시대의 흐름에 따른 논리와 쟁점의 변화에 대해 검토한다. 최철영 교수는 일본 국제법학회가 발간하는 『국제법외교잡지』의 창간 이래 게재된 영토 관련 주요 논문에 대한 분석을 통해, 일본 국제법학자들의 논리가 국제사회 진입기에는 일본의 제국주의화에 부응하는 영토팽창의 논리에서 시작하여 제2차 세계대전 패전 이후에는 자국 영토의 축소에 대한 우려에 기초한 방어논리로 변화했다고 비판한다. 이후 샌프란시스코강화조약을 통해 패전국임에도 불구하고 자국 영토의 최대한 확보를 위해 영토주권 논의의 대상을 구체화하며 독도를 포함한 특정 도서들에 대해 영역취득 권원 측면에서의 법리를 제공하고 있다. 최근에는 순수한 국제법 법리와 국제법정의 판례에 대한 분석에서 나아가 독도와 관련된 역사적 자료 자체에 대한 국제법적 해석을 시도하고 있다. 주목할 점은 일본 정부의 독도영유권 주장을 견인했음에도 불구하고 한국의 국제법 법리적 반론에 대한 지적을 일부 수용하면서 일본 정부의 정치적 입장과 미묘하게 다른 학문적 검토 결과도 제기되고 있다고 평가한다는 것이다.

이 책은 한국 영토주권의 상징인 독도주권에 대한 국제법적 권원과 관련하여 일본 정부가 일제식민주의에 입각하여 전환을 시도하고 있는 국제법 권원 강화정책의 핵심적 토대인 일본 국제법학계의 본원적 권원 연구에 내재된 법리적 왜곡의 문제점을 선제적으로 규명함으로써 우리의 독도주권 수호를 위한 장기·종합·체계적 정책방안 수립에 기여하고자 한다.

한국의 독도주권 선포 120주년인 2020년 재개관한 일본의 영토주권 전시관이 발신하는 1905년 이후 국제법상 합법적 지배라는 일본 정부의 독도영유권 주장은 일본 국제법학계의 권원 연구 관련 무주지 선점을 전제로 한 본원적 권원 주장과 일치한다는 점에서 본질적으로 일제식민주의에 입각한 일본의 국제법을 동원한 법리적 왜곡과 다름없는 것이다. 그것은 일본 국제법학계의 본원적 권원 연구에서 무주지 선점론의 한계를 극복하기 위해 원용하는 고유영토 재확인과 같은 국제법 법리가 존재하지 않을 뿐만 아니라, 주권평등원칙을 근간으로 하는 근대 국제법체제를 전제하면서도 1904년 한일의정서 이래 주권평등원칙을 위반하고 독도 침탈로 나아간 일본의 침략적 국가실행 자체가 국제법에 대한 도전이자 침해이기 때문이다.

따라서 정당하고 적법한 국제법적 권원이 결여된 권리는 성립할 수 없다는 점에서 일본의 독도영유권 주장은 한국의 독도주권에 대한 불법적인 침탈 도발이자 역사적 진실과 국제법적 정의로 정립해가야 하는 동북아평화공동체 구축을 부정하는 것이다. 국제법을 앞세운 일제식민주의에 입각한 일본의 독도영유권 주장은 국제법 권원의 법리적 왜곡이자 한국의 독도주권에 대한 중대한 침해라는 점에서 일본의 국제법적 책무를 다시 한번 촉구하며, 이 책의 출간이 21세기 동북아평화공동체의 토대 구축에 기여할 수 있기를 기대한다.

끝으로 『독도 영토주권과 국제법적 권원 Ⅲ』이 나오기까지 어려운 주제에 대해 옥고를 집필해주신 공동연구자 여러분의 노고에 집필진을 대표하여 깊이 감사드린다. 그리고 이 책의 출판을 위해 애써주신 출판팀의 노고에도 깊은 사의를 표한다. 아울러, 2008년 출범 이래 묵묵히 독도주권 연구에 매진해온 독도연구소의 무궁한 발전을 기원하며, 독도주권 연구의 장도(壯途)에 이 책을 헌정하고자 한다.

2022년 8월

집필진을 대표하여

동북아역사재단 책임연구위원

도시환 씀

차례

국제법상 선점과 일본 영토편입 사례의 독도주권에의 함의 · 서인원

독도의 실효적 지배론에 관한 일본의 국제법적 연구 검토 · 이성환

독도주권과 일본의 본원적 권원 주장에 대한 국제법적 검토

도시환 동북아역사재단 독도연구소 책임연구위원

I. 머리말

대한제국이 칙령 제41호로 독도에 대한 영토주권을 선포한 지 120주년이던 지난 2020년 재개관한 일본 영토주권전시관이 1905년 이후 독도에 대한 일본의 국제법상 합법적 지배와 한국의 불법점거를 강조하고 있는 점에 주목하지 않을 수 없다. 이는 일본제국주의 침략노선의 근간인 일제식민주의에 입각한 일본의 지속적인 독도주권 침탈의 역사가 여전히 현재진행형일 뿐만 아니라, 일본의 독도 침탈 시도가 1905년을 중심으로 공공연히 재개되고 있는 반증이기 때문이다.

더욱이 일본 정부의 독도영유권 주장의 장기전략 왜곡프레임이 총체적인 국제법적 권원 강화정책으로 전환되고 있는 점에서 독도영유권 주장의 정책적 토대를 구축해온 일본 국제법학계의 권원 연구를 분석한 결과, 미나가와 다케시(皆川洸)의 '역사적 권원론'(1963)을 시작으로, 우에다 도시오(植田捷雄)의 '본원적 권원론'(1965), 다이주도 가나에(太壽堂鼎)의 '대체적 권원론'(1966), 세리타 겐타로(芹田健太郎)의 '공유적 권원론'(2006)으로 이어지는 계보를 확인할 수 있었다.

나아가 일본의 독도영유권 주장 관련 국제법 권원 연구 계보의 정점이자 귀결점에는 일본의 국제법사관(國際法史觀)을 주창한 히로세 요시오(廣瀨善男)의 '독도영유론'(2007)[1]이 존재한다. 후속적인 국제법 권원 연구에는 쓰카모토 다카시(塚本孝),[2] 나카노 데쓰야(中野徹也)[3] 등이 주류 학

---

* 이 글은 도시환, 2021, 「독도주권과 일본의 본원적 권원 주장에 대한 국제법적 검토」, 『독도연구』 31에 게재한 논문을 수정한 것이다.

1 廣瀨善男, 2007, 「国際法からみた日韓併合と竹島の領有権」, 『明治学院大学法学研究』 81, 292쪽.

2 塚本孝, 2011a, 「韓国の保護·併合と日韓の領土認識-竹島をめぐって」, 『東アジア近代

자로 등장하고 있으며, 이들은 모두 무주지 선점론을 주장하는 본원적 권원(original title)의 계보로 분류될 뿐만 아니라 영토주권전시관의 주장과 일치하고 있다는 점에서 환기를 요구하고 있다.

그것은 히로세 요시오 이후 무주지 선점론을 전제로 한 본원적 권원 계보로 분류되는 국제법학자군인 쓰카모토 다카시와 나카노 데쓰야 등이 히로세 요시오의 국제법사관의 핵심인 '비식민지화론(non-colonization)'에 입각하여 제1차 세계대전 이전의 을사늑약과 한일강제병합에 대한 국제법상 합법화에 더하여 이를 다시 독도 침탈과 분리하여 국제법 권원 법리상 무주지 선점이 국제법상 합법이라는 전제에서 논의를 전개하고 있어 문제의 심각성이 존재한다.

그러한 문제인식하에 선행연구에서는 히로세 요시오가 주도한 국제법사관의 총체적인 국제법상 합법화 시도에 내재된 본질적 오류로, 첫째, 독도주권 침탈 당시의 국제법도 침략적 국가실행과 유착된 극단적 국가주의로서의 일본형 법실증주의가 퇴조하고 보편적 국제규범의 규범성이 제고되던 시점이자, 둘째, 1963년 UN 국제법위원회의 조약법협약 법전화 과정에서 공표된 1935년 '하버드법대 초안'의 국가대표 개인에 대한 강박에 따른 무효조약으로 을사늑약이 제시되고 있다는 점에서, 이와 분리한 무주지 선점론은 한국의 독도주권에 대한 총체적인 법리의 왜곡에 불과함을 규명하였다.[4]

그럼에도 불구하고 쓰카모토 다카시와 나카노 데쓰야의 주장을 검토

史』 14, 52-67쪽.

3 中野徹也, 2012, 「1905年日本による竹島領土編入措置の法的性質」, 『関西大学法学論集』 61-5, 113-166쪽.

4 도시환, 2020, 「독도주권과 국제법적 권원의 계보에 관한 연구」, 『독도연구』 29, 205-241쪽.

한 결과, 제1차 세계대전 이전의 일본의 독도 침탈과 을사늑약 모두 국제법상 합법이라는 공통된 전제에서 출발하고 있다. 양자의 경우 쓰카모토 다카시는 선행연구에서 '대체적 권원론'으로 분류했던 다이주도 가나에의 주장과 흡사한 것으로 평가될 만큼 역사적 권원을 원용한[5] 무주지 선점론을 주장하는 반면, 나카노 데쓰야는 역사적 권원과는 일정 부분 절연을 전제로 1876년 조일수호조규(강화도조약) 이후의 국제법 관계를 전제로 한[6] 무주지 선점론을 제기하고 있다는 점에서 극명한 대조를 보이고 있다.

그런데 쓰카모토 다카시의 주장에 대해 주권평등의 원칙을 근간으로 하는 근대 국제법체제에서 자국의 영역을 확인받기 위해 고유영토를 재확인하는 국제 사례는 존재하지 않는다며 비판하는 나카노 데쓰야는 1904년 한일의정서 이래 주권평등원칙을 위반하고 독도 침탈로 나아간 일본의 침략적 국가실행은 국제법상 합법적 권원에 입각한 것으로 주장하고 있는 점에서 주목하게 된다. 그러한 전제에서 쓰카모토 다카시는 태정관지령, 대한제국 칙령 제41호, 독도 편입 등의 역사적 사실에서 한국의 독도 명칭 문제를 독도 무주지론의 근거로 제기하고 있는 반면, 나카노 데쓰야는 1885년 베를린회의 일반의정서, 1888년 만국국제법학회 결의 등 국제법적 문서에서 영역권원 취득 요건 관련 통고문제를 무주지 선점론의 근거로 주장하고 있다.

이 글에서는 일본 영토주권전시관이 1905년 이후 독도에 대한 일본의 국제법상 합법적 지배를 주장하는 정책적 토대의 본질이 히로세 요시오의 국제법사관 이후 식민지배합법론을 전제로 무주지 선점론의 본원적

---

5 太壽堂鼎, 1998,『領土帰属の国際法』, 東信堂, 143쪽.

6 中野徹也, 2012, 126쪽.

권원화를 위한 국제법적 합법화 시도라는 점에서 대표적인 학자군의 국제법 권원 연구에 내재된 국제법 법리의 왜곡과 본질적 문제점을 중심으로 검토하고자 한다.

II. 한일 국제법학자 간 무주지 선점 논쟁의 개관

1. 한국 국제법학자의 무주지 선점론 비판

일본학자 쓰카모토 다카시가 제기하는 독도에 대한 무주지 선점론 주장 관련 문제점에 대해 한국학자 정갑용은 다음과 같이 비판한다.

첫째, 일본은 1905년 '시마네현 고시'에 의하여 독도를 선점하였다고 주장하고 있고, 독도에 대한 편입조치를 취한 직후 일본의 관헌이 이 섬에 대하여 측량을 실시하였다는 점, 1905년 5월에 이 섬을 정부 소유 토지로 토지대장에 기입하였다는 점, 1905년 4월에 시마네현이 독도의 강치어업을 허가제로 하고, 같은 해 6월에 일본인 업자에게 정식으로 면허하였다는 점 등을 들고 있다.[7] 그러나 일본의 주장처럼 선점이 성립하기 위해서는 1905년 당시 독도는 국제법상 이른바 무주지(*terra nullius*)로 남아 있어야 한다. 즉 영유권이란 "특정 국가가 자국의 영토로 취득하기에 필요한 법적 요건을 취득한 것"이라고 볼 수 있는데,[8] 국제법상 영토취

---

7 塚本孝, 2007a, 「サン・フランシスコ平和条約における竹島の取り扱い」, 『竹島問題研究會 最終報告書』, 78쪽.

8 Malcolm N. Shaw, 2003, *International Law*, 5th ed., Cambridge: Cambridge University

득 요건인 '선점'을 충족시키기 위해서는 다음의 3가지 요건을 구비해야 한다. ① 선점의 대상이 되는 지역은 '무주의 지역'이어야 한다. ② 선점하는 국가의 영역취득 의사가 존재하고, 또 그 의사가 대외적으로 표시됨을 요구한다. 즉 선점은 국가기관에 의해 행해져야 하는 것이다. ③ "계속적이고 평온 공연하게 국가행위가 나타나는"[9] 실효적인 지배를 계속해야 한다.[10]

둘째, 1905년 1월 28일 일본 내각이 독도를 '죽도'로 명명하고 이를 자국 영토로 편입 선점하기로 할 때까지 그 당시 대한제국은 독도에 대한 영역주권을 계속적이고 평화적으로 행사하여 왔고, 일본이 주장하는 선점론은 일본이 또한 내세우고 있는 "역사적으로 독도가 일본의 영토"라는 주장에도 모순된다. 독도가 일본의 고유영토라면 이를 선점할 필요가 없고, 반대로 일본이 독도를 선점하였다면 일본의 고유영토가 아니라는 것이 되기 때문이다. 한국의 일부 학자는 일본 정부가 독도가 한국의 영토라는 것을 잘 알고 있으면서도 군사상 필요가 발생한 시점에 이해당사국인 한국에는 전혀 사전 협의나 적절한 사후 통고도 없이 중앙정부의 지휘하에 일본 영토로 편입하고 시마네현 내에만 이를 고지하게 했으며, 독도 편입에 가담한 일본 정부의 관리들은 독도가 한국의 영토였다는 것을 잘 알고 있었다는 것이 역사적 자료에 의해 입증되었으므로 1905년 일본의 독도 편입행위는 한국의 영토를 절취하여 강탈한 범죄행위에 해당된다.[11]

Press, p. 411.

9 Malcolm N. Shaw, 2003, p. 432.

10 정갑용, 2008, 「쓰카모토 타카시의 「샌프란시스코 평화조약에서 나타난 다케시마에 대한 취급」에 관한 비판적 연구-2007년 일본 죽도연구회 최종보고서에 대한 비판」, 『인문연구』 55, 134-135쪽.

11 정갑용, 2008, 136쪽.

2. 일본 국제법학자의 무주지 선점론 반론

한국학자의 비판에 대해 쓰카모토 다카시는 다음과 같은 반론을 제기하고 있다.

> 첫째, '죽도'는 단순히 선점에 의해 취득했다는 것이 아니라, 17세기 막부 공인하에서 국민의 활동에 기초한 역사적 권한을 가지고 있던 영토에 대해 1905년 '죽도'의 영토편입 각의결정과 시마네현 지사의 고시, 그 후 일련의 행정권 행사로서 실효적 지배, 국가권능의 표시를 통하여 일본은 영유의사를 재확인하고 일본의 영유권을 근대 국제법상에서도 확실하게 하였다.
>
> 둘째, 1905년 '죽도'의 영토편입조치는 이 섬에서 강치잡이를 하는 국민인 나카이 요자부로가 영토편입 대여요청원을 계기로 행하였기 때문에 이 섬에 타국의 지배가 미치고 있지 않는 것을 확인한 후 각의 결정으로 국가가 영유의사를 가지고, 그에 표시하여(시마네현 고시, 그 후의 공연한 행정권행사) 실제의 점유를 동반하기 때문에(국민 점유의 행위를 국가가 추인, 그 후의 행정권 행사), 국제법상 선점 요건도 갖추고 있다.
>
> 셋째, 역사적 권원이 있으면 충분한가(역사적 권원이 있는 영토를 편입하는 것은 모순인가)와 관련하여 그 외에 경합할 주장이 없는 경우에는 그것만으로도 충분히 영유권원으로 유효하지만, 경합적인 영유권 주장이 발생하고 특히 그것이 실효적 점유에 기초한 주장인 경우에는 우선한다.[12] 따라서 역사적 권원을 가진 영토에 대해 해당 국가가 선점 등

12 塚本孝, 2008,「国際法から見た竹島問題」,『(島根県)平成20年度「竹島問題を学ぶ」講

실효적 점유에 기초한 영역취득 수속을 밟아 불확실한 원초적 권원을 근대 국제법상의 권원으로 옮긴다(혹은 원초적 권원이 실효적 점유에 기초한 권원에 의해 보강된다)는 것은 매우 있을 수 있는 것이고 오히려 필요한 것이기도 하다.

넷째, 1905년 당시 일본 정부가 이 섬을 조선의 영토라고 인식하고 있으면서 군사상 필요에서 영토편입한 것을 나타내는 자료가 있다고 운운하는 것은 나카이 요자부로가 쓴 문서의 기술에 의한 논의인데, 이것에 대해서는 최근 다른 자료도 발견되고 있다. 또한 이 논의도 이 섬이 원래 한국령이었다는 것의 증명이 전제가 된다.[13]

3. 논쟁의 검토

독도에 대한 무주지 선점론에 입각한 쓰카모토 다카시의 주장에 대해 한국학자가 국제법상의 영토취득 요건법리에 입각하여 비판하면서 제기된 논쟁으로 이에 대해 쓰카모토 다카시가 다시 반론을 제기하는 형식이 되었다.

한국학자 정갑용은 쓰카모토 다카시가 제기한 '무주지 선점-편입조치-실효적 지배'라는 독도영유권 주장이 국제법상의 선점 요건으로서, '무주지-국가의 영역취득 의사와 공표-계속 평온한 실효적 지배'라는

座 第5回 講義録』, 2쪽.

13 塚本孝, 2012, 「竹島問題研究会[第1期]最終報告書批判へのコメント」, 『第2期 竹島問題研究會 最終報告書』, 附錄 5-6쪽(www.pref.shimane.lg.jp/admin/pref/takeshima/web-takeshima/takeshima04/kenkyuukai_houkokusho/takeshima04-03/index.data/61.pdf).

3요소를 구비하지 못한 것으로 비판한다. 이에 대해 쓰카모토 다카시의 반론은 일본이 17세기 역사적 권원을 가진 영토에 대해 선점 등 실효적 점유에 기초한 영역취득 수속을 밟아 불확실한 원초적 권원을 근대 국제법상의 권원으로 보강하는 것이 필요하다고 주장한다.

이러한 쓰카모토의 주장은 필자가 선행연구에서 '대체적 권원론'으로 분석한 다이주도 가나에의 주장과 동일하다는 점에서 주목하게 된다. 다이주도 가나에는 첫째, '역사적 근거'라는 관점, 즉 주로 에도시대의 사실을 열거하면서 일본 주장의 상대적 우위성을 주장하고, 둘째, '근대 국제법상의 영토취득의 요건'에 관해서 "일본 정부에 의한 1905년 영토편입 조치와 그에 이은 국가권능의 계속된 발현은 17세기에 당시의 국제법에도 거의 합치되도록 유효하게 설정되었다고 생각되는 일본의 권원을 현대적인 요청에 따라 충분히 대체"한 것으로 제시하고 있기 때문이다.[14]

그러나 다이주도 가나에가 주장하는 것처럼 "국제법상 역사적 권원을 가지는 고유영토를 영유하기 위하여 그것을 근대 국제법상의 다른 권원으로 대체"하는 것은 요구되지 않으며, 실제 일본이 역사적 권원에 기초하여 영유하는 다수의 도서를 선점과 같은 다른 권원으로 대체한 일도 없다는 점에서 국제법 법리상 타당성이 없는 것이다.[15] 그러한 전제에서 기본적으로 동일한 논거를 제시하고 있는 쓰카모토 다카시의 주장은 동일한 비판으로부터 자유로울 수 없는 것으로 평가된다.[16] 아울러 1905년 당시 일본 정부가 독도를 조선의 영토로 인식하고 군사상 필요에서 영토를 편

---

14 太壽堂鼎, 1998, 143쪽.

15 박배근, 2005, 「독도에 대한 일본의 영역권원 주장에 관한 일고」, 『국제법학회논총』 50-3, 105쪽.

16 中野徹也, 2012, 126쪽.

입한 것으로 기술한 나카이 요자부로의 문서는 부정하면서도, 어업행위에 대해서는 국가권능의 행사로 추인하여 선점 요건을 구비하였다는 주장은 역사적 사실뿐만 아니라 국제법 법리에 대한 왜곡과 다름없는 것이다.

Ⅲ. 일본 국제법학계의 본원적 권원 연구 검토

1. 쓰카모토 다카시의 무주지 선점론 검토

1) 쓰카모토 다카시의 독도 인식 검토

(1) 쓰카모토 다카시의 주장

쓰카모토 다카시의 무주지 선점론이 다이주도 가나에의 '대체적 권원론'과 동일하게 역사적 권원에 대한 원용을 전제로 하고 있다는 점에서, 역사적 주요 지점인 1877년 태정관지령, 1900년 대한제국 칙령 제41호, 1905년 독도 편입과 관련한 독도 인식은 다음과 같다.

첫째, 쓰카모토 다카시의 태정관지령에 대한 인식은 다음의 서술에서 확인할 수 있다.[17]

메이지 9년 10월 내무성 지리기숙사 담당관이 시마네현을 순회하면서 옛 번 시절의 '죽도' 도해에 대한 정보를 접하고 시마네현 지적(地籍) 편제 담당자에게 자세한 사항을 조회하였다. 시마네현은 이에 따라 오야

17 塚本孝, 2011b, 「竹島領有権問題の経緯(第3版)」, 国立国会図書館 調査及び立法考査局, 『調査と情報-ISSUE BRIEF-』 701(2011. 2. 22), 4-5쪽.

가문의 기록 등을 토대로 '일본해 내에 '죽도' 외 1도 지적편찬방사[日本海内竹島外一島地籍編纂方伺]'를 내무성 앞으로 제출하였다. 이 시마네현의 사찰에서 말하는 '죽도'는 울릉도이고 '외 1도'는 마찬가지로 에도시대에 도해한 마쓰시마 즉 오늘날의 '죽도'이다. 시마네현이 두 섬을 지적에 편입하는 방향으로 지시를 내린 것은 '죽도'에 대해 현지(오야 가)에서는 겐로쿠 9년의 도해금지를 조선으로부터 '죽도'(울릉도)가 일본령임을 인정하는 증서를 발급받은 데 따른 인식(『竹島渡海由来記抜書控』)으로 판단되고[18] '외 1도'는 '죽도'에 대해서 지적을 편제한다면 마쓰시마도 잊어서는 안 된다는 것이다.

> 시마네현으로부터 '품의[伺]'를 받은 내무성은 이듬해 메이지 10년(1877) 2월, 겐로쿠 연간의 일본과 조선의 협상 기록에 근거하여 "'죽도'의 관할에 대해서 시마네현으로부터 별지의 품의가 올라와서 조사하였더니, 그 섬은 … 본방과 관계가 없다고 들었지만, 판도(版圖)의 취사 선택은 중대한 일이므로 별지 서류를 첨부해서 이것을 품의합니다(竹島所轄之儀ニ付島根県ヨリ別紙伺出取調候処該島之儀ハ … 本邦関係無之相聞候得共版図之取捨ハ重大之事件ニ付別紙書類相添為念此段相伺候也)"라고 하면서 태정관(우대신)에게 품의를 올렸다. 이에 대해 태정관은 같은 해 3월 29일자로 내무성 안에 따라 "품의의 취지는 '죽도' 외 1도의 본방(本邦)과 관계가 없음을 명심할 것"이라고 지시하였다.[19]

---

18 大谷文子, 1984,「竹島渡海由来記抜書控」,『大谷家古文書』.

19 堀和生, 1987,「一九〇五年日本の竹島領土編入」,『朝鮮史研究会論文集』24, 97-125쪽; 内務省之部, 1877,「日本海内竹島外一島地籍編纂方伺」,『公文録』(明治 10年

시마네현은 '죽도'(울릉도)에 대해 내무성으로부터 조회를 받고, 현 차원에서는 지적을 편찬하는 방향으로 ''죽도' 외 1도'(외 1도는 마쓰시마)의 지적편찬방사(地籍編纂方伺)를 제출했으며, 내무성은 '죽도'(울릉도)와 관련된 겐로쿠의 기록을 근거로 "'죽도'는 우리나라와 관계없다"고 생각해서, 태정관은 ''죽도' 외 1도'가 본방(本邦)과 관계없다고 지시했다. 그 결과, 겐로쿠의 조선과 일본의 협상에서 마쓰시마가 화제가 된 적은 없으며, 내무성이 검토하여 태정관에 보내는 품의에 별지로 첨부한 겐로쿠의 조일 협상 관계 문서도 오로지 '죽도'(울릉도)에 관한 것이었음에도 불구하고, 마쓰시마도 역시 "본방과 관계없다"고 여겨지게 된 것이었다. 다만, 이 마쓰시마는 시마네현에서는 에도시대의 마쓰시마, 즉 오늘날의 '죽도'를 가리켰으나, 메이지 초년에는 서양 기원의 지도·해도로 인해 울릉도가 마쓰시마로 불렸기 때문에, 중앙(내무성, 태정관)에서는 '죽도', 마쓰시마 모두 울릉도로 인식되었을 가능성도 있다.[20]

둘째, 쓰카모토 다카시의 대한제국 칙령 제41호에 대한 인식은 다음과 같다.

> 대한제국(1897년 10월 12일 국호를 조선에서 대한제국으로 변경)의 칙령 제41호 '울릉도를 울도라고 개칭하고 도감(島監)을 군수라고 개정하는 건'(광무 4년 10월 25일) 제2조에 "군청 위치는 대하동으로 정하고 구역은 울도섬 전체와 죽도, 석도를 관할할 것"이라고 되어 있다.[21]

3月); 太政官, 1877, 「日本海内竹島外一島ヲ版図外ト定ム」, 『太政類典』 2-96-19.

20 杉原隆, 2010, 「「竹島外一島之儀本邦関係無之」について再考-明治十四年大屋兼助外一名の「松島開拓願」を中心に」, 第2回 竹島問題研究會(平成 22年 1月 25日).

21 대한제국, 1900, 『관보』 1716, 광무 4년 10월 27일.

한국에서는 이 '석도'가 독도 즉 '죽도'를 말한다고 하면서, 이 칙령으로 '죽도'가 행정구역상 울도군 관할하에 놓였다는 주장을 한다[칙령에 있는 '죽도'는 울릉도 앞바다에 있는 별도의 섬-죽서(竹嶼)]. '석도'가 독도라고 하는 근거는 석이 한국어로 돌, 방언으로는 독이라는 것, 즉 울릉도 주민들 사이에서 어느덧 죽도를 독도라고 부르게 되었는데 이것을 한자로 석도, 또 독도라고도 쓰게 되었다고 하는 주장인 것 같다.[22] 석도는 이 칙령에만 나오는 섬 이름이므로 칙령의 석도가 반드시 '죽도'임을 증명하기 위해서는 어느 정도 증명이 필요하다고 생각된다. 또 만약 칙령에 있는 석도가 '죽도'라고 하더라도(법령으로 울도군의 관할 구역으로 규정한 것은 영유의사를 표시하지만), 한국은 칙령 전후에 영토권 주장의 국제법상 중요한 요건인 점유행위가 결여되었으므로, 이 칙령으로 인해 이 섬이 한국의 영유로 복귀되었다고는 할 수 없다.[23]

셋째, 쓰카모토 다카시의 독도 편입에 대한 인식은 다음과 같다.

> 일본은 각의결정에 따라 내무대신이 시마네현 지사에게 고시를 훈령하고, 시마네현 지사는 같은 해 2월 22일자 시마네현 고시 제40호로 "북위 … 에 있는 도서를 '죽도'라고 칭하며, 이제부터 현에 소속된 오키도사의 소관으로 지정한다"라고 고시하였다.[24]

각의결정 및 시마네현 고시에 대해서는 한국 측으로부터 국제법상 이

---

22 愼鏞廈, 1989, 「朝鮮王朝의 獨島領有와 日本帝國主義의 獨島侵略」, 『韓國獨立運動史研究』 3, 43-117쪽.

23 塚本孝, 2011b, 5쪽.

24 田村清三郎, 2010, 『島根県竹島の新研究(復刻補訂版)』, 島根県総務部総務課 참조.

른바 무주지 선점의 법리에 따라 영토편입을 하였다고 하지만 편입 당시 '죽도'는 한국 영토였지 무주지가 아니었으며 한국에 통보되지 않았기 때문에 선점은 무효라는 주장이 나오고 있다. 이에 대해 일본 측은 역사적으로 일본 영토였던 것을 근대 국제법상의 형식에 따라 영유의사를 확인하여 공시한 것으로 각의결정을 거쳐 부현(府縣)이 고시하는 것은 당시 일본의 관행[메이지 31년 미나미토리시마(南鳥島)의 예 등]에 따른 적법한 편입조치이며 편입 당시나 그 이전에나 '죽도'가 한국의 영토였던 적은 없었으며, 국제법상 통고는 선점의 요건이 아니라고 반박하고 있다. 또한 이 편입이 러일전쟁 당시 이루어졌기 때문에 민간인의 편입원(編入願)을 이용하여 사실은 망루 건설이나 해저전선 중계지 등의 군사적 목적을 위해 편입한 것이라는 주장도 있다.[25] 이 주장도 '죽도'가 한국 영토였음을 전제로 한다. '죽도' 편입 후 시마네현은 어업단속규칙(현령)을 개정해 '죽도'에서의 강치잡이를 허가어업으로 지정하고 나카이 등 4명에게 이를 허가하였다. '죽도'는 관유지이므로 대여 절차를 밟았으며 매년 사용료가 국고에 납입되었다.[26]

(2) 쓰카모토 다카시의 주장 검토

쓰카모토 다카시의 무주지 선점론에 입각한 독도인식을 검토하면, 다이주도 가나에의 '대체적 권원론'과 동일하게 역사적 권원에 대한 원용을 전제로 하고 있다는 점에서, 같은 무주지 선점론으로 분류되는 나카노 데

25 金柄烈, 韓誠 譯, 2006,『明治三十八年竹島編入小史』, インター出版; 內藤正中 · 金柄烈, 2007,『史的検証 竹島 · 独島』, 岩波書店; 宋炳基, 朴炳涉 譯, 2009,『欝陵島 · 独島(竹島)歴史研究』, 新幹社.

26 塚本孝, 2011b, 5-6쪽.

쓰야로부터 근대 국제법체제에서 자국의 영역을 확인받기 위해 고유영토를 재확인하는 국제 사례는 존재하지 않는다는 비판을 받고 있다. 그러한 비판에도 불구하고, 쓰카모토 다카시가 역사적 권원을 원용하고 있는 논거로는 태정관지령을 비롯한 역사적 지점에서 독도에 대한 명칭 자체가 모호하다는 문제점을 제기하고자 하는 의도로 분석된다. 환언하면 독도에 대한 편입조치 이전까지 태정관지령에서 "'죽도' 외 1도'가 본방과 관계없다"는 결정에도 불구하고 자국의 독도 명칭에 대한 혼란이 계속되고 있는 상황을 감안하여, ''죽도'(울릉도)외 1도'와 관련한 조선과 일본의 협상에서 마쓰시마가 화제가 된 적은 없으며, 내무성이 검토하여 태정관에 보내는 품의에 별지로 첨부한 겐로쿠의 조일 협상 관계 문서도 오로지 '죽도'(울릉도)에 관한 것이었으나, 마쓰시마까지 본방과 관계없는 것으로 여기게 된 것으로 주장하고 있다.

그러나 쓰카모토의 이러한 주장은 당시 메이지유신을 성공적으로 완수한 일본 정부가 근린 국가들과 관계를 정리하고 국경획정을 추진하는 과정에서 내무성이 울릉도와 독도를 시마네현 지적에 올려야 하는지에 대한 질의와 관련한 태정관의 답변과는 부합하지 않는 것이다.[27] 1877년 3월 17일 내무성이 '일본해 내 '죽도' 외 일도 지적편찬방사(日本海內竹島外一島地籍編纂方伺)'라는 질의와 이에 대한 1877년 3월 29일자 태정관지령에 앞서 내무성 자체 조사에서 '1699년 울릉도쟁계 관련 합의'를 전제로 조선령으로 결론을 내리고 있음에도 불구하고,[28] "'죽도' 외 1도'가 본방과 관계없다"는 태정관지령에 대해 '죽도'(울릉도)에 한정된 것으로 마쓰시마(죽도)는 일본의 도서라는 쓰카모토 다카시의 주장이 타당하

27 堀和生, 1987, 97-125쪽.

28 國立公文書館, 1877,「日本海內竹島外一島地籍編纂方伺い」,『公文錄』.

지 않기 때문이다. 태정관지령에서 나타나는 독도에 대한 일본 정부의 명칭 혼란을 무주지 선점론 주장으로 활용한 쓰카모토 다카시는, 대한제국 칙령 제41호상의 독도 명칭에서 이러한 혼란이 극대화되는 것을 통해, 1905년 일본의 독도 편입조치의 전제로서 무주지 선점론의 논거를 확보하려는 시도라는 점에 주목해야 할 것이다.

2) 쓰카모토 다카시의 선점 요건 검토

(1) 쓰카모토 다카시의 주장

쓰카모토 다카시는 일본에 의한 1905년 독도 편입조치가, 형식적으로는 국제법상의 영토취득 방법 가운데 '선점'의 법리에 입각한 것으로 다음과 같이 주장하고 있다.

> 선점의 요건은 (A) 국가의 영유의사, (B) 영유의사의 표시, (C) 대상이 무주지라는 것, (D) 국가에 의한 점유의 행위가 있다(또는 국가가 국민이 행하는 점유행위를 추인)는 것이다. 일본은 '죽도'에 대해 영유의사를 가지고 각의결정 및 시마네현 고시를 통해 그 의사를 표시하였다(A, B). 또는 그 후 공공연히 행정권을 행사하였고 주권자로서 행동하는 것을 통해 묵시적으로도 영유의사를 표시하였다(B). 일본 정부는 일본인 나카이 요자부로의 죽도에 대한 점유의 행위(이 섬에서 강치잡이)를 각의결정을 통해 국가로서 추인하였다(D).

문제될 수 있는 것은 '죽도'가 무주지였는가의 여부이다. 편입 시점에서 한국의 영토이었던 적이 없었는가의 문제이다(C). 한국은 죽도에 대해서 정확한 견해조차 갖고 있지 않았으므로, 역사적 권원을 들어 한국 땅이라고 말해서는 안 된다. 1900년 칙령상의 석도가 죽도라는 것은 증명되지 않고 있다. 석도는 이 칙령에서만 보이는 명칭의 섬이며, 칙령 전년 1899년 한국 정부가 출판한 지도에도 울릉도와 그 근방에 있는 우산이라고 불리는 작은 섬을 그린 것뿐이다[이 우산은 위치 관계로부터 보아 울릉도 앞바다 2km에 있는 '죽도(竹嶼 = 댓섬)'라고 불리는 작은 섬을 지칭하고 있는 것이 확실하며, 일한 간에 오늘날 영유권을 주장하는 죽도(독도)는 아니다]. 그 이전에 한국에서 작성된 많은 울릉도 지도에 울릉도에 인접하여 이 우산도가 그려져 있으며, 대나무가 자라고 있다고 한 것도 있다.[29]

만약 1900년 칙령에 있는 석도가 죽도를 지칭하는 것이 증명되었다고 한다면, 울릉군의 관할구역으로서 정한 것은 영유의사를 가지고 있었던 것이, 칙령을 관보에 공표함으로써 영유의사를 표시한 것이 되었을지도 모른다. 그러나 이 경우에도 한국에서는 칙령의 전후 죽도에 대해 어떤 점유의 행위를 행하지 않았기 때문에, 칙령에 자국의 관할구역으로서 기재한 것을 죽도가 한국의 영토라고 해서는 안 된다. 이상의 것으로부터 (C)의 점을 포함하여 선점의 요건은 만족되어 있다. 이것에 더해 일본은 그 이후 시마네현 조사단의 파견, 어업권의 설정, 고유지 사용료의 징수 등 몇 가지 행정권을 행사하였기 때문에, 처음에 본 '국가권능의 평온한 한편 계속적인 표현의 권원'으로 미루어보아, 죽도는 확실히 일본의 영토가 되었다.

일본인에 의한 죽도 개발이 시작되자, 일본인에게 고용되는 등 실제로 죽도로 향한 조선인도 생겼다. 오늘날 죽도의 한국 이름인 독도는 그와 같은 가운데 생겼을 것이다(울도 군수의 보고는 독도의 명칭이 한국 측의 문헌에 나타나는 최초이다). 역사적 권원은 없었어도 그 시점에서는 한국도 독도를

---

29 「竹島 領有權 韓國主張覆す古地圖」,『山陰中央新報』, 2007年 2月 22日.

인식하고 있으며, 다른 한편 죽도에 대한 일본의 역사적 권원도 또한 그것만으로 일본의 영토라고 말할 정도로 확실하지 않았다고 한다면, 한국도 (혹은 제3국에서도), 일본에 의한 영토편입 이전에 영유의사를 가지고 실효적인 점유를 함으로써 자국영토로 할 수 있다고 생각된다. 그러나 죽도에 대해서 실효적인 점유에 기초해 영유권을 확립한 것은 일본이었다 (역사적 권원을 국제법상의 권원으로 바꿈으로써 영유권을 확실하게 하였다).[30]

(2) 쓰카모토 다카시의 주장 검토

쓰카모토가 한국의 독도에 대해 대한제국 칙령 제41호 공포 직전인 1899년 한국 정부가 출판한 지도에도 울릉도 앞바다 2km에 있는 '죽도(竹嶼 = 댓섬)'라는 주장과 관련하여 1931년 일본 황실사학자의 철저한 고증을 거쳐 제작된 일본의 역사지도인 『신편일본역사지도』의 색인에는 울릉도와 독도가 조선의 영토로 명확하게 표시되어 있다는 점에서 쓰카모토의 주장이 허구임을 반증한다.[31] 한편, 대한제국의 근대적 입법으로써 독도를 대한제국 울도군의 관할로 명시한 1900년 칙령 제41호[32]가 공

30 塚本孝, 2007b, 「竹島領有権紛争の焦点-国際法の見地から」, 教育研究會研究大會, 10-11쪽.

31 芝盛葛 編, 1931, 『新編日本歷史地圖』, 明治書院株式會社; 이상균, 2018, 「일제의 역사지도 속 독도의 조선령 표기」, 『일본의 독도영유권 주장의 허상』, 81-82쪽.

32 일본인들이 울릉도에서 무단으로 목재를 벌채하는 등 각종 문제가 발생하자, 대한제국 정부는 일본 정부에 이들을 철수시킬 것을 요구하는 한편, 울릉도의 지방행정 법제를 강화하기로 하였다. 이에 따라 1900년 10월 24일 의정부회의에서 "울릉도를 울도로 개칭하고 도감을 군수로 개정"하기로 하였고(제1조), "구역은 울릉전도와 죽도·석도(독도)를 관할한다"고 규정하여 울도군의 관할 구역에 독도를 명시적으로 포함시켰다. 이러한 결정 내용은 1900년 10월 25일 황제의 재가를 받아 10월 27일 '칙령 제41호'로서 관보에 게재되었다. 이와 같이 칙령 제41호는 대한제국 정부가 울릉도의 일부로서 독도에 대해 주권을 행사해온 역사적 사실을 명확히 하고 있다.

포되어 관보에 게재됨으로써 완성된 권원에 입각한 독도에 대해 일본이 1905년 각의결정하에 시마네현 고시 제40호에 의하여 일방적으로 무주지로 규정하여 선점 및 자국의 영토로 편입했다는 것은 완성된 권원에 입각하여 확립된 타국 영토에 대한 불법적인 침탈이다.[33] 더욱이 한국 정부가 일정 기간 울릉도에 대하여 공도정책을 취한 것은 사실이나 유기의사를 표명한 일은 없으며, 공도정책 역시 국가권능행사의 하나라는 점에서 독도 무주지 선점론을 제기하기 위한 논거로서는 타당하지 않는 것이다. 쓰카모토가 강조하는 실효적 점유와 관련하여 주권의 실제적 행사의 정도와 장소성에 대한 국제 사례를 검토할 필요가 있다. 동부그린란드 사건(The Eastern Greenland case)에서 PCIJ는 비식민지역의 극지에 대한 실효적 점유에는 상징적 지배의 관념도 부정되지 않는다고 하였다.[34] 또한 클리퍼튼섬 사건(The Clipperton Island case)에서도 원격지의 무인도에서는 실효지배의 엄격한 요건이 완화되어, 최초의 결정적인 주권행위에 의한 처분의 유효한 권원을 창설하는 데 충분하다고 하였다.[35]

3) 쓰카모토 다카시의 '독도 명칭' 문제와 무주지론 검토

(1) 쓰카모토 다카시의 주장

쓰카모토 다카시는 한국의 독도 관련 명칭 문제를 독도 무주지론의 근거로 하여 다음과 같이 주장하고 있다.

---

33 이한기, 1969, 『한국의 영토-영토취득에 관한 국제법적 연구』, 서울대학교 출판부, 293쪽.

34 Legal Status of Eastern Greenland, Norway v. Denmark, PCIJ Report, 1933, p. 22, 52.

35 Arbitral Award of His Majesty the King of Italy on the Subject of the Difference Relative to the Sovereignty over Clipperton Island(France v. Mexico), Jan. 28, 1931, *American Journal of International Law,* Vol. 26, 1932, p. 390.

영토편입 후, 메이지 38년(1905) 8월, 마쓰나가(松永) 시마네현 지사가 '죽도'를 시찰한 데 이어 이듬해 메이지 39년(1906) 3월, 진자이(神西) 시마네현 제3부장이 어업, 농사, 위생, 측량 등의 전문가를 포함한 시찰단을 이끌고 '죽도'로 향하였다. 진자이 일행은 '죽도' 답사 후 울릉도에 들러 울도 군수 심흥택과 면담하면서 "귀도(貴島)와 우리 관할과 관련된 '죽도'는 가까워서 … 만사에 대해 간정(懇情)을 바란다"고 하여 '죽도'가 일본에 편입되었음을 알렸다.

일본 측 동행자의 회상에 따르면 이때의 회담에서 군수 측으로부터 '죽도'에 대해 특별한 의견은 없었다.[36] 그러나 군수는 강원도의 관찰사(지사)에게 보고서를 보냈는데, 그 가운데 "본 군 소속 독도는 본 군의 외양 백여 리에 있지만 … 일본 관인 일행이 관사에 와서, 독도는 지금 일본 땅이기 때문에 시찰하러 섬에 왔다고 직접 말했다"고 하였다. 보고를 받은 강원도는 정부에 보고했고, 정부는 다시 조사하도록 도에 지령하였다.

한국 정부는 이렇게 '죽도'의 일본 편입을 알게 된 것인데, 중요한 것은 군수 심흥택이 이 시점에서 '죽도'를 자기 군의 소속으로 인식하였다는 점이다. 그러나 한국 정부는 강원도에 다시 조사하라고 지령할 뿐 일본 정부에 대해 항의를 한 기록은 없다[이 점에 대해 나라 전체가 병합되려던 차에 그럴 상황이 아니었다거나 외교권을 일본에 빼앗겨서(제2차 한일협약=을사보호조약, 1905. 11. 17) 설령 항의하려고 하였다고 해도 할 수 없었다는 논란도 있다]. 또한 심흥택 보고서는 '죽도'의 한국명 '독도'라는 명칭이 한국

---

36 塚本孝, 2007b, 10-11쪽.

측의 기록에 최초로 등장한 것이다.[37]

(2) 쓰카모토 다카시의 주장 검토

이와 같은 쓰카모토의 주장과 관련하여, 독도에 대한 편입 이전인 1877년의 태정관지령에서도 울릉도를 '죽도'로 호칭하고 있는 일본 정부가 한국의 독도 명칭 문제를 전제로 무주지론을 제기하고 있는 문제점을 희석화하기 위해 일본 도서명의 혼란과 관련한 자료를 제시하고 있는 점에 주목해야 할 것이다.[38] 쓰카모토는 다이주도 가나에의 '대체적 권원론'과 동일한 주장을 제기하고 있는 바와 같이 역사적 권원을 원용한 무주지 선점론을 주장하고 있다는 점에서 언급하고 있는 에도 막부 말기부터 메이지에 걸쳐 이러한 서양 지도의 유입에 따른 '죽도(울릉도)', 마쓰시마(독도)의 명칭에는 혼란이 많이 있었다는 주장은 설득력이 없는 것이다.[39]

더욱이 일본의 영역편입조치를 인식한 한국 정부의 대응이 묵인이라

37 塚本孝, 2011b, 6-7쪽.

38 塚本孝, 2011b, 3-4쪽.

39 덴포(天保) 연간에 해당하는 1840년에 지볼트(Ph. F. V. Siebold)가 유럽에서 출판한 일본 지도는 오키 앞바다의 일본해에 두 섬을 그리고, 오키와 가까운 섬으로 'Matsusima(I. Dagelet)'(마쓰시마 다줄레섬), 먼 쪽의 섬으로 'Takasima(I. Argonaute)'('죽도' 아르고노트섬)이라고 기록하였다. 다줄레섬, 아르고노트섬은 둘 다 울릉도였는데, 18세기에 일본해를 탐험한 프랑스, 영국의 '발견자'가 위치를 잘못 측정했기 때문에 서양의 지도에서는 두 섬으로 그려져 있었다. 오늘날의 '죽도'가 서양인에게 '발견'되어 'Liancourt(리앙쿠르)'로 명명되는 것은 1849년으로, 이때는 죽도가 아직 서양 지도에 표시되지 않았다. 지볼트는 일본 체류 중에 얻은 '죽도'(울릉도), 마쓰시마(오늘날의 '죽도')에 대한 지식과 두 섬을 그린 일본 지도를 참고해 서양 지도에 있는 다줄레와 아르고노트섬이 마쓰시마, '죽도'라고 생각했던 것이다. 그러나 아르고노트섬은 이후 존재하지 않는 섬으로 지도상에서 사라진다. 그 결과 서양 지도에서는 아르고노트와 함께 '죽도'라는 이름이 사라지고, '다줄레 = 마쓰시마', 즉 울릉도가 마쓰시마로 불리게 된다. 에도 막부 말기부터 메이지에 걸쳐 이러한 서양 지도가 유입되었기 때문에 '죽도', 마쓰시마의 명칭에는 혼란이 많이 있었다. 塚本孝, 2011, 3-4쪽.

는 쓰카모토의 주장은 일제식민주의에 입각한 제국주의 침략행위를 정당화하는 전형일 뿐만 아니라[40] 1905년 을사늑약을 거쳐 1910년 한일병합을 견인한 불법적인 팽창주의의 주권침탈에 다르지 않은 것으로[41] 국제법상 합법성과 정당성을 가질 수 없는 것이다. 더욱이 식민지 점령의 방식으로 형성된 선점과 관련하여, 실효적 점유라는 이름으로 상대적 우위성의 힘을 행사함으로써 약소국의 확립된 권원을 배척하고 강자의 권력의 확립을 정당화하여 영토권을 취득하려는 의도를 그대로 노정한 침탈행위인 것이다.[42]

2. 나카노 데쓰야의 무주지 선점론

1) 나카노 데쓰야의 선점 요건 검토

(1) 나카노 데쓰야의 주장

나카노 데쓰야는 일본의 영토편입조치에 대한 한국 정부의 주장을 제시한 다음 이에 대해 비판하고 있다.

그가 말하는 한국 측 주장은 첫째, 일본 정부의 편입조치는 1905년 당시까지 일본 측이 독도에 대한 영토인식과 독도의 영유권을 확립하지 않

40 Jon M. Van Dyke, 2007, "Legal Issues Related to Sovereignty over Dokdo and its Maritime Boundary," *Ocean Development and International Law*, Vol. 38, p. 179.

41 Jon M. Van Dyke, 2009, "Disputes over islands and maritime boundaries in east asia," *Maritime Boundary Disputes, Settlement Processes, and the Law of the Sea*, Leiden: Martinus Nijhoff Publishers, pp. 46-47.

42 이한기, 1969, 135-136쪽.

았다는 반증이다. 둘째, 일본 정부는 선점에 의한 영역권원의 취득을 주장하고 있지만 독도는 무주지가 아니므로 선점의 대상이 될 수 없다는 것이다.

국제법상 특정 영역을 취득하는 것이 정당하다고 인정할 수 있는 원인이 되는 사실을 영역권원이라고 하는데, 선점은 18세기 말 이후 인정할 수 있는 영역권원의 하나이다. 일본 정부에 의하면 유럽에서 기원하여 아시아제국에는 적용되지 않은 근대 국제법이 일본에서 적용되기 시작한 것은 문호를 개방하고부터이다. 즉 일미화친조약이 체결된 1854년 이후부터가 되는 것이다. 마찬가지로 근대 국제법상 조약체결이라는 사실을 기준으로 하면 한국에서 근대 국제법이 적용되기 시작한 것은 일본과 처음으로 근대 조약인 강화도조약을 체결한 1876년 이후부터로, 19세기 말 시점에는 양국에 근대 국제법이 적용되고 있었으며 1905년에 일본이 행한 영토편입조치에 의해 선점의 성립 여부는 근대 국제법의 기준에 비추어 평가되어야 한다고 주장한다. 나카노가 제시하는 선점의 요건은 다음과 같다.

① 선점 목적물은 무주 토지여야 한다. 무주 토지라는 것은 아직 어느 국가의 판도의 일부가 아닌 토지로 주민도 없고 국가도 없는 토지는 당연 무주지이다. 또한 '무주지'라는 것은 애초부터 공법적인 의의로 … 사람이 있어도 가능하다. 또한 그 토지는 사법상 이미 소유될 수도 있다. 요컨대 '무주라는 것은 그 토지가 되는 한 나라의 영토주권에 속하지 않는 것'을 의미한다.

② 선점은 국가행위가 되는 것이다. 선점은 국가권력이라는 이름으로 또한 국가권력의 승낙에 의해 이루어져야 하는 것을 요한다. 선점의 명령이나 전권이 주어지는 경우뿐만 아니라 해군의 함장이나 사령관

처럼 전권이 있는 자라고 가정할 수 있는 자가 행하는 경우라도 국가 권력의 승낙이 있는 것으로 간주할 수 있다.

③ 선점을 유효하게 하려면 이것을 선점하는 의사가 있어야 한다. 즉 국가가 이제부터 그 토지를 자국 영토의 일부로 간주하는 의사표시이고, 병합(annexation)이라고 표현될 때도 있었다. 그러나 의사라는 것은 존재를 증명하는 표시를 요하며, 국제법상 의사표시 형식에 대해서는 특별히 정해진 것은 없지만 통상 국기를 걸어 선점을 선언하는 것으로 충분하다. 또한 포고에 의해서도 가능하다.

④ 선점은 실효적이어야 한다. 선점의사와 더불어 그 의사에 선점의 사실이 동반되지 않으면 선점은 성립되지 않는다. 즉 선점은 실효적(effective)이고 실제적(real)이어야 한다. 예를 들어 새롭게 발견한 섬에 국기를 걸고 선점의사를 표명하는 것만으로는 선점이 성립되지 않으며 또한 푯말을 세워 거기에 자국의 영역임을 기록해두는 것만으로는 선점이 성립되지 않는다.[43]

(2) 나카노 데쓰야의 주장 검토

나카노 데쓰야는 1876년 강화도조약 이후의 한일 간 근대 국제법체제를 전제로 무주지 선점론을 제기하고 있다. 독도는 무주지가 아니므로 선점의 대상이 될 수 없다는 한국 정부의 주장에 대해 나카노가 제시하고 있는 선점의 요건에서 무주지라는 것은 '애초부터 공법적인 의의로 사람은 있어도 가능하며, 그 토지는 사법상 이미 소유해도 된다'고 주장한다. 그러나 선점이라는 것은 1885년 베를린회의에서도 확인되는 바와 같이 식민주의와 밀접한 관련이 있으며, 사법상 무주물의 문제가 공법상 무주지

43 中野徹也, 2012, 113-166쪽.

의 문제로 치환된 문제의 법리임을 주지해야 할 것이다.[44] 또한 근대 국제법체제를 전제로 1876년 이후 양국은 대등한 조약체결의 주권당사국임에도 불구하고, 1905년 을사늑약과 1910년 강제병합조약 체결 당시 조약체결 대표에 대한 강박행위로 인해 국제법상 무효일 뿐만 아니라, 상대국을 국제법의 적용 대상으로 보면서 동시에 한국 영토의 일부를 '무주지'라 하여 선점행위를 자행하는 자체가 법리적으로 모순된 주장이라 지적하지 않을 수 없다.

아울러 선점의사와 더불어 그 의사에 선점의 사실이 동반되지 않으면 선점은 성립되지 않으며, 새롭게 발견한 섬에 국기 게양 정도로는 선점이 성립될 수 없음을 강조하고 있다. 이러한 나카노의 주장과 관련하여 1932년 클리퍼튼섬 사건의 중재판정을 언급하고자 한다. 중재재판관은 무인도의 경우 유인도에 관한 영유권 확립에 요구되는 절차를 따르는 것이 필수적인 것은 아니라는 취지로 판단하였다. 즉 주민이 거주하지 않는, 가혹한(inhospitable) 격지 무인도에서는 국가권능의 현시라는 통상의 실효지배의 엄격한 요건이 완화되어, 주권자가 실효적으로 지배할 것이 요구되지 않으며, 최초의 결정적인 주권행위의 유효한 권원을 창설하는 데 충분하다는 것이다.[45] 환언하면, 무인도의 경우 전혀 인간이 거주하지 않는다는 사실로 인해 점유국이 타국의 방해 없이 처음으로 그 영토에 출현한 순간부터 그러한 영역이 그 점유국의 절대적이며 이론의 여지없는 절대적 처분권 아래에 놓이게 된다면, 바로 그 순간부터 '점유의 취득'이 성

44 오시진, 2021, 「식민주의와 국제법의 영토취득 방법에서 본 독도주권에의 함의」, 『독도 영토주권과 국제법적 권원』 II, 동북아역사재단, 94-95쪽.

45 Arbitral Award of His Majesty the King of Italy on the Subject of the Difference Relative to the Sovereignty over Clipperton Island(France v. Mexico), Jan. 28, 1931, *American Journal of International Law*, Vol. 26, 1932, p. 390.

취된 것으로 간주되어야 하며 동시에 선점이 완성된 것으로 추정 또는 간주된다는 것이다.[46] 1931년 동부그린란드 사건의 PCIJ 판결에서도 비식민지역의 극지 및 원격적 성질은 계속적 및 고강도의 권한행사를 요구하는 것이 불합리하다고 하였다. 즉, 이것은 실효적 지배가 불가능한 곳에서는 상징적 지배의 관념도 부정되지 않는 것을 의미하는 것이다.[47]

2) 나카노 데쓰야의 한일조약 관련 주장 검토

(1) 나카노 데쓰야의 주장

나카노는 1905년 당시의 상황을 다음과 같이 정리하고 있다. 1904년에 '죽도'에서 어업권 독점을 꾀한 나카이 요자부로는 당초 대한제국 정부에 대여요청원을 제출하려고 생각하고 있었다. 그 시대에 쓰인 구즈 슈스케(葛生修亮)의 『한해통어지침(韓海通漁指針)』(1903) 등의 기술에서도 당시 일본인 사이에서 '죽도'를 대한제국령이라고 간주하였다는 생각이 적잖이 있었다. 1904년 군함 니타카(新高) 일지에는 한국인이 '독도'라고 썼다는 것이 기록되어 있다. 그리고 1906년에 시마네현의 진자이 유타로 일행이 울릉도를 방문했을 때 '죽도'가 일본 영토에 편입되었다는 것을 들은 한국 관료들은 한결같이 독도는 한국 영토의 일부이며 일본령이라는 것은 전혀 근거 없는 이야기라고 대답하였다.

그럼에도 불구하고 나카노 데쓰야는 '각의결정이 이루어진 1905년의 시기에 '죽도'/독도가 대한제국령이었다는 논증이 없다'고 주장한다. 또한 대한제국 칙령 제41호가 독도를 '자국 영토의 일부로 간주한다는 의

---

46 박현진, 2017, 『독도 영토주권 연구』, 경인문화사, 231-233쪽.

47 Legal Status of Eastern Greenland, Judgment, PCIJ, Ser. A/B., No. 53, 1933, p. 22, 52.

사표시'라고 간주하는 것이 가능하다면 최소한 이 칙령은 발견 또는 선점 착수에 해당하는 행위에 불과하고 한국에 미숙한 권원이 주어져 상당한 시간 동안 같은 지방에서 다른 문명국 및 그 신민의 선점적 행위를 배척하는 것이 가능할 뿐이라고 주장한다. 더욱이 칙령상의 '석도'와 지금의 독도가 일치하지 않는 이상 이러한 해석은 불가능하므로, 1905년 시점에서 무주지로 간주하는 것은 가능하다는 결론을 내린다.[48]

다음으로 당시 한일조약 관계와 관련한 문제이다. 한국 입장에서는 1905년 울도 군수가 관리하고 있던 독도에 대해 일본 정부가 아무런 확인이나 협의 조치도 없이 일방적으로 자국의 영토라고 선언한 것은 제국주의의 영토침탈이라는 것이다. 시마네현 고시에 대한 울도 군수의 대응에도 불구하고 일본이 독도를 소유자가 없는 토지로 규정하고 편입한 한편, 한국 정부는 독도를 울릉도 관할하에 두고 있었다. 충돌하는 이 두 가지 사실이 해명되지 않은 채 그 이후에도 논쟁의 불씨가 계속 남아 있는 결정적인 이유는 한국이 일본의 식민지가 되었기 때문이다. 일본제국주의가 한국인의 의사에 반하여 한국을 침략한 것이 지금 문제가 되고 있는 독도 문제의 근본 배경이고 한국인에게 1905년이라는 시간의 역사적인 의미 또한 강권에 의한 국권의 침탈로 집약된다.[49]

그러므로 한국 정부는 다음과 같이 주장한다. 당시 일본은 '한일의정서'와 '제1차 한일협약'을 강요하고 사실상 한국의 실권을 장악하였다. 이에 일본은 '전략적 견지에서 필요하면 한국 영토의 어떠한 부분도 점령'할 수 있었다. 실제로 그 후 일본은 한국 토지의 강제 점령을 목적으로 측량하고 그 외의 명목으로 공공연히 한국 침략을 계획하였다. 독도에 대한

48 中野徹也, 2012, 152쪽.

49 中野徹也, 2012, 154쪽.

측량이나 강치잡이는 일본의 침략행위의 하나임이 틀림없고, 국제법상의 '영토지배권의 계속적 행사'와는 관계가 없다. 당시 일본이 한국을 침략하고 궁극적으로는 한국을 병탄하기 위한 전초공작으로 먼저 독도에 대한 그 침탈행위를 합리화하는 하나의 구실로 선점조치를 취한 것이다. 독도에 대해 어떠한 조치가 취해져도 한국 정부에는 이의를 제출할 여지조차도 줄 수 없었다. 일본에 의한 일련의 편입조치 과정은 충돌이 예상되므로 한국을 완전히 무시하여 행해진 것이다. 그래서 이후 일본에 의한 독도 지배가 실효적으로 되었다 해도 그것은 평온한 지배가 아닌 영토지배권의 계속적 행사라고는 말할 수 없다. 이에 대해 일본 정부는 제1차 한일협약은 원래 러일전쟁 때 한국의 영토 보전을 달성하기 위해 필요에 응하여 군략상 필요한 지점을 일시적으로 사용하는 것을 계약한 것에 지나지 않고 '죽도'의 영토편입조치와는 아무런 관계도 없다고 반론하고 있다.[50]

(2) 나카노 데쓰야의 주장 검토

나카노는 독도에 대해 한일병합 전부터 일본 영토였던 지역이라고 주장한다. 이와 관련하여, 1904년 2월 23일 체결된 한일의정서 제3조는 '대일본제국 정부는 대한제국의 독립 및 영토 보전을 확실히 보장한다'라고 규정하여 한국의 독립과 영토 보전을 명시적으로 약속했음에도 불구하고, 일본 정부는 독도를 시마네현에 편입시킴으로써 그 조항을 위반하였던 불법행위로 강제병합 이전의 영토주권에 대한 논의의 문제가 아닌 것이다.[51]

---

50 塚本孝, 2002, 「竹島領有権をめぐる日韓両国政府の見解」, 『レファンス』(平成14年 6月號), 60쪽.

51 호사카 유지, 2009, 「한일협약과 고종의 밀서로 본 독도영유권」, 『한일군사문화연구』 8, 191쪽.

또한 강제병합 이전 1905년 을사늑약 제4조를 근거로 '신법우선의 원칙'에 입각하여 한일 양국 사이의 현존 조약과 약속은 이 협약 규정과 저촉되지 않은 범위에서 그 효력을 유지한다는 반론이 제기되고 있으나, 절대무효인 을사늑약을 합법이라는 전제에서 신법우선의 원칙을 주장하고[52] 있다는 점에서 그 타당성이 없는 것이다. 1963년 UN 국제법위원회(ILC)의 조약법협약 법전화 과정에서 공표된 1935년 하버드 법대가 기초한 국가대표 개인에 대한 강박에 따른 대표적인 무효조약의 사례로서, 1905년 을사늑약이 제시되고 있다는 점에서 그것을 입증하고 있기 때문이다.[53] 또한 1951년 샌프란시스코강화조약과 관련하여 동아시아 냉전체제를 활용한 일본의 주도하에 한국의 당사국 지위가 배제되었음에도 불구하고 독도를 일본에 편입한다는 규정이 없는 것은[54] 한국 고유의 영토인 독도는 카이로선언이 천명한 폭력과 탐욕에 의해 약탈된 도서이자 광복과 동시에 완전한 영토주권 회복의 상징임을 국제적으로 승인하고 있는 반증인 것이다.[55] 더욱이 동일한 무주지 선점론으로 역사적 권원을 원용한 쓰카모토 다카시의 대체적 권원론에 대해 근대 국제법체제에서 자국의 영역을 확인받기 위해 고유영토를 재확인하는 국제 사례는 존재하지 않는다며 비판하는 나카노 데쓰야의 주장은 핵심적 전제가 주권평등의 원칙이라는 점에서 1904년 한일의정서 이래 일본의 침략적 국가실

---

52 坂元茂樹, 1995, 「日韓保護条約の効力-強制による条約の観点から」, 『関西大学法学論集』 44-4·5合併, 350쪽.

53 Harvard Law School, 1935, "Draft convention, with comment, prepared by the Research in International Law," *American Journal of International Law*, with supplement, Vol. 29, p. 1157.

54 이한기, 1969, 270쪽.

55 See-hwan Doh, 2017, "International Legal Implications of the San Francisco Peace Treaty and Dokdo's Sovereignty," *Korean Yearbook of International Law*, Vol. 4, pp. 67-69.

행을 국제법상 합법으로 주장하고 있는 점을 주목해야 할 것이다.

3) 나카노 데쓰야의 통고 관련 주장 검토

(1) 나카노 데쓰야의 주장

나카노 데쓰야는 무주지 선점론 주장의 논거가 집약된 통고 관련 문제를 다음과 같이 정리하고 있다.

> 한국 정부에 의하면 시마네현 고시는 '당시 혼란을 틈타 몰래 행해진 것'이었고 일본 정부가 이 건에 대해 정식 외교적 수속을 통해 당시 한국 정부에 고시하였다고는 인정할 수 없다. 외국은 물론 일본의 일반 국민조차 이것을 알지 못했다. 그렇기 때문에 한 국가의사의 공시라고 간주할 수 없다. 타국의 영토를 한 지방 청사의 고시로 비밀리에 편입했다는 실례는 없다. 클리퍼튼섬의 귀속을 둘러싼 프랑스와 멕시코와의 분쟁에서 중재재판소는 프랑스 정부가 하와이 정부에 통고했다는 것과, 또한 하와이에서 발행된 『폴리네시아』 지상에 영문으로 이 섬에 대한 주권 수립을 공고했다는 것을 근거로 선점의 성립을 인정하였다.[56] 1888년 만국국제법학회(Institut de Droit International)의 결의도 선점에 관한 요건으로 외국에 대한 통고(notification)를 요구하고 있다.[57]

---

56 클리퍼튼섬 사건의 이해관계국 통고의무와 관련하여, 최철영, 2021, 「독도 무주지 선점 주장에 대한 일본의 국제법적 논거 검토」, 『독도 영토주권과 국제법적 권원』Ⅱ, 동북아역사재단, 205-207쪽.

57 横田喜三郎, 1933, 「無人島先占論」, 『中央公論』, 88쪽; Annuaire, Institut de Droit International, Tome 10, 1888/1889(Réimpression, SCHMIDT PERIODICALS GMBH,

이에 대해 일본 정부는 지방청에 의한 고시는 당시 일본이 선점했을 때 관행인 고시 방법이고 국제법상의 고시 요건을 충족시키고 있다는 입장이다. 시마네현 고시는 비밀리에 행해진 것이 아니라 각의결정에 기초하여 시마네현 지사가 발표한 것이고 일본의 국가의사 표명이다. 메이지 38년 2월 28일자 『시마네현보』에 게재되었고, 또한 같은 해 2월 24일자 『산인신문』 제5912호에도 고시가 있던 사실과 그 내용을 보도하였다. 외국에 대한 통고에 대해서 대다수 학자는 조약상 특별의무를 지는 경우(예를 들면 1885년 베를린회의 일반의정서)[58]를 제외하고 그것을 영역권원 취득의 절대적 요건으로 한다는 국제법 원칙은 존재하지 않는다고 보고 있다. 클리퍼튼섬 사건의 중재재판이나 그 외 선례에 있어서도 외국에 대한 통고는 필요 없는 취지라는 판결이 내려졌다. 클리퍼튼섬 사건판결에서는 타국에 통보할 의무는 없고 어떠한 방법이든 영토취득이라는 행위에 공시성이 주어진다면 충분하다는 것이다. 만국국제법학회의 결의도 외국에 대한 통고를 요건으로 하지는 않고 각국에서 관행이 되어 있는 형식에 의한 공표로 충분하다는 것을 명백하게 하고 있다. 지방청에 의한 고시라는 형식 자체에 문제가 없는 것은 이미 서술하였다. 고시는 현보에 게재되고, 신문보도도 하였기 때문에 '비밀리에 행해졌고', '일본의 일반 국민조차 이것을 몰랐다'라고 말할 수 없다. 그러나 일본이 취한 조치는 '자국민을 대상으로 한 국내적 조치였고, 경합국은 물론 타국에 대해 이것의 입법조치에 동반하는 영유권 주장을 하지 않은 매우 공연성이 낮은

D-83075 Bad Feilnbach/Germany, 1994), p. 177; Martti Koskenniemi, "Gustave Rolin-Jaequemyns and the Establishment of the Institut de Droit International Law," *Revue Belge de Droit International/Belgian Review of International Law*, Vol. 37, No. 1, 2004, pp. 5-11.

58 General Act of the Berlin Conference on West Africa, 26 February 1885.

행위였다'는 것은 인정하지 않을 수 없다. 문제는 공연성의 낮음이 법적으로 어떠한 의미를 가지는가이다.[59]

위에서 서술한 바와 같이 보통 외국 정부에 대한 통고를 선점의 요건이라고 설명할 수는 없다. 그것은 선점이 실효적인 것 즉 지배의 실효성이 중시되어왔다는 것의 증거이다. 이것도 이미 살펴봤듯이 베를린회의 일반의정서가 통고를 요건으로 한 것은 '선점'을 실효적으로 하지 않아 그 범위를 알 수 없었기 때문이다. 즉 '의제적 점유를 실제적인 것으로 하는 것이 목적이었고 지배가 실효적이면 비밀인 채로 끝나는 것은 생각할 수 없다. 실효점령의 사실이 있을 때에는 이것이 가장 정확한 의사존재의 증명'이 된다. 그 의미로 '공연성을 담보로 하는 것은 통고가 아니라 실효성'이라고 생각할 수 있다. 거꾸로 말하면 이미 선점이 '실효적이 아닌 경우 통고에 의해 '공연성'을 확보하는 것이 법적 의무라고까지 말할 수 있는지 여부는 추후 분의를 피하기 위해서'도 바람직하다고 말할 수 있다. 한일 양국이 언급하고 정반대의 결론을 이끌어낸 클리퍼튼섬 사건 판결은 이러한 관점에서 읽어내야 한다고 주장한다.[60]

(2) 나카노 데쓰야의 주장 검토

나카노의 통고 요건 부정과 관련하여 한일 양국 학자의 대표적인 견해를 검토하면 다음과 같다.

먼저 한국학자의 견해로는, 독도의 영유권문제에 있어서 독도는 역사적으로 한국의 영토이고 무주지가 아니었으나 일본은 1905년 2월 22일에 이른바 '시마네현 고시'로써 독도를 그 현에 편입하여 선점을 완료하

59 中野徹也, 2012, 157쪽.

60 中野徹也, 2012, 158쪽.

였다고 주장한다. 그러나 첫째, 이해관계국에 대한 통고가 없었다는 점, 둘째, 선점의 의사표시 공표가 단순히 국내적인 지방자치단체의 고시에 불과한 점, 셋째, 1905년 당시 일본은 한일협약에 의하여 실질적으로 한국의 외교권을 박탈하였으므로 일본의 독도 편입에 대하여 한국으로부터 정식 항의가 없었음을 원용할 입장에 있지 않은 점 등의 이유로 일본의 주장은 근거가 박약하다고 할 수 있다.[61]

일본학자의 견해로는, 각의결정은 국가의 의사이나 그것은 국내문제이고 정부기관에 의한 대외적 공표가 정식으로 없는 한 영토취득의 요건으로서는 불충분하다. 또 시마네현 고시로써 국제법상의 요건을 만족시켰다고 하나 그것은 한 지방자치체의 공표이며 그 지자체의 결정을 그 지방민에게 알리는 것에 불과할 뿐 결코 국가의 대외적 의사표시가 아니다. 만약 지자체의 결정인 고시를 국가의 대외적 의사표시라고 한다면 새삼스럽게 국제법과 국제법학자의 설을 언급할 필요는 전혀 없을 것이다. 왜냐하면 다른 국제문제에 대해서도 국내법인 지방자치법을 적용하여 해결하면 충분하기 때문이다.[62] 더욱이 독도의 편입에 대한 이해관계국인 조선에 사실을 통고하지 않은 채 1905년 11월 17일 을사늑약을 강요하여 외교권을 박탈한 후 그 이듬해에 오키섬 관리들이 울릉도를 방문하여 통지한 것은 통고 요건의 위반이다.[63]

---

61 이한기, 2007, 『국제법강의』 신정판, 박영사, 310쪽.

62 川本秀吉, 1960, 『獨島の歷史的法的地位』, 日本 愛知大學朝鮮文化硏究會, 30쪽.

63 박현진, 2017, 361-362쪽.

Ⅳ. 무주지 선점 권원 법리 관련 국제판례의 검토

1. 무주지 선점 관련 국제판례

일본 정부의 독도영유권 주장과 관련하여 정책적 토대를 구축하고 있는 일본 국제법학계의 무주지 선점 권원 연구에서는 3개의 주요 국제판례가 공통적으로 등장한다. 영역취득의 요건으로서 실효적 지배가 불가능한 극지에서의 상징적 지배의 관념도 부정되지 않는다는 판결(Legal Status of Eastern Greenland, Norway v. Denmark, PCIJ Report, 1933)[64]을 비롯하여 사람이 정주하고 있지 않는 지역에 대해서는 주권적 권리의 행사는 상시적이지 않아도 된다는 중재판결(Clipperton Island arbitration case, 1931)[65]과, 국가권능의 행사로는 사법권, 행정권, 입법권의 행사가 필요하다는 판결(The Minquiers and Ecrehos Case, France v. United Kingdom, ICJ Report 47, 1953)[66] 등이다.

---

64 Legal Status of Eastern Greenland, 1933, p. 22, 52.

65 Clipperton Island arbitration, 1931, pp. 391-392.

66 The Minquiers and Ecrehos Case, France/U.K., ICJ Reports 47, 1953.

2. 무주지 선점 관련 국제판례 요지

1) 클리퍼튼섬 사건(PCA, 1931)[67]

클리퍼튼섬 사건은 프랑스와 멕시코 사이에 일어난 클리퍼튼섬의 영유권에 관한 분쟁이다. 1858년 11월 17일 프랑스 정부의 고등 판무관인 해군장교 켈뷔강(Victor Le Coat de Kerweguen)이 항해 중에 클리퍼튼섬을 발견했으나 프랑스 주권의 표식을 남기지 않은 채 그 섬을 떠나게 되었다. 이 사실이 하와이 정부에 통고되고, 1858년 12월 8일자 호놀룰루의 신문 『폴리네시안』에 영문으로 클리퍼튼섬에 대하여 프랑스의 주권이 이미 선포되었다는 사실이 게재되었다. 그 후 약 40년 동안 이 섬에 대해 아무런 분쟁이 없다가 1897년 11월 24일에 프랑스는 이 섬에서 구아노(guano)를 수집하고 있는 사람 3명이 미국기를 게양하고 있는 것을 발견하였다. 이에 대하여 미국은 이들에게 어떠한 허가도 내준 적이 없고, 또 이 섬에 대하여 미국으로서는 주권을 주장할 의도도 없다는 해명을 하였다. 그런데 이 사건이 진행되는 동안 1897년 12월 13일에 멕시코가 클리퍼튼섬에 군함을 파견하여 멕시코 국기를 게양하였다. 이로 인해 멕시코와 프랑스 사이에 이 섬의 영유권 분쟁이 발생하게 되었으며, 1909년 3월 2일에 이 사건을 엠마누엘 3세(Emmanuel III)의 중재재판에 부탁하였고 1931년 1월 28일에 프랑스의 승소로 종결되었다.

중재재판관은 프랑스가 공시를 통한 주권선언, 1897년 멕시코의 주권 주장에 대한 항의, 1858년 클리퍼튼섬 상륙 그리고 구아노 채취 허가 등에 기초하여 프랑스의 영유권을 인정하였다. 중재재판관은 무인도의

67 Clipperton Island arbitration, 1931, pp. 391-392.

경우 유인도에 관한 영유권 확립에 요구되는 절차를 따르는 것이 필수적인 것은 아니라는 취지로 판단하였다. 즉 주민이 거주하지 않는, 가혹한 격지 무인도에서는 국가권능의 현시라는 통상의 실효지배의 엄격한 요건이 완화되어, 주권자가 실효적으로 지배할(effectively occupy) 것이 요구되지 않으며, 최초의 결정적인 주권행위(예컨대 클리퍼튼섬 분쟁사건에서 하와이 정부에의 통고 및 신문·잡지 공시 등)로 유효한 권원을 창설하는 데 충분하다는 것이다. 중재재판관은 무인도의 경우 전혀 인간이 거주하지 않는다는 사실로 인해 점유국이 타국의 방해 없이 처음으로 그 영토에 출현한 순간부터 그러한 영역이 그 점유국의 절대적이며 이론의 여지없는 절대적 처분권 아래에 놓이게 된다면, 바로 그 순간부터 '점유의 취득'이 성취된 것으로 간주되어야 하며 동시에 선점이 완성된 것으로 추정 또는 간주된다는 것이다.[68]

2) 동부그린란드 사건(PCIJ, 1933)[69]

동부그린란드 사건은 노르웨이가 그린란드의 비식민지역을 무주지라고 하여 1931년 그 일부분의 선점을 선언한 데 대하여, 덴마크는 그린란드 전부가 그 주권하에 있다고 주장함으로써 노르웨이의 선언을 무효로 판정하도록 PCIJ에 요구한 사건이다.

PCIJ는 이 사건에서 첫째, 덴마크가 그린란드 전체에 대하여 권원을 주장하려는 의사가 있었음을 증거에 의하여 확인하였다. 둘째, PCIJ는 계쟁지역에 대하여 덴마크가 선점의 제2 요건인 권한행사를 하려고 시도한

---

68 박현진, 2017, 231-233쪽.

69 Legal Status of Eastern Greenland, 1933, p. 22, 52.

증거를 검토한 결과 다른 국가에 의한 경합적 주장이 존재하지 않음을 지적하고 어떠한 국가도 보다 우세한 주장을 제출하지 않는 한 비교적 경미한 권한행사로써 충분하다고 하였다. 셋째, 그린란드의 비식민지역의 극지 및 원격적 성질은 계속적 및 고강도의 권한행사를 요구하는 것이 불합리하다고 하였다. 이것은 실효적 지배가 불가능한 곳에서는 상징적 지배의 관념도 부정되지 않는 것을 의미한다. 넷째, PCIJ는 덴마크가 명백히 그린란드 전체에 적용할 목적을 가진 다수의 입법적·행정적 조치, 덴마크의 주장을 묵인하고 있는 다수의 조약규정 등을 통해 노르웨이가 이미 전기 지역에 대한 덴마크의 주권을 승인하였다는 사실인정을 하였다. 결국 PCIJ는 1931년 노르웨이가 주장한 지역은 선점의 대상이 될 수 있는 무주지가 아님을 명백히 하고 그린란드 전체에 대한 덴마크의 주권을 인정하였다.

3) 망키에-에크르오 사건(ICJ, 1953)[70]

망키에-에크르오 사건은 망키에 및 에크르오의 도서 및 암초에 대한 영국과 프랑스 간의 영유권 분쟁으로 1950년 12월 29일의 부탁합의에 의하여 1951년 12월 5일에 국제사법재판소에 소송이 제기되었으며, 1953년 11월 17일에 영국이 승소한 사건이다. 양국은 이 섬에 대해 11세기부터 원시적 권원을 취득하여 그 후 계속적으로 이를 유지해왔으며 결코 이를 상실한 적이 없다고 주장하였다.

ICJ는 이들 섬이 무주지 또는 공유지로서의 지위를 가질 수 있다는 점은 처음부터 배제하였다. 고래로부터의 원시적 권원을 주장하기 위하여

70 The Minquiers and Ecrehos Case, France/U.K., ICJ Reports 47, 1953.

양국은 중세 이래 다양한 증거를 제시하였으나, ICJ는 중세의 증거로부터의 간접적 추정은 필요하지 않으며 섬의 영유권에 대한 근래의 직접적 증거만을 중시하겠다고 전제하였다. 이에 ICJ가 두 섬의 영유권의 소재를 판정하는 데 사용한 증거는 모두 19세기 이후의 관할권 행사에 관한 사실들이다. 즉 각종 재판권의 행사, 세금 징수, 어선 등록, 부동산 등기, 세관 설치 등의 행정권의 행사, 입법권 행사 등에 관하여 영국이 제시한 증거가 상대적으로 우월하다고 판단하여 문제의 섬들이 영국령이라고 판결하였다.

ICJ는 고래로부터의 원시적 권원을 주장하는 도서 관련 영유권 분쟁에서 오래된 역사적 증거에 대하여는 법적 효과를 인정하지 않고, 근래의 국가행정권의 행사에 관한 증거만을 기준으로 판결을 내렸다. 또한 특정한 권원에 입각하여 영유권의 소재를 결정하지 않고, 양국 주장 중 누가 상대적으로 우월한 증거를 제시하고 있느냐를 기준으로 종합적으로 판단함으로써 영역에 대한 실효적 지배의 중요성을 강조한 것이다.

3. 무주지 선점 관련 권원 법리 검토

일본 국제법학계 무주지 선점 권원 연구자들이 제시하는 3개의 국제판례의 공통분모는 실효적 점유이다. 쓰카모토 다케시가 한국의 독도 명칭을 전제로, 나카노 데쓰야가 통고문제를 전제로 독도를 무주지화한 다음 합법적 선점 후 일본이 실효적 점유를 행사하고 있다는 논지로 국제판례를 동원하고 있는 것이다. 선점의 실체적 요건으로서 실효적 점유란 국가주권(sovereignty)은 평화적(peaceful), 실제적(actually), 계속적(continuous)으로, 충분히(sufficient) 표시되고(express), 행사되어야(display) 한다는 것이다.[71] 그런데 앞서 검토한 바와 같이 태평양의 고도 클리퍼튼섬을 둘러싼 프랑스와 멕시코 간의 분쟁에서 1931년의 중재판결은 이 무인도에 대한 프랑스의 상징적 지배를 인정하였으며, PCIJ도 동부그린란드 사건의 판결에서 정주인구가 없는 극지의 실효적 점유에 관하여 동일한 취지의 판결을 내리고 있음을 확인할 수 있다.[72]

그렇다면 독도는 당시 사람이 거주하지 않는, 또 사람이 거주할 수 없는 무인도이므로, 독도에 대한 한국의 실효적 점유 내지 주권행사에는 보통 유인도의 경우에 볼 수 있는 행정조직이나 군비 및 기타의 실제적 행동이 과다하게 요구되지 않음은 물론이다. 고래부터 한국인은 독도를 울릉도의 속도로서 인식해왔고 어로 기타의 활동을 통하여 효과적으로 이용해왔다. 공도정책 또한 자국 영토에 대한 영유의사를 전제로 한 국가정책의 하나로서 도서에 대한 포기나 유기의사를 표현한 사례가 없을 뿐만 아니라 독도가 울릉도의 관할구역에 속한다는 근대적 입법조치도 1905년 이전에 일본보다 앞선 1900년에 시행하였다. 그러한 전제에서 한국의 독도주권에 대한 1905년 일본의 무주지 선점 주장은 명백히 완성된 권원에 대한 침탈 도발인 것이다. 다이주도 가나에에 이어 쓰카모토 다카시가 주장하는 근대적 권원으로 대체하였다는 1905년 일본의 독도 편입은 1953년 망키에-에크르오 사건의 대체된 권원과는 본질적으로 다른 것이다. 일본 정부가 주장하는 실효적 점유의 원칙을 비판하는 것은 그 원칙 자체를 부인하는 것이 아니라 문명국에 의한 '유인 무주지'에 대한 선점이나 또는 타국의 영토를 소속불명이라고 자의적으로 규정하여

71 Marjorie M. Whiteman, 1965, *Digest of International Law*, U.S. Government Printing Office, p. 1032.

72 이한기, 2007, 311쪽.

선점법리를 적용하는 것은 일제식민주의의 침략 도구에 불과한 것이므로 국제법 법리 자체에 대한 왜곡의 문제점을 규명하고자 하는 것이다.[73]

따라서 일본 정부의 독도영유권 주장의 정책적 토대를 구축하고 있는 일본 국제법학계의 무주지 선점론 권원 연구자들이 핵심적인 논거로 제시하는 실효적 점유 관련 국제판례인 클리퍼튼섬 사건, 동부그린란드 사건, 망키에-에크르오 사건 모두 무인도, 원격지, 실효적 지배와 관련된 사례로 일제식민주의에 입각한 자의적인 해석과 원용을 해서는 안 될 것이다.

V. 맺음말

일본 영토주권전시관이 1905년 이후 독도에 대한 일본의 국제법상 합법적 지배와 한국의 불법점거를 강조하고 있는 점에 주목하지 않을 수 없다. 이는 일본제국주의 침략노선의 근간인 일제식민주의에 입각한 일본의 지속적인 독도주권 침탈의 역사가 여전히 현재진행형이라는 것일 뿐만 아니라, 일본의 독도 침탈 시도가 1905년을 중심으로 재개되고 있기 때문이다.

더욱이 일본 정부의 독도영유권 주장의 장기전략 왜곡프레임이 총체적인 국제법적 권원 강화정책으로 전환되고 있는 점에서 독도영유권 주장의 정책적 토대를 구축해온 일본 국제법학계의 권원 연구를 분석한 결과, 권원 계보의 정점이자 귀결점에 위치하는 히로세 요시오의 국제법사관을 전제로 한 '독도영유론'의 존재를 확인하였다. 이후 주류 연구자로

73 이한기, 1969, 293쪽.

등장하는 쓰카모토 다카시, 나카노 데쓰야 등의 국제법학자들은 모두 무주지 선점론을 주장하는 본원적 권원의 계보로 분류될 뿐만 아니라 영토주권전시관의 주장과 일치하고 있다는 점에서 환기를 요구하고 있다.

먼저 쓰카모토 다카시의 주장을 검토하면 일본이 17세기 역사적 권원을 가진 영토에 대해 선점 등 실효적 점유에 기초한 영역취득 절차를 거쳐 불확실한 원초적 권원을 근대 국제법상의 권원으로 보강하는 것이 필요하다는 것으로, 필자가 선행연구에서 '대체적 권원론'으로 검토했던 다이주도 가나에의 주장과 흡사하다는 점에서 주목하게 된다. 그러나 다이주도 가나에가 주장하는 것처럼 국제법상 역사적 권원을 가지는 고유영토를 영유하기 위하여 그것을 근대 국제법상의 다른 권원으로 대체하는 것은 요구되지 않으며, 실제 일본이 역사적 권원에 기초하여 영유하는 다수의 도서를 선점과 같은 다른 권원으로 대체한 사례도 없다는 점에서 국제법 법리상 타당성이 없는 것이다. 그러한 전제에서 기본적으로 동일한 논거를 제시하고 있는 쓰카모토 다카시의 주장은 동일한 비판으로부터 자유로울 수 없는 것으로 평가된다. 아울러 1905년 당시 일본 정부가 독도를 조선의 영토로 인식하고 군사상 필요에서 영토편입한 것으로 기술한 나카이 요자부로의 문서는 부정하면서도, 어업행위에 대해서는 국가권능의 행사로 추인하여 선점 요건을 구비하였다는 주장은 역사적 사실뿐만 아니라 국제법 법리에 대한 왜곡인 것이다.

그러한 전제에서 태정관지령, 대한제국 칙령 제41호, 독도 편입과 관련한 쓰카모토의 주장을 검토하면, 한국의 독도 명칭 관련 문제를 독도무주지론의 근거로 활용하고 있는 것으로 분석된다. 그러나 일본 역시 태정관지령에서도 울릉도를 '죽도'로 호칭하고 있는 문제를 개방에 따른 서양 지도의 유입으로 인한 혼란으로 희석화하는 등 한계를 노정하고 있다.

한편 나카노 데쓰야는 쓰카모토 다카시와는 달리 역사적 권원과는 일정 부분 절연을 전제로 1876년 강화도조약 이후의 국제법 관계를 전제로 한 무주지 선점론을 제기하고 있으나, 1904년 한일의정서 이래 일본의 독도영유권 주장이 갖는 불법적인 문제에 대해서는 별개의 개념으로 외면하고 있다. 그러한 그의 주장은 선점 요건으로서의 통고문제에서 극명하게 표출되어 1885년 베를린회의 일반의정서, 1888년 만국국제법학회의 통고의무는 인정하면서도, 영역권원 취득의 절대적 요건으로 한다는 국제법 원칙은 존재하지 않는다는 식으로 해석하며 시마네현의 고시로 선점의 완료를 주장하나, 국제법이 지자체의 고시와 동일하다는 법규범 인식 자체가 타당성을 담보하기는 어려울 것으로 보인다.

요컨대, 쓰카모토 다카시는 다이주도 가나에의 '대체적 권원론'에 내재된 법리적 문제점을 답습하고 일본의 독도 명칭 혼선을 왜곡한다는 점에서 한계가 있으며, 나카노 데쓰야는 역사적 권원과의 절연의 법리로 주권평등의 원칙을 근간으로 하는 근대 국제법체제를 주장하면서도 독도주권 침탈을 비롯한 통고문제 등에서 일제식민주의를 합법화하는 한계를 노정하고 있다.

아울러 히로세 요시오와 동일하게 무주지 선점론 주장자들이 실효적 점유의 법리로 제시하는, 클리퍼튼섬 사건, 동부그린란드 사건, 망키에-에크르오 사건 모두 무인도, 원격지, 실효적 지배와 관련된 사례로 자의적인 해석과 원용을 해서는 안 될 것이다.

따라서 일본의 독도영유권 주장의 정책적 토대를 구축해온 일본 국제법 권원 관련 계보의 주장들은 카이로선언에서 천명한 폭력과 탐욕의 본질로서 일제식민주의와 일치하고 있음에 주목해야 할 것이다. 더욱이 권원 계보의 귀결점인 히로세 요시오의 국제법사관이 이후 무주지 선점론자들이 제기하는 식민지배합법론을 전제로 이와 분리를 시도하는 독도영유권 주장은 국제법적 권원의 법리적 왜곡이자 한국의 독도주권에 대한

국제법을 앞세운 중대한 법리적 침해라는 점에서 21세기 평화공동체를 향한 일본의 국제법적 책무를 촉구하고자 한다.

참고문헌

박현진, 2017, 『독도영토주권』, 경인문화사.

이한기, 1969, 『한국의 영토-영토취득에 관한 국제법적 연구』, 서울대학교출판부.

———, 2007, 『국제법강의』 신정판, 박영사.

도시환, 2012, 「한일조약체제와 식민지책임의 국제법적 재조명」, 『국제법학회논총』 57-3.

———, 2015, 「을사늑약의 국제법적 문제점에 대한 재조명」, 『국제법학회논총』 60-4.

———, 2017, 「일본의 독도영유권 주장과 일제식민지책임의 국제법적 검토」, 『독도연구』 23.

———, 2020, 「독도주권과 국제법적 권원의 계보에 관한 연구」, 『독도연구』 29.

박배근, 2005, 「독도에 대한 일본의 영역권원 주장에 관한 일고」, 『국제법학회논총』 50-3.

愼鏞廈, 1989, 「朝鮮王朝의 獨島領有와 日本帝國主義의 獨島侵略」, 『韓國獨立運動史研究』 3.

오시진, 2021, 「식민주의와 국제법의 영토취득 방법에서 본 독도주권에의 함의」, 『독도 영토주권과 국제법적 권원』 Ⅱ, 동북아역사재단.

이상균, 2018, 「일제의 역사지도 속 독도의 조선령 표기」, 『일본의 독도영유권 주장의 허상』, 동북아역사재단.

정갑용, 2008, 「쓰카모토 타카시의 「샌프란시스코 평화조약에서 나타난 다케시마에 대한 취급」에 관한 비판적 연구-2007년 일본 죽도연구회 최종보고서에 대한 비판」, 『인문연구』 55.

최철영, 2021, 「독도 무주지 선점 주장에 대한 일본의 국제법적 논거 검토」, 『독도 영토주권과 국제법적 권원』 Ⅱ, 동북아역사재단.

호사카 유지, 2009, 「한일협약과 고종의 밀서로 본 독도영유권」, 『한일군사문화연구』 8.

대한제국, 1900, 『관보』 1716, 광무 4년 10월 27일.

金柄烈, 韓誠 譯, 2006, 『明治三十八年竹島編入小史』, インター出版.

内藤正中・金柄烈, 2007,『史的検証 竹島・独島』, 岩波書店.
宋炳基, 朴炳渉 譯, 2009,『欝陵島・独島(竹島)歴史研究』, 新幹社.
田村清三郎, 2010,『島根県竹島の新研究(復刻補訂版)』, 島根県総務部総務課.
中野徹也, 2019,『竹島問題と國際法』, ハーベスト出版.
池内敏, 2012,『竹島問題とは何か』, 名古屋大学出版会.
芝盛葛 編, 1931,『新編日本歴史地圖』, 明治書院株式會社.
川本秀吉, 1960,『獨島の歴史的法的地位』, 日本 愛知大學朝鮮文化研究會.
太壽堂鼎, 1998,『領土帰属の国際法』, 東信堂.
廣瀬善男, 2007,「国際法からみた日韓併合と竹島の領有権」,『明治学院大学法学研究』81.
堀和生, 1987,「一九〇五年日本の竹島領土編入」,『朝鮮史研究会論文集』24.
内務省之部, 1877,「日本海内竹島外一島地籍編纂方伺」,『公文録』(明治 10年 3月).
大谷文子, 1984,「竹島渡海由来記抜書控」,『大谷家古文書』.
杉原隆, 2010,「「竹島外一島之儀本邦関係無之」について再考 - 明治十四年大屋兼助外一名の「松島開拓願」を中心に」, 第2回 竹島問題研究會(平成 22年 1月 25日).
中野徹也, 2012,「1905年日本による竹島領土編入措置の法的性質」,『関西大学法学論集』61-5.
________, 2020,「「近接性」に基づく領域権原確立の可能性」,『関西大学法学論集』70-2・3.
________, 2021,「領土と認められるために必要なこと」,『竹島 研究・解説サイト』(2021. 1. 29).
塚本孝, 2002,「竹島領有権をめぐる日韓両国政府の見解」,『レファレンス』(平成 14年 6月號).
______, 2007a,「サン・フランシスコ平和条約における竹島の取り扱い」,『竹島問題研究會 最終報告書』.
______, 2007b,「竹島領有権紛争の焦点 - 国際法の見地から」, 教育研究會研究大會.
______, 2008,「国際法から見た竹島問題」,『(島根県)平成20年度「竹島問題を学ぶ」講座 第5回 講義録』.
______, 2011a,「韓国の保護・併合と日韓の領土認識 - 竹島をめぐって」,『東アジア近代史』14.
______, 2011b,「竹島領有権問題の経緯(第3版)」, 国立国会図書館 調査及び立法考査局,『調査と情報 - ISSUE BRIEF -』701(2011. 2. 22).
______, 2012,「竹島問題研究会[第1期]最終報告書批判へのコメント」,『第2期 竹島問題研究會 最終報告書』(www.pref.shimane.lg.jp/admin/pref/takeshima/web-takeshima/takeshima04/kenkyuukai_houkokusho/takeshima04-03/index.data/61.pdf).

______, 2021, 「対日平和条約(サンフランシスコ平和条約)における竹島の扱い」, 『竹島 研究・解説サイト』(2021. 1. 29).

太政官, 1877, 「日本海内竹島外一島ヲ版図外ト定ム」, 『太政類典』 2-96-19.

坂元茂樹, 1995, 「日韓保護条約の効力-強制による条約の観点から」, 『関西大学法学論集』 44-4·5合併.

横田喜三郎, 1933, 「無人島先占論」, 『中央公論』.

「竹島 領有權 韓國主張覆す古地圖」, 『山陰中央新報』, 2007年 2月 22日.

Shaw, Malcolm N., 2003, *International Law*, 5th ed., Cambridge: Cambridge University Press.

Whiteman, Marjorie M., 1965, *Digest of International Law*, U.S. Government Printing Office.

Doh, See-hwan, 2017, "International Legal Implications of the San Francisco Peace Treaty and Dokdo's Sovereignty," *Korean Yearbook of International Law*, Vol. 4.

Harvard Law School, 1935, "Draft convention, with comment, prepared by the Research in International Law," *American Journal of International Law*, with supplement, Vol. 29.

Koskenniemi, Martti, 2004, "Gustave Rolin-Jaequemyns and the Establishment of the Institut de Droit International Law," *Revue Belge de Droit International/Belgian Review of International Law*, Vol. 37, No. 1.

Van Dyke, Jon M., 2007, "Legal Issues Related to Sovereignty over Dokdo and its Maritime Boundary," *Ocean Development and International Law*, Vol. 38.

______, 2009, "Disputes over islands and maritime boundaries in east asia," *Maritime Boundary Disputes, Settlement Processes, and the Law of the Sea*, Leiden: Martinus Nijhoff Publishers.

Annuaire, Institut de Droit International, Tome 10, 1888/1889(Réimpression, SCHMIDT PERIODICALS GMBH, D-83075 Bad Feilnbach/Germany, 1994).

Arbitral Award of His Majesty the King of Italy on the Subject of the Difference Relative to the Sovereignty over Clipperton Island(France v. Mexico), Jan. 28, 1931, *American Journal of International Law*, Vol. 26, 1932.

General Act of the Berlin Conference on West Africa, 26 February 1885.

Legal Status of Eastern Greenland, Judgment, PCIJ, Ser. A/B., No. 53, 1933.

The Minquiers and Ecrehos Case, France/U.K., ICJ Reports 47, 1953.

식민주의와 선점 권원의 국제법 법리에서 본 독도주권에의 함의

오시진 강원대학교 법학전문대학원 부교수

I. 머리말

II. 선점과 베를린회의(1884~1885)

III. 국제법학회에서의 무주지 범위와 법체계 논의

IV. 독도주권 관련 함의

V. 맺음말

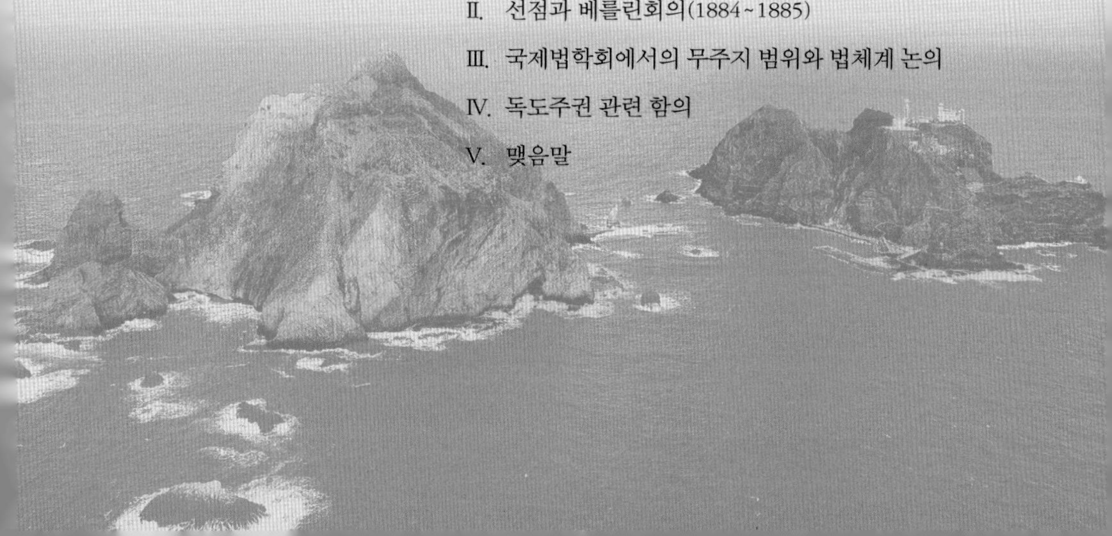

I. 머리말

선점(occupation)이란 무엇인가? 말콤 쇼(Malcolm N. Shaw)에 따르면 선점은 어느 누구에게도 속하지 않은 영토, 즉 무주지(*terra nullius*)를 취하는 영토취득 방법이다.[1] 여타 국제법학자들도 선점을 유사하게 설명하고 있다. 일반적으로 첨부, 선점, 시효, 할양과 같은 국제법상 영토취득 방법을 설명할 때 선점을 하나의 정형화된 추상적 방법론으로 설명하고 있다. 주인이 없는 땅이 있을 때, 이를 먼저 점유하여 개간하고 정착한 집단이나 국가에게 그 땅의 권원을 부여하는 것은 실천이성에 따른 상식적 판단일 수 있다.

그러나 역사적 현실에서 선점이 어떻게 활용되었는지 그 구체적인 상황을 검토해보면, 무주지 선점 독트린은 위와 같은 상식에서 벗어나 있다. 서부 사하라 권고적 의견에서 이를 간접적으로 확인할 수 있다. UN총회 결의 3292는 국제사법재판소에 권고적 의견을 의뢰하여 다음 질문에 답을 얻고자 하였다.[2]

> 첫째, 스페인이 식민지배를 할 당시 서부 사하라[리오 데 오로(Rio de Oro)와 사기에 엘 함라(Sakiet El Hamra)]가 어느 누구에게도 속하지 않는 영토(무주지)였는가?[3]

---

* 이 글은 오시진, 2021, 「식민주의와 선점 권원의 국제법 법리 검토-베를린회의(1885)와 국제법학회(1888)의 법리적 난제를 중심으로」, 『영토해양연구』 22에 게재한 논문의 수정본이다.

1 Malcolm N. Shaw, 2008, *International Law*, 6th ed., Cambridge: Cambridge University Press, p. 503.

2 UN General Assembly, 13 December 1974, Question of Spanish Sahara, A/RES/3292.

3 UN General Assembly, 13 December 1974, p. 104. "I. Was Western Sahara(Río de Oro

서부 사하라 권고적 의견은 스페인의 식민지배의 시작점인 1884년을 기점으로 하였을 때 해당 지역이 무주지가 아니었다고 판단하였다.[4] 국제사법재판소는 당시 해당 지역에 유목민이기는 하지만 토착민이 존재하고, 부족이라 할 수 있는 사회적 · 정치적 조직체가 있었다고 지적했다. 또한 국제사법재판소는 스페인이 무주지를 원용하지 않았고 이들 토착민과 보호조약을 체결하였다는 점을 지적하였다.[5]

그렇다면 법리적으로 고찰되어야 할 문제가 있다. 해당 지역에 해당 지역의 거주민 또는 주인이라 할 수 있는 이들이 있음에도 불구하고 왜 무주지 논쟁이 발생했는가? 이와 같은 무주지 선점 사안은 아직 국제사회에서 완전히 해소되지 않은 쟁점이다. 본 사안을 무주지와 토착민의 관계에 국한되는 것으로만 파악하는 경우도 있지만, 본 사안은 무주지 선점의 본질을 다루는 것으로 식민주의 시대 무주지 선점을 파악하는 데 중요한 쟁점이 된다고 할 수 있다.

주인이 없는 땅이라는, 즉 무주지의 의미는 무엇일까? 역사적으로 보

---

and Sakiet El Hamra) at the time of colonization by Spain a territory belonging to no one(*terra nullius*)?".

4 Western Sahara, Advisory Opinion, ICJ Reports, 1975, p. 12, para. 82. "As to this question, the Court is satisfied that, for the reasons which it has given, its answer must be in the negative."

5 Western Sahara, Advisory Opinion, 1975, para. 81. "In the present instance, the information furnished to the Court shows that at the time of colonization Western Sahara was inhabited by peoples which, if nomadic, were socially and politically organized in tribes and under chiefs competent to represent them. It also shows that, in colonizing Western Sahara, Spain did not proceed on the basis that it was establishing its sovereignty over terrae nullius. In its Royal Order of 26 December 1884, far from treating the case as one of occupation of terra nullius, Spain proclaimed that the King was taking the Rio de Oro under his protection on the basis of agreements which had been entered into with the chiefs of the local tribes."

왔을 때, 선점의 개념은 발견(discovery)을 대체한 측면이 있다. 즉, 19세기에 이르러서야 선점의 개념이 국제법적으로 받아들여졌다고 볼 부분이 있다. 그렇다면 19세기에 무주지라 할 수 있는 영토가 많았을까? 무주지 개념을 추상화하여 형식적으로 접근하면 문제가 발생할 수 있다. 먼저, 무주지(無主地), 무인지(無人地), 무주지(無住地)를 구분해야 한다. 무주지(無住地)는 거주하는 자가 없는 땅이라는 의미이고, 무인지(無人地)는 사람이 없는 땅이라는 의미이다. 거주하는 자가 없으면 사람이 없을 수 있기 때문에 이 둘은 유사한 의미라 볼 수 있다. 그러나 무주지(無主地)는 주권 아래에 있지 않은 땅, 즉 주인이 없는 땅을 의미한다. 1912년 저서에서 오펜하임(Lassa Oppenheim)은 무주지를 설명할 때 해당 영토가 주권하에 있는지 여부를 기준으로 하였고,[6] 2012년의 저서에서 크로포드(James Crawford)도 무주지 판단 기준을 주권하에 있는지 여부로 하였다.[7] 따라서 주권하에 있는 영토의 여부가 무주지의 핵심 기준이라 할 수 있다.

그렇다면 토착민이 존재하는 영토라 할지라도 그 지역에 주권국가라 할 수 있는 조직체가 없다면 그 영토는 무주지인가? 주권국가의 영토인지 여부를 기준으로 접근하면 문제가 생기는 부분이 있다. 본 사안은 1차적으로 거주자가 있는 영토라도 무주지가 될 수 있다는 문제로 접근될 수 있다. 그러나 더 본질적으로 당시에 주권국가로 인정받지 못하면 무주지가 될 수 있다는 사안이 있다. 역으로 거주자가 없어도 해당 영토가 주권국가의 영역 내에 있다면 무주지가 될 수 없다.

---

6 Lassa Oppenheim, 1912, *International Law*, Vol. 1, 2nd ed., New York: Longmans, Green and Co., pp. 291-292.

7 James Crawford, 2012, *Brownlie's Principles of Public International Law*, 8th ed., Oxford: Oxford University Press, p. 220.

이러한 무주지 선점 법리를 19세기 말과 20세기 초에 문제없이 받아들였을까? 이 글에서는 무주지 선점 법리가 당시에도 논란이 있었다는 점을 지적한다. 이론적으로 보았을 때, 19세기가 되어서야 '선점'이라는 단어가 국제법의 일부가 되었다. 따라서 19세기 말과 20세기 초에 무주지 선점이 어떻게 이해되었는지 파악하는 것이 중요하다.

무주지 선점과 관련된 국제법학에서의 선행연구는 상당하다. 그러나 대다수의 연구는 무주지 선점에 대한 당시 법리 자체에 대한 연구라 하기 어렵다. 기존 무주지 선점 연구는 1905년 일본의 독도 편입 혹은 선점과 관련하여 고유영토론과 모순된다는 점을 지적하든지, 독도가 무주지가 아니었다는 점을 주장한다. 기존 연구의 주된 논의는 일본의 주장에 문제점을 찾는 데에 초점을 맞추고 있다고 할 수 있다. 따라서 이 글이 기존 연구에 기여할 부분이 있다. 이 글은 기존 연구와 달리 19세기 말과 20세기 초반의 역사적 맥락 속에서 당시 국제법학자들과 국제사회가 무주지 선점 법리를 어떻게 받아들였는지 등을 검토하였다. 무주지 선점 법리 자체를 검토하여 그 문제점을 지적한다는 점에서 기존 연구와 차별성이 있다고 있다고 할 수 있다.

II. 선점과 베를린회의(1884~1885)

무주지 선점 법리의 발전사 측면에서 보았을 때, 베를린회의(the Berlin Conference, 1884~1885)는 중요한 분기점 역할을 한다. 이 절에서는 베를린회의의 무주지 선점 법리에 문제가 있었다는 점을 지적하겠다.

1. 베를린회의 이전 무주지 선점

베를린회의는 무주지 선점 법리 발전 측면에서도 유의미한 사건이라 할 수 있다. 19세기 신제국주의의 역사 전개상 아프리카 대륙의 식민지배를 확정한 베를린회의는 중대한 전환점이라 할 수 있다.[8] '아프리카의 분할(Scramble for Africa)'로 잘 알려진 베를린회의는 독일의 비스마르크(Otto von Bismarck, 1815~1898) 수상이 유럽 국가 간에 아프리카 영토분할 분쟁을 해소하고자 본 회의를 소집하였다.[9] 그 계기에는 벨기에의 콩고 식민지 개척 사업이 있었다.[10] 이러한 식민주의 역사의 발전은 종합적으로 연구되어야 할 대상이다. 그러나 국제법적인 측면에서 보았을 때 베를린회의는 무주지 선점 법리의 발전사 측면에서 상당한 의의를 갖는다.

그렇다면 베를린회의 이전에 무주지 선점이 국제법적으로 확립되어 있었을까? 사실 15세기부터 18세기까지의 국제법학자의 저서를 살펴보면 선점을 국제법상 영토취득 방법으로 설명하는 사례를 찾아보기 어렵다. 19세기 국제법을 대표하는 휘튼(Wheaton)의 저서 *Elements of International Law* 1866년판의 '소유권(Rights of Property)' 장(章)에서 독립 국가의 배타적 권리는 영토와 여타 재산이라 하며, 시효취득, 정복, 발

---

8 Matthew Craven, 2012, "Colonialism and Domination," Bardo Fassbender and Anne Peters eds., *The Oxford Handbook of the History of International Law,* Oxford: Oxford University Press, p. 880.

9 Ronald Robinson, John Gallagher and Alice Denny, 1965, *Africa and the Victorians: The Official Mind of Imperialism*, London: I. B. Tauris, p. 175.

10 베를린회의에 참석하여 일반의정서(Final Act)의 당사국이 된 국가는 독일, 벨기에, 프랑스, 포르투갈, 오스트리아, 영국, 이탈리아, 네덜란드, 러시아, 스페인, 스웨덴, 노르웨이, 덴마크, 미국, 오스만제국이다. 그러나 베를린회의에 아프리카를 대표할 수 있는 국가나 민족은 단 한 명도 참석하지 못했다.

견, 교황의 교서(Papal Bull) 등을 언급한 후 영토와 관련된 각종 사례를 언급하고 있지만, '선점(occupation)'이라는 단어 자체가 등장하지 않는다.[11] 1878년판에서도 해당 부분에 선점이라는 단어가 등장하지 않는다.[12]

1916년판에서야 1885년 베를린회의를 언급하며 선점을 영토취득 법리 중 하나로 설명한다.[13] 이에 '아프리카 연안에서의 선점. 서부 아프리카 회의(Occupation on the African Coast. The West African Conference)'라는 소제목에서 다음과 같이 설명하고 있다.

> 1885년에 베를린회의, 즉 유럽과 미국의 모든 해양 국가가 모인 열강은 아프리카 연안에서 새로운 선점행위로 인해 미래에 발생할 수 있는 오해와 분쟁을 없애기 위해 노력하였다. 그 연안의 미래 선점과 관련하여 일정한 규칙을 국제관계에 도입하는 선언문을 논의하고 채택했다.[14]

휘튼의 저술 방식은 영토취득 방법을 명확하게 구분하여 정리하는 형태가 아니다. 그러나 휘튼의 서술에서 확인할 수 있는 것은 1885년 베를린회의에서 "미래 선점과 관련하여 일정한 규칙을 국제관계에 도입

---

11 Henry Wheaton, 1866, R. H. Dana ed., *Elements of International Law*, 8th ed., Boston: Little, Brown, and Company, pp. 161-167.

12 Henry Wheaton, 1878, A. C. Boyd ed., *Elements of International Law*, London: Stevens & Sons, pp. 220-224.

13 Henry Wheaton, 1916, Coleman Phillipson ed., *Elements of International Law*, London: Stevens & Sons, pp. 281-282.

14 Henry Wheaton, 1916, "In 1885, the Powers assembled at the Conference of Berlin, that is, all the maritime States of Europe and the United States, being desirous to obviate the misunderstanding and disputes which might in future arise from new acts of occupation on the coast of Africa, discussed and adopted a declaration introducing into international relations certain uniform rules with reference to future occupations of that coast."

(introducing)"한 것이다. 즉, 이때에서야 선점이 국제법에 제대로 도입되었다고 할 수 있다.

20세기 초반 린들레이(Lindley)가 정리한 자료를 살펴보면, 선점은 19세기 초반에야 주장되기 시작했고, 국가들 간에 선점 법리를 받아들인 시점은 그보다 후라고 보는 것이 타당할 것이다. 린들레이도 베를린회의 이전 사례에서 선점이 언급된 경우를 제시하였는데, 전부 19세기 초반과 중반에 해당되는 사례들이다. 여기에는 미국의 오리곤주 지역을 포함한 북서지역(1826~1827), 페루의 로보스섬(1852), 아이티섬(1872), 필리핀의 술루군도(1876) 등이 포함되었다.[15] 따라서 1885년 베를린회의 이전에 선점이 주장된 사례가 없지는 않다. 그러나 위 사례들이 19세기에 밀집되어 있고, 그 이전 사례는 찾아보기 어렵다는 사실을 확인할 수 있다. 린들레이는 위와 같은 19세기 선점 사례를 검토한 후 1885년 베를린회의를 논의하였다. 과거 사례나 이론이 충분하지 않다는 점을 간접적으로 확인할 수 있는 대목이다.

2. 베를린회의 일반의정서상 선점의 규칙 확립 취지

베를린회의 일반의정서에서 선점에 대한 내용을 확인할 수 있다.[16] 전문

15 M. F. Lindley, 1926, *The Acquisition and Government of Backward Territory in International Law*, London: Longmans, Green, pp. 141ff.

16 General Act of the Berlin Conference on West Africa, 26 February 1885 Signed by the representatives of the United Kingdom, France, Germany, Austria, Belgium, Denmark, Spain, the United States of America, Italy, the Netherlands, Portugal, Russia, Sweden-Norway, and Turkey(Ottoman Empire).

에는 본 회의의 소집 취지에 대해서 다음 6개로 설명하고 있다.[17]

(1) 콩고 유역의 무역 자유

(2) 노예 거래

(3) 콩고 유역의 영토 중립성

(4) 콩고 항법

(5) 니제르 항법

(6) 아프리카 대륙 해안의 미래 선점에 관한 규칙

따라서 본 회의의 취지에는 선점에 대한 규칙을 확정하고자 하는 것이 포함되어 있었다. 전문은 이어서 다음과 같이 규정하고 있다.

> 반면에, 아프리카 해안의 새로운 선점행위(소유권 주장)에서 발생할 수 있는 오해와 논쟁을 없애기를 희망하며, 동시에 원주민의 도덕적, 물질적 행복을 증진시키는 방법에 관심을 갖는 것[18]

---

17 General Act of the Berlin Conference on West Africa, 26 February 1885.
(1) FREEDOM OF TRADE IN THE BASIN OF THE CONGO;
(2) THE SLAVE TRADE;
(3) NEUTRALITY OF THE TERRITORIES IN THE BASIN OF THE CONGO;
(4) NAVIGATION OF THE CONGO;
(5) NAVIGATION OF THE NIGER; AND
(6) RULES FOR FUTURE OCCUPATION ON THE COAST OF THE AFRICAN CONTINENT

18 General Act of the Berlin Conference on West Africa, 26 February 1885. "BEING DESIROUS, on the other hand, to obviate the misunderstanding and disputes which might in future arise from new acts of occupation (prises de possession) on the coast of Africa; and concerned, at the same time, as to the means of furthering the moral and material well-being of the native populations;."

위 전문은 선점 규칙을 확정하고자 하는 취지를 밝히고 있다. 즉, 선점 행위에서 발생할 수 있는 오해와 논쟁을 없애기 위하여 관련한 규칙을 확정하고자 한다는 것이다. 여기서 간접적으로 확인할 수 있는 것은 선점이 오해와 논쟁의 소지가 있었다는 것이다.

그렇다면 어떠한 방식으로 선점에 대한 논쟁을 해소하려 했을까? 1884년 11월 15일 베를린회의 개회사에서 비스마르크는 "앞으로 그곳(아프리카)의 영토를 선점하는 강대국들은 강력하고 실효적인 통제(strong and effective control)를 행사하지 않는 한 그 영토에 대한 법적 주장(legal claim)을 할 수 없다"고 주장하였다.[19] 즉, 비스마르크는 선점이 효력을 발생하려면 강력한 실효적 통제에 기반해야 한다고 보았고, 이 점을 일반의 정서에서 분명히 하고자 한 것 같다.

이어서 전문 후단에서는 앞에서 열거한 본 회의의 소집 취지에 따라 6개의 항목을 논의하고 사안들을 채택했다고 하며, 6번째 항목으로 다음과 같이 선점을 제시하였다. "아프리카 대륙 연안의 미래의 선점에 관한 특정한 통일된(uniform) 규칙을 국제 관계에 도입하는 선언문."[20]

---

19 Jeffrey Herbst, 2014, *States and Power in Africa: Comparative Lessons in Authority and Control*, New Jersey: Princeton University Press, p. 71.

20 General Act of the Berlin Conference on West Africa, 26 February 1885, note 16. "Who, being provided with full powers, which have been found in good and due form, have successively discussed and adopted …. 6. A Declaration introducing into international relations certain uniform rules with reference to future occupations on the coast of the African Continent."

3. 베를린회의 일반의정서상 선점 규칙의 요건

이에 선점과 관련된 사안이 일반의정서에 규정되었다. 해당 일반의정서는 '아프리카 대륙 연안의 새로운 선점(new occupations)이 유효하기 위해 준수해야 할 필수 조건에 관한 선언'이라는 제목의 장 아래에서 선점을 규정하고 있다.[21] 따라서 선점의 기본 요건은 "실효성"이라 할 수 있다. 구체적인 내용은 제34조와 제35조에 규정되어 있다.

일반의정서 제34조는 아프리카 대륙 내의 땅을 취하게(take possession) 될 때 그리고 보호관계를 체결할 때, 베를린회의 일반의정서 당사국들에게 통고(notification)하여야 할 의무를 규정하고 있다.[22] 여기서는 두 가지를 확인할 수 있다.

첫째, 영토취득이나 보호조약을 맺을 경우 여타 당사국들에게 통고하여 분쟁을 회피하고자 하였다는 점이다. 선점의 취지 중 하나는 타국과 분쟁을 예방하는 것인데 제34조는 본 일반의정서의 당사국에게 서로 통고하여 그 문제를 해결하고 있다. 그렇다면 본 일반의정서의 당사국이 아니라면 통고의무가 없을까? 이 규칙이 관습법이라면 가능하다. 그러나 당시에 일반의정서에 규정되어 있는 내용이 국제관습법으로 바로 확정되

---

21 General Act of the Berlin Conference on West Africa, 26 February 1885. "Declaration relative to the essential Conditions to be observed in order that new Occupations on the Coasts of the African Continent may be held to be effective."

22 Article 34 of the General Act of the Berlin Conference on West Africa, 26 February 1885. 원문은 다음과 같다. "Any Powers which henceforth takes possession of a trace of land on the coasts of the African continent outside of its present possessions, as well as the Power which assumes a Protectorate there, shall accompany the respective act with a notification thereof, addressed to the other Signatory Powers of the present Act, in order to enable them, if need be, to make good any claims of their own."

었다고 하기에는 무리가 있다.

둘째, 제34조에서 규정한 통고의 대상은 해당 지역에 보호관계를 맺게 될 강대국이다. 이론적으로 보았을 때, 선점의 대상은 무주지이다. 그러나 여기서 왜 보호관계를 맺게 될 강대국이 등장하는지 의문이 든다. 법리적으로 보았을 때 보호관계와 무주지는 그 적용 범위가 다르기 때문이다. 그러나 기존 연구에서 이미 밝혀졌듯이 부족들이 거주하는 곳을 무주지 취급한 사례는 상당하다. 동시에 이들과 보호조약이나 병합조약을 체결하는 경우도 있기 때문에, 이러한 현실을 반영한 규칙이라 볼 수 있다.

베를린회의 일반의정서 제6장은 '새로운 선점'이라는 표현을 사용하고 있고, 제6장의 일부로 제35조는 실효적 통제의 내용을 정하고 있다.

> 제6장
> 아프리카 대륙 연안의 새로운 선점이 유효하기 위해 준수해야 할 필수 조건에 관한 선언
>
> 제35조
> 현행 의정서(Act)의 서명국들은 아프리카 대륙의 연안에서 자신이 선점하고(occupied) 있는 지역에서 기존 권리를 보호하고, 경우에 따라서는 합의된 조건하에서 무역과 운송의 자유도 보장할 수 있는 통치권(authority)의 확립을 보장할 의무를 인정한다.[23]

---

23 Article 35 of the General Act of the Berlin Conference on West Africa, 26 February 1885. 원문은 다음과 같다. "CHAPTER VI DECLARATION RELATIVE TO THE ESSENTIAL CONDITIONS TO BE OBSERVED IN ORDER THAT NEW OCCUPATIONS ON THE COASTS OF THE AFRICAN CONTINENT MAY BE

제6장에서 '새로운 선점'을 명시했다는 것은 과거 선점에 대해서는 소급적용하지 않겠다는 취지라 이해될 수 있다. 또한, 제6장의 제목에서 실효성(effective)을 정하고 있는데 그 실효성의 의미를 제35조에서 규정하고 있다. 즉, 선점하고 있는 지역에서 현존하는 권리를 보호하기에 충분할 통치권이 확립되어 있어야 한다. 또, 해당 지역에서 합의된 조건하에 무역과 운송의 자유를 보장할 통제력을 갖고 있어야 한다. 비스마르크는 실효적 통제에 대해서 다음과 같이 설명하였다.

> 선점이 실효성이 있다고 여겨지기 위해서는 영토취득자는 합리적 시간 내에 실증적인 기관을 통하여 그에 대한 권리를 향유하고 그에 따른 의무를 이행할 의사와 능력을 나타내야 한다.[24]

따라서 해당 지역에서 권리를 향유하고 의무를 이행할 의사와 능력이 법리적 핵심이라 할 수 있다. 본 일반의정서 제35조에서는 해당 지역에서 자신의 권리를 실질적으로 보호할 통치권이 확립되어 있는지, 그리고 무역과 운송의 자유를 보장할 통제력이 있는가로 이를 표현하였다.

HELD TO BE EFFECTIVE .
The Signatory Powers of the present Act recognize the obligation to insure the establishment of authority in the regions occupied by them on the coasts of the African continent sufficient to protect existing rights, and, as the case may be, freedom of trade and of transit under the conditions agreed upon."

24 M. F. Lindley, 1926, note 15, p. 144. 원문은 다음과 같다. "Pour qu'une occupation soit considérée comme effective, il est a desirer que l'acquereur manifesto, dans un delai raisonnable, par des institutions positives, la volonte et le pouvoir d'y exercer ses droits et de remplir les devoirs qui en resultent."

4. 선점 규칙의 한계: 실질적 실효적 통제?

일반의정서 제35조가 아프리카만을 그 대상으로 하고 있는지에 대해서는 논란의 여지가 있다. 본문에 대한 문언만 놓고 보았을 때, '아프리카 대륙의 해안'으로 그 범위가 제한된 것으로 보인다. 그러나 당시 프랑스 대표는 이미 확립된 규칙을 아프리카에 적용할 뿐이라는 입장을 취한 바 있다.[25] 베를린회의 일반의정서의 취지가 아프리카 전체를 대상으로 하고 있고, 본 일반의정서에서 선점을 규정하고 있는 제6장의 제목에서 '아프리카 대륙'을 언급하고 있기 때문에 프랑스 대표의 주장이 타당하다.

그렇다면 아프리카 대륙을 벗어나서 본 규정이 적용될 수 있을까? 형식적으로 보았을 때, 본 일반의정서의 당사국이 아니면 본 조약에 구속되지 않는다. 또, 본 일반의정서의 대상이 아프리카 대륙이기 때문에 그 이외의 지역에 적용될 것을 의도하지 않았다고도 볼 수 있다. 그러나 만일 선점론이 아프리카 이외의 지역에도 관행적으로 적용되고 선점론이 관습법이라는 법적 확신이 있었다고 한다면, 본 일반의정서는 기존 관습법을 확인해준 측면에서 이해될 수 있을 것이다. 그러나 앞에서도 언급하였듯이, 비록 과거에 선점행위가 없었던 것은 아니지만 그 당시 국제법학자들의 저서에 이 부분이 명확하게 언급되지 않았다.

베를린회의 일반의정서는 더 근본적인 한계가 있다. 사실 실효적 통제에 기반한 선점론을 제시하면서도 이를 과연 제대로 실현했는지에 대해서는 비판적으로 볼 필요가 있기 때문이다. 아프리카 내륙인 콩고에 실질적인 첫발을 디딘 벨기에 대표는 실효적인 선점 조항에 "평화를 유지(to cause peace to be administered)"하도록 하는 조항을 넣으려고 하였으나 일

---

25 M. F. Lindley, 1926, p. 145.

반의정서에는 반영되지 않았다.[26] 베를린회의에 참석한 국가들은 아프리카를 지배하는 데에 최소한의 노력만 들이려 하였다고 한다. 이들에게 있어서 선점은 실질적으로 해당 땅을 취하는 것이 아니라 속칭 주권의 취득을 의미하였다. 따라서 아프리카 영토의 대다수는 실제로 유럽인들이 물리적으로 정복하지 않았다.[27]

베를린회의에서는 아프리카 내부에 대해서 제대로 다루지 않았다고 한다. 여기서 '후배지 이론(hinterland theory)'이 등장한다. 이 이론에 따르면 연안지역(coastal territory)을 선점하는 강대국이 그 후배지, 즉 내륙(inland)에 대한 정치적인 영향력을 갖는다. 물론 아프리카와 같이 지형이 복잡한 곳에서 이러한 이론은 문제를 낳을 수밖에 없고, 결과적으로 이 이론은 받아들여지지 않게 되었다. 그러나 선점의 기초인 실효적 통제가 아프리카 분할에 현실적인 의미를 갖고 있었다고 보기 어려웠다.[28]

베를린회의는 비용이 많이 들어가는 물리적 행정제도를 현지에 만들지 않고도 해당 지역을 지배할 수 있게 만든 성공적인 회의였다. 유럽 국가들은 타국의 세력권(spheres of influence)하에 있는 영토를 경쟁하지 않을 수 있게 본 회의의 규칙을 제도화하였다고 할 수 있다. 예를 들어 1886년 영국의 왕립 니제르 회사(the Royal Niger Company)는 해당 지역에 서류상의 보호제도(protectorate)를 형성한 후 현지에 물리적 지배력을 행사하지 않았다. 당시 영국의 입장은 타 유럽 국가들이 관여하지 않도록 설정되어 있는 이상 서두를 필요가 없다는 것이었다.[29] 당시 식민지 개

26 Jeffrey Herbst, 2014, note 19, p. 72.

27 Jeffrey Herbst, 2014.

28 Jeffrey Herbst, 2014, p. 73.

29 Jeffrey Herbst, 2014.

척에 최전선에 서 있었던 리처드 마이너츠하겐(Richard Meinertzhagen)은 3명의 백인과 20명의 흑인 군인, 50명의 경찰로 50만 명의 아프리카인들이 거주하는 지역을 정복할 수 있었다고 한다.[30] 그린(Kirk Greene)은 선점은 실질적인 식민 행정부를 설치하는 것과 동의어가 아니라고 평가한 바 있다.[31] 본 일반의정서에 따라 식민지를 개척해나가는 유럽 국가 간에는 평화를 유지할 수 있는 방법을 찾은 것이다.[32]

베를린회의 일반의정서는 유럽인들이 조약을 활용하여 아프리카 영토를 취득할 수 있게 정당성을 부여하였다는 견해도 있다. 즉, 본 회의의 결과로 조약을 통해 영토를 취득하는 행위를 허용하게 했다는 것이다.[33] 그러나 아프리카 대륙의 부족장 등은 해당 조약의 내용을 제대로 파악하지 못하는 경우가 상당하였다. 나이지리아 소코토(Sokoto)의 술탄이 이런 조약의 결과로 얻게 된 '보조금(subsidy)'을 해당 유럽 회사의 조공으로 이해한 사례도 있다고 한다.[34]

Ⅲ. 국제법학회에서의 무주지 범위와 법체계 논의

선점의 전제가 되는 무주지라는 용어를 사용하기 시작한 지 오래되지 않았다. 이 절에서는 19세기 말 국제법학회에서 무주지 용어가 논의되는 과

30 Jeffrey Herbst, 2014, p. 74.

31 A. H. M. Kirk-Greene, 1980, "The Thin White Line: The Size of the British Colonial Service in Africa," *African Affairs*, Vol. 79, p. 26.

32 M. F. Lindley, 1926, note 15, pp. 210-211.

33 Jeffrey Herbst, 2014, note 19, pp. 74-75.

34 Jeffrey Herbst, 2014.

정을 검토하도록 하겠다.

1. '무주지' 용어의 등장과 그 불확정성

국제법상 무주지라는 단어는 언제 처음 사용되었을까? 이는 로마법상 무주물(*res nullius*)과 구분해서 살펴볼 필요가 있다. 로마법상 무주물과는 별개로 국제법상 무주지라는 개념이 등장하는 시점이 있고, 당시까지만 하더라도 그 개념이 불확정적이라 볼 정황이 있다.

이 문제에 대해서 1888~1889년 국제법학회(Institut de Droit International)에서 논의한 기록이 연감에 나타나 있다. 당시 본 학회 회장인 마르티츠(Martitz)가 제시한 초안 제1조는 다음과 같다.

> 실효적으로 주권하에 있지 않거나 국제법 공동체를 형성하는 국가의 보호하에 있지 않은 지역은 해당 지역에 사람이 거주하든 거주하지 않든 그 지역 전부를 무주지(*territorium nullius*)로 간주한다.[35]

여기서 등장하는 표현인 *territorium nullius*는 오늘날 통용되는 *terra nullius*의 원형이라고도 할 수 있는데, *res nullius*와 별개의 개념으로 등장한다.

---

35 Annuaire, Institut de Droit International, Tome 10, 1888/1889(Réimpression, SCHMIDT PERIODICALS GMBH, D-83075 Bad Feilnbach/Germany, 1994), p. 177. 원문은 다음과 같다. "Est considérée comme *territorium nullius* toute région gui ne se troube pas effectivment sous la souveraineté ou sous le protectorat d'un des etats qui forment la communautó du droit des gens peu importe que cette région soit ou nou habitée."

제시된 초안에 따르면, 실효적 주권하에 있거나 국제법 공동체라 할 수 있는 문명국의 보호관계에 있는 지역은 무주지가 될 수 없다. 그러나 주권국가로 인정되지 못하면 무주지로 취급될 수 있다. 즉, 국가의 형태를 갖고 있을지라도 유럽 국가들이 주권국가로 인정하지 않는 경우 무주지가 될 수 있었다. 이론적으로 보자면, ① 문명국가, ② 주권국가, ③ 문명국의 보호관계에 들어간 국가인 경우 무주지가 아니고, 이외의 경우는 무주지가 된다. 따라서 거주자가 있다 할지라도 이 세 가지 중 하나에 해당하지 않는 경우, 예를 들어 부족국가이거나 유럽인들에게 주권국가로 인정받지 못한 국가의 경우 무주지가 될 수 있었다.

이와 같은 견해는 오펜하임의 견해와 유사하다. 오펜하임은 선점의 대상이 '국가에 속한 영토가 아닌 땅(no State's land)'으로 규정하고 있다. 나아가 이 땅은 두 가지로 분류될 수 있다고 보았다.[36] 첫째, 무인도와 같이 사람이 아예 거주하지 않는 땅이 있다. 둘째, 국가라고 할 수 없는 부족 공동체 조직이 그것이다.[37] 그러나 오펜하임도 모든 비문명국가가 무주지로 취급된다고 보지는 않았다. 유럽 국가들의 가족(the Family of Nations) 밖에 위치한 국가들의 경우라도 주권국가로 인정받을 수 있다고 본 것이다. 이들의 영토를 취하기 위해서는 선점은 불가능하고 전쟁 이후 할양이나 무력에 의한 예속(subjugation)은 가능하다고 보았다.[38]

---

36 Lassa Oppenheim, 1912, note 6, p. 292.

37 Lassa Oppenheim, 1912.

38 Lassa Oppenheim, 1912.

2. 무주지의 범위 논쟁

그러나 이와 같은 초안이 1888년 국제법학회 회의에서 받아들여진 것은 아니다.[39] 즉, 유럽 국가들의 시각에서 해당 국가가 주권국가가 아닐 경우 무주지로 취급될 수 있다는 주장이 확정되지 않았다.

먼저, 베를린회의에서 프랑스 정부를 대표하였던 에두아르 앙겔하르트(Eduard Engelhardt)는 초안 제1조에서 거주자가 있는 경우에도 무주지로 볼 수 있는지 여부에 대해서 의문점을 제기하였다.[40] 초안 제1조는 무주지의 범위에 부족국가를 포섭하고 있다. 앙겔하르트는 이 부분이 확립될 수 있는 법리인지 문제를 제기한 것이다. 또, 그러한 법리의 기초가 되는 '국제법 공동체 밖'이라는 개념 자체가 무엇을 의미하는지 의문을 제기하였다. 무엇이 '국제법 공동체(communauté du droit des gens)'인지 의문이라는 것이다. 나아가 어떠한 조건하에서 국가가 국제공동체의 일원이 될 수 있다고 할 수 있는지에 대해서도 의문을 제기하였다.[41] 달리 말하자면, 문명국의 국가들의 가족이 무엇이고, 그 일원이 되기 위한 문명 기준이 무엇인지에 대해 의문을 제기한 것이다.

앙겔하르트는 국가가 국제법을 대체로 준수하지만, 특정 국제법 규칙

---

39 Martti Koskenniemi, 2002, *The Gentle Civilizer of Nations*, Cambridge: Cambridge University Press, pp. 134, 150-151.

40 Annuaire, Institut de Droit International, Tome 10, 1888/1889, note 35, pp. 177-178. 원문은 다음과 같다. "M. Engelhardt se demande s'il est possible de poser cette règle du territorium nullius habité ou non."

41 Annuaire, Institut de Droit International, Tome 10, 1888/1889, p. 178. 원문은 다음과 같다. "Quel est, d'autre part, le sens de ces mots : 《En dehors de la communauté du droit des gens》? Qu'est-ce au juste que la 《communauté du droit des gens?》 Dans quelles conditions un État sera-t-il consideró comme faisant partie ou non de la communauté du droit des gens?"

을 인정하지 않고 따르지 않을 때, 이 국가가 국제법 공동체의 구성원인지 아닌지 확인하기 어렵다고 하였다. 예를 들어서 아비시니아의 경우 노예제도 금지를 시행하지 않고 있는데 이를 어떻게 볼 것인지 의문을 제기하였다.[42] 또, 그는 국제공동체 밖에 존재한다고 하여도 무주지라 볼 수 없고, 존중의 대상이 될 수 있는 경우가 있다고 하면서, 그 예를 스페인이 아메리카를 정복할 때, 아메리카 대륙의 상태였다고 주장하였다.[43] 물론, 스페인이 아메리카 대륙을 정복할 때도 발견과 정복 법리를 활용했기 때문에 문제가 없는 것은 아니다. 그러나 앙겔하르트의 주장은 법리적으로 보았을 때 무주지는 사람이 거주하지 않는 영토여야 하지 않느냐는 주장이라 할 수 있다.

이와 같은 견해가 소수 견해라 치부할 수만도 없다. 독일의 국제법학자 빌헬름 헤프터(Wilhelm Heffter)는 1855년에 '현대유럽국제법(Das Europäische Völkerrecht der Gegenwart)'에서 선점을 설명하며, "사람이 거주하지 않는, 이미 다른 국가가 완전한 점유를 취득하지 않은 토지와 도서에 대해서만 주로 적용되는 것"이라 규정하였다.[44] 이에는 두 가지 조건

---

42 Annuaire, Institut de Droit International, Tome 10, 1888/1889. 원문은 다음과 같다. "Quelle est la situation d'un État qui se soumet à la plupart des règles du droit des gens, et qui en repousse quelques-unes?/Àinsi, prenons le Maroc, qui n'interdit, pas l'esclavage. Or, le Maroc fait-il partie de la communaulé du droit des gens? La situation de l'Abyssinie, du sultanat de Zanzibar est analogue à celle du Maroc."

43 Annuaire, Institut de Droit International, Tome 10, 1888/1889. 원문은 다음과 같다. "D'autres sociétés sont de fait en dehors de la communauté du droit des gens, et constituent pourtant des États dignes d'ôtre respectés; telle était la situation des États de l'Amérique lors de la conquête espagnole. Il en est môme qui sont à certains points de vue despeuples sauvages, qui sont absolument en dehors delà communauté du droit des."

44 헤프터가 쓴 글의 번역은 다음 논문을 따랐다. 박배근, 2013, 「무주지 선점의 요건에 관한 1905년 전후의 학설」, 『영토해양연구』 6, 40쪽.

이 붙는다. 첫째, 사람이 거주하지 않아야 한다. 둘째, 다른 국가가 완전히 점유(선점)하지 않아야 한다. 이에 따르면, 무주지는 무인지를 포함하는 개념이다. 즉, 사람이 거주하면 무주지가 될 수 없다.

한편, 본 학회 회장인 마르티츠는 국제공동체의 범위에 대해서 그 범위를 넓게 보아야 한다는 입장이었다. 국제공동체에 속한 국가가 무엇을 의미하는지 질문을 던진 후에, 아비시니아뿐 아니라 중국과 한국을 포함하는 확장된 공동체를 그 대상으로 한다고 설명하였다. 따라서 실제 야만 혹은 야생 상태만 무주지의 대상이 된다는 것이다.[45]

그러나 19세기 말에는 이러한 견해만 있었던 것이 아니다. 아예 극단적으로 문명국이 아니면 선점의 대상이 될 수 있다는 견해도 있었다. 당시 국제법학회의 정회원이었던 로렌스(T. J. Lawrence)는 1895년 저서에서 "선점에 의한 권원은 문명국에 의해 취하여진 바 없는 영토에만 적용" 된다고 규정하였다.[46] 형식적으로 보자면, 국가들의 가족에 속하지 않은 영토는 모두 선점의 대상이 될 수 있었다.

따라서 당시 국제법학회의 연감에는 두 가지 견해가 충돌하는 것으로 보이지만, 당시 로렌스와 같은 입장이 동시대에도 존재했기 때문에 당시

---

45 Annuaire, Institut de Droit International, Tome 10, 1888/1889 note 35, p. 180. 원문은 다음과 같다. "M. le Président ne pense pas qu'il faille voir dans la disposition que M. de Martitz propose au sujet du territorium nullius, la consécration de principes aussi exorbitants que ceux qu'on y veut voir. — Qu'entend M. de Martitz par États faisant partie de la communauté du droit des gens? Est-ce uniquement la communauté étroite des États chrétiens, auxquels il faut ajouter la Turquie depuis 1856? Il y a lieu de considérer plutôt que c'est la communauté étendue de tous les Etats avec lesquels on fait des traités, soit le Maroc, la Chine, la Corée, etc. ; et dans ce cas, la règle de M. de Martitz n'exclut que les véritables hordes sauvages."

46 T. J. Lawrence, 1895 and 1910, *The Principles of International Law,* 4th ed., Boston, New York, Chicago: D. C. Heath & Co. Publishers, p. 148.

국제사회에는 최소한 세 가지 견해가 있었을 수 있다. 본 논의에서 확인할 수 있는 것은 무주지의 범위와 국가들의 가족의 범위가 확정적이지 않고 확립되어 있지 않았다는 점이다.

3. 사법과 공법의 차이 구분

한편, 무주지가 논해지는 법체계의 문제에 대한 문제 제기도 있었다. 마르티츠의 지지자인 푸시나토(Fusinato)는 무주물(*res nullius*)과 무주지(*territorium nullius*)를 구분하면서, 전자는 사법(*droit privé*)의 영역이고, 후자는 국제공법의 영역이라는 점을 지적하였다. 둘은 다른 법체계로 구분되어야 한다는 것이고, 공법의 영역에 영토를 취득할 수 있는 법리가 별도로 '규제(régler)'되어야 한다고 하였다.[47] 즉, 국제공법의 영역에 아직 확립된 법이 없고, 법이 없기 때문에 법을 정비해야 한다는 것이다.

여기에서 국제사회에 아직 무주지라는 용어가 없었다는 것을 확인할 수 있다. 무주지에 준하는 개념이 없었다는 것이 아니라 *terra nullius*라는 개념이 공법상에 확립되어 있었다고 보기 어려웠다는 것이다. 푸시나토는 *res nullius*가 사법 영역의 개념이고 *territorium nullius*는 공법의 영역이

47 Annuaire, Institut de Droit International, Tome 10, 1888/1889, p. 183. 원문은 다음과 같다. "M. Fusinato fait observer que l'idée du territorium nullius en droit public correspond à celle de la res nullius en droit privé. Comme la res nullius en droit privé n'est pas un objet actuel de propriété, de meme en droit public le territorium nullius n'est pas un objet actuel de souveraineté. Et de meme que l'acquisition de la res nullius est réglée par la loi, de même, en droit public, il faut régler l'acquisition du territorium nullius; pour cela, avant tout, une définition est nécessaire; il y a donc lieu de maintenir l'article 1et. On peut toutefois le rédiger conformément à la proposition de M. le Président."

라고 지적하였다. 나아가 공법의 영역에도 무주지가 규제되어야 한다고 주장한 사실로 보아, 공법상 무주지 개념이 확립되어 있지 않았다는 것을 간접적으로 확인할 수 있다. 물론, 당시까지 무주지 선점 관행이 없었다는 것이 아니다. 단지, 무주지가 국제법상 법리로 확립되었다고 하기 어려웠다는 것이다. 푸시나토의 지적에 따르면, 사법에 대응하는 공법의 무주지 개념이 없었기 때문에 이 법리를 확립할 필요가 있었던 것이다.

당시 국제법학회에서 무주지와 관련하여 의견의 일치를 보지는 못했지만, 만일 초안 제1조가 받아들여졌다면, 공법과 사법상 무주지의 차이는 무인지(無人地)의 여부라 할 수 있을 것이다. 앞에서는 편의에 따라 무주지라는 표현을 당시 시대적 배경에 맞게 섞어 사용하였지만, 18세기까지 *terra nullius*라는 단어가 명확하게 언급된 사례를 찾기 어렵다. 발견 독트린을 원용할 때에 *terra nullius*라는 표현이 등장하지 않을 뿐 아니라 *res nullius*라는 표현 자체도 경우에 따라 사용되지 않는 경우가 많았다.

15세기 신세계를 발견했을 때에도 *terra nullius*라는 표현은 등장하지 않는다. 비토리아(Vitoria)는 오히려 당시 신대륙에 거주자들이 있기 때문에 *res nullius*가 아니었다고 비판한 바 있다.[48] 로마법상 *res nullius*는 무주물에 준하는 개념이고 이론적으로는 사법상 무주물을 취득하는 것이 공법상 무주지를 취득하는 것으로 이해되어 사법 유추(private law analogy)에 따라 무주지를 취할 수 있다는 가능성을 제시하였다. 그러나 역시 당시 *res nullius*라는 개념은 무인지, 즉 사람이 거주하지 않는 땅을 의미하는 것이었고, 이런 측면에서는 당시 발견하여 영토를 취득한 신대륙은 정복의 대

48 Lauren Benton and Benjamin Straumann, 2010, "Acquiring Empire by Law: From Roman Doctrine to Early Modern European Practice," *Law and History Review,* Vol. 28, No. 1(Feb. 2010), p. 22.

상이 되었을지는 모르지만, 무주지로 발견되었다고 할 수 없었다.

따라서 이러한 시각에서 보았을 때, 국제법학회에서 논의된 무주지는 무주물의 개념보다 확장된 것이다. 국제법학회에서 논의된 초안 제1조상 무주지(*territorium nullius*)는 사람이 살고 있다고 하더라도 무주지가 될 수 있다. 따라서 사법상의 *res nullius*와 공법상의 *terra nullius*의 차이는 사람이 거주하는지의 여부였을 것이다.

물론 이러한 개념이 국제법으로 받아들여지지는 않았다. 앞에서도 언급하였지만 다양한 견해가 있었고, 무주지와 관련해서 법리적인 문제를 해소하지 못하였다. 즉, 당시 1888년 국제법학회에 참여한 학자들은 무주지와 관련하여 다양한 법리적 문제와 견해를 제시하였고, 의견의 일치를 보지 못했다. 결과적으로 국제법학회는 무주지와 관련하여 어떠한 결의도 채택하지 못했다. 이는 당시 무주지의 법리적 한계를 보여주는 사례이고, 당시 무주지가 국제법학적으로 확립되어 있다고 하기 어렵다는 측면을 보여주는 주요 사례라 할 수 있다.

Ⅳ. 독도주권 관련 함의

한국의 고유영토인 독도를 1905년 일본이 무주지 선점한 사실은 잘 알려진 사실이다. 그렇다면 그 선점의 의미가 무엇일지 의문이다. 이 글에서 확인했듯이 베를린회의 당시 선점 개념이 등장하지만, 국가관행 차원에서 보자면 실제 실효적 통제를 하던 선점이라 하기 어려웠다. 베를린회의 이전에는 선점이라는 개념을 국제법학자들의 저서에서 찾아보기 어렵다. 따라서 이때 선점 개념이 어느 정도 확립이 되었다고 할지라도 제대로 된 법리라고 하기 어렵다.

나아가 무주지의 개념에도 문제가 있었다. 앞에서 살펴보았지만, 무주지 법리는 19세기 말까지 완전히 확립된 법리라고 보기 어려웠다. 19세기 말 국제법학회의 논의만 보더라도 당시 국제법학회에서 견해의 일치를 보지 못하였다. 왜냐하면 국제공동체의 범위가 국제법학자들 간에 확정되어 있지 않았다. 즉, 국가들의 가족 개념과 문명 국제공동체의 범위를 확정하지 못한 것이다. 또한 국제사회에 통용되던 개념은 무주물이었고, 아직 무주지(*territorium nullius*)라는 개념이 없었다는 것을 확인할 수 있다. 19세기 말에야 공법상 무주지의 개념이 논의되었다고 볼 수 있다.

19세기 말까지 무주지 선점 개념이 명확하지 않은 부분이 있다. 그러나 일본은 독도를 '주인이 없는 땅'으로 취급하였다. 즉, 1905년 1월 28일 일본은 독도를 시마네현에 편입시키며 독도를 무주지와 다름없이 취급하였다.[49] 1877년 일본의 태정관지령 「기죽도약도」에서는 "품의한 다케시마(울릉도) 외 1도(독도)의 건은 본방(本邦=일본)과는 관계가 없음을 명심할 것"이라 규정하였다.[50] 그렇다면 일본과 관계가 없다는 의미가 문제의 초점이 될 수 있다. 이에는 두 가지 가능성이 있기 때문이다. 첫째, 일본과 관계가 없는 타국의 영토이다. 둘째, 일본과 관계가 없는 무주지이다.

그러나 1886년 5월 「개정일본지지요략」에서는 송도(松島)·죽도(竹島)의 두 섬이 있는데, "근래 결정해 그 (조선)국의 속도(屬島)가 되었다고

---

49 시마네현 고시 제40호 원문의 내용은 다음과 같다. "島根縣告示第40號 北緯三十七度九分三十秒東經百三十一度五十五分隱岐島ヲ距ル西北八十五浬ニ在ル島嶼ヲ竹島ト稱シ自今本縣所屬隱岐島司ノ所管ト定メラル 明治三十八年 二月二十二日 島根縣知事 松永武吉." 독도박물관, 「시마네현 고시 제40호(島根縣 告示 第40號)」. 디지털울릉문화대전, 「시마네현 고시 제40호」. ulleung.grandculture.net/ulleung/toc/GC01500502(검색일: 2022. 7. 31).

50 외교부, 「태정관지령, 「기죽도약도」(1877, 일본)」. dokdo.mofa.go.kr/kor/pds/part06_view09.jsp(검색일: 2021. 10. 27).

한다"고 규정하고 있다.[51] 따라서 당시 일본은 독도를 한국의 영토로 인식했다고 볼 수 있다. 그렇다면 한국의 영토가 어떻게 갑자기 선점의 대상이 될 수 있었을까? 앞에서도 살펴보았지만, 무주지는 주권국가에 속하지 않는 영토를 의미한다. 그렇다면 한국이 문명국가 및 주권국가 둘 다 아니라고 주장하면 된다. 그러나 1876년 조일수호조규(강화도조약) 제1조에서 "조선은 자주의 나라로 일본과 평등한 권리를 가진다"라고 규정하였으므로,[52] 이와 배치된다. 따라서 독도에 대한 무주지 선점 주장은 법리적인 문제를 내재하고 있다.

한편, 일본 정부는 현재 독도를 고유영토(inherent part of the territory of Japan)라 주장하고 있다.[53] 적어도 지금은 무주지 선점이 아니라는 것이다. 일본의 입장이 무주지 선점에서 고유영토론으로 바뀐 것에 대한 비판은 상당하고, 이미 많은 연구가 있다.

그러나 고유영토론 주장 자체에 대한 비판적 연구도 필요하다. 일본 정부는 북방영토라 불리는 쿠릴 지역 등을 일본의 고유영토(The Northern Territories are inherent territories of Japan)라 주장하고 있다.[54] 그러나 북방영

---

51 한철호, 2020, 「일본 메이지 시기 오쓰키 슈지[大槻修二]의 『일본지지요략(日本地誌要略)』 편찬과 독도 인식」, 『동북아역사논총』 68, 304쪽.

52 국사편찬위원회, 「우리역사넷, 「강화도조약」」. contents.history.go.kr/mobile/kc/view.do?levelId=kc_i400800&code=kc_age_40(검색일: 2021. 10. 27).

53 Ministry of Foreign Affairs of Japan, "Japan's Consistent Position on the Territorial Sovereignty over Takeshima." www.mofa.go.jp/region/asia-paci/takeshima/index.html(검색일: 2021. 10. 27).

54 "The Northern Territories are inherent territories of Japan that continues to be illegally occupied by Russia. The Government of the United States of America has also consistently supported Japan's position." Ministry of Foreign Affairs of Japan, "Basic Understanding of the Northern Territories Issue." www.mofa.go.jp/region/europe/russia/territory/overview.html(검색일: 2021. 10. 27).

토는 고사하고 홋카이도도 1869년 이전에는 일본과 별개의 지역이었다. 일본은 에조치라 불리던 홋카이도를 정복하기 시작하여 1899년에야 완전히 흡수하였다.[55] 씨들(Siddle)은 홋카이도를 흡수한 사례와 오키나와의 사례를 비교하면서 홋카이도는 무주지로 취급되었다는 점을 주장한 바 있다.[56] 이런 주장을 검토하기 위해서는 당시 일본 문헌에 대한 연구가 필요할 것이다. 따라서 이러한 부분은 후속 연구가 필요한 부분이다. 그러나 이 글에서 확인할 수 있는 것은 일본 정부가 고유영토라 주장할 때에는 법리적으로 검토해볼 필요가 있다는 점이다. 19세기 말에 정복행위로 취득한 영토도 고유영토라 주장하고 있기 때문이다.

V. 맺음말

무주지의 개념은 역사적으로 보자면 사안이 단순하지 않고 직관적이지 않다. 무주지 법리가 19세기 말에 국제법상 정당한 영토취득 방법 중 하나로 받아들여졌다고 할 수 없었다. 19세기 말에 무주지 법리는 그 이론과 실행에 있어서 논란이 있었다고 볼 부분이 있다. 이 글은 무주지 선점 법리가 19세기 말과 20세기 초 당시에도 논란이 있었고 법리적 문제가 있었다는 점을 지적한다.

무주지 선점 법리는 1885년 베를린회의 당시 확립시키려 시도한 법

55 Brett L. Walker, 2001, *The Conquest of Ainu Lands: Ecology and Culture in Japanese Expansion, 1590-1800*, Berkeley and Los Angeles, California: University of California Press, p. 1.

56 Richard Siddle, 1998, "Colonialism and Identity in Okinawa before 1945," *Japanese Studies*, Vol. 18, No. 2, p. 121.

리였다. 베를린회의는 무주지 선점 법리 발전 측면에서도 유의미한 사건이라 할 수 있다. 15세기부터 18세기까지의 국제법학자의 저서를 살펴보면 선점을 국제법상 영토취득 방법으로 설명하는 사례를 찾아보기 어렵다. 따라서 무주지 선점과 관련하여 1885년 베를린회의에 대한 연구는 상당한 의의를 가진다.

그러나 무주지 선점 법리를 적용하는 데에 법리적 문제가 있었다. 베를린회의 일반의정서 제34조는 아프리카 대륙 내의 땅을 취하게 될 때 그리고 보호관계를 체결할 때 여타 베를린회의 일반의정서 당사국들에게 통고하여야 한다고 정하고 있다. 통고의 대상은 해당 지역의 국가와 보호관계를 맺게 될 강대국이다. 이론적으로 보았을 때, 선점의 대상은 무주지이다. 그러나 여기서 왜 보호관계를 맺게 될 강대국이 등장하는지 의문이 든다. 법리적으로 보았을 때 보호관계와 무주지는 그 적용 범위가 다르기 때문이다.

한편, 유럽 국가들은 아프리카를 실제로 실효적 통제를 했었다고 보기는 어렵다. 베를린회의 개회사에서 비스마르크는 "실효적인 통제를 행사하지 않는 한 그 영토에 대한 법적 주장"을 할 수 없다고 주장하였다. 베를린회의 일반의정서 제35조는 실효적 통제의 내용을 정하고 있다. 즉, 선점하고 있는 지역에서 기존 권리를 보호하기에 충분할 통치권이 확립되어 있어야 한다. 또, 해당 지역에서 합의된 조건하에 무역과 운송의 자유를 보장할 통제력을 갖고 있어야 한다. 그러나 현실은 이러한 이상과 차이가 있었다. 베를린회의에 참석한 국가들은 아프리카를 지배하는 데에 최소한의 노력만 들이려고 하였다고 한다. 이들에게 있어서 선점은 실질적으로 해당 땅을 취하는 것이 아니라 속칭 주권의 취득을 의미하였다. 따라서 아프리카 영토의 대다수는 실제로 유럽인들이 물리적으로 정복하지 않았다.

국제법상 무주지라는 단어가 사용되기 시작한 시점도 19세기 말이라 할 수 있다. 무주지는 로마법상 무주물과 구분해서 살펴볼 필요가 있다. 로마법상 무주물과는 별개로 국제법상 무주지라는 개념이 등장하는 시점이 있고, 당시까지만 하더라도 그 개념이 불확정적이라 볼 정황이 있다. 18세기까지 *terra nullius*라는 단어가 명확하게 언급된 사례를 찾기 어렵다. 1888~1889년 국제법학회에서 논의한 기록이 연감에 나타나 있다. 여기서 등장하는 표현인 *territorium nullius*는 오늘날 통용되는 *terra nullius*의 원형이라고도 할 수 있는데, *res nullius*와 별개의 개념으로 등장한다. 한편, 1888~1889년 국제법학회에서도 무주지의 대상이 될 수 있는 범위를 확립하지 못하였다. 제시된 초안 제1조에 따르면, 실효적 주권하에 있거나 국제법 공동체라 할 수 있는 문명국의 보호관계에 있는 지역은 무주지가 될 수 없다. 그러나 이와 같은 초안이 본 회의에서 받아들여진 것은 아니다. 초안 제1조는 무주지의 범위에 부족국가를 포섭하고 있다. 앙겔하르트는 이 부분이 확립될 수 있는 법리인지 문제를 제기한 것이다. 또, 그러한 법리의 기초가 되는 '국제법 공동체 밖'이라는 개념 자체가 무엇을 의미하는지 의문을 제기하였다. 본 논의에서 확인할 수 있는 것은 무주지의 범위와 국가들의 가족의 범위가 확정적이지 않고 확립되어 있지 않았다는 점이다.

한편, 1888~1889년 국제법학회 당시 국제법학자들은 무주지 법리가 국제공법에 공백이 있다는 점을 인식하고 있었다. 무주물과 무주지를 구분하면서, 전자는 사법의 영역이고, 후자는 국제공법의 영역이라는 점을 지적하였다. 즉, 국제공법의 영역에 아직 확립된 법이 없고, 법이 없기 때문에 법을 정비해야 한다는 것이다. 결과적으로 국제법학회는 무주지와 관련하여 어떠한 결의도 채택하지 못했다. 당시 무주지의 법리적 한계를 보여주는 사례이고, 당시 무주지가 국제법학적으로 확립되어 있다고 하기 어렵다는 측면을 보여주는 주요 사례라 할 수 있다.

이 사안을 독도에 적용하여 고려해보자면 함의하는 바가 크다. 일본이 1905년 당시에 주장한 무주지 선점 법리는 상당히 문제가 많은 법리라 할 수 있다. 무주지 선점 법리가 제대로 확립된 법리라고 하기 어려울 정도이다. 1886년 5월 「개정일본지지요략」에서는 송도·죽도의 두 섬이 있는데, "근래 결정해 그 (조선)국의 속도가 되었다고 한다"고 규정하고 있다. 따라서 당시 일본은 독도를 한국의 영토로 인식했다고 볼 수 있다. 그렇다면 한국의 영토가 어떻게 갑자기 선점의 대상의 될 수 있었을지 의문이다. 무주지는 주권국가에 속하지 않는 영토를 의미한다. 그렇다면 한 가지 방법은 한국이 문명국가 및 주권국가 둘 다 아니라고 주장하면 된다. 그러나 이는 1876년 강화도조약 제1조와 배치된다. 따라서 독도에 대한 무주지 선점 주장은 법리적인 문제를 내제하고 있다.

한편, 일본 정부는 현재 독도를 고유영토라고 주장하고 있다. 적어도 지금은 무주지 선점이 아니라는 것이다. 일본의 입장이 무주지 선점에서 고유영토론으로 바뀐 것에 대한 비판은 상당하고, 이미 많은 연구가 있다. 그러나 고유영토론 주장 자체에 대한 비판적 연구도 필요하다. 일본 정부는 북방영토라 불리는 쿠릴 지역 등을 일본의 고유영토라 주장하고 있는데, 북방영토는 고사하고 홋카이도도 1869년 이전에는 일본과 별개의 지역이었다. 따라서 이러한 부분은 후속 연구가 필요한 부분이다. 그러나 이 글에서 확인할 수 있는 것은 일본 정부가 고유영토라 주장할 때에는 주의 있게 검토해볼 필요가 있다는 점이다. 일본은 19세기 말에 정복행위로 취득한 영토도 고유영토라 주장하고 있기 때문이다.

참고문헌

Antonio Cassese 저, 강병근·이재완 역, 2010, 『국제법』 제2판, 삼우사.

박배근, 2013, 「무주지 선점의 요건에 관한 1905년 전후의 학설」, 『영토해양연구』 6.

한철호, 2020, 「일본 메이지 시기 오쓰키 슈지[大槻修二]의 『일본지지요략(日本地誌要略)』 편찬과 독도 인식」, 『동북아역사논총』 68.

국사편찬위원회, 「우리역사넷, 「강화도조약」」. contents.history.go.kr/mobile/kc/view.do?levelId=kc_i400800&code=kc_age_40(검색일: 2021. 10. 27).

디지털울릉문화대전, 「시마네현 고시 제40호」. ulleung.grandculture.net/ulleung/toc/GC01500502(검색일: 2022. 7. 31).

외교부, 「태정관지령, 「기죽도약도」(1877, 일본)」. dokdo.mofa.go.kr/kor/pds/part06_view09.jsp(검색일: 2021. 10. 27).

Crawford, James, 2012, *Brownlie's Principles of Public International Law*, 8th ed., Oxford: Oxford University Press.

Davidson, Basil, 1992, *Africa in History: Themes and outlines*, London: Phoenix.

Ewans, Martin, 2017, *European Atrocity, African Catastrophe: Leopold II, the Congo Free State and its Aftermath*, Abingdon, England: Routledge.

Grewe, Wilhelm G., 2000, Byers, Michael trans., *The Epochs of International Law*, New York: Walter de Gruyter.

Herbst, Jeffrey, 2014, *States and Power in Africa: Comparative Lessons in Authority and Control*, New Jersey: Princeton University Press.

Hochschild, Adam, 1998, *King Leopold's Ghost: A Story of Greed, Terror, and Heroism in Colonial Africa*, Boston and New York: Houghton Mifflin Company.

Koskenniemi, Martti, 2002, *The Gentle Civilizer of Nations*, Cambridge: Cambridge

University Press.

Lawrence, T. J., 1895 and 1910, *The Principles of International Law*, 4th ed., Boston, New York, Chicago: D. C. Heath & Co. Publishers.

Lindley, M. F., 1926, *The Acquisition and Government of Backward Territory in International Law*, London: Longmans, Green.

Oppenheim, Lassa, 1912, *International Law*, Vol. 1, 2nd ed., New York: Longmans, Green and Co..

Robinson, Ronald, Gallagher, John and Denny, Alice, 1965, *Africa and the Victorians: The Official Mind of Imperialism*, London: I. B. Tauris.

Sèbe, Berny, 2015, *Heroic Imperialists in Africa: The Promotion of British and French Colonial Heroes, 1870-1939*, Oxford: Oxford University Press.

Shaw, Malcolm N., 2008, *International Law*, 6th ed., Cambridge: Cambridge University Press.

Walker, Brett L., 2001, *The Conquest of Ainu Lands: Ecology and Culture in Japanese Expansion, 1590-1800*, Berkeley and Los Angeles, California: University of California Press.

Wheaton, Henry, 1866, Dana, R. H. ed., *Elements of International Law*, 8th ed., Boston: Little, Brown, and Company.

______________, 1878, Boyd, A. C. ed., *Elements of International Law*, London: Stevens & Sons.

______________, 1916, Phillipson, Coleman ed., *Elements of International Law*, London: Stevens & Sons.

Benton, Lauren and Straumann, Benjamin, 2010, "Acquiring Empire by Law: From Roman Doctrine to Early Modern European Practice," *Law and History Review*, Vol. 28, No. 1 (Feb. 2010).

Craven, Matthew, 2012, "Colonialism and Domination," Fassbender, Bardo and Peters, Anne eds., *The Oxford Handbook of the History of International Law*, Oxford: Oxford University Press.

______________, 2015, "Between law and history: the Berlin Conference of 1884-1885 and the logic of free trade," *London Review of International Law*, Vol. 3, Iss. 1.

Kirk-Greene, A. H. M., 1980, "The Thin White Line: The Size of the British Colonial

Service in Africa," *African Affairs*, Vol. 79.

Koskenniemi, Martti, 2004, "Gustave Rolin-Jaequemyns and the Establishment of the Institut de Droit International Law," *Revue Belge de Droit International / Belgian Review of International Law*, Vol. 37, No. 1.

__________, 2005, "International Law in Europe: Between Tradition and Renewal," *European Journal of International Law*, Vol. 16.

Lorca, Arnulf Becker, 2010, "Universal International Law: Nineteenth-century Histories of Imposition and Appropriation," *Harvard International Law Journal*, Vol. 51.

Siddle, Richard, 1998, "Colonialism and Identity in Okinawa before 1945," *Japanese Studies*, Vol. 18, No. 2.

Annuaire, Institut de Droit International, Tome 10, 1888/1889(Réimpression, SCHMIDT PERIODICALS GMBH, D-83075 Bad Feilnbach/Germany, 1994).

General Act of the Conference of Berlin Concerning the Congo, *American Journal of International Law*, Vol. 3, 1909.

Ministry of Foreign Affairs of Japan, "Japan's Consistent Position on the Territorial Sovereignty over Takeshima." www.mofa.go.jp/region/asia-paci/takeshima/index.html(검색일: 2021. 10. 27).

Ministry of Foreign Affairs of Japan, "Basic Understanding of the Northern Territories Issue." www.mofa.go.jp/region/europe/russia/territory/overview.html(검색일: 2021. 10. 27).

Permanent Forum on Indigenous Issues, Eleventh Session, 8 May 2012, HR/5088.

The Haudenosaunee the American Indian Law Alliance and the Indigenous Law Institute North America, Conference Room Paper on the Doctrine of Discovery, 11th Session of the UN Permanent Forum on Indigenous Issues, 25 April 2012, E/C.19/2012/CRP.2.

Watson, Irene, "Strengthening Partnership between States and indigenous peoples: treaties, agreements and other constructive arrangements," Geneva, 16-17 July 2012, Organized by Office of the United Nations High Commissioner for Human Rights, HR/GENEVA/ /SEM/NGOs/2012/BP.14., p. 3.

Western Sahara, Advisory Opinion, ICJ Reports, 1975, p. 12.

국제법상 선점과 일본 영토편입 사례의 독도주권에의 함의

서인원 일제강제동원피해자지원재단 전문관

I. 머리말

1933년 10월 일본 외무성 조약국이 발행한 『국제법선례휘집』에는 메이지 시기 일본이 선점했던 도서들인 오가사와라제도(1876), 이오지마(硫黃島: 1891), 구메아카지마(久米赤島)·구바시마(久場島)·우오쓰리지마(魚釣島: 1895), 미나미토리시마(南鳥島, Marcus Island: 1898), 오키다이토지마(沖大東島: 1900), 오키노토리시마(沖ノ鳥島: 1931) 등 각 사례들의 영토편입 경위를 포함한 전반적인 해설이 첨부되어 있고, 부속자료로서 각 사례의 해설에 인용되었던 국내 법령과 그와 관련된 외교문서가 게재되어 있다. 예를 들면, 오가사와라제도의 경우, 편입 당시에 주일 각국 공사(미국, 영국, 독일, 프랑스, 러시아, 스페인, 이탈리아, 네덜란드, 오스트리아, 벨기에, 덴마크, 페루) 앞으로 통고(notification)를 하였고, 모든 국가에 이것을 양해구했다[1]는 점은 독도 편입의 경우와 비교가 된다. 그리고 이 연구에는 독도 편입 경위에 대한 설명과 자료공개가 없을 뿐만 아니라 오가사와라제도를 제외한 나머지 섬들에 대해 자세한 편입 경위와 자료공개가 없다.

1930년대 들어와서 일본은 본격적으로 영토편입정책에 대한 국제법적 연구를 실시하였다. 일본 외무성 외교사료관 소장의 「각국 영토 발견 및 귀속관계잡건」, 1933년 일본 외무성 조약국의 『국제법선례휘집』 등이 대표적인 연구 결과물이다. 그리고 1930년대 일본 국제법학자들에 의해 집필된 국제법 서적 등이 있다. 이 글은 이러한 자료를 중심으로 무주지 선점론의 의미와 일본의 영토편입 논리에 대해 분석하면서 무주지 선점론에 의한 도서 편입은 그 당시 제국주의가 행했던 약소국 침탈의 논리

1 國際法先例彙集研究會, 2004,「研究報告 國際法先例彙集に関する研究」,『外務省外交史料官報』18, 100쪽.

로 독도의 불법 편입과 정당성 결여에 대해 증명한다.

우선 일본의 오가사와라제도와 독도의 편입 과정, 그리고 다른 도서 편입 사례에서 무주지 선점의 전략과 타국에의 통고의무를 지키지 않았던 이유에 대해 비교·분석하면서 일본의 영토편입 논리의 차이점과 모순점을 증명한다. 그리고 일본이 무주지 선점에 있어 선점의 조건, 타국에의 통고의무 등 편입 절차에 대해 분석하여 일본 영토편입 절차의 문제점에 대해 증명한다.

일본의 도서 편입 절차의 경우 개인과 사기업이 영유선언과 사업허가를 통해서 영유권 취득을 주장한다. 하지만, 선점에 대한 영유선언, 실효적인 지배, 타국에의 영유의사 통고가 필요하며 이런 절차들이 합법적인 영토편입이라 할 수 있다. 따라서 일본의 도서 편입 절차의 문제점과 불법성에 대해 분석한다.

마지막으로 근대 일본제국의 영토편입 사례를 중심으로 일본의 무주지 선점의 정당성 결여에 대해 증명한다. 이오지마, 미나미토리시마, 오키노토리시마, 다이토제도, 남사제도, 독도, 센카쿠제도(중국명 댜오위다오) 등의 도서들을 군사 전략적 요새로 사용하기 위해 일본 군함을 파견하여 일본 영토편입에 필요한 절차를 추진했던 문제점에 대해 분석한다.

일본 정부는 무주지 선점론을 포장하여 강제적으로 도서들을 강탈하였는데, 이런 행위에 대한 국제법적 절차와 선례들을 분석하여 일본에 의한 영토강탈은 국제법적 불법이라는 것을 증명한다.

Ⅱ. 국제법상 무주지 선점론의 문제점

근세 초기 유럽제국이 아시아, 아프리카 등 후진국 지역에 점차 진출하고 식민지 또는 반식민지라는 형식으로 지배권을 확대해나갔는데 이 과정은 유럽제국 간의 격한 권력 투쟁에서 전개되었다. 따라서 유럽제국 간의 세력균형을 지탱해준 하나의 주축으로 역할을 담당했던 근대 국제법이 이 방면에서 국가 간 권력 투쟁을 조정하고 그들 나라의 식민지 또는 반식민지에의 진출을 일정의 규범에 종속시키기 위해 그것에 적합한 법적 기술을 준비하는 것이 요구되었던 것은 당연한 현상이었다. 그리고 그때 가장 일반적으로 이용되었던 것은 선점 법리였고 후진국 지역과의 힘의 관계 여하에 따라서 보호령 또는 피보호국 설정이라는 그 이외의 법적 형식이 자주 인용되었다. 유럽제국이 19세기 중반 이후 중국에서 획득한 조차지 제도도 이러한 유럽제국의 지배권을 확립하기 위해 만들어진 하나의 법적 기술이라 할 수 있다.[2]

19세기 국제법에 따르면 영역주권이 미치지 않는 지역은 무주지라 볼 수 있다. 무주지를 영유의사를 가지고 실효적으로 지배하는 국가가 그 무주지를 자기 영역으로 획득할 수 있다. 결국 영역취득의 의사와 그 의사의 존재를 입증하기 위한 국가 활동, 실효적 지배가 무주지의 영유를 위한 요건이 된다.[3]

선점에 의한 영유가 유효하기 위해서는 4가지 요건을 충족시켜야 한다. ① 선점의 주체가 국가여야 하고, ② 대상지가 무주지여야 하고, ③ 실효적인 점유를 동반해야 하고, ④ 국가에 영유의사가 있어야 한다.

---

2 田畑茂二郎, 2008,『国際法』第2版, 岩波書店, 247쪽.

3 小寺彰 · 岩沢雄司 · 森田章夫 編, 2010,『講義国際法』第2版, 有斐閣, 244쪽.

선점이라는 것은 국가가 무주의 지역에 대한 영토주권을 획득하는 것을 말한다. 국제법상의 선점 요건으로 선점 주체는 국가가 되고 선점은 국가행위(a state act)를 하는 것을 요하며 다음과 같은 조건이 필요하다. 국가가 관헌에 명하여 선점을 행하는 경우와 국가로부터 위임 또는 명령을 받은 개인 또는 개척회사가 국가를 위해 선점을 행하는 경우이다.

객체에 관한 요건에서 선점의 객체는 무주의 토지가 되는 것을 요한다. 주민이 없는 토지는 무주지가 되며, 유기한 토지(dereliction)는 무주지가 된다. 원주민이 점거하는 토지는 무주지가 되는 것에 대해 논쟁의 여지가 있지만 통설 및 실제는 이것을 무주지라 보고 있다.[4]

원주민의 토지를 선점하기 위해 조약을 체결하는 것은 소극적인 통설이라고 하며 선점에 있어 먼저 원주민에 대해 보호권을 설정하는 것은 일반적인 것이다. 발견은 선점의 요건이 아니고 발견자 혹은 발견국은 그 외의 다른 우선권을 가지고 있으나 미완성 권원(inchoate title)이라 할 수 있다.

이탈리아 법학자 피오레(Fiore, Pasquale)에 의하면 모든 문명국의 법적 영유하에도 없는 지역으로 미개의 원주민만이 사는 곳은 선점에 의해 취득할 수 있다고 하며[5] 영국 법학자 로렌스(T. J. Lawrence)가 말하는 무주지는 모든 문명국의 영유 부분에도 없는 지역을 가리키며, 원주민에 의한 낮은 문명수준과 정치적 결합의 달성도 선점에 의해 그들의 영지취득을 저지하는 것에 충분하지 않다고 했다.[6]

---

4 日本外務省外交史料館, 「帝国政府ノ領土権主張問題 1, 1929年(昭和 4 年)7月2日~1939年(昭和13年)3月2日-國際法上ノ先占ノ要件」, 『各國領土發見及歸屬關係雜件』 1, 25쪽.

5 杉原高嶺, 2008, 『国際法講義』, 有斐閣, 280쪽.

6 T. J. Lawrence, 1895, *The Principles of International Law*, Boston, New York (etc.): D.C.

선점은 그 지역에 영토주권을 설정하고 있는 것으로 그 설정에 대해 인정받아야 한다. 적어도 선점국의 권력을 행사하는 것에 충분한 지방관청의 존재가 필요한 것이 통설이며 선점은 실력적, 실효적 지배가 필요하다고 한다. 단순히 한 편의 선언에 끝나는 실력행사는 선점의 효력이 없고, 제3국으로부터 선점을 인정받아야 선점의 조건이 성립된다.[7] 게다가 선점의 실효성에 관한 위와 같은 통설에 대해 규범 예외의 경우에는 최소한의 요건으로서 선점국 시민의 이주와 그 외 피선점 지역의 실효적 지배 사실이 있어야 그 조건이 충족된다.

중앙정부 행정청사에서 먼 경우라도 군대 또는 경찰대가 자주 왕래하여 사실상 실효적 지배를 행하고 또는 원주민으로부터 세금을 징수하는 것은 선점 지역의 영역취득을 인정받는 것에 충족된다.

국제법상 선점의 의사표시는 일정 지역을 선점하고 취득하는 것에 대해 명확한 의사로 표명하는 것으로 가능하다. 국제법에서 그 방법에 대한 세칙을 정하고 있다. 국제법에 따르면 국권을 선점 지역에 설정하는 선언서를 발급하거나 선포하는 것은 일반적으로 그 권리를 행하는 것이라 말할 수 있고 강대국 또는 그 관계국에 외교상의 통고를 알리는 것이 당연하지만 필수 요건은 아니다.

이런 문제는 19세기 국제사회에서 타국에의 통고의 필요성에 대해 논하게 되었다. 1885년 베를린회의의 일반의정서는 아프리카에서의 선점에 대해 통고의무를 정했다. 이것을 수용한 형태로 1888년 선점에 관한

Heath & Co., pp. 146-147.

7 日本外務省外交史料館,「帝国政府ノ領土権主張問題 1, 1929年(昭和 4 年)7月2日~1939年(昭和13年)3月2日-國際法上ノ先占ノ要件」,『各國領土發見及歸屬關係雜件』1, 26쪽.

만국국제법학회의 결의는 타국의 통고를 선점 요건으로 정했다.[8] 국제법학자도 영토편입의 대외적 통고는 의무가 아니고 어떠한 실효적 지배의 근거가 있으면 된다고 주장하고 있다.

그러나 구라치 데쓰키치(倉知鉄吉)는 1885년 베를린회의 선언서에 대해 오스트리아, 벨기에, 덴마크, 프랑스, 독일, 영국, 네덜란드, 포르투갈, 러시아, 스위스, 미국 등의 모든 나라는 이 선언서를 승낙하고 약속하였지만, 이 문제는 일본과 직접 관련이 없다고 기술하고 있다.[9]

일본은 베를린회의 선언서는 조약국이 아프리카 해안의 일부를 선점할 때는 그것을 다른 조약국에 통고하는 것으로 규정되어 있고 이것은 아프리카 해안만이 적용된다는 규칙이라고 비판하고 있다.

그런데 독일이 마셜제도(1886)를 선점했을 때와 프랑스가 마다가스카르(1897)를 선점했을 때 타국에 선점을 통고한 사례가 있듯이 아프리카 이외의 경우에도 이 규칙이 적용된다고 해석하는 예도 있다.[10]

또한 베를린회의 선언서는 세계의 우수한 국제법학자들이 망라한 것이고, 그 결의는 최고의 권위를 가지고 있는 것[11]이기 때문에 그 당시 일본 정부가 선점의 4가지 요건을 준수해야 하는 것이 국제법상 관례라 할 수 있다.

1876년 10월 일본 정부는 오가사와라제도 편입 의사의 통고를 미국, 오스트리아, 벨기에, 덴마크, 프랑스, 독일, 영국, 네덜란드, 이탈리아, 페루, 러시아, 스페인 등 서구 각국 앞으로 보내어 제3국에게 인정과 묵인

---

8 橫田喜三郎, 1933, 「無人島先占論」, 『中央公論』, 88쪽.

9 倉知鉄吉, 1899, 『國際公法』, 日本法律學校, 87쪽.

10 M. F. Lindley, 1926, *The Acquisition and Government of Backward Territory in International Law*, London: Longmans, Green, p. 295.

11 橫田喜三郎, 1933, 87쪽.

을 받았다. 이런 절차를 보면 일본 정부는 일반적인 국제법 관습으로 국제법에 있는 타국에의 통고의무를 따랐던 것으로 보인다. 관습의 효력 범위는 모든 국가에 대해 법으로 효력을 가진다. 관행에 참여하지 않은 국가와 관습이 성립된 이후에 출현한 신생국가 역시 관습의 효력 범위 안에 있다. 그 당시 일본은 1885년 베를린회의의 선언서에 대해 잘 알고 있었고, 일본의 영토편입에 있어 타국에의 통고 및 승인의 절차를 행한 것을 보면 구라치가 주장한 일본의 논리에는 모순이 있다.

그리고 1930년대 일본 국제법학자인 요코타 기사부로(横田喜三郎)는 타국에 통고를 하지 않아도 되는 의무는 소수설이며 1888년 만국국제법학회 결의는 타국에의 통고를 필요로 했다고 주장하고 있다. 또한 1885년의 베를린조약도 아프리카에 있어 선점에 관해 타국에의 통고가 필요하다고 하며, 소수 반대론도 있지만 선점을 완료하기 위해서는 통고가 필요하다고 했다.[12] 또한 ① 선점의 주체는 국가로, ② 대상지는 무주지로, ③ 실효적인 점유, ④ 국가의 영유의사가 있어야 한다는 4가지가 선점의 조건이며, 선점이 성립하기 위해서는 상기의 4가지 조건이 항상 구비되어야 한다. 그중 하나라도 충족되지 않으면 선점의 조건은 성립되지 않아 영토권을 취득할 수 없다[13]고 주장한다.

일본 정부가 오가사와라제도를 편입할 때 타국에의 통고 및 승인을 받았던 것은 당시의 관습국제법에 따른 것이고 도서들을 선점하고 타국과의 영토분쟁을 방지하기 위해 타국에의 통고를 의무화했던 것이다.

한편 1885년 베를린조약에서의 선점 통고가 필요 요건으로서 의무화된 것은 사실이지만 이 통고의무도 1919년 생제르맹조약(Treaty of Peace

12 横田喜三郎, 1933, 88쪽.

13 横田喜三郎, 1933, 88쪽.

between the Allied and Associated Powers and Austria, Saint Germain)에서 폐지되었다고 한다.[14] 그러나 통고의무는 관습국제법상의 규칙으로서 지위를 회복하였다고 했다. 이에 대해 다시 선점 통고가 필요 요건으로 의무화되어 타국 간의 분쟁을 방지하고 있다.

일본의 국제법학자 오자와 아키라(大沢章),[15] 다오카 료이치(田岡良一)[16]도 통고를 선점 요건으로 하고 있다. 국제사회의 법적 안전을 확보하기 위해서는 조약상의 의무가 존재하는지 그렇지 않은지 상관없이 베를린회의 선언은 일반적으로 행해질 필요가 있기 때문이다. 그리고 그것은 사실상 국제관행에서 선점 통고를 여러 각국들이 많이 행하고 있기 때문에 선점 통고가 국제법상 의무화가 된 것으로 도출할 수 있다.[17]

어느 국가가 도서를 먼저 발견하고 때로는 상륙해서 영유권선언을 할 경우, 그 무주지의 편입과 영유의사를 타국에 알리지 않으면 분쟁이 일어나게 된다. 여러 국가들 사이의 영토획득 경쟁에서 영유권 획득과 영토분쟁을 방지하기 위해서는 타국에의 통고와 승인이 필요한 것이 그 당시의 관습이라 할 수 있다.

실제 선점 법리가 서구제국에 의해 식민지 획득을 합법화하는 역할을 담당하는 것은 부정할 수 없다. 무주지 개념을 식민지화하는 도구로서 발명하면서 문명이라는 개념을 이용하여 약소국 침략을 정당화하였다. 기도 다카요시(木戸孝允)는 만국공법이 약소국을 빼앗는 하나의 도구[18]라는

---

14 永石啓高, 2014,「19世紀後半における東アジアの国際秩序変容と日本の領域画定」,『苫小牧駒澤大学紀要』28, 64쪽.

15 大沢章, 1955,「国家領域とその変動」,『国際法講座』1, 219-220쪽.

16 田岡良一, 1955,『国際法講義』上, 有斐閣, 338쪽.

17 松原一雄, 1943,『国際法概論』, 厳松堂書店, 291쪽.

18 日本史籍協會, 1967,『木戸孝允日記』1, 東京大學出版會.

신념을 가지고 있었다.

무주지를 문명이라는 기준으로 판단하는 것은 19세기 국제법학자의 독창적인 견해라 말할 수 있다. 19세기 말 국제법학자 홀(Hall)은 영역을 취득할 수 있는 것은 문명국 내지 비문명국에 한정되어 있다[19]고 하며 로렌스는 무주지라는 것은 문명국의 점유하에 없는 토지의 부분이라고 정의하고 있다.[20] 이와 같은 문명 기준을 이용한 유럽 중심주의적 지향은 펜위크(Fenwick)의 지적에도 잘 나타난다. 그는 문명국이 비문명인·문명인에 대한 명확한 구별을 국제법이 행하지 않지만 전반적으로 보면 국제법은 유목민의 권원은 인정하지 않았으며 정주했다 해도 그 문명 수준이 유럽 기준 이하의 경우 그 권원은 인정되지 않았다고 하고 있다.[21]

선점 법리는 원래 서구 자본주의 제국이 유럽 외 지역에 식민지를 획득하는 과정에서 그것을 합법화하기 위해 사법상 무주물 선점 법리의 유추를 바탕으로 인용한 것이지만 국제법에서 선점 법리는 가령 그 지역을 사실상 지배하는 주민이 있어도 국제법 주체인 국가에 의해 통치되지 않는 한 무주의 토지로 보고 있고 최초로 실효적 지배를 행한 국가의 영역권이 인정되는 점이 특징적이다. 이 논리에 의해 아시아, 아프리카의 모든 지역은 서구제국의 식민지로 차차 편입되었기 때문에 제2차 세계대전 후 '탈식민지화(decolonization)' 움직임은 선점 법리에 대한 식민지 주민의 반격이라 할 수 있다. 그 이후 국제법의 선점 법리는 주민의 의사를 전혀 무시한 '약탈제도(Institut der Eroberung)'로 민족자결주의원칙에 바탕

19 William Edward Hall, 1924, A. Pearce Higgins ed., *A Treatise on International Law*, 8th ed., p. 125, 127.

20 T. J. Lawrence, 1895, note 38, pp. 146-149.

21 Charles G. Fenwick, 1934, *International Law*, 2nd ed., p. 251.

을 두지 않는 한, 영역취득의 효과는 생기지 않는다고 주장하고 있다.[22]

그리고 민족자결주의원칙이 확립된 오늘날의 국제법체제에서 이와 같은 해석은 인정될 수 없다. 오늘날 전세계에 무주지는 거의 존재하지 않는다.[23]

이와 같이 약소국을 무주지라고 가능하게 만든 문명 혹은 문명국 기준은 식민지를 확대하고자 하는 유럽에 있어 정당성을 확보하는 데 좋은 재료였고, 이런 일방적인 행위는 도덕적으로도 법적으로도 정당화하는 데 이용되었다.

영토변경은 보통 국제조약에 의해 발생한다. 국제조약 외 신영토취득의 원인으로 무주지 선점을 열거할 수 있지만, 무주지는 오늘날에 있어 거의 그 흔적이 없어지고 영토변경의 일반적인 원인은 모두 국제조약에 있다고 말할 수 있다.[24]

Ⅲ. 근대 일본 영토편입 사례

1. 오가사와라제도 사례

오가사와라제도는 도쿠가와 막부시대 오가사와라 사다노리(小笠原貞頼)가 도쿠가와 이에야스의 명을 받아 이즈(伊豆)반도에서 남항하여 하치죠

---

22 田畑茂二郎, 2008, 123쪽.

23 江草忠敬, 1998,『国際法辞典』, 有斐閣, 327쪽.

24 美濃部達吉, 1946,『改訂憲法撮要』, 有斐閣, 126쪽.

지마(八丈島)의 남쪽 해상에서 발견한 섬이라 한다. 섬 항구에 영토 표주를 2개 세우고 이 섬을 오가사와라제도라고 명명한 이래, 23회에 걸쳐 이 섬을 방문하는 자는 있었으나 영주하는 사람은 없었다. 오가사와라제도의 이름이 발견자인 오가사와라 사다노리의 성에 유래하는 것이 전승된 것은 18세기 전반부터이지만, 이 인물의 실재는 증명할 수 없으나[25] 도명의 유래는 전승되어 오고 있다. 오가사와라 사다노리의 발견은 가공의 이야기이지만 오가사와라제도를 최초로 발견한 사람은 1639년 네덜란드인 마티스 쿠워스트로 보여진다.[26]

오가사와라제도는 쇄국시대 에도막부가 방치하였고 오가사와라 사다노리의 자손이라고 칭하는 오가사와라 사다토(小笠原貞任)가 일본 정부(에도막부)에 무인도 도항을 요청했다.

19세기부터 열강제국들은 무주지 선점론에 의한 영토획득 경쟁을 하였고 태평양에서 포경업의 발전에 의해 오가사와라제도에도 외국 함선이 자주 기항하였다.

1817년경부터 포경선 승선의 외국인이 점차 이곳에 거주하였고, 1827년 영국 군함 브로섬(Blossom)호가 이곳에 동비(銅碑)와 영국기를 세우고 영유권을 선언하였다.[27]

1828년경 베링해연안을 측량하고 많은 섬을 발견한 러시아 항해가 리트케 제독이 세냐빈호로 내항해서 오가사와라제도가 귀속이 없는 무인도로 보고 러시아령으로 편입하려고 제의했지만, 러시아 정부는 이에 응하지 않았다고 한다.

25 大熊良一, 1969,『千島小笠原島史考』, しなの出版, 155쪽.

26 安岡昭男, 1980,『明治維新と領土問題』, 教育社, 175쪽.

27 外務省條約局, 1933,『國際法 先例彙集』2, 1쪽.

1853년 미국사절 페리는 류큐에서 오가사와라제도에 기항할 때 주민 세보레와 치치지마(父島)의 저탄소용지 165에이커 매매의 계약을 했고 미국 정부에 의해 매입이 승인되었다.[28] 이에 영국 홍콩주재 무역감독관 본햄은 영국의 영유권선언의 사례를 들어 페리를 비난했다. 페리는 세보레를 사실상 미국 시민으로 미해군 병적에 편입시키고 '치치지마 식민정부구성법안'을 교부하여 독립정부 설립을 권장하였다. 1853년 8월에 상기 법안에 의해 페리는 세보레를 도장관에 임명했다는 회답을 하였고 본햄은 이것을 영국 정부에 보고하지 않아 더 이상 문제는 발전하지 않았다. 세보레를 장관으로 하는 치치지마 식민지정부가 성립하였고 치치지마를 사실상 미해군의 군정하에 두게 되었다.[29]

일본 정부는 뒤늦게 1827년에 영국 군함 브로섬호가 영유권을 선언한 것과 1860년 출판된 영국 지구도에 오가사와라제도가 영국령이라고 기재되어 있는 것을 알게 되었다.[30]

이에 1864년 일본 정부는 관리 및 이민자 80명을 오가사와라제도에 보내어 통치하게 하였으나 14개월 지나서 막부의 조슈(長州)정벌 때문에 거주자를 전부 소환시켰다. 이후, 섬은 혼란에 빠져 범죄가 증가하였고 도민은 일본 정부에 지배를 요청했다.

1873년 섬의 유력자 캡틴 벤자민 빌이 재경미국공사를 방문하여 미국의 통치를 희망하자 미국 정부는 이것을 수리했다. 당시 주민으로 미국인은 25명, 영국인은 17명, 프랑스인은 4명이었다.[31]

---

28 安岡昭男, 1980, 182쪽.

29 田中弘之, 1997, 『幕末の小笠原』, 中央公論社, 94쪽.

30 安岡昭男, 1980, 190쪽.

31 外務省條約局, 1933, 2쪽.

1875년 11월 일본 정부는 탐험대를 파견하여 도민으로부터 복종 선언을 받았다. 1876년 10월 일본 정부는 오가사와라제도에서 실시해야 할 신법령을 제정하고 10월 17일 데라시마 외무경은 재일본 각국 공사(미국, 오스트리아, 벨기에, 덴마크, 프랑스, 독일, 영국, 네덜란드, 이탈리아, 페루, 러시아, 스페인 등의 12개국)에 오가사와라제도에 관청을 설치하고 관리를 파견하는 규칙에 따른 단속을 한다는 취지의 통고를 보냈다.[32]

이 통고에 대해서 독일, 프랑스, 네덜란드 등 서구제국들은 단지 양해하는 취지를 진술하거나 조약의 범위 내에 있어 조항을 따르는 취지를 진술하는 회답을 보냈다.[33]

1876년 10월 25일 독일변리공사 본 아이젠데첼(Von Eisendecher)은 10월 17일부 서간으로 일본 속도인 오가사와라제도 취급 규칙의 송부의 건을 승인하고 일본 정부에 통보하였다.

1877년 1월 21일 프랑스대리공사 생 깡땅(St. Quentin)은 1876년 10월 17일 오가사와라제도의 관청 설치 및 관리 파견에 대한 결정 취지와 별지 규칙을 승인하는 것은 일본과 프랑스 사이에 맺은 조약에서 위 규칙과 조약의 취지에 저촉의 건이 없으면 시행할 수 있지만, 만일 1개의 조라도 저촉의 건이 있을 때는 시행할 수 없다는 취지를 회답하였다.

1877년 1월 26일 주요코하마 네덜란드변리공사 베커린(V. Weckkerlin)은 오가사와라제도에 관청을 설치하는 서한과 별지 규칙에 대해 승인하고 위 규칙은 일본 및 각 외국과의 체결한 조약에 상응해야 한다고 주장하면서 본국 자국민의 선박 및 화물 등에 대해 위 규칙을 지키도록 하겠다고 회답하였다.

---

32 外務省條約局, 1933,「別紙 甲號」,『國際法 先例彙集』2, 2쪽.

33 外務省條約局, 1933,「別紙 乙號, 丙號, 丁號, 戊號」,『國際法 先例彙集』2, 2쪽.

그러나 미국, 영국 등은 치외법권 권리를 주장하는 입장을 취하면서 그 신법령이 자국민에 미치는 것을 부인하고 이에 대한 조치로 일본 정부와의 문서 왕복이 있었다.

이 통고에 대해서 영국공사 파크스(Harry S. Parkes)는 신속하게 일본 외무성의 데라시마 외무경을 방문해서 요코하마 등 개항지에서 외국인이 가지고 있는 치외법권의 특전을 오가사와라제도 거주민에게도 인정해 달라고 요구하였다. 이에 데라시마 외무경은 오가사와라제도는 개항지가 아니기 때문에 다른 개항장 거주 외국인과 동일시할 수 없다고 하였다. 그러나 파크스는 영국인은 경범죄가 되더라도 일본 정부의 처분에 맡길 수 없다고 주장하면서 치외법권의 특전을 재차 요청하였다.

미국공사 존 빙햄(John A. Bingham)은 오가사와라제도의 항칙(港則) 제7조와 세칙 제12조에 대해 미일수호통상조약(1858)의 치외법권 권리를 주장하였다. 이에 일본 정부는 오가사와라제도의 특수 사정을 고려하여 경범자는 동도 규칙에 의해 단속하는 취지를 회답하였고, 이것으로 오가사와라제도의 편입을 끝내고 일본은 이 시점으로 동쪽의 국경을 확정하게 되었다. 결국 일본 정부가 벌칙 적용에 있어 외국인은 자국 영사의 판결에 따르는 것을 인정하였지만 오가사와라제도에 대한 주권은 각국 모두 일본의 주장을 묵인하는 형태가 되었다.[34]

최초로 무인도인 오가사와라제도를 발견한 것은 일본인이 아니라 네덜란드인이기 때문에 막부가 오가사와라제도를 편입할 때는 보다 신중하게 대처하였다. 막부는 확실한 현지 조사를 했지만 1840년 일본인의 표류를 별도로 하면 일본인은 그전의 200년 가까이 오가사와라제도에 가지 않았다. 그 사이에 여러 국가가 영유권선언을 하고 또 30년에 걸쳐 외

34 外務省條約局, 1933,「別紙 巳號, 庚號」,『國際法 先例彙集』2.

국인이 거주하고 있어 1861년 당시의 오가사와라제도는 실제로 여러 나라가 영유권을 둘러싸고 경쟁을 하고 있는 상태였다.

일본 정부는 독도와 센카쿠제도 편입 당시 타국에의 통고를 하지 않았으나 오가사와라제도를 편입할 때에는 미국과 영국 양국이 영유권선언을 하였고 양국의 주민도 살고 있었기 때문에 통고를 할 수밖에 없는 상황이었다.

오가사와라제도 편입의 성공 요인은 오가사와라제도의 영유권에 대해 영국의 소극적인 자세와 영국 영토가 될 염려를 한 미국의 견제였으며 이런 요인은 오가사와라제도가 일본에 귀속되는 데에 유리한 조건으로 작용하였다.

즉 영국과 미국의 역학관계와 당시 영일 양국의 협력을 필요로 한 일본 정부와 영국과의 관계에서 출발한다. 1861년 양이(攘夷)파에 의한 공격이 강해지고, 러시아 군함에 의한 쓰시마 점거라는 사태가 일어나서 일본 정부도 영국의 협력이 필요했고, 영국도 러시아를 견제하기 위해 일본의 협력이 필요로 했다. 1902년 영일동맹은 러일전쟁에서 일본 측에 최대한 유효하게 작용하였다.

결국 오가사와라제도 편입 당시 타국에의 통고와 승인은 그 당시 국제법 관습을 따른 것이며 일본은 여러 국가들 사이의 영토획득 경쟁에서 선점의 우위를 차지하기 위해 일방적인 통고의무를 한 것이다. 또한 이미 미국과 영국 양국이 영유권을 선언하고 양국 주민이 살고 있는 상황에서 교섭이 아닌 일방적인 선점 통고를 한 점을 고려하면 일본이 오가사와라제도를 미국과 영국으로부터 강탈한 절취행위라 볼 수 있다.

2. 이오지마 사례

이오지마는 1543년 베르나르도 데 라 토레 선장의 스페인 함선 산 반 데 레트란(San Juan de Letran)이 발견했다. 이후 1779년 제임스 쿡의 부하 존 고어가 이끄는 레졸루션과 디스커버리가 그 부근을 항해해 살퍼 아일랜드(Sulphur island)로 명명되었다.

1887년 요코오 도사쿠(横尾東作), 도쿄도지사 다카사키 고로쿠(高崎五六) 등이 메이지마루에서 탐사를 벌였다. 1889년 6월 이후 상어어업과 유황채취를 목적으로 이주민을 정착시키면서 이오지마 개척이 시작되었다. 1891년 9월 9일 칙령에 의해 일본 영토에 편입되어 이오지마로 명명하고, 도쿄부 오가사와라 도청 소속으로 했다.[35] 1892년 이후 본격적으로 유황채굴사업이 시작되었다. 결국 일본은 이오지마를 스페인과의 분쟁 소지로 비밀리에 편입하였고 통고의무도 다하지 않았다.

일본 편입 칙령에 관련해서 스페인 신문은 자국령이 마리아나제도에 근접한 3도를 타국에 선점당한 것에 대해 자국 정부의 태만을 질책하면서 일본의 스페인 식민지 침략을 방어하기 위해 필리핀 주둔 스페인 함대를 확장할 필요하다는 기사를 실었다.[36] 스페인 정부는 가능한 자주 그 함대로 태평양 지역 자국령의 도서들을 순항·경비하겠다는 요지를 발표하였다. 이런 내용은 일본 정부가 영토편입에 대한 통고의무를 하지 않아 타국 간의 분쟁 요소를 제공하고 있다.

1944년 일본 육군 대본영은 마리아나제도의 방비 강화와 함께 오가사와라제도의 방비 강화를 시작했고, 육군 부대(4,883명)와 해군 부대

35 「明治24年勅令第190號(島嶼所属名称, 明治24年9月10日付官報所収)」.

36 外務省條約局, 1933, 35-36쪽.

(1,362명)가 이오지마에 주둔하였다. 이 단계에서 도민도 재도하고 있었지만 육해군 부대는 요새지대로 지정된 섬 남부에 주둔했기 때문에 소수의 도민이 행상에 나가는 것 외에는 부대와 도민의 접촉은 적었다.

1944년 5월 22일, 참모본부는 오가사와라제도 방비를 더욱 강화하기 위해 제109사단을 창설했으며, 1944년 6월 미군 공습과 함포 사격이 계속되면서 도민들을 치치지마를 경유하여 내지로 이동시켰다. 일본군에 군속으로 징용된 자(약 230명)를 제외한 모든 도민이 이오지마를 떠나면서 도민이 삶을 영위한 이오지마의 역사는 막을 내렸다.[37]

3. 구메아카지마·구바시마·우오쓰리지마 사례

센카쿠제도 및 부속 도서는 동중국해 남서부에 위치한 다섯 개의 무인도와 세 개의 암초로 구성된 군도로, 타이완과 류큐제도 사이에 있다. 센카쿠제도는 우오쓰리지마, 기타코지마(北小島), 미나미코지마(南小島), 구바시마, 다이쇼지마(大正島) 등 5개 무인도와 오키노키타이와(沖ノ北岩), 오키노미나미이와(沖ノ南岩), 토비세(飛瀨) 등 약간의 암초로 구성되어 있다.[38] 중화인민공화국과 중화민국, 일본이 영유권을 주장하고 있으며, 현재 일본이 실효지배하고 있다. 1885년 일본인 고가 다쓰시로(古賀辰四郎)가 센카쿠제도를 탐사하여 조류 및 어류에 대한 어업을 시작했으며, 1896년 일본 정부가 표지를 세워서 오키나와현 야에야마(八重山)군에 편입시켰다. 제2차 세계대전 후에는 미군의 점령하에서 미사일 발사용 훈

37 「硫黄島」. ja.wikipedia.org.

38 「尖閣諸島」. ja.wikipedia.org.

련기지로 사용되기도 했다.[39]

센카쿠제도의 역사적 권원에 대해 일본 정부는 '센카쿠제도의 영유권에 관한 기본 견해'에서 1885년 이래 오키나와현 지방당국을 통하여 센카쿠제도에 대한 각종 조사를 진행하였으며, 그곳에 사람이 살지 않을 뿐만 아니라 청나라의 어떠한 관할 흔적도 없음을 확인하였다고 주장하고 있다. 또한 이러한 확인절차를 토대로 1895년 1월 14일 내각회의에서 섬 위에 항로 표지를 세울 것을 결정하고, 일본 영토에 정식으로 편입하였다고 주장하고 있다. 일본 정부의 이러한 주장은 1879년 4월 류큐를 오키나와현으로 개칭하면서 일본 영토에 복속시킨 데에 근거를 두고 있다. 이후 일본은 1895년 4월 청일전쟁에 승리하면서 청국과 시모노세키(下關) 조약을 체결함으로써 타이완과 댜오위다오는 일본의 영토로 복속되었다고 주장하고 있다.

그러나 전근대 시기 일본에는 센카쿠제도에 관한 사료가 거의 없고 그나마 남아 있는 사료에서도 센카쿠제도가 일본 측이나 류큐의 영토 경계 안에 포함되어 있었다는 자료는 보이지 않는다.

1534년 진륜의 『사류쿠록(使琉球錄)』과 1562년 곽여림의 『중편사류큐록』을 보면 구메지마는 류큐에 속하고 댜오위다오의 동쪽 끝에 위치한 다이쇼지마는 류큐와 경계가 된다는 기록이 있어 현재의 구메지마와 다이쇼지마 사이가 중국과 류큐의 경계라는 인식이 중국 측에 있었음을 알 수 있다.

청나라에 들어와서 명나라의 댜오위다오 인식, 구메지마와 다이쇼지마 사이를 국경으로서 보는 영토 인식이 더욱 강화되고 있었다. 1683년 책봉사였던 왕집의 『사류큐잡록』에는 다이쇼지마와 구메지마 사이가 중

39 明石康·吹浦忠正, 2002, 『日本の領土問題』, 自由国民社, 84-85쪽.

국과 류큐의 경계로서 인식되고 있었다. 이러한 인식은 1719년 책봉사였던 서보광이 『중산전신록(中山傳信錄)』에서 댜오위다오를 류큐 지도 속에 포함시킨 「정개양잡저」를 비판하고 댜오위다오를 전부 누락시킨 「류큐삼성병삼십육도지도」를 편찬하고 있다는 것에서 입증된다.[40] 1747년 편찬된 『황조문헌통고』에도 류큐의 부속도서에 댜오위다오가 포함되지 않았는데 이러한 사실들은 댜오위다오가 류큐에 속한 것이 아니라 당시 중국의 영토였다는 것을 보여주는 입증 자료가 될 수 있다.

1885년 10월 22일 이시자와(石澤兵吾)가 이끄는 6명의 그룹은 이즈모마루(出雲丸)를 고용해서 나하에서 출항해서 11월 1일 귀환했다. 10월 30일 오후 구바시마에 도착했지만 접안 장소가 없고 북동풍이 심하게 불어 상륙을 단념했다. 귀항 도중 구메아카지마 존재를 확인하려고 했지만 야밤중이라 확인할 수 없었다.[41] 이 조사에서 국표 설립, 사진 촬영, 일장기 게양 등 영토주장행위는 보고되지 않았고 조사 범위도 조어도 하나 섬만 머물렀다. 다이토지마 조사에 비해 허술한 조사 결과라 할 수 있다.

보고서는 11월 5일 니시무라(西村)가 야마가타 내무경에 제출하여 지리상 이유뿐만 아니라 오키나와현에의 관할 확정 명령을 요청했다. 복명서에서 니시무라가 국표의 설치를 건언했지만 그 후 책임의 중대함을 느끼고 지급 대처의 방법을 문의했다. 외무성에서 간언을 들은 야마가타는 관계자 협의 끝에 국표 건설은 단념해야 한다는 판단에 이르렀고 이 결정은 1885년 11월 27일 태정관 및 관계성청에의 회의 형태로 조회도 되었다. 내무성의 비밀 명령에서 시작된 일련의 무인도 조사 및 국표 설립

---

40 井上清, 2012, 『尖閣列島-釣魚諸島の史的解明』, 第三書館, 13-19쪽.

41 石澤兵吾, 「魚釣島外二島巡視取調概略」, 『帝国版図関係雑件』, JACAR(アジア歴史資料センター): Ref. B03041152300.

(점유)의 움직임은 일본 측 자숙으로 막을 내렸다. 조어도에서 국표 건설 단념의 결정의 배경에는 영유권을 둘러싼 분쟁이 일어날 것이라는 인식이 있었기 때문이다.

1890년 1월 13일 야에야마섬 관청에서 수산 단속 필요의 이유로 무인도 구바시마 조어도 관할 획정의 상신이 오키나와현에 제출되었다. 전번 조사는 내무경의 내명에 따라 전개된 것에 비해 이번 상신은 야에야마 관청에서의 요청으로 국가의 영토영유 전략 계획에 속하는 것은 아니었다. 그리고 내무성은 전번과 같이 그다지 관심을 나타내지 않았고 5개월이 지난 후 1894년 4월 14일 오키나와현 치국장에 의해 현 지사 앞의 조사 의뢰의 비밀 조회서류가 도착했다. 해당 도항만의 형상, 물산 및 토지개척 전망의 유무, 구전 및 기록 등에 있어 일본에 속한 증거 외 미야코지마 야에야마섬 등과의 종래 관계에 대해 문의했다.[42] 영토로써의 증거를 요구한 3가지에서 내무성 측의 걱정의 소재를 엿볼 수 있다. 결국 청일전쟁에서의 승리 공산이 높기 때문에 표말뚝(標杭) 설치를 결정했다.

국표에서 표말뚝으로 개칭하고 국제 간 영토분쟁을 국내 관할 획정으로 몰래 바꿔치기하는 조작에 주목할 수 있다. 그리고 군사력을 배경으로 한 대국에 자신이 생겨 편입으로 결정한 것이 보여진다.

청일전쟁 승리로 댜오위다오를 일본 판도에 넣은 행위는 러일전쟁 승리 여세로 독도를 일본 영토화한 것과 같이 근대 제국주의적 팽창이라는 역사 구조 일환으로 인식해야 한다.

댜오위다오는 원래 중국의 영토로 일본제국주의에 의한 대륙 침략 전쟁에서 희생물이 되었고 청일전쟁 후 청나라의 패배로 불평등 조약을 맺으면서 1895년 4월 타이완과 타이완의 모든 부속도서 및 평후제도와 함

---

42 「甲69号 内務省秘別第34号」, 『帝国版図関係雑件』, JACAR: Ref. B03041152300.

께 할양하게 되었다.[43] 이것은 일본이 청일전쟁에서 승리한 후, 중국으로부터 약탈한 최초의 도서라 할 수 있고 일본이 제국주의적 팽창주의에서 약탈한 도서로, 이에 관련된 국제법적 해석을 둘러싼 역사적 근원에 대한 논란은 아직도 있다.

일본 메이지정부는 센카쿠제도 편입 과정에서 처음부터 끝까지 비밀리에 청국과 다른 국가의 눈을 속여 진행했다. 1885년 내무경에 의한 오키나와현령의 현지조사도 비밀로 진행하였고 외무경은 그 조사가 외부에 노출되지 않도록 유념하였다. 특히 내무경에게 주의를 요하는 조사였고 1894년 12월 내무대신과 외무대신과의 협의서조차 이례적인 비밀문서로[44] 진행되었고 1895년 1월 각의결정도 물론 공표하지 않았다. 이것은 국제법상 무주지 선점의 조건 중 타국에의 통고의무를 이행하지 않았기 때문에 합법적인 영토편입이라 볼 수 없다.

각의결정문에는 우오쓰리지마와 구바시마만 언급되어 있는데도 구메아카지마도 1895년에 같이 편입되었다고 한다. 그러나 1896년 칙령 제13호에 다른 도서와 같이 구메아카지마에 대한 기술이 없고 구메아카지마가 다이쇼지마로 개칭되어 1921년 7월 25일에 정식으로 편입되어 국유지대장에 기재되었다. 이런 것은 영토의사결정의 모순점이 되며 무주지인지를 확인하지 않고 일방적으로 편입한 사례로 타국과의 협의와 통고를 하지 않았기 때문에 분쟁의 요소가 많다.

---

43 芹田健太郎, 2010,『日本の領土』, 中央公論新社, 132쪽.

44 井上清, 2012, 126쪽.

4. 미나미토리시마 사례

미나미토리시마는 1864년 미국 선박이 발견하고 해도에 표시되었지만 그 소속은 미정이었고 1879년 사이토 기요사에몬(齊藤淸左衛門)이 오가사와라제도를 경유해 동 섬에 접근해 1893년에서야 상륙하였고 1896년 미즈타니 신로쿠(水谷新六)가 노동자 60명을 오가사와라제도에서 이주시켜 새포획과 어업에 종사하게 하였다.

1897년 미즈타니 신로쿠가 대하원을 제출하자 각의결정에 의해 1898년 도쿄부고시 제58호로 미나미토리시마를 도쿄부 소속으로 삼아 오가사와라제도의 소관에 속하도록 하였다.

선점에 있어 타국 간의 분쟁을 방지하기 위해 ① 해당 정부가 그 섬에의 영유를 선언한다, ② 선점 정부에 그 섬에의 도항과 개척을 신청하고 허가를 받는다, ③ 개척을 위한 공장 건설과 노동자 고용으로 그 섬에 이주한다는 순서로 영토편입하는 것이 일반적이다. 미즈타니 신로쿠의 절차는 그 역순인 ③→②→①순으로 진행되었다.[45]

1889년 미국인 로즈힐(Rosehill)이 미나미토리시마에 대한 역사적 권원을 주장했지만 미국 정부가 로즈힐의 이의제기를 인정하지 않았다. 1902년 1월 로즈힐이 국무부에서 점령허가를 받고 미나미토리시마 원정길에 나서려는 풍문을 들은 일본 정부는 다카히라 고고로(高平小五郎) 주미공사에게 그 섬은 이미 1898년 도쿄부의 관할 아래 놓여 있다는 사실과 그 근거를 지적하였다. 또한 만약 이 섬에 대한 점령허가가 이미 부여되었다면 양국 간 쓸데없는 분쟁을 피하도록 그 허가를 취소하는 조치를

45 藤岡信勝, 2012,『国境の島を発見した日本人の物語』, 祥伝社, 189-190쪽.

채택하도록 미국 정부에 권고할 것을 지시하였다.[46] 미국 정부는 이 건에 대해 세밀하게 조사하고 로즈힐에게 아무런 분쟁을 벌이지 말고 미일 정부 간의 외교 협상 결과를 기다릴 것을 통보함으로써 마무리되었다. 그러나 일본 내의 신문인 『시사신보』(1902. 8. 14), 『요미우리신문』(1902. 8. 18)에는 미국이 일본의 권리를 승인했다는 취지의 외전이 자주 보도되었지만 다카히라 공사에게 미국 정부의 정식 통고는 하지 않았다.[47]

1902년 미국의 로즈힐이 영유를 시도하기 위해 하와이에서 군함을 출항시켰는데 이를 알게 된 일본도 군함을 보내 상륙을 저지했다. 로즈힐이 일본 정부 상대로 보상을 요청하기 위해 미국 정부에 소송한 적도 있다. 해저전선이나 석탄 기지 설치의 유용성을 내세워 미국 정부에게 군함을 파견·점령해달라고 요청하려 한다는 동향 보고도 있다. 또한 일본이 미국에게 미나미토리시마 영유권을 양보할 것이라는 소문이 나돌 정도였다.[48]

이것은 일본 정부가 미나미토리시마를 국내적 편입조치로 끝내고 대외적인 통고를 하지 않아 미국과의 역사적 권원에 대한 분쟁이 생긴 것이고 실효적 지배를 강화시키려는 과정에 분쟁이 생긴 것이다. 일본 정부는 1898년 미나미토리시마를 도쿄부 관할로 영토편입함으로써 일본의 영토가 되었고 세계에 공포하는 것은 당연하지만 도쿄부 고시만으로는 세계에 인정하는 공고라고 볼 수 없더라도 오늘날 이 섬에 일본인이 거주하고 있는 이상 일본의 영토가 된다고 단언할 수 있고 세계 몇 사람이 이것

46 外務省條約局, 1933, 40쪽.

47 手塚豊, 1963, 「南鳥島先占前後の一考察」, 『法学研究』 36-1, 慶応義塾大学法学研究会, 27쪽.

48 『帝国版図関係雑件』, 236-253쪽.

을 논쟁할 수 없을 것이라 믿는다고 했다.[49]

일본 정부가 무주지 선점에 있어 미국에게 통고하고 승인을 받아야 미국과 영토분쟁의 소지를 차단할 수 있었는데, 일본의 일방적인 선점을 앞세워 통고할 의무가 없다고 하며 국제법 관습의 절차를 준수하지 않은 데에서 분쟁이 생긴 것이다.

1935년 미나미토리시마에는 해군에 의해 기상관측소, 군용비행장이 건설되었다. 이곳은 미국의 최전선 기지인 괌까지 약 1,000km 거리이며 대미전략상 가장 중요한 군사기지로서 토치카 등이 구축되어 요색화가 진행되었다. 아시아태평양전쟁이 시작하자 이 섬에는 독립보병 제12연대, 해군경비대를 합해 병력 3,700명, 전차 12대가 배치되었다.[50]

5. 오키노토리시마 사례

오키노토리시마 편입의 경우, 일본은 환초에 대한 선점 사실이 없고 실제 선점을 한 적은 없다. 일본 내무성은 해군의 압력으로 군사상 필요에 의해 형식상 도쿄부 행정권 아래에 두었다.

그리고 일본 정부는 영토편입에 대해 신문 발표를 하는 것은 적절하지 않다고 판단했고 각의결정해서 내무성 공시는 행하지만 외교적으로 선언과 통고의 절차는 필요가 없다고 판단했다. 1922년 일본 정부는 측량함 만슈마루(満洲丸)를 보내어 도그래스 환초(Douglas Reef)를 조사하여 수상비행기 기지를 건설하면서 1931년 9월에 만주사변을 준비하기 위해

---

49 『帝国版図関係雑件』, 132쪽.

50 藤岡信勝, 2012, 『国境の島を発見した日本人の物語』, 祥伝社, 202쪽.

1931년 7월에 오키노토리시마를 편입하였다. 도그래스 환초는 선점 사실이 없었고 선점하기 곤란한 상태였지만 군사상 필요에 의해 형식상으로 도쿄부 행정권 아래에 편입하여[51] 군사기지로 이용하였다.

6. 다이토제도 사례

다이토지마(大東諸島: 1885)는 1630년대부터 암스테르담섬이라고 지도에 기재되었고 1807년 프랑스 프리게이트함 카노니엘호가 오키다이토지마를 확인, 1815년 스페인 프리게이트함 샌 펠난드 드 마가랴네스호도 확인해서 라사섬(Rasa)이라 명명되었다. 1820년 6월 러시아 해군 자할포나피진은 남북 다이토지마를 확인하고 승함 보로디노호의 이름을 따서 보로디노제도(Borodino)라고 명명했다.[52]

다이토지마 선점 점유는 내명(비밀지령)에 의해 무인도를 일본 영토로 편입한 최초의 시도였다. 비밀편입에 관한 공문서는 결국 1885년 9월 3일부 현령 니시무라 스테조(西村捨三)에 의해 내무경 야마가타 아리토모(山縣有朋)에게 보낸 다이토지마 순시 완료 건 상신과 9월 26일부 내무경 야마가타 아리토모에 의해 태정대신 산조 사네토미(三条實美)에게 참고를 위해 내신(비 제94호)한 것뿐이었다.[53] 태정관회의(각의)조차 거치지 않고 내무성에서 국가 영토를 획정 또는 고시, 공표도 하지 않아 나중에

---

51 「ダーグラス珊瑚礁ノ領土権ニ関スル件」, 『本邦島嶼領有関係雑件』(日本外務省記録 A4103).

52 秋岡武次郎, 1938, 「太平洋上の邦領島嶼」, 『地理学』 6-5.

53 「東京府管下小笠原島近傍ニ散在スル三島ヲ小笠原烏ニ属シ其名称ヲ定ム」, 明治24年 9月9日, 公文類聚·第十五編·明治二十凶年·第三十八巻, 国立公文書館, 参照.

문제시되었고 1933년 10월 외무성의 '신영토 발견 및 취득에 관한 선례'의 목록에도 실려 있지 않다. 선례에 실린 것은 외교 교섭을 했던 것이든 각의 내용을 공시, 공표한 것이 대부분이다. 게다가 이 자료에 조어도제도(久米赤島, 久場島, 魚釣島: 1895. 1)와 오키다이토지마가 포함되어 있다.[54] 오키다이토지마는 무인도로 1892년 군함 카이몬마루(海門丸)를 파견하여 그 존재를 확인하고 오키나와현 시마지리군 소속으로 편입했다.

다이토지마 회항보고서에는 섬의 위치, 형황, 해저 상황, 조류 상황이 기재되어 있는데 이는 항해 전문가 하야시 쓰루마쓰(林鶴松) 선장이 작성한 측량 데이터이다. 이것은 복명서와 함께 해군성에도 회람된 것[55]을 보면 해군 측이 원하는 자료였다.

이즈모마루에 의한 다이토지마 조사는 당초 조사 계획의 축소판으로 예비조사 성격을 가졌지만 내무성에서는 국표 설립이라는 최대 목표는 이미 달성했고 가장 중요한 점은 내무성 명령에 의한 조사 범위가 다이토지마 두 개 섬만이 아니라 나중에 다오위다오도 포함된 것이다.[56]

7. 남사군도 사례

1938년 12월 23일 일본은 남사군도(신남군도)의 영토편입을 국무회의에서 결정하고, 1939년 3월 30일 일본 정부는 타이완 총독부령(제31호)에

---

54 「新領土ノ発見及取得ニ関スル先例」,『帝国版図関係雑件』, JACAR: Ref. B04120002200.

55 「内務省書記官へ御照会按」,『帝国版図関係雑件』, 明治十八年十月十三日, JACAR: Ref. C11019564600.

56 「第三百十五号 官房甲第三十八号別紙甲号久米赤島外二島取調ノ儀ニ付上申」,『帝国版図関係雑件』, JACAR: Ref. B03041152300.

따라 남사군도를 타이완 가오슝시의 관할구역에 편입했다.[57]

1933년 3월 일본은 국제연맹을 탈퇴하자마자 남사군도에 대해 프랑스 정부에 프랑스의 영유권선언 철회를 신청하였다. 이에 프랑스는 민간회사가 채광을 한 것은 일본의 선점에 해당하지 않는다고 주장하였다.

1930년대 일본 해군은 미국이 동남아시아에의 해상 통과 목적으로 영토획득을 계획하고 있는 것을 대비하여 장래의 잠수함 기지를 만들 목적으로 남사군도 환초에서의 일본인 경제활동을 지원하였다.

1933년 7월 24일 프랑스 정부는 주프랑스 일본대사관에 보내는 공문을 통해 스프래틀리군도(신남군도, 西鳥島)와 다른 5개 섬의 주권이 향후 프랑스에 속한다는 취지를 통보했다. 그 근거는 스프래틀리군도가 1930년 4월에, 다른 섬들은 1933년 4월에 프랑스 해군이 점령한 데 따른 것이었다.

그리고 프랑스 정부는 남사군도에 대해 프랑스의 영유권을 인정해주면 일본인의 경제활동을 인정해준다는 통고를 했지만 일본 정부는 이것을 거부하였다. 일본 국내에서는 중일전쟁을 준비하면서 남하의 중요한 길목으로서 군사적 전략지로 사용하기 위해 1939년 3월 타이완 가오슝시에의 편입을 종료하였다.[58] 이에 대해 프랑스 정부는 일본에게 강하게 항의하고, 미국·영국도 비판하고, 네덜란드·호주는 일본의 불법행위가 자국의 안보에 큰 위협이 된다고 비판하였다.[59] 일본은 남사군도를 군사적 목적으로 전쟁을 수행하기 위해 편입하였기 때문에 타국에서 승인을 못 받았다.

---

57 国際法事例研究会, 1990, 『日本の国際法事例研究(3)領土』, 慶応通信, 64쪽.

58 名嘉憲夫, 2013, 『領土問題から国境画定問題へ』, 明石書店, 175쪽.

59 国際法事例研究会, 1990, 65쪽.

샌프란시스코강화조약의 승인을 구하기 위한 참의원 평화조약 및 미일안전보장조약 특별위원회의 설명에서 니시무라 정부 위원(외무성 조약국장)은 '남사군도는 1939년 일본이 일방적으로 타이완 가오슝시 관할에 속하게 한 지역이다. 이 군도에 대해 1933년 이래로 일본과 프랑스 간의 소위 선점권에 대한 분쟁이 있어 외교적 타결에 도달하지 못했으며 일본은 일방적으로 영역변경 조치를 취한 경위가 있는 지역이다'라고 진술했다.[60] 2005년 말 프랑스는 남사군도와 관련된 영유권 주장을 공식적으로 포기하지 않은 것으로 보고되었다.

8. 나카노토리시마 사례

나카노토리시마(中ノ鳥島: 1908)는 일본인의 경제활동을 바탕으로 국가기관이 현지 확인도 행하지도 않은 채 편입조치가 취해졌다. 이 섬은 나중에 존재하지 않는 것으로 확인되었다.[61]

1907년 8월 도쿄시에 거주하던 야마다 데이자부로(山田禎三郎)가 발견, 해도에 나와 있는 'Ganges Island'에 해당한다고 일본 정부에 제출하였다. 1908년 5월 도쿄부지사가 행정소속을 정하도록 내무성에 상신하여 각의결정에 의해 나카노토리시마로 명명되어 일본 영토로 편입되었다.

나카노토리시마는 편입 이후로 다시 발견할 수 없었고, 특히 다이쇼(大正)시대에는 주변 해역을 대규모로 탐험했지만 전혀 발견할 수 없었다. 1913년 요시오카마루(吉岡丸)가 나카노토리시마 개척을 위해 출

60 「第12回 国会参議院平和条約及び日米安全保障条約特別委員会会議録」 4, 3쪽.

61 吉岡吉典, 1996,『日本の侵略と膨張』, 新日本出版社, 213-214쪽.

항했지만 섬을 발견하지 못하고 끝났다. 1927년 9월 만주에 의해 조사가 이루어졌지만, 이 섬은 발견되지 않았다. 1943년 1월 13일 해군에 의해 일본 해군의 기밀 『수로도지(水路圖誌)』에서 이 섬의 내용이 삭제되었다.[62]

Ⅳ. 독도 영유편입에서의 무주지 선점의 모순점

1877년의 태정관지령[63]은 울릉도·독도를 둘러싼 메이지정부의 대응이 무주지 선점론에 있어 중요한 시사점을 가진다는 것을 보여준다. 국경획정 시기(1874~1881) 일본은 동쪽 국경(오가사와라), 북쪽 국경(홋카이도 쿠릴열도), 남쪽 국경(오키나와) 등 세 방향의 국경획정을 하였다. 그리고 1833년 일본 정부는 일본인에 의한 울릉도 침입에 대한 조선 정부의 항의를 받아들여 일본인을 송환하였다. 1877년 일본 정부는 서쪽 국경의 다케시마(울릉도)와 마쓰시마(독도)에 관한 국경획정에 있어 태정관지령으로 독도를 조선 영토로 인정하면서 국경획정을 하였다.

태정관지령은 내무성에서도 독자적으로 조사했고, 시마네현의 보고와 함께 울릉도와 독도는 조선 영토이고 일본 영토가 아니라는 결론을 내렸다.

그러나 1900년대 일본은 무주지 선점론을 이용하여 영토편입을 한 경험으로 독도를 영토편입하는 작업에 착수하였다. 일본은 개척, 대하원

---

62 平岡昭利, 2012, 『アホウドリと「帝国」日本の拡大 南洋の島々への進出から侵略へ』, 明石書店, 90-92쪽.

63 內務省, 1877, 「日本海內竹島外一島地籍ニ編纂方伺」, 國立公文書館所藏(A07060000300).

신청, 전쟁 수행을 위한 군함 파견 및 군사시설 설치, 각의결정, 지방내 고시 등의 절차로 영토편입하였다.

일본 외무성은 마쓰시마개척원에 있는 섬의 소속을 재확인하기 위해 외무성 기록국장 와타나베 히로모토(渡辺洪基)에게 울릉도와 독도의 역사적 권원을 조사하도록 했다. 와타나베는 울릉도의 소속에 대해 「와타나베 히로모토 입안(渡辺洪基立案)」이라는 이름으로 외무성에 제출했다. 그 입안에는 다케시마는 조선의 울릉도이며, 에도막부가 논의 끝에 조선 영토로 인정한 섬이기 때문에 개척원의 마쓰시마가 다케시마이면 조선의 영토가 된다고 판단하였다. 그리고 개척원의 마쓰시마가 울릉도가 아니라면 그 섬 또한 일본 영토라는 확증은 없다고 답변하였다.[64]

개척안의 마쓰시마는 일본과 조선 사이에 위치하여 일본의 나가사키에서 오키섬 등을 거쳐 러시아에 이르는 매우 중요한 요지에 위치하여 영국과 러시아 함대가 자주 여기에 출몰한다는 내용을 보면 일본은 울릉도와 독도가 중요한 전략지임을 감지하고 울릉도와 독도를 일본 영토에 편입하려면 다소 주의를 요한다고 하였다. 그리고 서구열강들이 선점하기 전에 일본이 이 섬을 먼저 점령해야 하고 서구열강이 일본을 비난하면 그 해결 방안으로서 무주지라고 변명하면 된다고 답변하였다. 또한 적당한 시기에 형세를 봐서 조선과 협상하여 일본 영토로 확정해야 하고 우선 시마네현에 문의하여 과거의 도항 관습을 조사하고, 선박을 파견하여 지세를 파악하고 만약 조선이 먼저 개발을 했으면 개척의 정도를 조사하여 대책을 강구해야 할 필요가 있다면서 신속히 울릉도와 독도를 조사하여 논의할 것을 요청하였다.[65]

---

64 北澤正誠, 1996,『竹島考證』下, 東京エムティ出版復刻板, 190쪽.

65 北澤正誠, 1996, 190-192쪽.

1877년 6월 다나베 다이치(田辺太一)도 마쓰시마가 여전히 무인도인지도 분명하지 않고 그 소속이 애매하므로 조선에 사신을 파견할 때 그곳에 해군성 군함을 보내어 해안 측량하여 무주지임을 밝혀내고 투자 이익이 되는지 고려해본 후 나중에 기회를 보아 비록 하나의 작은 섬이라도 일본 북쪽 관문이 되는 곳을 그대로 방치해서는 안 된다는 보고를 하였다.[66]

일본 정부는 울릉도와 독도 근해에 영국과 러시아 군함의 출몰을 보고 군사적 전략지로 여겨 울릉도와 독도를 선점하려고 기획했고, 서구열강국가가 울릉도와 독도를 침탈한 것에 대해 비난하는 것을 무주지 선점론으로 대변하려는 입장을 가지고 있는 것을 알 수 있다.

1900년대 전후 일본은 흑룡회나 『산인신문』 기사를 통해 독도를 무주지로 홍보하고 독도를 새로운 섬 발견이라고 거짓으로 보도하면서 독도 개척의 가치를 알리고 강치의 서식지로서 어업 가치가 높고 이익이 많다[67]고 홍보했다. 특히 흑룡회는 러일전쟁을 대비하기 위해 사무실을 부산에 이전하고 조선 사정을 탐색하면서 독도 어장의 개척을 적극적으로 홍보하였다. 이것은 독도를 개척하면서 무주지 선점론으로 일본 영토에 편입하고 군사적 전략지로 이용하기 위한 홍보 수단이며 불법적인 일본의 전형적인 영토편입 절차라 할 수 있다.

흑룡회에서 독도가 미발견의 한 섬임을 알리려고 했던 의도는 독도를 무주지로 홍보함으로써 독도 편입이 유리하도록 국내적 혹은 국제적 여론을 형성하기 위해서이다. 그리고 일본은 독도를 발견한 섬으로 하여 소속이 없는 무주지로 선전하여 무주지 선점론을 이용하여 편입하려고 했

66 北澤正誠, 1996, 265-266쪽.

67 黑龍會, 1901,「日本海中 未發見 一島」,『黑龍會會報 第』1·2, 107쪽.

던 것이다.

일본 정부는 독도를 선점하기 위해 독도의 풍부한 어업자원을 광고하면서 나카이 요자부로라는 어부가 영토 개척을 하는 것처럼 꾸미고, 이를 이용하여 독도를 편입하고, 독도를 군사 전략적 요새화로 만들어가는 단계적 영토편입 절차 전략을 세웠던 것이다.

나카이 요자부로는 1903년 리앙쿠르암(독도)에서 처음으로 강치잡이 시험을 하였다.[68] 그 성과로 지금까지의 모든 잠수함어업을 그만두고 강치잡이에 종사하기로 결심하고 강치잡이를 독점하기 위해 강치잡이 대하원을 신청하기로 하였다. 당시 나카이 요자부로는 독도를 조선 영토로 인식하고 조선 정부에 강치잡이 대하원을 신청하기로 결심하고 있었다.[69]

1904년 나카이 요자부로는 독도 대하원 출원 전부터 독도가 울릉도 부속섬으로 한국의 영토라고 생각하면서 한국통감부에 대하원을 제출하려고 노력하는 과정[70]에서 외무성 정무국장 야마자 엔지로(山座円次郎), 농상무부 수산국장 마키 나오마사(牧朴眞), 해군성 수로부장 기모쓰게 가네유키(肝付兼行) 등과 상담을 하였다. 이때 일본 정부는 독도 영토편입이 일본의 전략상 중요하다고 느끼게 되었고 러일전쟁에서 독도를 군사적 요충지로 사용하기 위해 나카이 요자부로의 독도 대하원을 이용하여 독도 영토편입을 하게 되었다.

마키 수산국장은 당시 일본의 해외 원양어업을 추진하던 당사자로서 동해에 진출하여 사업을 추진하는 일본 어민을 지원했던 사람이었다. 그는 조선 어업 침략에 관한 여러 가지 안내서를 썼는데 『한해통어지침』에

---

68 田村清三郎, 1953,「中井養三郎都庁に提出した履歴書 1910」,『竹嶋』, 島根県広告文書課資料.

69 三浦桂祐, 1953,「竹島その由来と運命」,『水産界』, 大日本水産會出版部.

70 田村清三郎, 1953.

서 강원도 울릉도 소속에 리앙쿠르암이라는 섬이 있다는 내용이 언급되듯이 마키 수산국장은 독도가 한국 영토임을 인식하고 있었다. 당시 조선은 멀리 떨어져 있는 울릉도가 오랜 쇄환정책에서 새롭게 개척단계에 들어가는 무렵이었다. 마키는 혹시 조선 사람이 모르고 있을지도 모르고 당시 일본 무력으로 이것을 일본 것으로 만들어도 저항이 없을 것이라는 생각으로 나카이 요자부로에게 한국 것이 아닐지도 모른다고 얘기하면서 기모쓰게 수로부장에게 독도의 소속에 대해 물으라고 권하였다. 기모쓰게는 독도의 소속에 대해 확실한 증거가 없고 독도는 한일 양국으로부터의 거리를 측정하면 일본 쪽이 10리 가까운 근거리에 있고, 게다가 조선인이 종래 이 섬을 경영한 흔적이 없는 데 반해 일본인은 이미 이 섬의 경영에 대해 조사하고 있는 이상 당연히 일본 영토로 편입해야만 한다고 하였다. 이 말을 듣고 나카이는 용기를 얻어 '량코도 영토편입 및 대하원'을 내무·외무·농상무성 3명의 대신에게 제출하는 데 이르렀다고 하였다.[71]

야마자 정무국장도 독도를 한국 영토로 인식하고 있었다. 1904년에 출판된 이와나가 시게카(岩永重華)의 저서 『최신한국실업지침』 서한에서 확인할 수 있다. 이 책의 제13장 수산편에 량코도(독도)에 관한 설명이 나오는데 독도는 한국 강원도 항목에 울릉도와 함께 하나의 부속섬으로 포함되어 있다.[72] 야마자가 서한을 쓴 날짜는 1904년 7월 23일이며 나카이 요자부로를 만나기 불과 두 달전 일이다. 야마자는 이미 독도가 한국 영토인지를 잘 알고 있었으며 의도적으로 나카이를 이용해 독도를 편입한

71 竹島問題研究会, 2007, 『竹島問題に関する調査研究 最終報告書』, 66쪽.

72 岩永重華, 1904, 『最新韓国實業指針』, 寶文館, 294쪽. "△ヤンコ島 鬱陵島及我隠岐島の中間三十里の海上あり, 全島居民なし, 沿岸碇泊に便なれども薪材及飲料水を得難し, 近海鮑海鼠石花菜等を産し, 又鱶の捷息饒多なれども海馬の群に妨ばられ漁獲好果を得ずと云ふ."

것이다.

야마자는 오늘날까지 한반도에서 일본의 실업을 충분히 발전시키지 못하고 있는 점에 대단히 유감으로 생각하면서 한반도의 사업을 크게 발전시키기 위해 이런 지침서를 만든다고 썼다. 그리고 원래 일본은 조금이라도 다른 나라의 경쟁을 질시하지 않을 수 없고, 이와 동시에 일본 사람들이 자유경쟁으로 다른 나라 사람들에게 승리를 함으로써 한일 양국의 특수한 관계를 점점 발전시키려고 하는 것을 희망한다는 내용의 서한[73]을 썼다. 제국주의 열강국가 사이에서의 승리로 한국 침략의 우위를 차지할 수 있다는 내용을 확인할 수 있고 독도 역시 일본 침탈의 희생물로 만들었다고 볼 수 있다.

그래서 야마자는 독도를 무주지 선점론이라는 명분으로 영토편입을 할 수 있다는 논리를 앞세워 러일전쟁 승리를 위한 군사 전략적 선점을 차지하고 울릉도와 독도를 해저통신과 무선기지로서 활용하기 위해 독도 영토편입에 앞장을 섰다.[74]

이 당시 일본은 러일전쟁을 준비하면서 울릉도·독도에서의 제해권을 잡고 효과적으로 러시아 해군력을 제압하기 위해 비밀리에 독도를 편입했기 때문에 타국이나 한국에도 통고하지 않았다. 독도를 군사적 목적으로 사용하기 위해 비밀리에 불법으로 편입한 것은 울릉도·독도가 러일전쟁에 있어 군사 전략적으로 매우 중요한 위치였음을 알 수가 있다.

일본은 러일전쟁을 수행하기 위해 일본과 한국 연안지역에 망루와 무선통신을 설치하였는데 일본 해군 순양함들을 군사·전략상 중요한 섬으로 모두 보냈다. 이 섬들과 연안지역의 지형학적인 측량은 망루, 통신통신

---

73 岩永重華, 1904, 手翰 1-2쪽.

74 田村清三郎, 1953.

소, 무선통신소를 위한 최적의 장소를 찾기 위한 것이었다. 일본은 전쟁 준비를 하기 위해 니타카군함, 쓰시마군함, 하시다테군함 등을 세 차례 보내 독도에 망루를 설치할 적합한 곳을 탐사하고 망루와 무선통신을 설치하였다. 1904년 니타카군함 행동일지[75]에서는 독도의 동도 정상에 평탄한 곳이 있어 망루를 두세 개 세울 수 있다고 판단하고 망루 보초병의 생활 식수 확보를 위한 샘물이 나온다고 보고하고 있다.

1877년 태정관지령으로 일본은 국경획정을 하였기 때문에 일반적으로 일본 정부 관료, 우익단체인 흑룡회 회원, 일본 어민, 나카이 요자부로 등은 독도가 한국 영토임을 인식하고 있었다. 그러나 일본은 러일전쟁에서 독도를 군사 전략지로 이용하기 위해 독도를 무주지로 홍보하면서 독도를 무주지 선점론으로 영토편입하였다. 그 당시에 제국주의 국가가 신영토를 개척하는 데에 있어 무주지 선점론은 불법으로 영토를 편입시키는 것을 정당화시킬 수 있는 수단이었다. 독도문제의 본질은 1905년 영토편입의 정당성 여부에 달려 있다. 일본의 한국 침략 의도가 명확한 시점에서 독도를 강탈하였다는 것은 한반도 침략에 대한 야욕을 보여주는 것이다. 또한 러일전쟁 중 한일의정서에 군사전략상 필요한 지점을 임기수용할 수 있을 것이라는 항목에 의해 일본 해군이 독도를 강점한 상황에서 영토편입을 단행했고, 그 당시 한국의 외교권도 박탈되어 한국은 항의할 수 없었다.

1904년 2월 한일의정서가 체결되고, 8월에 제1차 한일협약이 체결되었다. 1905년 11월에 제2차 한일협약이 체결되어 한국은 일본의 보호국이 되었고 1910년에 한일병합조약에 의해 한국은 일본에 병합되었다. 당시 한국 정부가 항의할 수 없는 상황이었다.

---

75 海軍省, 1904, 「軍艦新高行動日誌」, 防衛省防衛研究所所藏(C09050456800).

그리고 한국 정부가 1905년 시마네현이 독도를 편입했다는 것을 알게 된 것은 1906년 3월 27일 독도를 시찰한 시마네현 제3부장 진자이 요시타로(神西由太郎) 등 45명이 풍파를 피해 울릉도에 피난하여 심흥택 군수를 표경 방문하였을 때였다.[76] 진자이 부장은 독도 시찰 도중 기상악화로 울릉도에 기항했는데 애초부터 독도의 영토편입을 한국에 통고하려는 의도를 가지고 파견된 것은 아니다. 일본이 한국 정부에 정식으로 통고하지 않고 우연한 계기로 울도 군수 심흥택에 의해 한국 중앙정부에 보고된 것이지 일본은 독도 편입 사실을 은폐하면서 시마네현 지방에서만 열람할 수 있을 정도로 고시했을 뿐이다. 영토편입에 대한 비공시는 일본이 독도를 강탈한 절취행위이다. 절취행위는 무인도 영유의 4가지 방법 중 한 가지로, 교섭, 점거, 절취, 전쟁 등으로 무인도 영유의사가 표명된다. 교섭은 통고·공시를 하며 점거도 공시를 해야 하며 전쟁은 무력점령·포고로 하며 절취는 비공시의 방법을 취한다.[77]

그리고 일본의 독도 편입은 군사점령의 일종으로 보는 것이 자연스럽다. 무주지 선점론으로 포장하면 타국의 오해를 부르지 않기 때문에 러일전쟁 당시 독도를 무주지 선점론으로 포장하여 편입하게 된 것이다. 러일전쟁 당시 울릉도와 독도에 망루와 무선통신을 설치하려는 목적으로 일본 군함을 3차례에 걸쳐 실측 탐사를 반복한 것은 독도를 군사점령하고 나서 편입하려고 했던 것이 명백하다. 일본은 독도의 영토편입에 대해 중앙정부의 관보로 고시한 것이 아니라 시마네현 훈령으로 비밀리 지방 관내에 고시하였다. 따라서 그 당시 일본 국내에서는 일반적으로 독도를 한국 영토로 인식하고 있었음을 알 수 있다.

---

76 池内敏, 2016,『竹島－もうひとつの日韓関係史』, 中公親書, 179쪽.

77 名嘉憲夫, 2013, 184쪽.

V. 일본 도서 편입 사례의 모순점

1876년 10월 일본 정부는 오가사와라제도에서 실시해야 할 신법령을 제정하고 10월 17일 데라시마 외무경은 오가사와라제도에 관청을 설치하고 관리를 파견하는 규칙에 따른 단속을 한다는 취지와 영토편입 의사의 통고를 미국, 오스트리아, 벨기에, 덴마크, 프랑스, 독일, 영국, 네덜란드, 이탈리아, 페루, 러시아, 스페인 등의 서구 각국 앞으로 보내 제3국에게 인정과 묵인을 받았다. 이런 절차를 보면 일본 정부는 국제법에 있는 타국에의 통고의무를 따랐으며 이는 일반적인 국제법 관습으로 보여진다. 또한 일본은 여러 국가들 사이의 영토획득 경쟁에서 선점의 우위를 차지하기 위해 일방적인 통고의무를 행한 것이다. 기존에 미국과 영국 양국이 영유권을 선언하고 양국 주민이 살고 있음에도 불구하고 일방적으로 한 통고는 일본이 오가사와라제도를 미국과 영국으로부터 강탈한 절취행위라 볼 수 있다.

일본은 근대국가시스템(주권국가시스템)이라는 국제사회질서의 변화에 기민하게 대응하면서 만국공법을 수용하였다. 그리고 서구제국에 의한 침략 위협에 대비하면서 문명적 근대국가(영역국가)에의 전환을 도모하고 국방적인 관점에서 지금까지의 애매하고 미확정된 일본 주변 도서의 영역획정을 추진해나갔다.[78]

일본제국의 팽창기에 일본의 도서 편입은 표면적으로는 무주지 선점이라고 하지만 실제로는 편입 시기에 전쟁이 겹치고 있다. 1895년 청일전쟁 중에는 센카쿠제도 편입, 1905년 러일전쟁 중에는 독도 편입, 1931년 만주사변 직전에는 오키노토리시마 편입, 1939년 중일전쟁에는

---

78 永石啓高, 2014, 28쪽.

남사군도가 편입되었다. 일본 정부와 해군은 센카쿠제도, 독도, 오키노토리시마, 다이토지마, 이오지마 등에 미리 군함을 보내어 조사하였다. 그리고 민간인의 활동 실적과 개척 신청원 등으로 무주지 선점론을 입증하는데 중요한 자료로 사용하고 있다. 오키노토리시마 경우만은 암초에 지나기 때문에 선점을 입증하는 활동도 없이 해군의 무력으로 편입하였다.

오키노토리시마, 남사군도 편입은 센카쿠제도와 독도 편입 과정과 비교하면 일본이 전쟁을 수행하기 위해 군사적 전략지로서 편입하였고, 무주지 선점론을 이용하여 타국에의 통고를 하지 않고 무력으로 편입한 점이 비슷하다.

일본인의 발견, 경제활동 등에 의한 무주지 선점이 있더라도 선점 요건인 타국에의 통고를 하지 않는다면 선점이 성립되지 않는다.[79]

국제법의 무주지 선점에 대해 타국에의 통고의무는 국제관계상 분쟁방지를 위해 중요했었고 적어도 17세기 울릉도와 독도문제에 대해 막부가 문명화된 외교의례에 의해 성실한 태도를 보였다. 1905년 일본은 기존의 외교의례를 깨고 군사적 전략지로 이용하기 위해 독도를 비밀리에 영토편입했다. 일본은 미국, 영국, 러시아 등의 서구 강대국의 눈을 피해 독도를 비밀리에 군사적인 점거를 하여 중앙정부 공시도 안 했고 타국에의 통고도 하지 않았다.

일본 정부가 센카쿠제도 영토편입을 위한 조사를 10년 동안 진행한 것도 이상하다. 청일전쟁 시 해상의 작은 도서를 비밀리에 점거하고 국내편입을 하고 실효지배를 시작한 것은 센카쿠제도의 예이다. 센카쿠제도 영토편입 시에 다른 도서 영역편입 때 이용되었던 통고, 고시라는 형식을 취하지 않고 표말뚝 세웠으나 이 사실도 확인되지 않기 때문에 비정규적

79 横田喜三郎, 1933, 89쪽.

인 절차라 비판을 받는다.

남사군도 편입의 각의결정 문구를 보면 독도와 오키노토리시마 편입 과정과 비슷하다. 각의결정문에서 남사군도가 '종래 무주의 초도로서 알려져' 있다는 문구와 일본 측의 선점을 확보한다는 문구가 계속된다. 중국의 해남도 점령에 이어 편입이 행해질 때도 비슷하다. 남사군도 편입 시 미국, 영국, 네덜란드, 호주를 포함한 다른 국가의 승인도 없었다.

다이토지마의 편입은 조사 후 바로 비밀리에 편입하고 통고도 하지 않았다. 1900년 오키다이토지마 경우도 비슷하다.

선점은 영토를 취득하는 방법으로 영토는 국가만이 취득할 수 있기 때문에 국가 스스로 토지를 점유하는 것이 필요하다. 국가가 점유하는 것은 국가 기관이 점유하는 것으로 국가 이름으로 점유하는 것이다. 따라서 개인이나 개인 회사는 선점을 할 수 없다. 개인이 무인도를 발견하고 거기에 거주하고 그 토지를 이용해도 국제법상 선점이 아니다. 사법상 점유하거나 소유가 되어도 영토권을 취득해야 하는 국제법상 선점은 되지 않는다. 개인 회사에 대해서도 같은 취지로 일정의 기업을 운영하거나 그 토지를 점유할 수 있으나 그것은 사법상 점유로 국제법상 선점은 아니고 그것에 의해 영토권은 취득할 수 없다.[80]

독도는 나카이 요자부로가 개인 자격으로 영토편입 및 대하원 청원을 통해 개인적인 선점을 한 것으로 국가권력이 수립되지 않아 국제법상 선점은 성립되지 않는다. 미나미토리시마는 미즈타니 신로쿠 대하원을 제출하였고, 센카쿠제도도 고가 다쓰시로가 발견하고, 오키노토리시마도 야마다가 발견하여 개척을 신청하자 일본 정부에서 허가와 동시에 영토 편입을 진행했다.

---

80 横田喜三郎, 1933, 86쪽.

이오지마는 일본인의 유황채굴, 상어어업활동에 의한 영토편입이 되었고, 남사군도도 일본인이 다이헤이섬(太平島)에서 유황채굴사업을 하게 되어 영토편입이 되었다.

선점에 있어 타국 간의 분쟁을 방지하기 위해 해당 정부가 영유권을 선언하고, 도항 및 개척을 신청하여 허가를 받고, 개척을 위한 어업을 하는 순서로 영토를 편입해야 하는데 일본 정부는 선점의 국제법적 행위를 하지 않았다.

일본의 도서 편입에서 민간인의 경제활동이 큰 역할을 했다고 평가하고 있지만 개인과 사기업이 영유를 선언한 것만으로 선점은 성립되지 않는다. 선점에 대한 국가의 영유선언, 실효적인 지배, 타국에의 영유의사 통고가 필요하며 이런 절차들이 합법적인 영토편입이라 할 수 있다.[81]

1922년 이후 태평양지역에서 편입한 도서에 군사적 시설을 구축할 수 없게 되었지만 일본 정부는 전쟁을 수행하기 위해 군사적 요색 지역에 군비강화를 하였다.

이오지마, 미나미토리시마, 오키노토리시마, 다이토제도, 남사제도, 독도, 센카쿠제도 등의 도서들은 군사 전략적 요새로 사용하기 위해 일본 군함을 파견하여 일본 영토편입에 필요한 절차를 마련했다. 그리고 무주지 선점의 절차에 맞지 않게 일본인들의 개척을 통해 도서들을 점령하였고 일본 내각 각의결정에 의해 편입하였다. 무주지 선점에 대한 영유선언, 일본 내각 승인 및 타국에의 통고, 일본인들의 개척 등의 순서로 도서들의 영유권을 획정해나가야 하는데 일본 정부는 무주지 선점론을 포장하여 강제적으로 도서들을 강탈하였고, 이런 행위에 대한 국제법적 절차와

81 長谷川亮一, 2011, 『地図から消えた島々－幻の日本領と南洋探検家たち』, 吉川弘文館, 20쪽.

선례들을 지키지 않았기 때문에 일본제국에 의한 영토강탈은 불법이라 볼 수 있다.

1922년 워싱턴해군군축조약(Washington Naval Limitation Treaty of 1922)은 영국, 미국, 프랑스, 이탈리아 그리고 일본 간의 조약으로 이 조약에서 태평양지역은 방비제한구역 내에 있고 그 적용을 받을 수 있다. 이 조약 제19조에 의해 일본은 장래 태평양지역에서 취득하는 도서에 대해 요색 및 해군 근거지 현황을 유지해야 한다는 의무를 지고 있다. 이 조항에 따르면 일본은 태평양지역에서 1922년 이후 취득하는 도서에서 새로운 군사적 시설을 구축할 수 없다.

> 제19조
> 미합중국, 대영제국, 그리고 일본제국은 본 조약에 서명하는 시점으로부터 요새 및 해군기지가 아래 항목에 명시된 각국의 영토 및 보유지 내에서 '현 상태(status quo)'를 유지할 것임에 동의한다.[82]

일본제국은 일본이 태평양에 보유한 도서 영토인 쿠릴열도, 오가사와라제도, 아마미오시마, 류큐제도, 타이완, 그리고 평후제도, 기타 일본제국이 장래 획득하게 될 태평양의 모든 도서 영토를 말한다.

국제연맹의 위임통치 조항에서 남양군도에 군사시설을 구축하는 것은 금지되었다. 그러나 일본이 남양군도에 군사시설 구축을 개시한 것은 국제연맹을 탈퇴한 1933년 이후이다.[83] 1921년 오가사와라제도 치치지마에 일본군에 의한 '요새지대법'이 공포되어 섬의 요새화가 강화되었다.

---

82 「워싱턴해군군축조약」. ko.wikipedia.org/wiki/.

83 春田哲吉, 1999, 『日本の海外植民地統治の終焉』, 原書房, 94쪽.

표 1 일본 영토편입 사례

각의결정	도서명	위치	편입 논리	경과
1876. 10	오가사와라 제도	도쿄 동남쪽 1,000km	무주지 선점	- 1827년 영국 군함이 동비와 영국기를 세우고 영유권선언 - 1873년 오가사와라에 거주하는 미국인이 미국 정부에 영토편입 요청, 수리 - 1876년 10월 오가사와라에 적용한 신 법령에 대해 미국, 영국 등 12개국에 통보 - 경제적 이익 및 군사적 요충지 - 미영과의 교섭이 아닌 일방적인 선점 통고
1891. 9	이오지마	도쿄 남쪽 1,200km	무주지 선점	- 일본인의 유황채굴, 상어어업활동 - 도쿄부 오가사와라 도청 소속으로 하고 칙령에 의해 편입 - 개인 개척, 군사적으로 비밀리에 편입
1895. 1	센카쿠제도 (구메아카지마, 구바시마, 우오쓰리지마)	오키나와현 남부 300km 타이완 동북부 150km	무주지 선점	- 오키나와현 지사가 국표 건설을 위해 내무성에 상신, 내무성과 외무성 국표 건설 연기 - 1894년 12월 영토편입 각의제출 - 1895년 1월 각의에서 편입 결정 - 개인 개척, 비밀리 편입, 무통고
1898. 7	미나미토리 시마	도쿄 동남쪽 950km	선점	- 1864년 미국 선박이 발견 - 1897년 미즈타니가 대하원 제출 - 1898년 도쿄부 소속 편입 - 개인 개척, 무통고
1900. 9	다이토제도	오키나와현 동남부 약 150km	무주지 선점	- 1543년 스페인인 발견, 말라브리고라고 명명, 1807년 프랑스 군함이 라사섬이라 명명, 1820년 러시아인이 보로디노제도라 명명 - 1892년 일본 군함 카이몬마루가 존재를 확인, 1900년 비밀편입 - 1938년 기상관측소 설치, 1942년 일본군 주둔 - 군사적 목적으로 편입

각의결정	도서명	위치	편입 논리	경과
1905. 1	독도 (량코도, Liancourt rocks)	울릉도 동남쪽 90km	무주지 선점	- 한국 소속 - 1904년 나카이 요자부로가 내무성·외무성·농상무성에 편입 및 대하원 청원 - 1905년 1월 각의결정 후 편입 - 경제적 이익 및 군사적 요충지 - 군사적 목적으로 비밀리에 편입
1908. 7	나카노 토리시마 (Ganges Island)	오가사와라 560해리	무주지 선점	- 1907년 8월 도쿄시에 거주하는 야마다가 발견 - 1908년 5월 도쿄부 지사가 행정소속을 정하도록 내무성에 상신, 편입 - 섬의 존재 확인 불가로 수로지에서 삭제
1931. 7	오키노토리 시마	도쿄 동남쪽 1,700km (오가사와라 서남쪽)	발견	- 1789년 영국 선박이 처음 발견 - 1922년, 1925년에 일본 군함이 측량 - 1931년 해군성 수로부가 내무성에 대해 편입 신청. 해군성·내무성·척무성 등의 관계자들이 협의회를 개최, 편입 결정 - 군사적 목적으로 편입, 무통고
1939. 3	남사군도 (신남군도)	타이완 가오슝시	선점	- 1929년 4월 일본인 다이헤이섬에서 유황채굴사업 개시 - 1933년 프랑스군의 다이헤이섬 점거, 일본인 퇴거 - 1938년 12월 일본 국무회의 영토편입 결정 - 1939년 3월 타이완 총독부령에 의해 남사군도를 타이완 가오슝시 관할구역에 편입 - 1952년 강화조약에 의해 영토 포기 - 군사적 목적으로 편입, 타국 승인 없음

일본 정부는 1931년 9월 만주사변을 준비하기 위해 오키노토리시마를 편입하였고 1935년 미나미토리시마에 해군이 기상관측소, 군용비행장을 건설하였다. 1939년 남사군도를 군사적 전략지로 편입했고 전쟁 수행을 위해 잠수함 기지, 수상비행기 기지 등을 구축하는 데 사용하였다.

또한 이오지마는 마리아나제도와 오가사와라제도 방비를 강화하기 위해 1944년 육군부대와 해군부대를 증강시켰다. 이런 일본 영토편입 사례는 워싱턴해군군축조약을 위반하고 있으며 군사적 목적으로 이용하기 위해 태평양지역의 도서들을 불법으로 편입했음을 알 수 있다.

일본의 제국주의적 야망의 대상이 되었던 인접 지역은 무주지의 사막, 정글뿐만 아니라 타국의 지배하에 있거나 그 영향하에 들어가 있어도 일본은 무력으로 타국의 영토를 강탈하였다.

VI. 맺음말

1933년 10월 일본 외무성 조약국이 발행한 『국제법선례휘집』에는 일본 도서 영토편입 경위와 자료를 공개하고 있지만 독도 편입 경위에 대한 설명이 없고 다른 논문에서도 독도 영토편입에 대한 언급이 없다.[84] 그래서 19세기 국제법의 무주지 선점론의 의미와 일본의 영토편입 논리에 대해 분석하면서 일본의 도서 편입 절차의 문제점과 불법성에 대해 분석하였다.

---

84 立作太郎, 1933,「無住の島嶼の先占の法理と先例」,『国際法外交雑誌』32-8, 1-47쪽; 国際法先例研究会, 1961,「先占に関するわが国の先例」,『法学論叢』, 京都大学, 160-172쪽.

19세기 무주지 선점 법리는 원래 서구 자본주의 제국이 유럽 외 지역에 식민지를 획득하는 과정에서 그것을 합법화하기 위해 사법상 무주물 선점 법리의 유추를 바탕으로 인용한 것이다. 그러나 국제법에서의 무주지 선점 법리는 주민의 의사를 전혀 무시한 '약탈 제도'로 민족자결주의 원칙에 바탕을 두지 않는 한, 영역취득의 효과는 생기지 않는다고 주장하고 있다.

결국 국제법에서의 영토획득 중 무주지 선점의 법리가 서구제국에 의해 식민지 획득을 합법화하는 역할을 담당하는 것은 부정할 수 없다. 서구제국은 무주지 개념을 식민지화하는 도구로서 발명하면서 문명이라는 개념을 이용하여 약소국 침략을 정당화하였다.

국제법에서 무주지 선점의 4가지 조건은 ① 선점의 주체가 국가여야 하고, ② 대상지가 무주지여야 하고, ③ 실효적인 점유를 동반해야 하고, ④ 국가에 영유의사가 있어야 한다는 것이다. 선점이 성립하기 위해서는 상기의 4가지 조건이 항상 구비되어야 한다.[85] 그중 하나라도 충족되지 않으면 선점의 조건은 성립되지 않아 영토권을 취득할 수 없다[86]고 한다.

일본은 영토편입에 있어 국제법에서의 무주지 선점 절차를 준수하지 않았고 여러 도서의 영토편입 과정을 비교해볼 때 무주지 선점의 불법성이 드러났다.

첫 번째로 일본의 도서 편입에서 개인과 사기업이 영유를 선언한 것은 선점에 대한 국가의 영유선언이라 할 수 없고 선점에 대한 실효적인 지배라 볼 수 없어 합법적인 영토편입이라 볼 수 없다.[87]

---

85 박배근, 2013, 「무주지 선점의 요건에 관한 1905년 전후의 학설」, 『영토해양연구』 6, 동북아역사재단, 39-40쪽.

86 横田喜三郎, 1933, 88쪽.

87 최철영, 2019, 「무주지 선점론과 국제법적 권원에 대한 평가」, 『독도영토주권과 국제

일본 정부는 민간인의 활동 실적과 개척 신청원 등을 무주지 선점론을 입증하는 데 중요한 자료로 사용하고 있다. 일본인의 발견, 경제활동 등에 의한 무주지 선점이 있더라도 선점 요건인 국가의 영유선언, 타국에의 통고를 하지 않는다면 선점이 성립되지 않는다.

일본이 무주지가 아닌 독도를 강탈하고 비밀리에 편입한 것은 국제법상 무주지 선점의 4가지 요건을 구비하지 않았고, 무주지 선점의 조건이 성립하지 않기 때문에 일본이 독도영유권을 취득했다고 할 수 없다.

두 번째, 일본 정부는 무주지 선점에 있어 타국과의 분쟁을 방지하기 위해 통고를 해야 하는 의무를 제대로 하지 않았다.

일본 정부가 오가사와라제도를 편입할 때 타국에의 통고 및 승인을 받았던 이유는 여러 나라가 영유권을 둘러싸고 경쟁하고 있는 상태이기 때문이었다. 그리고 타국과의 영토분쟁을 방지하기 위해서 타국에 통고를 하였고, 이런 절차는 그 당시 만들어진 국제법 관습에서 나온 것이다.

이오지마 사례는 일본 정부가 영토편입에 대한 통고의무를 하지 않아 타국 간의 분쟁 요소를 제공한 경우이다. 결국 이오지마는 스페인과의 분쟁 소지가 있어 비밀리에 편입하였고 통고의무도 다하지 않았다.

미나미토리시마 경우, 일본 정부가 국내적 편입조치로 끝내고 대외적인 통고를 하지 않아 미국과 역사적 권원에 대한 분쟁이 생긴 것이고 일본이 실효적 지배를 강화시키려는 과정에서 분쟁이 생긴 것이다. 일본 정부가 무주지 선점에 있어 미국에 통고하고 승인을 받아야 미국과의 영토분쟁의 소지를 차단할 수 있었는데, 국제법 관습의 절차를 준수하지 않은 데에서 분쟁이 생긴 것이다.

오키노토리시마, 남사군도 편입은 센카쿠제도와 독도 편입 과정과 비

법적 권원』, 동북아역사재단, 125쪽.

교하면 일본이 전쟁을 수행하기 위해 군사적 전략지로서 편입하였고, 무주지 선점론을 이용하여 타국에 통고를 하지 않고 무력으로 편입한 점이 비슷하다.

그리고 일본은 그 당시 영토편입의 논리로 무주지 선점론을 이용하여 약소국 도서들을 편입하였고, 서구제국주의 국가와의 영토분쟁이 있는 경우에만 타국에의 통고라는 원칙을 적용하였다. 약소국에 대해서는 일방적이고 군사적으로 도서를 편입하여 타국에의 통고라는 원칙을 지키지 않았고 일본제국의 군사적 팽창 시기에 강대국에 자극을 주지 않으면서 약소국의 영토를 선점하여 군사적 전략지로 사용하기 위해 비밀리에 편입했던 것이다.

무주지 선점에서의 통고는 국제관행으로 여러 국가들이 많이 행하고 있기 때문에 선점의 통고가 국제법상 의무화가 된 것이다.[88] 여러 국가들 사이의 영토획득 경쟁에서 영유권 획득과 영토분쟁 방지를 위해서는 타국에의 통고와 승인이 필요한 것이 그 당시의 관습이라 할 수 있다.

마지막으로 일본의 영토편입은 영토확장을 하기 위해 무주지 선점론을 전쟁과 침략의 도구로 이용한 점이다.

류큐왕국, 센카쿠제도, 독도의 영토편입은 청일전쟁·러일전쟁과 직접 관련이 있고 일본의 전쟁 승리에 의해 일본제국의 영토 확대를 현실화시키는[89] 수단이 되었다.

센카쿠제도는 원래 중국의 영토로 일본제국주의에 의한 대륙 침략 전쟁에서 희생물이 되었고 청일전쟁 후 청나라의 패배로 불평등조약을 맺

---

88 박배근, 2013.

89 허영란, 2003, 「명치기 일본의 영토 경계 확정과 독도-도서 편입사례와 죽도 편입의 비교」, 『서울국제법연구』 10-1.

으면서 1895년 4월 타이완과 타이완의 모든 부속도서 및 펑후제도와 함께 할양하게 되었다. 이것은 일본이 청일전쟁에서 승리한 후, 중국으로부터 약탈한 최초의 도서라 할 수 있고 일본이 제국주의적 팽창주의에서 약탈한 도서로, 이에 관련된 국제법적 해석을 둘러싼 역사적 근원에 대한 논란은 아직도 있다.

독도 경우, 일본 정부는 독도가 한국 영토임을 인식하고 있었으나 무주지 선점론으로 포장하면 타국의 오해를 부르지 않기 때문에 러일전쟁 당시 독도를 무주지 선점론으로 포장하여 편입하게 된 것이다. 러일전쟁 당시 울릉도와 독도에 망루와 무선통신을 설치하려는 목적으로 일본 군함을 3차례에 걸쳐 실측 탐사를 반복한 것은 독도를 군사점령하고 나서 편입하려고 했던 것이 명백하다.

일본제국의 팽창기에 일본의 도서 편입은 표면적으로는 무주지 선점이라고 하지만 실제로는 편입 시기에 전쟁과 침략이 겹치고 있다. 1895년 청일전쟁 중에는 센카쿠제도 편입, 1905년 러일전쟁 중에는 독도 편입, 1931년 만주사변 직전에는 오키노토리시마 편입, 1939년 중일전쟁에는 남사군도가 편입되었다. 일본 정부와 해군은 센카쿠제도, 독도, 오키노토리시마, 다이토지마, 이오지마 등에 미리 군함을 보내어 조사하였다. 오키노토리시마 경우만은 암초에 지나기 때문에 선점을 입증하는 활동도 없이 해군의 무력으로 편입하였다.

결국 일본은 제국주의적 침략과 영토확장의 대상이 되었던 인접 국가 지역의 도서들, 영토뿐만 아니라 타국의 지배하에 있거나 그 영향하에 들어가 있어도 무주지 선점이라는 강대국의 법리를 이용하여 타국의 영토를 무력으로 강탈한 것을 알 수 있었다.

참고문헌

도시환 편, 2019,『독도영토주권과 국제법적 권원』, 동북아역사재단.

박배근, 2013,「무주지 선점의 요건에 관한 1905년 전후의 학설」,『영토해양연구』 6, 동북아역사재단.

최철영, 2019,「무주지 선점론과 국제법적 권원에 대한 평가」,『독도영토주권과 국제법적 권원』, 동북아역사재단.

허영란, 2003,「명치기 일본의 영토 경계 확정과 독도-도서 편입사례와 죽도 편입의 비교」,『서울국제법연구』 10-1.

葛生修吉, 1903,『韓海通漁指針』, 黒龍會.

江草忠敬, 1998,『国際法辞典』, 有斐閣.

高橋作衛, 1904,『平時国際法論』, 日本法律学校.

芹田健太郎, 2010,『日本の領土』, 中央公論新社.

吉岡吉典, 1996,『日本の侵略と膨張』, 新日本出版社.

大熊良一, 1969,『千島小笠原島史考』, しなの出版.

藤岡信勝, 2012,『国境の島を発見した日本人の物語』, 祥伝社.

名嘉憲夫, 2013,『領土問題から国境画定問題へ』, 明石書店.

美濃部達吉, 1946,『改訂憲法撮要』, 有斐閣.

北澤正誠, 1996,『竹島考證』上·中·下, 東京エムティ出版復刻板.

杉原高嶺, 2008,『国際法講義』, 有斐閣.

小寺彰·岩沢雄司·森田章夫 編, 2010,『講義国際法』第2版, 有斐閣.

小池明, 2011,『日本海海戰と三六式無線通信機』, 歷史春秋出版社.

松原一雄, 1943,『国際法概論』, 巖松堂書店.

外務省條約局, 1933,『國際法 先例彙集』2.

岩永重華, 1904,『最新韓国實業指針』, 寶文館.

日本海軍水路局, 1883,『寰瀛水路誌』2.

立作太郎, 1923,『平時國際公法』, 中央大學.

長谷川亮一, 2011,『地図から消えた島々 - 幻の日本領と南洋探検家たち』, 吉川弘文館.

田岡良一, 1955,『国際法講義』上, 有斐閣.

田畑茂二郎, 2008,『国際法』第2版, 岩波書店.

井上清, 2012,『尖閣列島 - 釣魚諸島の史的解明』, 第三書館.

池内敏, 2016,『竹島 - もうひとつの日韓関係史』, 中公親書.

倉知鉄吉, 1899,『國際公法』, 日本法律學校.

春田哲吉, 1999,『日本の海外植民地統治の終焉』, 原書房.

平岡昭利, 2012,『アホウドリと「帝国」日本の拡大 南洋の島々への進出から侵略へ』, 明石書店.

黑龍會, 1901,『黑龍會會報』1 · 2.

國際法先例彙集研究會, 2004,「研究報告 國際法先例彙集に関する研究」,『外務省外交史料官報』18.

大沢章, 1955,「国家領域とその変動」,『国際法講座』1.

三浦桂祐, 1953,「竹島その由来と運命」,『水産界』, 大日本水産會出版部.

手塚豊, 1963,「南鳥島先占前後の一考察」,『法学研究』36 - 1, 慶応義塾大学法学研究会.

永石啓高, 2014,「19世紀後半における東アジアの国際秩序変容と日本の領域画定」,『苫小牧駒澤大学紀要』28.

日本外務省外交史料館,「帝国政府ノ領土権主張問題 1 , 1929年(昭和 4 年)7月2日 ~ 1939年(昭和13年)3月2日 - 國際法上ノ先占ノ要件」,『各國領土發見及歸屬關係雜件』1.

田村清三郎, 1953,「中井養三郎事業経営概要 1910」,『竹嶋』, 島根県広告文書課資料

秋岡武次郎, 1938,「太平洋上の邦領島嶼」,『地理学』6 - 5.

太寿堂鼎, 1966,「竹島紛争」,『國際法 外交雜誌』64 - 4 · 5.

横田喜三郎, 1933,「無人島先占論」,『中央公論』.

Fenwick, Charles G., 1934, *International Law*, 2nd ed., New York: D. Appleton & Century Co.

Lawrence T. J., 1895, *The Principles of International Law*, Boston, New York (etc.): D.C. Heath & Co.

Lindley, M. F., 1926, *The Acquisition and Government of Backward Territory in International*

Law, London: Longmans, Green.

Hall, William Edward, 1924, A. Higgins, Pearce ed., *A Treatise on International Law*, 8th ed., Oxford: Oxford University Press.

독도의 실효적 지배론에 관한 일본의 국제법적 연구 검토

이성환 계명대학교 인문국제학대학 교수

I. 머리말

독도는 누구의 땅인가. 한일 공동 또는 제3국의 것도 아니고 영유권 미정의 땅도 아니다. 한국령 아니면 일본령인 것은 분명하다. 제2차 세계대전 이후 지금까지 한국이 실효적으로 지배(effective control)하고 있음에도 불구하고, 한일 간에 독도영유권 논란은 계속되고 있다. 한일 간 논란의 쟁점은 독도에 대한 역사적 · 시원적 권원(ancient or original title) 즉 고유영토론을 둘러싼 문제,[1] 1905년 일본의 독도 편입의 불법/합법론, 제2차 세계대전 중의 카이로선언에서부터 샌프란시스코강화조약에 이르기까지 일련의 조치에 대한 의의와 해석에 관한 문제[2] 등이며, 이들 쟁점에 대해 한일 양국의 주장은 정면으로 배치(背馳)된다.

영유권 분쟁은 영토주권에 대한 서로의 주장에 대한 경합을 의미하며, 이는 영유권에 대한 국제법적 합법성과 정당성에 대한 평가 문제로 이어진다. 독도영유권 도발자에 해당하는 일본은 한국의 독도 점유를 "국제법상 근거가 없는" 불법으로 치부하고,[3] 한국은 독도는 역사적, 지리적, "국제법적으로 명백한 고유영토"로 규정하고 있다.[4] 한일 양국이 모두 법률

---

* 이 글은 이성환, 2022, 「독도문제에 대한 일본의 국제법적 연구-'실효적 지배를 중심으로'-」, 『대한정치학회보』 30-2에 발표한 것이다.

1 최근 들어 일본은 고유영토론보다는 1905년 편입의 합법적 정당성을 주장하는 쪽으로 약간의 변화를 보인다.

2 塚本孝, 2012, 「対日平和条約と竹島の法的地位」, 『島嶼研究ジャーナル』 2-1, 海洋政策研究所島嶼資料センター, 44쪽.

3 일본내각관방 영토·주권대책기획조정실 홈페이지, 「일본의 기본적인 입장」. www.cas.go.jp/jp/ryodo/taiou/index.html#takeshima(검색일: 2020. 10. 24).

4 「독도에 대한 정부의 기본 입장」. dokdo.mofa.go.kr/kor/dokdo/government_position.jsp(검색일: 2020. 10. 24).

적 이유를 원용하여 독도에 대한 주권을 주장하고 있으므로 독도에 대한 역사적 사실이나 경위 등에 대한 국제법적 평가가 필요하다.

국제법적으로 주권의 권원을 결정하는 데에는, 해당 지역에 대해 일정 기간 동안 주권자의 자격으로서 "계속적이고 평화적인 국가권한의 행사(continuous and peaceful display of state authority)"가 이루어졌는지의 여부, 즉 역사적 '주장'보다는 '실제적 주권행사'를 뜻하는 실효적 지배의 원칙이 적용되는 경우가 많다.[5] 중요한 것은 현대 국제법상 요청되는 실효적 지배의 관점에서 양측이 주장하는 역사적 권원이 상대적으로 어느 쪽에 더 유리하게 전개되어왔는가 하는 것이다. 이에 대해서는 1928년 팔마스 섬 사건, 1933년 동부그린란드 사건, 1953년 망키에-에크르오 사건(The Minquiers and Ecrehos Case) 등을 통해 구체적인 기준이 제시되어왔으며, 그 이후 영유권 귀속의 국제적 규범으로 강조되고 있다.

이 글에서는 한일 간의 독도영유권 문제에서 실효적 지배론의 전개 과정 및 이에 대한 평가를 분석한다. 구체적으로는 일본 국제법학계에서 독도영유권 주장의 유력한 논리로 제기하고 있는 실효적 지배론이 어떻게 논의되어왔는가를 분석하고, 동시에 한국 측의 논의도 검토한다.[6] 이

---

5 실효적 지배(effective control), 실효적 소유(effective posession), 실효적 점유(effective occupation), 그리고 실효적인 지배 또는 주권행사를 구성하는 행위 등을 의미하는 실효적 지배를 함축적으로 표현하는 이펙티비테(effectivite) 등을 엄격히 구분하여 사용해야 한다는 주장이 있으나 이 글에서는 구분 없이 사용한다.

6 한국에서의 연구로는 김현수·박성욱, 2007, 『독도 영유권과 실효적 지배에 관한 연구』, 한국해양수산개발원; 김영수, 2011, 「독도의 '실효적 지배'에 관한 국제법 판례와 사료적 증거」, 『독도연구』 14, 영남대학교 독도연구소; 김명기, 2018, 「독도학술연구조사에 의한 한국의 독도에 대한 실효적 지배」, 『국제법학회논총』 63-1, 대한국제법학회; 박기갑, 2000, 「도서 영유권 분쟁관련 국제판례에서 나타난 實效的 支配 내지 占有개념과 독도 영유권 문제」, 『국제법학회논총』 45-2, 대한국제법학회; 서형원, 2009, 「독도 영유에 관한 권원 논쟁과 실효적 지배」, 『일본공간』 5, 국민대학교 일본학연구

를 통해 독도영유권에 대한 논의를 심화하고자 한다.

II. 1950년대의 구상서 논쟁과 독도에 대한 실효적 지배론

1952년 1월 18일 한국이 '인접해양에 대한 주권에 관한 선언' 즉 평화선(the Peace Line)을 선포하자 일본 정부는 1월 28일자로 한국 정부에 이에 항의하는 구상서(Note Verbale)를[7] 송부했다. 그 후 한일 정부는 독도문제와 관련하여 1965년까지 56회(일본 32회, 한국 24회)의 구상서를 주고받았다.[8] 일본 정부는 「죽도에 관한 일본 정부의 견해(Japanese Government's Views Concerning Takeshima)」를 1953년 7월 13일, 1954년 2월 10일, 1956년 9월 20일, 1962년 7월 13일 등 4회에 걸쳐 한국 정부에 발송했다. 이에 대해 한국 정부는 1953년 9월 9일, 1954년 9월 25일, 1959년 1월 7일, 1965년 12월 17일에 「독도(죽도)에 관한 일본 정부의 견해에 대한 한국 정부의 반박서[The Korean Government's Refutation of the Japanese Government's Views Concerning Dokdo ("Takeshima")]」를 일본

所; 박현진, 2013, 「독도 영토주권과 격지 무인도에 대한 상징적 병합·가상적 실효지배」, 『국제법학회논총』 58-4, 대한국제법학회; 이용희, 2013, 「국제판례상 실효적 지배의 개념과 독도에 관한 고찰」, *Ocean and Polar Research* 35-4, 한국해양과학기술원 등이 있다.

7 구상서의 원문은 영어로 되어 있으며, 외무부, 1977, 『獨島關係資料集1 往復外交文書(1952-76)』에 수록되어 있다. 이 글에서는 외교통상부 국제법률국 편, 2012, 『(전면개정판) 독도문제 개론』을 인용함.

8 内閣官房, 『(平成29年度 内閣官房委託調査)竹島に関する資料調査報告書』, ストリームグラフ, 15쪽.

정부에 보냈다. 독도에 관한 한국과 일본 정부의 기본적 입장은 1953년 7월 13일부터 1954년 9월 25일 사이에 전개된 4회(한일 정부 각 2회)의 구상서에 집약되어 있다(그 이후의 양국 간에 교환된 구상서는 보충적 성격이 강하다).[9]

1953년 7월 13일 일본 정부는 역사적으로 한일 정부 간에는 독도에 대한 논의가 없었고, 1905년 편입 이후 독도는 일본에 의하여 개발되었으며, 샌프란시스코강화조약에서 독도가 일본 영토로 확인되었다는 내용의 구상서를 보냈다. 특히 1905년의 독도 편입은 국제법적으로 "영토의 일부로 하고자 하는 의사"를 표시한 것이며, 1905년 이후의 행위는 국제법에 입각한 "효과적인 관리"를 위한 것이었다는 점을 강조했다.[10] 그 연장선상에서 샌프란시스코강화조약에서 독도에 대한 영유권을 인정받았다고 주장한다. 즉 일본은 합법적으로 독도를 편입하고, 그 이후 실효적 지배를 했으며, 샌프란시스코강화조약에서 국제적으로 독도영유권을 확립했다는 것이다.

이에 대해 한국 정부는 1905년 이전의 한국과 독도의 관련성을 강조하면서 일본의 편입조치는 불법이며, 샌프란시스코강화조약도 SCAPIN 677의 연장선상에서 해석해야 한다는 취지의 반박 구상서를 보냈다. "독도는 한국인에 의해 발견되고 점유되고 한국 영토의 일부로서 소유하는 견지로서 매우 효과적으로 계속적인 한국 정부 당국에 의한 관리를 받고" 있으며,[11] 『세종실록지리지』, 『동국여지승람』, 『숙종실록』, 1906년 울도

9 김현수·박성옥, 2007, 1쪽.

10 외교통상부 국제법률국 편, 2012, 88-93쪽.

11 외교통상부 국제법률국 편, 2012, 97쪽.

군수 심흥택의 보고 등에서 이를 알 수 있다.[12] 그리고 일본의 독도 편입은 "(러일) 전쟁의 혼란한 순간에 불터에서 도적질하듯한 … 국제법의 명백한 위반으로서 시행한 소위 시마네현의 관리하에 그 도서를 둔 기간에 결코 독도는 무주지가 아니었다"고 강조했다.[13] 요약하면 독도 발견 이후 한국은 계속적으로 독도를 실효적으로 점유·관리해왔고, 일본의 독도 편입 후에도 한국의 권원은 유지되고 있었다는 것이다. 양국의 주장에서, 일본은 1905년 이후의 실효적 지배를, 한국은 1905년 이전부터 독도가 한국의 영토였음을 강조하고 있는 특징이 보인다.

일본 정부는 1954년 2월 10일의 구상서에서 "한국이 그의 영토의 일부로서 다케시마를 인식하였고 옛날에 이용하였다는 것을 확증하는 것이 아무(것)도 제시되지 않는다. 한국 정부가 울릉도에 관하여 이조(李朝) 초기 이래 장기간 공광책(空曠策)을 계승하였다는 사실에 조감하여 한국은 울릉도보다 더 떨어진 고도(孤島, 즉 독도-인용자)에 행정적 또는 기타 지배를 확장하였다고 생각할 이유가 없다"며, 한국 정부의 주장을 반박했다.[14] 울릉도에 대해 쇄환정책을 취해온 조선은 그 외곽에 있는 독도를 인식조차 못했을 것이기 때문에 한국 정부가 제시한 1905년 이전의 고문헌과 사적은 근거가 없으며, 실효지배를 했을 리 없다는 것이다. 반면에 일본 정부는 각종 고문서와 지도 등을 제시하며 독도는 옛날부터 일본 영토의 일부로 취급되었고, 조선과 영토권 논의를 한 적이 없으므로 독도는 일본 영토라고 결론짓고 있다.[15]

---

12 외교통상부 국제법률국 편, 2012, 95-97쪽.

13 외교통상부 국제법률국 편, 2012, 98-99쪽.

14 외교통상부 국제법률국 편, 2012, 114쪽.

15 외교통상부 국제법률국 편, 2012, 112-114쪽.

이상의 논의에서 보듯이, 한일 양국은 상대의 주장을 전면적으로 부정하고 있기 때문에 독도에 대한 원시적 또는 역사적 권원에 대해서는 어느 쪽도 상대를 설득할 수 있는 결정적인 증명력을 확보하기가 쉽지 않다. 대체적으로 한국 측은 『조선왕조실록』 등 관찬 자료(authentic literature)를 중심으로 제시하였고, 일본 측은 『장생죽도기(長生竹島記)』 등 민간인의 활동을 기록한 사찬(私撰, private essay) 자료를 많이 제시하고 있다. 자료의 신뢰성 면에서는 한국 측이 상대적으로 우월한 측면이 있다고 하겠다.

구상서에는 양쪽이 독도에 대해 실효적으로 지배권을 행사하고 있었음을 부각시키려는 경향이 강하게 엿보인다. 한국 측에서는 『숙종실록』(권30)을 인용하여, 안용복 등이 독도를 방문하여 독도의 조선 영유를 확인하고 일본인을 축출한 기록을,[16] 일본 측에서는 독도를 울릉도 도항을 위해 기항지(중계지 또는 표지) 또는 어장으로 이용했다는 기록을 제시하고 있다.[17] 안용복이나 울릉도를 기항지로 이용한 일본 어부는 모두 민간인이라는 점은 동일하다. 그러나 안용복이 독도의 조선 영유를 분명히 하고 그곳에 있는 일본인을 내쫓았다는 사실과 독도를 울릉도 항행의 중간 기항지로 이용했을 뿐이라는 일본 어부의 행위에는 분명한 차이가 있다. 일본은 기항지 이용을 실효적 지배라고 주장하고 있는데, 이러한 관점에서 보면, 기항지인 독도보다는 어장으로 더 활발히 이용한 울릉도에 대해 영유권을 주장하는 것이 설득력이 있을 것이다. 그러나 일본은 울릉도에 대해서는 영유권을 주장한 적이 없으며, 독도에 대해서만 영유권을 주장하고 있다. 이는 이치에 맞지 않는다.

일본 측은 안용복에 관련한 기록을 해금정책을 어긴 범법자의 '위증

16 외교통상부 국제법률국 편, 2012, 122-123쪽.

17 외교통상부 국제법률국 편, 2012, 113쪽.

(僞證)'이라 폄훼하고,[18] 일본 측 자료에서는 그의 활동이 확인되지 않는다고 한다.[19] 행위자를 폄훼하여 행위 그 자체를 부정하거나 평가절하하는 비논리적 방식이다. 비록 안용복이 민간인이기는 하나, 제1차 도일과 제2차 도일에서 일관성 있게 독도영유권을 주장한 사실을 주목할 필요가 있다. 일본 정부는 안용복의 진술은 "조선 정부로부터 위임을 받은 것이 아니기 때문에 지배권 행사로 볼 수 없다"고 주장하고 있으나,[20] 이는 조선의 독도에 대한 영유의식이 안용복과 같은 민간인에게까지 체현되어 있었다는 방증이다. 그의 행위는 독도에 대한 조선 정부의 영유의식이 개인에 의해 발현된 것이라 봐야 한다. 또 안용복의 활동이 공적 기록물에 기록되었다는 것은 그의 행위가 국가적 행위로 승인받았다는 것으로 해석할 수 있다.[21] 해금정책을 위반한 범법자를 처벌하기 위한 것이거나 안용복이 처벌을 면하기 위해 거짓 진술을 한 것이었다면, 독도 및 울릉도영유권에 관련된 그의 행적을 상세히 기록하지는 않았을 것이다. '범법자'인 안용복의 진술을 상세히 등재한 것은 그것이 영토 즉 주권문제에 관련된 중요한 사항이라고 인식했기 때문일 것이다. 안용복의 활동 및 진술은 세계유네스코기록유산으로 등재된 『조선왕조실록』에 기록되어 있다는 점에서 신뢰성이 높다.

이러한 역사적 권원의 불확실성을 감안한 듯, 일본은 1954년 2월

---

18 下條正男, 2017, 『安龍福の供述と竹島問題: 知っておくべき竹島の真実』, 島根県総務部総務課, 30-31쪽.

19 외교통상부 국제법률국 편, 2012, 106-107쪽; 下條正男, 2017, 29-30쪽.

20 太壽堂鼎, 1966, 「竹島紛争」, 『国際法外交雑誌』 64-4, 日本国際法学会, 114쪽; 「竹島研究·解説サイト 江戸時代の竹島と安龍福の供述」. www.youtube.com/embed/DSUrAy6CIdU(검색일: 2021. 11. 20).

21 이한기, 1969, 『한국의 영토』, 서울대출판부, 248쪽.

10일의 두 번째 구상서에서 현대 국제법의 영토취득론을 주장하기 시작한다. 후술하는 바와 같이, 이 주장이 국제사법재판소의 망키에-에크르오 사건의 판결(1953. 11) 직후에 나왔다는 점을 눈여겨볼 필요가 있다. 일본 정부가 역사적 권원이 아니라 근대 이후의 실효적 지배를 중시한 망키에-에크르오 사건의 판결을 의식적으로 원용한 것인지는 알 수 없으나, 그 이후 지금까지 일본은 국제법적인 관점에서 망키에-에크르오 사건을 독도문제 해결의 가장 유력한 해결방안으로 원용하고 있는 점은 시사적이다.[22]

구상서에서 일본 정부는 현대 국제법의 영토취득 요건으로서 ① 영토를 획득하는 국가의 의사(Intention of State to acquire territory), ② 의사의 공적 발표(Public announcement of the intention), ③ 영토를 지배하는 적당한 세력의 수립(Establishment of adequate power to control the territory)이라는 세 가지를 제시하고 있는데,[23] 대체로 망키에-에크르오 사건의 판결을 원용한 내용이다. 이를 기준으로 일본 정부는 1905년 독도 편입의 합법성과 그 이후의 실효적 지배를 강조한다. 1905년 1월 28일의 각의결정에서 일본은 영토취득에 대한 국가의사를 확인했으며, 2월 22일의 시마네현 고시를 통해 국제법상의 공시 요건을 만족시켰다. 그 후 독도를 시

22 예를 들면, 내각관방(Cabinet Secretariat) 영토·주권대책기획조정실(Office of Policy and Coordination on Territory and Sovereignty)이 발간한 『죽도에 관한 자료조사보고서(竹島に関する資料調査報告書)』(2019)의 「영토로 인정받기 위해 필요한 것」이라는 논설에는 망키에-에크르오 사건을 예로 제시하고 있는데, 이는 일본 정부의 공식 견해로 봐야 할 것이다. 보고서에서는 정부의 공식 견해가 아니라고 하고 있으나, "유식자(有識者)의 조언을 얻은 것"이라 밝히고 있는 것에서 이를 알 수 있다. 여기에서 유식자는 2013년 내각관방 '영토·주권대책기획조정실'의 「영토·주권을 둘러싼 내외발신에 관한 유식자간담회」를 가리키는 것으로 보인다. 「竹島 研究 解説サイト」. www.cas.go.jp/jp/ryodo/kenkyu/takeshima/index.html(검색일: 2021. 9. 10).

23 외교통상부 국제법률국 편, 2012, 112쪽, 224쪽.

마네현 오키도사(隱岐島司)의 관할로 하고, 1905년 5월에 독도를 관유지 대장에 등록했으며, 8월에는 시마네현 지사가 독도를 시찰하고 현지 조사를 하는 등의 사실을 독도에 대한 실효적 지배의 예로 열거했다.[24] 일본 정부가 1905년 편입 이후의 실효적 지배에 초점을 맞추고 있다는 것을 알 수 있으며, 이러한 기조는 지금까지 유지되고 있다.

이에 대해 한국 정부는 1954년 9월 25일자의 구상서를 통해, 일본이 제시한 세 가지의 국제법의 영토취득 요건에 대해 ① 독도는 무주지가 아니었기 때문에 선점의 대상이 아니며, ② "암암리에 시행된" 시마네현 고시는 국가의사의 공표라 할 수 없으며, ③ 1905년 이후의 독도에 대한 지배는 '침략'행위에 지나지 않는다고 반박했다.[25] 또 우산도를 울릉도의 이칭(異稱)이라 주장하는 일본 정부의 견해에 대해, 『증보문헌비고』(권 310)의 "여지지에 이르되 울릉도와 우산은 다 우산국 땅이다. 우산은 소위 왜가 이르는 송도이다"라는[26] 기록 등을 제시하고, 우산도와 독도의 동일성을 강조했다. 안용복의 활동에 대해서도 우산도(독도)에서 일본인을 축출한 사실을 들고, 이를 계기로 야기된 울릉도쟁계에서 일본은 1696년 도해금지령을 통해 울릉도와 부속도서인 독도에 대한 조선의 영유를 인정하고 일본인의 출어를 금지했다는 사실도 상기시켰다.[27] 즉 울릉도쟁계의 결과 독도와 울릉도에 대한 조선의 영유권이 인정되었다는 주장으로 특기할만하다. 거기에 더해 1904년 나카이 요자부로가 한국 정부에 독도

---

24 외교통상부 국제법률국 편, 2012, 115쪽.

25 외교통상부 국제법률국 편, 2012, 134-135쪽.

26 외교통상부 국제법률국 편, 2012, 123쪽. 『증보문헌비고』에는 "여지지에 이르기를 '울릉과 우산은 모두 우산국 땅인데, 우산은 바로 왜인이 말하는 송도이다'라고 하였다"로 되어 있다.

27 외교통상부 국제법률국 편, 2012, 123-124쪽.

대여를 신청하려 한 사실,[28] 1906년 4월 "본군 소속 독도"라고 기술한 울도 군수 심흥택의 보고서, 1905년 이전 매년 여름 울릉도 주민이 독도에서 어렵을 했다는 사실 등도 제시하고 있다.[29] 이러한 사실로 미루어 봤을 때, 일본의 무주지 선점은 성립하지 않으며, 편입 후의 실효적 지배도 한국의 주권을 무시한 불법행위이며, 독도에 대한 한국의 권원은 계속 유지되고 있었다. 연장선상에서 제2차 세계대전 후 연합국이 SCAPIN 677에서 독도가 한국령임을 확인했다고 결론지었다.

이상과 같은 논의가 반복되는 가운데, 1962년 7월 13일의 일본 정부의 구상서에 대해 한국 정부는 1965년 12월 17일 구상서에서 구체적인 내용이 없이 "독도는 역사적으로도 국제법적상으로도 우리(한국-인용자) 영토이다. 한일 간에 영유권 분쟁은 존재하지 않는다"며[30] 일본의 영유권 주장에 대한 논의를 배제했다. 1965년 6월 22일 한일기본조약의 조인과 함께 '독도밀약'을 통해 독도에 대한 한국의 실효적 지배가 묵인된 상태로 일단락되었을 뿐만 아니라,[31] 일본의 주장도 종래와 다른 것이 없었기 때문에 한국 정부는 구체적인 반박의 필요성을 느끼지 않았을 것이다. 이후 양국 정부는 구체적인 논쟁을 전개하지 않고 역사적, 국제법적으로 독도는 자국의 영토라는 원론적인 입장을 되풀이하고 있다.

구상서 논쟁과 함께 일본 정부는 1954년 9월과 2012년 8월에는 구상서로, 그리고 1962년 의무장관회담에서 독도문제에 대해 국제사법재

28 외교통상부 국제법률국 편, 2012, 127쪽.

29 외교통상부 국제법률국 편, 2012, 130쪽.

30 외무부, 1977(김현수·박성옥, 2007, 1쪽 재인용).

31 이른바 "현재 대한민국이 '점거'한 현상을 유지한다"는 독도밀역은 일본이 한국의 독도 지배를 용인한 것으로 간주할 수 있다. 노 다니엘, 2012, 『독도밀약』, 한울아카데미[ロー·ダニエル(Roh Daniel), 2008, 『竹島密約(The takeshima Secret Pact)』, 草思社].

판소 부탁을 제안했으나, 한국 정부는 한일 간에 영토분쟁은 존재하지 않으며, 국제사법재판소의 판단 대상도 아니라며 일관되게 일본의 제안을 거부했다.

Ⅲ. 독도문제에 대한 국제법적 논의와 실효적 지배

위와 같은 일본 정부의 주장을 뒷받침하는 형태로 일본에서는 1960년대 들어 실효적 지배론을 중심으로 국제법적 관점에서 독도문제에 대한 논의를 시작한다.[32] 1963년 미나가와 다케시(皆川洸, 후에 일본 국제법학회 이사장)의 「독도분쟁과 국제판례」라는 논문은 일본 국제법학계에서 본격적으로 독도문제를 논한 최초의 업적으로 평가받고 있다. 그는 영토분쟁을 둘러싼 각종 국제판례를 예시하면서 "일본은 17세기 초 독도를 발견하고, 그것을 현실적 점유의 대상으로 하여 원시적 권원을 가지고 있었으며, 1905년 독도를 정식으로 편입하여 확정적 권원으로 대체하였다. … (독도에 대한) 주권은 확실히 일본에 속한다고 결론"지었다.[33] 구체적으로는 한일 양국은 오랜 옛날부터 독도를 영유하고 있었으나 양국 사이에 귀속에 관련한 조약이 존재하지 않는 점에서 독도문제는 1953년의 망키에-에크르오 사건과 유사하다고 지적하며,[34] 역사적으로 한국과 일본의 실효

---

32 坂本悠一, 2014, 「竹島/独島領有権論争の研究史的検討と課題-戦後日本における近現代史分野を中心に-」, 『社会システム研究』 29, 立命館大学社会システム研究所, 183-184쪽.

33 皆川洸, 1963, 「竹島紛争と国際判例」, 前原光雄教授 還暦記念論文集刊行委員會, 『国際法学の諸問題』, 慶應通信.

34 皆川洸, 1963, 352쪽.

적 지배를 비교하여 일본의 상대적 우월성을 강조한 것이다.

동시에 그는 망키에-에크르오 사건에서 특수한 사정에 의해 결정적 기일 이후의 증거도 재판에서 검토 대상이 될 수 있다는 점을 언급하면서, 해방 후 한국의 독도에 대한 실효적 지배에 대해 우려를 표하고 있는 점은 시사적이다.[35] 그는 1966년에는 「독도 분쟁과 그 해결 방법」이라는 논문에서[36] 독도문제의 해결 방법으로 국제사법재판소 제소를 주장한다. 이러한 그의 연구는 구상서에서 밝힌 일본 정부의 공식 견해를 벗어나지 않은 것이며, 이를 시작으로 일본 국제법학회는 독도문제를 망키에-에크르오 사건을 본보기로 규범화하여 실효적 지배를 이론적으로 뒷받침해 간다. 한편 우에다 도시오(植田捷雄)는 1905년의 독도 편입을 중심으로 "본래 무주지였던 독도에 대해 일본이 이를 영토로 하는 명확한 국가의사를 표했으며, … (그 이후) 현실적 점유, 효과적인 지배를 계속했다"며,[37] 무주지 선점론에 입각하여 그 이후의 실효적 지배를 강조했다.

이러한 논의는 영유권 분쟁의 권위자로 평가받고 있는 다이주도 가나에(太壽堂鼎, 후에 국제법학회 이사장)의 「죽도분쟁」(1966)이라는 논문으로 이어지면서 실효적 지배에 대한 논의는 더욱 구체화된다.[38] 그는 독도문제를 다루기 전에 「국제법에서의 선점에 대하여-역사적 연구-」(1955)

---

35 皆川洸, 1963, 370-371쪽.

36 皆川洸, 1965, 「竹島の紛争とその解決手続-日韓条約の批判的検討」, 『法律時報』 37-10, 日本評論社, 38-44쪽.

37 植田捷雄, 1965, 「竹島の帰属をめぐる日韓紛争」, 『一橋論叢』 54-1, 一橋大学一橋学会一橋論叢編集所.

38 太壽堂鼎, 1966, 「竹島紛爭」, 『国際法外交雑誌』 64-4, 日本国際法学会, 105-136쪽; 太壽堂鼎, 1998, 『領土帰属の国際法』, 東信堂, 125-156쪽; Taijyudo kanae, 1968, "The Dispute between Japan and Korea respecting Sovereignty over Takeshima," *The Japanese Annual of International Law*, No. 12

에서 국제법상의 선점의 일반론을 논하고 있다. 선점론은 유럽 국가들의 식민지 쟁탈과 비유럽 지역에 대한 지배의 정당성 확보를 중심으로 전개되어왔는데,[39] 스페인·포르투갈 등의 식민지 확대 과정에서 우선시되던 '발견 우선의 원칙'이 18세기 말에는 영국, 프랑스, 네덜란드 등이 주장하는 '선점 우선의 원칙'으로 바뀌었으며, 19세기의 아프리카 분할을 계기로 선점에 지방적 권력의 확립을 통한 '실효적 점유'가 추가되었다는 것이다.

그의 '실효적 점유론'은 「죽도분쟁」이라는 논문에 적용되었으며, 독도문제는 망키에-에크르오 사건 판결에 따라 해결되어야 한다고 주장한다. 그는 한일 양국이 원용하는 역사적 사실이 국제법적으로 어느 정도 의의를 가지고 있는가를 검토하고, 어느 쪽이 실효적 지배라는 현대적 요건에 합치하고 있는가를 비교하여 상대적 우열을 판정할 수밖에 없다고 주장한다.[40] 15세기 초부터 450년간 울릉도를 방치한 조선이 독도에 대한 인식을 가졌을지는 의문이라며 독도에 대한 한국의 역사적 권원을 부정한다. 반면에 일본은 막부시대의 쇄국정책에도 울릉도 도해를 금지하지 않았고 독도를 기항지나 어장으로 활용했다는 점에서 상대적으로 우월성이 있다고 평가한다. 설령 한국이 역사적 권원을 가지고 있다고 하더라도 망키에-에크르오 판결에서 보듯이, 불확실한 '원시적 봉토권(original fedal title)'은 실효적 점유에 기초한 권원으로 대체되어야만 법률적 효과를 가질 수 있으나 한국은 이에 대해 아무런 조치를 취하지 않았다. 반면에 일본은 1905년의 편입조치와 그 이후의 계속된 국가기능

39 太壽堂鼎, 1955, 「国際法上の先占について-その歴史的研究-」, 『法学論叢』 61-2, 京都大学法学会, 99쪽.

40 太壽堂鼎, 1998, 140-141쪽.

(State function)의 발현을 통해, 17세기에 확립된 권원을 현대 국제법이 요구하는 새로운 권원으로 대체하였다는 것이다.[41]

동시에 한국이 1905년 이전에 독도를 실효적으로 지배하고 있었다는 사실을 입증하지 못하면, 한국이 일본의 편입조치가 무효라고 주장해도 법적 효과는 없다고 하였다. "한국은 (일본인의-인용자) 강치잡이를 단속할 필요가 있었음에도 이를 방치했다"는 것이다. 또 "1905년 이후 (한국이) 일본의 행위에 대해 항의할 수 있는 지위가 아니었다고 그것으로 곧바로 일본의 조치가 무효로 되는 것은 아니"라며 독도 편입에 따른 일본의 실효적 지배를 강조한다.[42] 이어서 샌프란시스코강화조약에는 한일병합 이전 일본의 영토였던 독도를 일본이 할양한다는 의미는 포함되어 있지 않기 때문에 독도에 대한 주권은 일본에 있다고 했다. 그의 논의를 요약하면, 일본의 역사적 권원은 1905년의 편입조치를 통해 근대적 국제법으로 대체되었으며, 그 이후의 실효적 지배를 통해 영유권을 확고히 했다는 것이다.

이상과 같은 과정을 통해 실효적 지배론은 독도 연구에 있어서 일본 국제법학계의 주류적 관점으로 자리 잡았으며, 일본 정부의 주장을 이론적으로 뒷받침하고 있다(일본에서 이에 대한 반론도 있으나 극히 소수다).[43]

---

41 太壽堂鼎, 1966, 123쪽.

42 太壽堂鼎, 1966, 125쪽; 太壽堂鼎, 1998, 145쪽.

43 독도문제와 망키에-에크르오 사건은 근대 국제법과 시제법의 차이, 그리고 망키에-에크르오 사건에서 양국이 주장하는 역사적 문건에는 망키에와 에크르오라는 섬의 이름이 등장하지 않는다는 점에서 차이가 있다. 해금정책은 당시 동아시아에서는 일반적인 국가정책이었으나, 일본은 근대 국제법을 원용하여 울릉도에 대한 조선의 공도정책을 섬의 포기라고 해석하고 있다. 일본도 오가사와라제도에 대해 오랫동안 공도정책을 취했다는 지적도 있다. 따라서 당시의 실효적 지배를 현재의 서구 국제법의 요건에 맞추어 판단하는 것이 바람직하지 않다는 비판도 있다(濱田太郎, 1997,「竹島(独島)紛争の再検討-竹島(独島)紛争と国際法, 国際政治(二)」,『法学研究論集』7, 明治大学大学

그 후 독도에 대한 국제법적 연구는 시마네현의 죽도문제연구회의 쓰카모토 다카시(塚本孝), 나카노 데쓰야(中野徹也, 간사이대학 교수) 등으로 이어졌다. 최근에는 나카노 데쓰야의 연구가 두드러지고 있다. 그는 시마네현 죽도문제연구회 위원이며, 2013년도부터 6년간 진행된 내각관방(内閣官房) 위탁조사사업의 연구위원으로 활동했다. 그의 연구는 일본 정부의 입장을 반영한 것으로 볼 수 있다. 이하에서는 그의 연구를 중심으로 독도문제와 실효적 지배론을 검토한다.

Ⅳ. 나카노 데쓰야의 독도에 대한 실효적 지배론

나카노 데쓰야는 죽도문제연구회의 제2기 중간보고서(2011)에 발표한 「죽도영유권을 둘러싼 전후의 동향에 대해」라는 논문에서부터 줄곧[44] 망키에-에크르오 사건에 대한 국제사법재판소 판례를 독도영유권문제에 직접 적용하고 있다(한국에서는 망키에-에크르오 사건과 독도문제는 지리적 여건과 분쟁 당사국의 입장에 차이가 있다는 견해도 있다).[45]

망키에-에크르오 사건에 대한 국제사법재판소 판결은 영유권과 관련하여 다음의 네 가지 기준을 제시하고 있다.[46] 첫째, 원시적 권원은 '간

院, 131쪽, 134쪽).

44 中野徹也, 2011, 「竹島の領有権をめぐる戦後の動向について」, 『竹島問題研究會 第2期中間報告書』, 島根県, 29-47쪽.

45 정갑용, 2005, 『독도 영유권의 역사적 권원에 관한 연구』, 한국해양수산개발원, 41쪽.

46 독도연구소 편, 2017, 『영토해양 국제판례 연구』, 박영사, 35-46쪽; 전순신, 1988, 「망키에-에크르오도 사건」, 『동아논총』 25, 동아대학교, 143-162쪽; 김좌욱, 2003, 「독도 영유권 문제에 관한 연구」, 수원대학교 석사학위논문, 26-28쪽; 사단법인 해양법포럼, 2005, 『국제해양분쟁사례연구Ⅲ 국제사법재판소판례』, 해양수산부, 43-70쪽.

접적인 추정'이 아닌 직접적 증거에 의해 입증되어야 한다. 과거 봉건시대의 불확실한 역사 논쟁에서 추론되는 간접적 추정이 아니라, 해당 섬의 실효적 점유에 직접적으로 관련이 있는 증거가 중요하다는 것이다. 바꿔 말하면 섬에 대한 지배권의 확립을 통한 국가기능의 발현, 즉 실효적 점유의 유무가 중요하다는 의미이다. 그러나 판결에서 직접적 증거에 대한 기준이나 요건을 명확히 제시하지는 않았다.

둘째, 권원확립에는 장기적이고 계속적인 실효적 점유가 필요하며, 원시적 권원은 대체 당시의 법에 따라 새로운 유효한 권원으로 대체하지 않으면 법적 효과가 발생하지 않는다.[47] 불확실한 원시적 권원에 대한 역사적 논쟁을 피하고, 이를 뒷받침할 수 있는 실효적 점유나 지배가 수반되어야 권원을 가질 수 있다는 것이다. 이는 실효적 점유의 소급적용을 의미한다는 점에서는 영유권 취득에서의 실효적 점유를 강조한 것이다.[48]

셋째, 영토와 직접 관련이 없는 어업협정 등은 영토주권에 영향을 미치지 않는다.

넷째, 영유권 주장이 공식적으로 제기되어 분쟁이 결정화(結晶化, crytalized)된 시점이 결정적 기일(critical date)이다. 그러나 그 이후의 행위도 당사국의 합법적 지위를 강화하기(with a view to improving the legal position) 위한 목적이 아니고, 분쟁이 발생하기 이전부터 점진적으로 발전되어 그 이후에도 동일한 방법으로 계속되는 국가적 행위는 효력을 가지며 증거로서 채택될 수 있다는 것이다. 조건부이기는 하지만, 사건의 특수성을 고려하여 그 이전과 이후의 행위를 고려함으로써 결정적 기일을

---

www.icj-cij.org/en/case/17.

47 전순신, 1988, 146쪽, 158쪽; 엄정일, 2011, 『독도특수연구』, 책과사람들, 88-89쪽.

48 전순신, 1988, 158쪽.

상대화시키고 있는 점은 특기할만하다.

이와 같은 망키에-에크르오 사건의 법리를 염두에 두고, 나카노는 독도문제와 망키에-에크르오 사건의 유사성을 다음과 같이 정리하고 있다.[49]

> (한일 간에는) 죽도(독도)의 영유권을 명확히 정한 조약이 없으며, 양국은 서로 자국이야말로 오래전부터 죽도를 평온히 계속 영유해왔다고 하는 '고유영토론'을 주장하고 있다. 이른바 '원시적 또는 역사적 권원'을 영유의 근거로 하는 주장이다. 이와 같이 분쟁국이 역사적 사실을 원용하여 서로 경쟁적으로 주장을 하고 있다는 의미에서 본건은 국제사법재판소(이하 ICJ)의 망키에-에크르오 사건과 유사하다. 이 사건에서 ICJ는 "결정적으로 중요성을 가지는 것은 중세의 사건에서 추출되는 간접적인 추정이 아니라 망키에-에크르오의 점유에 직접 관련되는 증거이다"라고 한 후, 분쟁당사국(영국 및 프랑스)에 의한 주장의 우열을 상대적으로 평정(評定)했다. 죽도문제를 해결하기 위해서는 이 판결을 따라 어느 쪽이 보다 '우월적인 주장'을 제시하고 있는가를 판정할 수밖에 없다.

요약하면 ① 한일 간에는 독도영유권을 결정한 조약이 없고 ② 한일 양국이 역사적 권원을 영유의 근거로 주장하고 있기 때문에 ③ "섬의 점유에 직접 관련되는 증거"에 대한 주장의 우열을 상대적으로 평가해야(appraise the relative strength of opposing claim) 한다는 점에서 망키에-에크르오 사건과 유사하다는 것이다. 한일 간에는 독도영유권을 결정한 조약

---

49 中野徹也, 2011, 36-37쪽.

이 없다는 것을 전제로 섬의 점유에 직접 관련되는 증거의 상대적 우월이 독도영유권을 결정한다는 논리이다. 1905년 독도 편입 이후의 실효적 지배가 상대적으로 우월하다는 일본의 입장을 반영한 주장으로 보인다.

이를 기초로 나카노 데쓰야는 1905년 이전과 이후로 나누어 일본의 독도에 대한 점유의 실행을 논한다. 먼저 1905년 이전의 실행에 대해서는, 일본은 항행의 목표와 울릉도로 가는 항로의 정박지로서 독도를 이용한 정도였는데, 이것이 독도영유권 확립의 근거가 될 것인가에 대해서는 회의적인 견해를 밝혔다. 망키에-에크르오 사건에서 영국이 원시적 권원의 존재를 입증하기 위해 제출한 증거와 비교해도 매우 빈약하다고 평가하고 있다.[50] 망키에-에크르오 판결에서는 1861년 이후 75년 이상 영국의 항의를 받지 않고 망키에의 조명 및 항행의 안전을 위한 부표의 관리, 1881년의 신호대 설치 행위들이 프랑스의 주권행사나 국가기능의 발현으로 인정받지 못했다는[51] 사실에 비추어도 간헐적으로 독도를 이용한 것만으로 주권을 확립했다고 보기는 어렵다는 견해이다. 이에 대해서는 앞서 언급한 다이주도도 막부(정부)가 독도에 대한 영유의사를 명확히 한 것도 아니고, 국가권능이 표시된 것도 아니기 때문에 일본 정부의 약점으로 작용할 수 있다고 지적하고 있다.[52]

그럼에도 그들은 "현 단계에서는 한국 측이 이보다 설득력 있는 역사를 서술할 수 없다고 생각하기 때문에 이 정도의 설명으로도 한국에게 상대적으로 유리하다. 따라서 일본의 '원시적 권원'이 인정될 가능성이

50 中野徹也, 2019a, 『竹島問題と國際法』, ハーベスト出版, 56쪽.

51 전순신, 1988, 156쪽.

52 太壽堂鼎, 1998, 142쪽.

있다"고 주장하고 있다.[53] 나카노 데쓰야는 2008년 말레이시아와 싱가포르 사이의 페드라브랑카 사건의 판례를 원용하여, "독도가 널리 알려져 있었으며, 동시에 어느 나라도 독도에 대해 주권을 주장하지 않았다는 것을 입증하면" 일본의 독도에 대한 원시적 권원이 인정받을 수 있을 것이라고 덧붙이고 있다.[54] 독도는 한국과 일본에 알려져 있었으며, 일본이 독도를 기항지로 이용한 데 대해 한국의 항의가 없었기 때문에 일본의 권원이 확인될 수 있다는 의미로 읽히는데 난해하다.

1905년 이전 일본이 독도와 직접 관련된 유일한 행위는 항로상에 있는 독도를 일시적 기항지로 이용했다는 것인데, 이러한 행위는 조선 정부의 쇄환(공도)정책으로 감시가 없는 틈을 이용하여 간헐적으로 독도를 무단 사용한 것 이상의 의미는 없다. 이와 관련하여 일본은 한국이 1905년 이전에 독도를 실효적으로 지배했다는 명확한 근거를 제시하지 못하고 있다고 주장하고 있다.[55] 일본의 권원도 불확실하지만 아무 증거를 제시하지 않는 한국에 비해 일본의 입장이 상대적으로 우월하다는 점을 부각시키려는 의도이다.[56] 앞서 언급한 바와 같이, "송도는 즉 우산도(독도)라 또한 조선 땅이라 … 큰소리로 꾸짖으니 왜 등이 걷어서 모아 배에 싣고 돛대를 올려 돌아가다"[57]라고 묘사된 안용복의 행위는 독도를 기항지로

---

53 中野徹也, 2019a, 56쪽.

54 中野徹也, 2019a, 56-57쪽.

55 「竹島の領有権に関する日本の一貫した立場」. www.mofa.go.jp/mofaj/area/takeshima/index.html(검색일: 2021. 8. 10).

56 芹田健太郎, 1999, 『島の領有と経済水域の境界画定』, 有信堂高文社; 池内敏, 2011, 「竹島/独島論争とは何か-和解へ向けた知恵の創出のために」, 『歴史評論』 733, 校倉書房, 32쪽, 주 42 등 다수가 이설을 주장하고 있다.

57 외교통상부 국제법률국 편, 2012, 122-123쪽. 『숙종실록』 22년 9월 25일 조에는 "'송도는 바로 자산도(子山島)로 이 또한 우리나라 땅인데 너희들이 감히 거기에 사는

만 이용한 일본에 비해, 독도관할권을 추정하는 실효적 지배로 인정될 여지가 상대적으로 크다.

이상과 같은 한일 간의 논란에서 핵심은 어느 쪽도 직접적인 국가의 행위를 명확히 확인하기 어렵다는 점에 있다. 일본은 민간 어부의 기항지로서 독도 이용을 들고 있으며, 한국의 경우는 안용복이 독도에 대한 영유권을 천명하고 이를 실행한 점을 강조한다. 이러한 불확실성을 의식하여 일본 국제법학계에서는 1905년 독도 편입과 그 이후의 일본의 국가실행을 강조하게 된다. 앞서 열거한 1905년 2월 시마네현의 편입 고시, 5월 독도를 토지대장에 관유지로 등록한 사실, 6월 죽도어렵합자회사에 대한 강치어업 면허 발급, 1906년 3월 시마네현 조사단의 독도실태조사 등을 실효적 지배의 예로 제시하고 있다. 그리고 이 조치들은 "망키에-에크르오 사건에서 점유에 직접 관계되는 증거로서 중시된 지방행정의 실시와 입법 관련 행위라고 할 수 있다"고 평가하고,[58] "이러한 일련의 조치로 독도에 대한 영역주권이 확립되었다는 일본의 입장은 충분한 근거에 기초한 것으로 해석된다"[59]는 것이 일본 국제법학계의 기본적인 견해이다.

일본 국제법학계의 주장을 종합하면, 1905년 이전이나 이후에 독도의 점유에 직접 관련되는 증거가 한국에 비해 일본이 상대적으로 우월하다는 것이다. 1905년 이전의 실효적 지배에 대해서는 다소 '불안'이 있으나, 1905년 이후의 실효적 지배에 대해서는 높은 평가를 하고 있다. 일본의 독도에 대한 실효적 지배론은 1905년 편입조치 이후의 독도에 대한

가?'라고 하였습니다. … 큰 소리로 꾸짖었더니 왜인들이 거두어 배에 싣고서 돛을 올리고 돌아가므로 제가 배를 타고 뒤쫓았습니다"라고 되어 있다.

58 中野徹也, 2019a, 54쪽.

59 中野徹也, 2019a, 54쪽.

실효적 점유에 주로 의존하고 있는 것을 알 수 있다. 일본의 주장을 액면 그대로 받아들이면, 1905년 이후 일본의 조치는 독도 점유에 대한 직접적 증거로 인정될 수 있으며, 망키에-에크르오 사건에서 영국 측의 주장을 인정해준 논리에 어느 정도 부합한다고 볼 수 있다.

그러나 이러한 주장에 대해서는 보다 면밀한 논의가 필요하다. 1905년 이후 일본이 취한 일련의 조치가 증명력(probative force)을 가지기 위해서는 ① 1905년 2월 일본의 독도 편입이 합법적이고 정당한 것이며, ② 1905년 이후 일본의 실효적 지배가 새로운 권원을 확립할 정도로 안정적이고 지속적인 것이며, ③ 결정적 기일이 제2차 세계대전 이후여야 한다는 전제가 성립되어야 한다. 일본의 국제법 연구가 1905년 독도 편입의 합법성 입증에 집중하는 이유이다.[60] 특히 1905년 이후 일본의 실효적 지배에 대해서는 독도 편입에 대한 시효 문제와 조선의 권원 포기의 문제가 동시에 검토되어야 할 필요가 있다.

V. 독도 편입과 그에 따른 실효적 지배와 시효 문제

독도문제의 핵심은 1905년 일본의 독도 편입의 합법/불법의 문제이다. 특히 일본이 1905년 이전의 불완전한 역사적 권원을 보강하고,[61] 또

---

60 中野徹也, 2012a, 「1905年日本による竹島領土編入措置の法的性質 -「無主地先占」説をめぐって-」, 『第2期「竹島問題に関する調査研究」最終報告書』, 島根県.

61 塚元孝, 2007, 「領有権紛争の焦点ー国際法の見地から」(平成19年度島根県高等学校地理·公民科教育研究会研究大会 講演メモ), 6쪽. www.pref.shimane.lg.jp/admin/pref/takeshima/web-takeshima/takeshima04/takeshima04-1/index.data/tsukamoto071017.pdf?site=sp(검색일: 2021. 9. 12).

1905년 이후의 실효적 지배를 인정받기 위해서는 편입조치에 대한 합법성이 필요하다. 나카노 데쓰야는 「1905년 일본에 의한 죽도 편입조치의 법적 성질」이라는 논문에서[62] 편입에 이르는 경위를 개괄한 후, 무주지 선점론의 입장에서 독도 편입의 합법성을 분석하고 있다. 나카노 데쓰야가 고유영토론이 아니라 무주지 선점론에 초점을 맞춘 것은 1905년 이전 일본의 독도에 대한 권원의 불확실성을 의식한 것으로 보인다(그렇다고 일본의 역사적 권원을 완전히 포기한 것은 아니며, 상대적 우월성의 입장은 견지하고 있다).

나카노 데쓰야는 역사학 분야의 이케우치 사토시(池内敏)의 연구를[63] 원용하여 독도 편입 시점의 독도 지위를 다음과 같이 정리하고 있다. 즉 "에도(江戸)막부는 원록(元祿, 1696년-인용자) · 천보(天保, 1837년-인용자) 두 번에 걸쳐 도해금지령으로 울릉도를 조선령으로 확인하고, 또 죽도/독도를 일본 영토 외로 판단한 것은 분명"하기[64] 때문에 독도는 무주지라는 것이다. 바꿔 말하면, 막부가 울릉도를 조선 땅으로 인정하고 도해금지령을 내렸으나, 독도에 대해서는 '일본 영토 외'라고 했을 뿐, 독도를 한국 영토로 인정하지 않았다는 의미이다.[65] '일본 영토 외'라는 표현을 조선 영토로 해석해서는 안 된다는 논리인데, 일본은 자국의 최고 통치기구인

62 中野徹也, 2012b, 「1905年日本による竹島領土編入措置の法的性質」, 『關西大學法學論文集』 5, 関西大学法学会, 113-166쪽. 이 논문은 中野徹也, 2012a, 「1905年日本による竹島領土編入措置の法的性質-「無主地先占」說をめぐって-」, 『第2期「竹島問題に関する調査研究」最終報告書』, 島根県에 고유영토론을 추가하여, 1905년의 독도 편입을 보다 포괄적으로 다루면서, 독도 편입을 합법화하고 있다.

63 池内敏, 2012, 『竹島問題とは何か』, 名古屋大学出版会; 池内敏, 2016, 『竹島-もうひとつの日韓関係史』, 中央公論新社(中公新書).

64 池内敏, 2011, 27-28쪽; 中野徹也, 2012b, 131쪽.

65 池内敏, 2011, 33쪽; 中野徹也, 2012b, 131쪽.

태정관(太政官)이 "울릉도와 독도는 일본 땅이 아니다"라고 공식 천명한 1877년의 태정관지령도 같은 논법으로 해석하고 있다.[66] 이는 문언을 교묘하게 왜곡, 해석하는 것으로, 도해금지령과 태정관지령의 발포 경위를 살펴보면 "일본 땅이 아니라"는 표현이 조선 땅임을 의미한다는 것은 명확히 드러난다.[67]

이어서 그는 "고유영토론이 성립하지 않으면, 1905년의 편입조치를 '영유의사의 재확인'으로 간주할 수 없다. 그러나 선점행위였다는 가능성은 남는다. 무엇보다도 각의결정 자체가 … (무주지 선점으로) 기술하고" 있기[68] 때문이다고 밝혔다. 고유영토론이 성립하지 않고 각의결정에서 편입의 근거로 삼고 있는 무주지 선점론을 정당화하기 위해서는 독도를 무주지화할 수밖에 없다는 의미로 읽힌다. 무주지 선점론을 전제로 그는 1905년 편입 시점에 독도가 무주지였는가를 검토한다. 이케우치 사토시의 연구를 토대로 1905년 편입 시점에 독도가 조선의 영유였을 가능성과 흔적은 있으나, "각의결정이 이루어진 1905년 직전의 시기에 죽도/독도가 대한제국령이었다는 논증이 아직 이루어지지 않았다는 사실이 결정적으로 중요"하기 때문에[69] 독도를 "무주지로 간주하는 것이 가능하다"는

---

66 이러한 논법은 1696년의 도해금지령, 1877년의 태정관지령의 해석에도 같이 나타난다. 도해금지령은 울릉도만을 대상으로 한 것으로 해석하고, 1877년의 태정관지령은 1696년의 도해금지령을 승계한 것으로, 태정관지령에서 "울릉도와 독도는 일본의 판도 외이다"라고 천명한 것은 독도가 일본 영토가 아니라는 의미이지 독도를 조선의 영토로 인정한 것은 아니라고 해석하고 있다(中野徹也, 2012b, 135쪽). 문맥 그대로 해석을 하면 독도뿐만 아니라 울릉도도 조선의 영토가 아닌 것이 된다는 점에서 납득하기 어려운 해석이다.

67 이성환·송휘영·오카다 다카시, 2016, 『일본 태정관과 독도』, 지성인 참조.

68 中野徹也, 2012b, 132쪽.

69 中野徹也, 2012b, 156쪽.

논지를 폈다.[70] 독도가 조선 땅임을 배제할 수 없으나, 한국 측에서 이를 명확히 입증할 공식문서와 같은 증거가 없기 때문에 무주지로 간주한다는 것이다. 독도가 무주임을 적극적으로 입증한 것이 아니라, 조선 땅이라는 공적 기록 등의 증거가 없으므로 무주지로 한다는 것이다. 다시 말하면 한국이 한국령임을 입증하지 못하기 때문에 무주지로 간주한다는 논리이다. 한국 측에 입증 책임이 있는 것은 분명하나, 한국 측이 입증하지 못한다고 그것이 일본의 이익(편입의 근거)으로 돌아가는 것은 아니다. 일본은 인정하지 않지만, 한국 측에서는 충분히 입증되었다고 판단하고 있는 점도 고려해야 한다.

이러한 상황을 고려하여 그는 다음과 같이 편입의 정당성을 호소한다.[71]

> 잠재적 분쟁국(한국-인용자)을 식민지화한 상황에서 무주지 선점을 주장하는 것은 침략이나 마찬가지라고 받아들여져도 불가피한 측면은 분명히 있다. 이러한 의미에서 결코 (일본이-인용자) 자신있게 무주지 선점론을 주장할 수는 없다. 그러나 적어도 당시의 국제법에 비추어 보면 잠재적 분쟁국을 식민지화했다고 해서 선점의 완성이 방해받는다고 할만한 충분한 근거는 없다. 그것이 당시 구미제국의 식민지 지배를 정당화하는 근거로 원용되었고, '강자의 법'이라 불리는 근대 국제법의 특질이다.

요약하면, 당시는 제국주의 시대였기 때문에 식민지화 과정의 일환으

70 中野徹也, 2012b, 152쪽.

71 中野徹也, 2012b, 156쪽.

로 독도를 무주지화하여 편입했다고 해도, 이는 허용된다는 일종의 상황론이다. 과연 그럴까. 제국주의 시대에도 불법은 불법이다. 현재적 시점에서 당시의 제국주의적 상황을 어떻게 정의하고, 어느 정도의 침략이 '합법'으로 허용될 수 있을까 등에 대한 의문은 남는다. 이러한 점을 의식하여 그는 일본의 무주지 선점이 "자칫하면 '침략'이라고 해석될 위험한 근거에 기초하고 있다"고 우려를 표한다.[72] 한국을 독도영유권에 대한 '잠재적 분쟁국'으로 보고, 편입이 '침략'으로 해석될 수 있다고 한 것은 독도에 대한 한국의 영유권을 배제하지 않고 있음을 함의하는 것이다.

그러면 일본의 무주지 선점은 언제 성립된 것인가. 일본의 독도 편입 각의결정문에 의하면 "1904년부터 나카이 요자부로가 독도에 이주하여 어업에 종사한 것(을) … 국제법상 점령의 사실로 인정하고 이를 일본 소속으로 한다"고 되어 있다.[73] 여기에서 나카이 요자부로의 '이주'는 어업을 위해 일시적으로 머물렀다는 의미이며, 또 민간 어부인 나카이는 당시 독도가 한국령이라는 인식을 가지고 있었다.[74] 독도가 한국령이라는 인식을 가진 나카이의 '이주'를 일본에 의한 점령이라 볼 수는 없다. 설령 나카이가 민간인으로서 국가를 대신하여 독도에 대한 영유의사를 가지고 있었다고 해도 일본의 편입조치는 '선점'의 선언으로 얻은 불완전한 미성숙

72 中野徹也, 2012b, 164쪽.

73 「閣議決定文」. www.mofa.go.jp/mofaj/area/takeshima/pdfs/g_hennyu02.pdf(검색일: 2021. 9. 2).

74 中井養三郎, 1909, 『事業經營概要』; 김수희, 2014, 「일본의 독도강점을 '기록화'한 「나카이 요자부로 문서」 해제와 자료 소개」, 『독도연구』 17, 영남대학교 독도연구소, 414쪽, 416쪽; 内藤正中 · 金柄烈, 2007, 『史的検証竹島 · 独島』, 岩波書店, 84쪽; 奥原碧雲, 2005, 『竹島及鬱陵島[復刻版]』, ハーベスト出版, 55-56쪽. 같은 시기에 출간된 葛生修亮, 1903, 『韓海通漁指針』; 岩永重華, 1904, 『最新韓国実業指針』; 田淵友彦, 1905, 『韓国新地理』 등에도 당시 일본인 사이에서 독도를 한국령으로 간주하는 기술이 적지 않다.

권원(inchoate title)에 지나지 않는다. 따라서 무주지 선점을 완성하여 권원을 취득하기 위해서는 "계속적이고 평화적인 국가권한의 행사", 즉 일정 기간의 실효적 지배(시효)를 필요로 한다.

선점이나 점령에서 점유 대상이 무주지인가 타국의 영토인가에 대해 이론적 구분은 가능하나, 실질적으로는 차이가 없다.[75] 또 국내법에서는 일회의 점유로 선점이 가능하나, 영토취득을 위한 선점은 상당 기간 지속적 점유를 필요로 하므로 결과적으로 취득시효와의 구별이 의미가 없어진다. 취득시효는 본질적으로 원 소유국의 주권을 침해하는 것이기 때문에 선점보다 더 엄격하고 오랜 기간의 점유를 필요로 하나,[76] '일정 기간'의 실효점유를 요한다는 점에서 선점과 시효는 큰 차이가 없다고 하겠다(일본의 선점론은 무주지에만 해당되기 때문에 1905년 이전에 존재하는 한국의 권원과는 양립하지 않으나, 법적 효과는 큰 차이가 없기 때문에 구분 없이 논한다). 이러한 측면에서, 1905년 이후 독도에 대한 실효적 점유가 인정받지 못하면 선점에 의한 일본의 독도 편입은 성립하지 않는다.

선점 후 "일정 기간의 평온한 점유"는 일정 기간 관련국이 묵인을 하거나 항의가 없어야 한다는 뜻이다. 어느 정도의 기간 동안 항의가 없으면, 그것이 묵인 또는 승인으로 추정되는가에 대해서는 구체적 사정에 따라 결정될 문제이다. 그러면 한국이 일본의 독도 편입 사실을 인지한 1906년 4월부터 1910년 8월 한일병합 때까지 약 4년여간 한국 정부가 일본에 항의를 하지 않았다거나 못했다고 해서 일본이 독도에 대한 영유

75 M. Shaw, 2003, *International Law*, 7th ed., Cambridge: Cambridge University press, p. 426.

76 이춘선, 2018, 「국가행위로서 항의(protest)에 대한 국제법적 검토: 영토 문제를 중심으로」, 『국제법학회논총』 63-3, 대한국제법학회, 29쪽; D.H.N. Johnson, 1950, "Acquisitive Prescription in International Law," *The British Yearbook of International Law*, Vol. 22, London: H. Frowde, p. 349.

권을 확보했다고 할 수 있을까. 일본 측 연구에서는 이에 대해 검토한 흔적은 보이지 않으며, 한국의 항의가 없었다는 점만을 강조하고 있다.[77] 또 한국은 일본의 독도 편입조치에 대해 국제법상 선점 요건을 갖추지 못했다고 비판하고 있으나, 선점 법규를 적용하는 데 대해서는 언급하지 않기 때문에, 한국이 일본의 선점 그 자체를 부정하는 것은 아니라는 주장도 펴고 있다.[78]

이와 관련하여, 1905년 이후 한국이 독도에 대한 주권을 포기했는가가 중요하다.[79] 1906년 4월 울도 군수 심흥택이 대한제국 정부에 "본군 소속 독도"의 일본 편입 사실을 보고하고,[80] 이에 대해 의정부 참정대신 박제순은 일본의 독도 편입은 전혀 근거가 없으니, 섬의 형편을 다시 조사하여 보고하라고 지시했다.[81] 심흥택의 보고와 박제순의 지시는 대한제국의 독도 관할에 대한 의지와 행위가 작동하고 있음을 보여주는 것이다. 일본에 대해 직접적으로 항의를 표하지는 못했으나, 독도에 대한 권원을 포기하지 않았음은 명확히 확인되는 것이다.

이러한 상태 즉 한국의 관할권이 작동하고 있는 상태에서 일본이 독

---

77 이성환, 2020, 「일본의 독도편입과 한국의 항의 부존재에 관한 검토 나가시마 히로키(永島広紀) 「'내정'화하는 한일의 '외교'」에 대한 반론」, 『독도연구』 29, 영남대학교 독도연구소 참조.

78 太壽堂鼎立, 1998, 152쪽.

79 영유권 변경에 있어서 취득시효와 소멸시효는 표리일체의 관계이나 양자의 공통기반으로서 권원의 포기에 해당하는 묵인을 사실로서 확인하는 것이 합리적이라는, 즉 소멸시효론을 강조하는 경향이 있다(一又正雄, 1963, 「国際法における時効と黙認の法理」, 前原光雄教授 還曆記念論文集刊行委員會, 『国際法学の諸問題』, 慶應通信, 103쪽).

80 홍성근, 2020, 「울도군수 심흥택의 치적과 '독도 보고서'의 법·역사적 의미」, 『이사부와 동해』 16, 한국이사부학회, 208쪽.

81 의정부 참정대신 지령 제3호; 홍성근, 2020, 213쪽.

도를 편입해 실효지배를 하는 상태를 어떻게 평가해야 할 것인가.[82] 조선의 권원이 확인되면 이론적으로 일본의 무주지 선점론은 근거를 상실한다. 그러나 일본이 불법적으로 점유를 했더라도 적대적 점유(adverse posession)의 사실 그 자체는 무시할 수 없기 때문에 한국의 주권과 일본의 실효지배가 상충된 형태로 양립하게 되는데, 이에 대한 평가가 중요할 것이다.

이 경우 시효와 묵인이 중요한 요소가 된다. 한국이 주권을 포기했는가, 일본이 주권자로서 일정 기간 평온하고 공연하게 점유를 계속했는가이다. 이에 대해 일본은 조선이 항의를 하지 않았기 때문에 주권자로서 공연하게 점유를 계속했다고 주장한다. 조선의 항의 부재를 조선의 주권 포기 및 일본 주권의 승인으로 간주하는 것이다. 구체적으로는 "해당 지역에 대한 국가기능의 계속적이고 평온한 표시는 영역주권의 구성요소"라고 판시한 1928년의 팔마스섬 사건을 원용하여 독도에 대한 일본의 주권이 확립되었다고 주장하고 있는 것이다.[83]

그러나 적어도 조선의 항의는 부재했지만 일본의 점유를 승인하거나 조선이 주권을 포기한 흔적은 발견되지 않는다. 특히 주권의 포기는 추정이 아니라 주권을 포기했다고 간주될 정도로 "한 점의 의문도 없이 명확

---

82 이에 대해 허영란은 "일본이 독도를 소유자가 없는 토지로 규정하고 편입한 한편, 한국 정부는 독도를 울릉도의 관할하에 두고 있었다는 것은 사실이다. 충돌하는 두 가지의 사실이 규명되지 않은 채로 그 이후에까지 계속 논쟁의 불씨로 남은 이유는 한국이 일본의 식민지가 되었기 때문이다. 일본제국주의가 한국인의 의사에 반해 한국을 침략한 것이 지금 현재 문제가 되고 있는 독도문제의 근본 배경이다"라고 분석했다(中野徹也, 2012b, 154쪽 재인용).

83 中谷和弘, 2021, 「尖閣諸島, 竹島, 国際裁判」, 內閣官房 嶺土 · 主權對策企劃調整室. www.cas.go.jp/jp/ryodo/kenkyu/takeshima/chapter01_column_03.html(검색일: 2021. 10. 1).

히 입증"되어야 묵인에 의한 주권이전이 성립한다.[84] 한국이 일본의 독도 편입을 인지한 1906년부터 한일병합이 이루어지는 1910년 사이의 한국의 묵인(acquiescence)이 여기에 해당할 것인가에 대해서는 회의적이다. 1904년 제1차 한일협약과 1905년 을사조약 등으로 일본에 의해 한국의 주권이 제한되어 있었을 뿐만 아니라, 한국의 독도 관할 의사가 명확히 확인되는 상황에서는 한국의 묵인을 주권의 포기나 일본 주권의 승인으로 보기는 어렵다.

예를 들면, 2002년 카메룬·나이지리아 간의 영유권 분쟁(Case concerning the Land and Maritime Boundary between Cameroon and Nigeria)에 대한 국제사법재판소의 판결을 상기할 필요가 있다. 나이지리아는 약 20년간 바카시(Bakassi)반도에 대해 보건, 교육, 조세 등의 분야에서 점유에 의한 실효적 지배를 하였다. 그러나 이 기간 동안 카메룬은 "주권의 권한으로 행동할 수 없었으며" 항의를 하지 않았으나, 카메룬이 바카시반도에 대해 주권을 포기한 것은 아니었다. 이러한 이유로 국제사법재판소는 바카시반도에 대한 나이지리아의 점유에 의한 실효적 지배에 대해 법적 의미를 부여하지 않고, 그 이전부터 조약상 권원을 가지고 있는 카메룬의 주권을 인정하였다.[85] 즉 조약 등에 의해 영유권이 명확한 경우에는 그 권원을 능

---

84 中野徹也, 2019a, 106쪽. 中谷和弘는 한국의 독도 관할에 대해 일본이 주권을 포기하지 않았다는 점을 강조하기 위해 다음과 같이 주장한다. "국제법상 포기는 추정될 수 없으며, 포기자에게 유리한 협의로 해석되어야 한다. 캠벨(Campbell) 사건의 중재판결에서 '포기는 결코 추정되어서는 안 된다는 것은 모든 국가의 법에서 인정하고 있다. 포기는 권리, 능력 또는 기대까지도 유기(遺棄)를 구성하기 때문에, 항상 협의의 해석에 따르게 된다.' … 포기의 효과는 권리의 소멸이기 때문에 그 의도는 협의로 해석되어야 하며, 의문이 있을 경우 포기자에게 유리한 의미로 해석되어야 한다"[中谷和弘, 2021. www.cas.go.jp/jp/ryodo/kenkyu/takeshima/chapter01_column_03.html(검색일: 2021. 9. 21)].

85 김채형, 2009, 「카메룬과 나이지리아 간 Bakassi반도의 주권에 관한 분쟁해결의 분

가하는 실효적 지배는 인정될 수 없으며, 시효를 인정한다고 해도 주권의 이전을 위해서는 20년은 너무 짧다(in any event far too short, even according to the theory relied on by it)는 것이다.

약간의 비약은 있겠으나, 독도문제에서 시효 및 실효적 지배와 관련하여 다음과 같은 논의도 가능하다. 제2차 세계대전 종결 직후 일본 영토 처분의 일환으로 1945년 연합군 총사령부(GHQ)가 SCAPIN 677을 공표한 후 독도는 줄곧 한국 관할하에 있다. 적어도 1952년 한국이 평화선을 공포하고, 일본이 항의구상서를 보내기까지의 약 7년간 일본은 한국에 대해 아무런 항의를 하지 않았다. 이 사실을 객관화하여 해석하면, 해방 후 한국의 독도 관할은, 다소 시간적 지체는 있지만 1905년 일본의 독도 편입에 대한 적극적 항의행위에 해당한다고 볼 수 있다. 또 일본 측의 논리에 따르면, 해방 후 한국의 독도 관할에 대한 일본의 항의부존재는 독도에 대한 한국의 권원과 실효적 지배를 묵인/인정한 것이라 할 수 있다.

VI. 결정적 기일과 실효적 지배

일반적으로 결정적 기일은 특정 지역을 소유하지 않은 당사국의 요구로 주권에 관한 분쟁이 구체화된 시점을 가리키며, 결정적 기일이 확정되면 그 이후에 발생한 행위는 고려 대상이 아니다. 즉 결정적 기일은 분쟁 당

석 및 평가」, 『국제법학회논총』 54-3, 대한국제법학회, 391쪽; 이근관, 2010, 「탈식민주의적 관점에서의 국제영토법리의 비판」, 『서울국제법연구』 17-1, 서울국제법연구원, 7-8쪽; J. G. Merrills, 2003, "Land and Maritime Boundary between Cameroon and Nigeria(Cameroon V Nigeria), Merits, Judgment of 10 October," *International and Comparative Law Quarterly*, Vol. 52, No. 3, pp. 788-797.

사국들의 활동이 그 쟁점에 대해 더 이상 영향을 미칠 수 없는 이후의 일자(the date after which the action of the parties can no longer affect the issue)라고 정의되고 있다.[86] 그러나 망키에-에크르오 사건에서는 특수한 사정하에서 당사국의 법적 지위를 유리하게 하기 위해 취해진 것이 아니라면 그 후에 발생한 행위도 고려 대상이 될 수 있다고 판시했다. 또 결정적 기일을 정하지 않고 국경조약 등과 같은 명확한 법적 권원에만 의존한 판결도 있으며, 장기간에 걸친 영토분쟁에서는 하나 이상의 결정적 기일이 정해지는 경우도 있다.[87] 이처럼 결정적 기일은 사건에 따라 달라질 수 있는 것이다.

독도문제와 관련하여 일본에서는 결정적 기일을 5가지로 상정하고 있다. ① 1905년 일본이 독도 편입을 위해 시마네현 고시 제40호를 공포한 날(1905. 2. 22), ② 샌프란시스코강화조약 체결일(1951. 9. 8), ③ 평화선 선포 후 일본이 정식 항의한 날(1952. 1. 28), ④ 일본이 국제사법재판소 제소(부탁)를 제안한 날(1954. 9. 25), ⑤ 한일 양국이 국제사법재판소 제소에 합의하고 정식으로 절차가 시작되는 날(미정) 등이다. 이 가운데 일본이 1905년 이후의 실효적 지배를 인정받기 위해서는 ①은 반드시 피해야 하고, 또 제2차 세계대전 이후 한국의 독도에 대한 실효적 지배를 무력화하기 위해서는 ⑤도 피해야 한다. 일본에서는 ③ 평화선 선포에 대해 정식으로 항의한 날(1952. 1. 28)이 결정적 기일로 채택될 가능성이 높다고 전망한다.[88]

---

86 G. Fitzmamaurice, 1955, "Law nad Procedure of the International Court of Justice," *British Yearbook of International Law*, Vol. 32, pp. 20-24.

87 김원희, 2020,「영토분쟁에서 결정적 기일(Critical Date) 개념의 증거법적 재구성과 독도 문제에 대한 함의」,『국제법학회논총』65-2, 대한국제법학회, 24쪽.

88 中野徹也, 2011, 40쪽.

일본의 주장대로 1952년 1월 28일이 결정적 기일이 되면, 1906년 한국이 일본의 독도 편입을 인지한 이후 약 4년간(1910~1945년의 식민지 기간은 전쟁 기간 중 시효가 중단되듯이, 청구자가 제소 불가능한 경우에 해당되어 시효가 중단된다)[89]에 행해진 일본의 독도에 대한 실효적 지배를 인정받기 위해서는 편입의 합법성을 입증해야 한다. 그렇지 못할 경우 일본의 실효적 지배는 불법으로 간주될 것이다.[90]

가능성은 낮지만, 다음과 같은 점도 고려할 필요가 있을 것이다. 한일 양국이 편입에 대한 합법/불법을 충분히 입증하지 못할 경우, 국제사법재판소는 이에 대한 결정을 하지 않고 한일 양측의 실효지배에 대한 경중으로 영유권 귀속을 판단할 가능성도 배제하지 못한다는 것이다. 그럴 경우, 1905~1910년 및 1945~1952년 사이의 독도에 대한 한국과 일본의 실효적 지배에 대한 상대적 우월이 평가의 대상이 될 수 있을 것이다. 예를 들면 2007년 니카라과·온두라스 카리브해 영토 및 해양 분쟁사건에서 보듯이, 당사국 중 어느 쪽도 이 섬에 대한 주권 주장을 명확히 입증하지 못하는 경우, 양국이 원용하는 권원의 상대적 평가(relative strength)에 따라 결정이 이루어질 수밖에 없다고 밝힌 것과 같은 맥락이다.[91]

1905년 이후 일본의 실효적 지배에 대해서는 앞서 언급한 대로이나, 한국의 경우는 심흥택의 보고서를 통해 "본군 소속 독도"가 명확해진 이

89 一又正雄, 1963, 115-116쪽.

90 河錬洙, 1999, 「独島紛争再考-領域権原をめぐる国際法の観点から-」, 『龍谷法学』 32-2, 龍谷大学法学会, 270-271쪽.

91 ICJ Reports, 2007, p. 712, para. 174. "Sovereignty over minor maritime features, such as the islands in dispute between Honduras and Nicaragua, may therefore be established on the basis of a relatively modest display of State powers in terms of quality and quantity."

상, 독도는 한국의 울릉군 관할하에 있음이 입증되고, 그 이후 심능익이 새로운 군수로 부임하는 등 이전과 마찬가지로 울릉군의 행정력이 존재했음이 인정된다.[92] 조선의 권원과 일본의 실효지배가 양립하는 형태로 볼 수 있다. 그리고 1945년 8월 이후부터 결정적 기일까지의 약 7년 간의 한국의 실효적 지배와 1905년 이후의 일본의 실효지배에 대한 상대적 우월에 대한 평가가 필요하게 된다.

연장선상에서 망키에-에크르오 판결에서 보는 바와 같이, 결정적 기일 이후의 한국의 독도에 대한 실효적 지배에 대한 평가 문제도 변수로 작용할 수 있다. 앞서 지적한 바와 같이, 망키에-에크르오 판결은 특수한 사정하에서는 결정적 기일 이후의 행위도 고려되어야 한다고 밝히고 있기 때문이다. 결정적 기일 이전부터 점차적으로 전개되어왔으며, 그 이후 중단되지 않고 같은 상태로 계속되어온 행위는, 제외해야 할 정당한 이유가 없으면 (실효적 지배로) 인정되어야 한다는 것이다.[93] 특수한 사정이란 사건별 상황에 따라 다를 것이나 일본이 제시하는 결정적 기일 이후의 한국의 독도 점유가 특수한 사정에 해당할 것인가인데, 근대 이후의 한일관계의 특수성 및 SCAPIN에 의한 한국의 독도 관할 등을 고려하면, 인정될 가능성을 배제할 수 없다.

또 해방 후의 한국의 실효적 지배는 영유권 취득의 시효와도 관련이 있다. 앞서 지적한 바와 같이, 일본 국제법학계의 독도 관련 연구자들은 대체적으로 일찍부터 이에 대한 우려를 표했다.[94] 실효적 지배에 의

92 영남대학교 민족문화연구소, 2007, 『울릉군지』, 울릉군청, 628쪽.

93 www.icj-cij.org/public/files/case-related/17/017-19531117-JUD-01-00-EN.pdf, 16쪽; 皆川洸, 1963, 353쪽.

94 皆川洸, 1963, 370-371쪽; 中野徹也, 2011, 42-43쪽.

한 영유권 취득시효에 대해서는 확립된 이론이 없으나, 나카노 데쓰야가 1897년 영국과 미국 사이에 체결된 조약에서 "50년간의 적대적 보유 또는 시효는 유효한 권원이 된다"고[95] 한 것에 비추어 보면, 한국이 독도를 '불법적'으로 실효지배하고 있는 상황이 결코 일본에게 유리하지 않다고 지적한다.[96] 다이주도 가나에는 아르헨티나의 계속된 항의에도 불구하고 영국의 무력점령이 시간의 경과와 함께 세계적으로 포클랜드에 대한 영국의 주권이 인정된 예를 들면서 한국의 실효적 지배에 대해 우려를 표했다.[97] 불법으로부터는 권리가 창출되지 않는다(*Ex injuria non oritur jus*)고는 하지만, 현실적으로 사실의 규범력을 무시할 수는 없다는 현실론에 입각한 것이다(1905년 이후 일본의 독도에 대한 실효점유도 마찬가지로 볼 여지가 있다). 이러한 사정을 감안하여 일본은 장기간 '불법'점유에 의한 한국의 권원 취득 가능성, 즉 한국의 장기간 독도 점유로 인한 일본의 권원 이전이나 상실의 가능성을 배제하기 위해서는, 보다 강력한 항의가 필요하다는 입장을 취하고 있다.

그러면 시효를 중단시킬 수 있을 정도의 '강력한 항의'란 구체적으로 어떠한 형태의 항의를 의미할까? 1911년의 엘 차미잘(Chamizal)분쟁이라고 불리는 미국과 멕시코 사이의 국경분쟁에서 1899년에 설립된 국제국경위원회(International Boundary Commission)는 "국내 사법에서는 소송제기로 시효가 중단된다. 그러나 국가 간의 관계에서는 이러한 목적을 위한 국제재판소가 설립되어 있지 않는 한 불가능하다". 그러나 멕시코는 (무력 점령 이외에) 할 수 있는 모든 항의를 다 했으며, "국제국경위원회

---

95 中野徹也, 2011, 42쪽.

96 D. H. N. Johnson, 1950, pp. 344-348.

97 太壽堂鼎, 1998, 153쪽.

가 활동을 개시한 이후 타당한 기간 내에 소송을 제기했으므로 시효는 성립하지 않는다"며 차미잘의 멕시코 영유를 인정했다.[98] 망키에-에크르오 사건에서도 반세기 이상에 걸쳐 형식적 항의(paper protest)만 반복하고 분쟁 해결을 위한 재판소 제소를 제안하지 않은 프랑스의 태도가 지적되었다.[99] 이는 형식적이고 반복적인 항의만으로는 시효가 중단되지 않을 수 있으며, 소송제기와 같은 강력한 항의가 있어야 시효가 중단될 수 있다는 의미이다. 일본에서 의례적인 외교적 항의가 형식적 항의가 되지 않도록 해야 한다고 강조하는 것은 이러한 맥락에서이다.

여기에서 문제가 되는 것은 일본이 세 번에 걸쳐 한국 정부에 대해 국제사법재판소 부탁제의를 한 것에 대한 평가이다. 이에 대해 일본은 당사자 간의 합의가 없으면 국제재판소에의 소송제기가 쉽지 않은 상황을 고려하면, 국제재판에의 제소를 제안한 것만으로도 시효가 중단될 수 있다고 주장한다. 제소를 제안한 것만으로 권원 포기나 권원 이전에 동의하지 않았다는 점이 분명하기 때문이라는 것이다.[100] 일본의 국제사법재판소 부탁제의가 형식적인 외교적 항의의 일환인지, 실제로 독도문제를 국제사법재판소에 제소할 의지를 가진 행위인지에 대해서는 알 수 없다. 일본이 한 번도 일방적으로라도 국제사법재판소에 제소를 한 적이 없다는 점에서 추론하면 형식적인 항의에 지나지 않는다고 볼 수도 있다. 따라서 일본의 국제사법재판소 부탁제안은 시효를 중단하기 위한 실효적 조치로 보기 어렵다. 이를 어떻게 평가할 것인가는 일본의 국가의사의 추정 문제

98 中野徹也, 2019b, 「韓国による『不法占拠』の長期化は国際法上いかなる法的効果も生じない-現代国際社会における外交上の抗議と国際裁判への付託提案がもたらす法的効果」, 内閣官房, 『竹島に関する資料調査報告書(平成31年度)』, 105-106쪽.

99 皆川洸, 1963, 370-37쪽.

100 中野徹也, 2019b, 105-106쪽.

이다. 이에 대한 평가에 따라 시효의 효과는 달라진다. "외교 경로를 통해 적절한 시기에 항의를 하고 있으면 (일본의 묵인으로 독도에 대한 영역 권원이 한국에) 이전되는 일은 없을 것이다"라는 일본의 주장은 검토의 여지가 있다. 외교적 항의는 당사국이 행동 가능하고, 동시에 계속해서 그 지위를 완전하게 하려는 유일한 합법적 수단을 구성하는 것이 아니면 권리를 무한으로 지속할 수 있거나 시효의 진행을 막을 수 없다는 견해도 있기 때문이다.[101]

VII. 독도에 대한 한국의 권원과 일본의 실효적 지배론

일본 국제법학계의 독도에 대한 실효적 지배론은 ① 한일 간에는 독도의 영유권을 결정한 "조약이 없다", ② 1905년 이전에 한국이 독도를 인식하거나 실효지배한 적이 없으며, ③ 1905년 일본의 독도 편입은 합법적이며 그 이후의 실효적 지배로 영유권을 취득했으며, ④ 제2차 세계대전 이후 한국의 실효적 지배는 불법이라는 논리이다. 다시 말하면 ①, ②를 전제로 하여 ③의 결과를 도출하고 그 연장선상에서 ④와 같이 현재 한국의 독도에 대한 실효적 지배를 부정하는 논법이다. "과거 봉건시대의 불확실한 역사 논쟁에서 추론되는 간접적 추정이 아니라, 해당 섬의 실효적 점유에 직접적으로 관련이 있는 증거가 중요하다"는 망키에-에크르오 사건 판결을 논리적 전거로 삼고 있다. 여기에서 주의할 것은 망키에-에크르오 사건에서 역사적 권원 내지 원시적 권원을 배제한 것은 "과거 봉건시

101 一又正雄, 1963, 119쪽.

대의 불확실한 역사" 때문이며, 역사적 사실을 설득력 있게 명확히 설명하면 역사적 권원이 인정될 수 있다는 말이다. 실제로 망키에-에크르오 사건에서 양국이 주장하는 역사적 문건에는 망키에와 에크르오라는 섬의 이름이 등장하지 않을 정도로 망키에와 에크르오의 옛 역사는 불투명하다.

그러면 일본이 전제로 삼고 있는 ①, ②가 역사적 사실에 부합하는가를 따져봐야 한다. 전제가 잘못된 것이면 그 이후의 논의는 의미를 가질 수 없고, 일본의 주장은 이유 없이 전제를 내세우는 허위(*petitio principii*)나 증거 없는 독단적 주장(*ipse dixit*)이 된다.

한일 간에는 1693년의 안용복납치사건을 계기로 울릉도영유권을 둘러싸고 울릉도쟁계라는 외교 교섭이 전개되었다. 최종적으로는 1699년 조선과 일본 정부 사이에, 울릉도(독도)의 조선 영유를 인정하고 일본인의 (울릉도 및 독도) 도해를 금지(渡海禁止)하는 합의가 이루어졌다(도해금지령 또는 울릉도쟁계합의, '1699년 합의' 등으로 불릴 수 있는 데, 이 글에서는 '1699년 합의'라 한다).[102] 이때 합의에 대한 평가에 대해서는 논란이 있을 수 있으나, 명칭에 관계없이 서면 형식으로 국가 간에 체결된 합의를 조약이라 한다는 조약법에 관한 비엔나협약 제2조 1항 a에 따르면, 이는 한일 간 (국경)조약에 해당한다.[103] 문제는 이 합의에 독도가 포함되었느냐의 여부인데 다음과 같은 점에서 독도가 포함되었음이 확인되고 있다. 이 합의에 도달하기 위한 과정에서 막부는, 독도가 일본 땅이 아니며, 독자적으로 활용되지 못하고 울릉도 도항을 위한 기항지(중계지)로만 이용되고

---

102 성립 과정에 대해서는 이성환·송휘영·오카다 다카시, 2016, 22-69쪽; 이성환, 2019a, 「울릉도쟁계의 조일 간 교환문서에 대한 논의의 재검토」, 『독도연구』 26, 영남대학교 독도연구소, 189-227쪽 참조.

103 조약법에 관한 비엔나협약(Vienna Convention on the Law of Treaties) 제2조.

있다는 사실을 확인한다.[104] 이러한 인식을 가지고 취한 막부의 울릉도 도해금지는 당연히 독도 도항도 금지하는 것이다.

종래 일본의 연구에서는 이를 울릉도에만 관계되는 것으로 보려는 경향이 강했으나,[105] 최근 연구에서는 1699년 합의에 독도가 포함되어 있었다는 것이 실증적으로 밝혀지고 있다.[106] 실제로 울릉도 도항금지령 이후부터 19세기 말까지 일본인들의 울릉도 및 독도 방문은 없었다. 이러한 사실은 법적으로는 1699년 합의의 실행이라는 의미가 있다. 2005년 베냉과 니제르 간 분쟁과 2013년 부르키나파소와 니제르 간 사건에서 국제사법재판소는 법적 권원이 모호하거나 결함이 있는 경우 이펙티비테(effectivité, 사실성, 실효성)에 의해 보완될 수 있다고 판결했는데,[107] 1699년 합의 이후 일본인의 울릉도 및 독도 도해금지 사실은 울릉도만 표기된 1699년 합의에 독도가 포함되어 있음을 이펙티비테를 통해 보완

104 이성환·송휘영·오카다 다카시, 2016, 85-102쪽 참조; 塚本孝, 2007,「竹島領有権紛争の焦点-国際法の見地から」. www.pref.shimane.lg.jp/admin/pref/takeshima/web-takeshima/takeshima02/takeshima05/rennkeidanntaigyouji.data/tukamoto071017.pdf, 4쪽(검색일: 2021. 8. 10).

105 塚本孝, 2013,「元禄竹島一件をめぐって-付, 明治十年太政官指令」,『島嶼研究ジャーナル』2-2, 笹川平和財団 島嶼資料センター, 41-48쪽; 塚本孝, 2015,「"独島連"の島根県知事に対する質問書"独島20問"について」,『第3期「竹島問題に関する調査研究」最終報告書』, 島根県総務部総務課, 229쪽; 塚本孝, 2016,「竹島領有権をめぐる韓国政府の主張について: 政府広報資料『韓国の美しい島, 獨島』の逐条的検討」,『東海法学』52, 東海大学法学部, 83-87쪽.

106 內藤正中, 2011,「1905年の竹島問題」,『北東アジア文化研究』34, 鳥取短期大学北東アジア文化総合研究所, 6-8쪽; 박지영, 2017,「일본 산인(山陰)지방민과 '울릉도·독도 도해금지령'에 대하여」,『독도연구』26, 영남대학교 독도연구소, 384-385쪽. 池內敏, 2016, 82쪽.

107 ICJ Reports, 2005, p. 149, para 141; ICJ Reports, 2013, p. 79, para, 78; 김석현, 2020,「영유권 귀속에 있어서의 'effectivité(s)'」,『국제법평론』56, 국제법평론회, 39-40쪽 재인용.

하는 것이라 볼 수 있다.

이와 관련하여 무엇보다 중요한 것은 1699년 합의가 근대 메이지정부에 의해 1877년 태정관지령이라는 국내 법령으로 승계되었다는 점이다. 울릉도와 독도는 일본 땅이 아니라는 취지의 태정관지령이 전적으로 1699년 합의를 승계한 것이라는 데에는 의문의 여지가 없다.[108] 이러한 사실은 1699년 합의는 태정관지령의 법원(法源, sources of the law, title)이며, 따라서 태정관지령은 단독으로서가 아니라 1699년 합의와의 관련성 속에서 의미를 가진 것임을 알 수 있다. 독도의 권원과 관련해서는 다음과 같은 함의가 내포되어 있다.[109]

첫째, 1699년 합의를 승계한 태정관지령에 "울릉도와 독도(竹島外一島)"라고 명시한 것은, 1699년 합의에 독도가 포함되어 있다는 것을 소급해 입증한다. 이는 태정관지령의 발단이 된 시마네현의 내무성 보고서에서도 확인된다. 즉 1876년 10월 시마네현은 1699년 막부(와 조선 정부)의 결정으로 조선 땅이 된 울릉도와 독도를 일본에 편입하기를 희망하는 내용의 보고서를 내무성에 제출했는데, 이것이 태정관지령의 발단이 되었다.[110] 둘째, 1877년의 태정관지령은 1699년 합의를 일본의 근대 국내 법령으로 대체한 것이므로, 이는 1699년 합의의 추후관행(subsequent practice) 또는 후속행위로 인정된다. 1999년 보츠와나와 나미비아 간의 카시키리 · 세두두 도서분쟁에서 보듯이,[111] 당시 일본의 태정관이 1699년

108 塚本孝, 2013, 35쪽.

109 이에 대해서는 이성환, 2021, 「태정관지령과 독도문제에 대한 법리 해석을 위한 시론」, 『대한정치학회보』 29-2, 대한정치학회 참조.

110 「(島根県)日本海内竹島外一島地籍編纂方伺」 및 「(島根県)後記」; 이성환 · 송휘영 · 오카다 다카시, 2016, 146-154쪽, 191-195쪽.

111 www.icj-cij.org/en/case/98/judgments, para. 74(검색일: 2021. 9. 12).

합의를 충분히 인지하고 있었는지, 이에 대한 믿음이 있는지가 관건이나 태정관지령은 이를 충분히 만족하고 있으며, 일본 연구자들도 1699년 합의와 태정관지령의 동일성 내지 일체성에 대해서는 대체적으로 인정하고 있다.[112] 태정관이 인지하지 못했거나 믿음이 없었으면 이를 승계하여 지령을 공표하지 않았을 것이다. 조약법에 관한 비엔나협약 제31조 3항 b에 의하면 추후관행은 조약(여기에서는 1699년 합의) 해석의 보조 자료로서의 법적 의미를 가진다.

셋째, 가장 중요한 점으로, 태정관지령이 1699년 합의를 승계한 것은 1699년 합의가 계속해서 효력을 유지하고 있다는 것을 말한다. 1699년 합의가 유효하지 않다면, 이를 승계하여 태정관지령을 공표할 수 없기 때문이다. 이는 1699년 합의(조약)로 성립한 독도에 대한 한국의 권원이 일본에 의해 계속 유지되고 있었으며, 태정관지령은 이를 계속 지켜간다는 일본의 국가적 의지의 표현인 것이다.

이러한 사실에도 불구하고, 봉건적 권원에 대해 판단을 하지 않은 망키에-에크르오 판결을 의식하여 1699년 합의에 대해 의미 부여를 주저하는 경우도 있는 것 같다.[113] 그러나 망키에-에크르오 사건에서 국제사법재판소가 판단을 하지 않은 것은 중세시대의 역사적 사실이나 조약들에 망키에와 에크르오의 귀속에 관한 명시적 언급이 없고 불투명했기 때문이다. 하지만 앞서 언급한 바와 같이, 1699년 합의는 태정관지령이라는 일본의 근대 국내 법령으로 승계되었고, 내용적으로도 울릉도와 독

---

112 塚本孝, 2013, 35쪽; 坂本悠一, 2021, 『歴史からひもとく竹島/独島領有権問題』, 清水書院, 87쪽.

113 이에 대해서는 이성환, 2019b, 「태정관 지령을 둘러싼 논의의 재검토 최철영, 유미림, "1877년 태정관 지령의 역사적·국제법적 쟁점검토"에 대한 반론」, 『국제법학회논총』 64-2, 대한국제법학회, 147-175쪽 참조.

도의 귀속에 대해 비교적 명확히 언급하고 있다는 점을 상기할 필요가 있다. 이와 관련해서는 1883년 야마구치현 관리 야마모토 오시미(山本修身)가 외무성에 보고한 복명서도 주목할 필요가 있다. 복명서에는 울릉도에 불법으로 들어온 일본 벌목꾼과 이들을 축출하려는 조선 관리 사이의 대화가 수록되어 있는데, 대화록에는 일본인들이 1699년 합의를 '조약(條約)'으로 지칭하는 표현이 있다. 당시 울릉도를 왕래하는 일본인들이 1699년 합의를 조약으로 인식하고 있었으며, 그때까지 이 조약이 유지되고 있었다는 사실을 보여주는 강력한 증거이다.[114] 이러한 사실에 기초하면, 1699년 합의와 태정관지령이 작동하고 있는 상태에서 취해진 일본의 독도 편입은 한일 간의 조약 및 일본의 국내법을 위반한 불법행위인 것이다.[115]

지금까지 일본 측은 태정관지령이나 도해금지령 등은 일본 내부의 자체 결정이라 주장하며 국제법적 논의를 피해왔으며, 독도 편입과는 관련이 없는 것으로 치부했다. 그러나 그것이 비록 자체 결정이라 하더라도 일본의 국가의사가 반영된 일방적 행위로서의 자기구속력을 가지고 있는 것이다.[116] 일본 측에서 자주 원용하는 망키에-에크르오 사건에서도, 망키에를 영국령으로 인정한 프랑스의 내부 문서를 프랑스의 공식 입장으로 간주하여 자기구속력을 인정했다.[117] 1699년 합의에 대한 국제법적 평가 없이, 1905년을 중심으로 '섬의 점유에 직접 관련되는 증거'에 대

---

114 이에 대해서는 이성환, 2019a, 189-227쪽 참조.

115 이에 대한 상세한 논의는 이성환, 2017, 「일본의 태정관지령과 독도편입에 대한 법제사적 검토」, 『국제법학회논총』 62-3, 대한국제법학회; 이성환, 2019b 참조.

116 이성환, 2021, 189-210쪽 참조.

117 김석현, 2012, 「시효에 의한 영유권 취득」, 『국제법학회논총』 57-4, 대한국제법학회, 43쪽; 김좌욱, 2003, 24쪽, 27쪽.

해 국제법적 평가를 하고, 이를 기초로 일본이 독도영유권 확립을 주장하는 것은 매우 자의적이다. 1699년 합의와 1877년의 태정관지령을 매개로 조약에 의한 독도에 대한 한국의 권원이 확인되면,[118] 1905년 일본의 독도 편입은 물론이고, 그 이후의 실효적 지배도 의미가 없는 것은 분명하다. 반면에 독도에 대한 한국의 법적 권원의 확인은 1905년 이후는 물론 현재의 한국의 독도 관할권에 대해 합법성과 정당성을 부여하게 된다.

Ⅷ. 맺음말

국제사법재판소 규정 제59조에서 밝히고 있듯이, 국제사법재판소의 판례는 선례구속의 원칙(stare decisis)이 적용되지 않는다. 판례는 판례로서(qua decision) 당사자 간에 있어서, 그리고 그 사건에 관해서만 구속력을 가진다. 반면에 지금까지의 예를 보면, 재판소가 재판의 논리적 기초로서 일정한 국제법적 기준의 존재를 확인하고 그 내용이 분명할 때에는 같은 논리의 기준을 적용하는 데 구속받는 것이 현실이다. 이러한 상황을 고려하면, 기존의 판례를 중요하게 여겨야 하지만 반드시 그것에 구속될 필요는 없으며, 한국의 입장을 잘 변호할 수 있는 합리적이고 창의적인 법리 개발도 중요하다.

현대 국제법에서 영유권 확정의 기본 원칙으로 적용되고 있는 실효적 지배의 기준이 반드시 명확하지 않다는 점도 — 특히 독도와 같이 고립되고 사람의 거주나 왕래가 극히 희소한 경우에는 — 염두에 두고, 법리적으로 잘 설명할 수 있는 논리 구조를 개발하는 것이 바람직하다. 예컨대,

---

118 이에 대해서는 이성환 2019b; 이성환, 2017; 이성환, 2021 등 참조.

이 글에서 강조하고 있으나 지금까지 국제법에서 간과해온 1699년 합의와 태정관지령에 적극적으로 의미를 부여하고 국제법적인 평가를 할 필요가 있다. 1699년 합의 및 태정관지령에 대한 국제법적 평가가 선행된 후에 1905년 일본의 독도 편입에 대한 법률적 평가를 논하는 것이 정합성 있는 분석 방법이다.

지금까지 살펴본 바와 같이, 일본 국제법학계는 망키에-에크르오 사건을 기준으로 특히 1905년 이후의 실효적 지배를 강조하고 있으나, 고유영토론과 무주지 선점론에 대한 입장이 명확하지 않다. 고유영토론의 입장을 강조하면 독도 편입을 위한 각의결정의 무주지론과의 정합성이 없어지고, 무주지론의 입장에 서게 되면, 1905년 이전의 실효적 지배론은 근거가 없어지는 모순이 발생한다(한국은 일관되게 고유영토론을 유지하고 있기 때문에 이러한 모순은 발생하지 않는다). 이 모순을 해결하기 위해 일본 외무성은 17세기 중반에 확립된 독도영유권을 1905년 1월에 각의결정을 통해 '재확인'했다고 주장하고 있다.[119] 이를 일본 국제법학계에서는 역사적 권원을 근대 국제법적 권원으로 대체하였다거나, 실효적 지배를 통해 보강하였다는 논리로 펴고 있으나, 각의결정의 무주지 선점론과는 여전히 괴리가 있고 논리적 모순이 해소되지 않는다.

다른 한편으로 일본의 역사학 및 국제법학계에서는, 이러한 모순을 해소하기 위해 무주지 선점론을 강조하는 경향을 보이고 있다. 불투명한 역사적 권원을 주장하기보다는 합법/불법을 떠나 실체가 있는 독도 편입과 그 이후의 실효적 지배를 강조하려는 의도로 보인다. 이것이 성립하기 위해서는 1905년 이전의 독도에 대한 한국의 권원을 부정해야 한다. 일본

119 일본 외무성, 「竹島問題フライヤー」. www.mofa.go.jp/mofaj/area/takeshima/pdfs/takeshima_flyer.pdf(검색일: 2021. 9. 12).

측이 1905년 이전 한국의 독도에 대한 인식과 안용복의 활동을 전면적으로 부정할 뿐만 아니라, 1699년 합의와 태정관지령 등에 대해 일본 국제법 연구자들이 언급을 하지 않거나 못하는 이유이다.

또 선점으로 영유권 취득을 완성하기 위해서는 선점에 따른 일정 기간의 평화적인 실효적 지배가 필요하다. 일본 국제법학계가 실효적 지배론을 강조하는 결정적 이유이다. 그러나 이에 대한 일본 연구는 한국의 항의 부존재만을 강조하고 있으며 '일정 기간'에 대한 논의, 한국의 주권 포기나 이전에 해당하는 묵인의 정도(extent) 등에 대한 논의는 찾기 어렵다. 연장선상에서 결정적 기일과 관련하여 제2차 세계대전 이후 현재까지 한국의 독도에 대한 실효적 지배에 대한 평가도 필요하나, 이에 대한 논의도 본격적으로 이루어지지 않고 있다. 이상의 내용들을 종합하여, 1699년 합의에 대한 법적 평가, 안용복의 행위에 대한 국제법적 의미부여 및 평가, 1905년 이후 양립하는 한일의 실효적 지배에 대한 국제법적 분석 및 평가, 결정적 기일과 관련하여서는 제2차 세계대전 이후 한국의 독도에 대한 실효적 지배에 대한 현실적 평가 등에 대한 다층적인 검토가 필요하다.

마지막으로 한국에서의 독도문제 연구는 주로 일본의 주장이나 연구를 반박하는 데 집중함으로써 역설적으로 일본의 논리를 보강시켜주고, 한국 논리의 부재를 초래하는 경향이 있는 듯하다. 보다 중요한 것은 한국의 관점에서 독도에 관련된 역사와 자료를 종합적으로 정합성 있게 설명하고 국제법적 평가를 수반하는 작업이 있어야 한다. 영유권 분쟁은 사실관계가 복잡, 다양하고 주장하는 영역 권원이 절대적이지 않으므로 권원에 대한 주장의 경합으로 이루어지는 경우가 많기 때문이다.[120] 따라서

120 許淑娟, 2012, 『領域権原論-領域支配の実効性と正当性-』, 東京大学出版会, 17-18쪽.

독도문제에서는 누가 절대적인 소유자인가보다는 누가 보다 좋은 유력한 권원을 가지고 있는가가 중요하다. 일본 국제법학계에서 "한국 측이 역사를 보다 설득력 있게 설명할 수 있을 것인가라는 측면에서는 일본이 상대적으로 유리하다"고[121] 판단하고 있는 점을 유의할 필요가 있다.

쇄환(공도)정책으로 한국(조선)은 독도 왕래를 원천적으로 금지했다. 이러한 점에서 한국은 일본에 비해 독도를 실효적으로 점유하고 있었다는 사실에 기초한 권원을 입증하는 데 상대적으로 어려움이 있을지 모른다. 한국에서는 조선 정부의 공도정책을 독도에 대한 방기가 아니라 독도영유권에 대한 의지를 보여주는 국가정책으로 본다. 일본의 독도 편입에 즈음해서는 주권이 제약당한 상태에 있었기 때문에 적절히 대처할 수 없었다. 이러한 제약을 극복하고 영유권을 확보하기 위해서는 독도에 관련된 역사적 사실을 정합성 있게 설명하고, 설득력 있게 논리를 구성하는 것이 절실하다.

121 中野徹也, 2019a, 56쪽.

참고문헌

김현수·박성옥, 2007, 『독도 영유권과 실효적 지배에 관한 연구』, 한국해양수산개발원.

노 다니엘, 2012, 『독도밀약』, 한울아카데미[ロー・ダニエル(Roh Daniel), 2008, 『竹島密約(The takeshima Secret Pact)』, 草思社].

독도연구소 편, 2017, 『영토해양 국제판례 연구』, 박영사.

사단법인 해양법포럼, 2005, 『국제해양분쟁사례연구Ⅲ 국제사법재판소판례』, 해양수산부.

엄정일, 2011, 『독도특수연구』, 책과사람들.

영남대학교 민족문화연구소, 2007, 『울릉군지』, 울릉군청.

외교통상부 국제법률국 편, 2012, 『(전면개정판) 독도문제 개론』.

외무부, 1977, 『獨島關係資料集1 往復外交文書(1952-76)』.

이성환·송휘영·오카다 다카시, 2016, 『일본 태정관과 독도』, 지성인.

이한기, 1969, 『한국의 영토』, 서울대학교출판부.

정갑용, 2005, 『독도 영유권의 역사적 권원에 관한 연구』, 한국해양수산개발원.

김명기, 2018, 「독도학술연구조사에 의한 한국의 독도에 대한 실효적 지배」, 『국제법학회논총』 63-1, 대한국제법학회.

김석현, 2012, 「시효에 의한 영유권 취득」, 『국제법학회논총』 57-4, 대한국제법학회.

———, 2020, 「영유권 귀속에 있어서의 'effectivité(s)'」, 『국제법평론』 56, 국제법평론회.

김수희, 2014, 「일본의 독도강점을 '기록화'한 「나카이 요자부로 문서」 해제와 자료 소개」, 『독도연구』 17, 영남대학교 독도연구소.

김영수, 2011, 「독도의 '실효적 지배'에 관한 국제법 판례와 사료적 증거」, 『독도연구』 14, 영남대학교 독도연구소.

김원희, 2020, 「영토분쟁에서 결정적 기일(Critical Date) 개념의 증거법적 재구성과 독도문제에 대한 함의」, 『국제법학회논총』 65-2, 대한국제법학회.

김좌욱, 2003, 「독도 영유권 문제에 관한 연구」, 수원대학교 석사학위논문.

김채형, 2009,「카메룬과 나이지리아 간 Bakassi반도의 주권에 관한 분쟁해결의 분석 및 평가」,『국제법학회논총』 54-3, 대한국제법학회.

박기갑, 2000,「도서 영유권 분쟁관련 국제판례에서 나타난 實效的 支配 내지 占有개념과 독도 영유권 문제」,『국제법학회논총』 45-2, 대한국제법학회.

박지영, 2017,「일본 산인(山陰)지방민과 '울릉도·독도 도해금지령'에 대하여」,『독도연구』 26, 영남대학교 독도연구소.

박현진, 2013,「독도 영토주권과 격지 무인도에 대한 상징적 병합·가상적 실효지배」,『국제법학회논총』 58-4, 대한국제법학회.

서형원, 2009,「독도 영유에 관한 권원 논쟁과 실효적 지배」,『일본공간』 5, 국민대학교 일본학연구소.

이근관, 2010,「탈식민주의적 관점에서의 국제영토법리의 비판」,『서울국제법연구』 17-1, 서울국제법연구원.

이성환, 2017,「일본의 태정관지령과 독도편입에 대한 법제사적 검토」,『국제법학회논총』 62-3, 대한국제법학회.

______, 2019a,「울릉도쟁계의 조일 간 교환문서에 대한 논의의 재검토」,『독도연구』 26, 영남대학교 독도연구소.

______, 2019b,「태정관 지령을 둘러싼 논의의 재검토 최철영, 유미림, "1877년 태정관 지령의 역사적·국제법적 쟁점검토"에 대한 반론」,『국제법학회논총』 64-2, 대한국제법학회.

______, 2020,「일본의 독도편입과 한국의 항의 부존재에 관한 검토 나가시마 히로키(永島広紀)「'내정'화하는 한일의 '외교'」에 대한 반론」,『독도연구』 29, 영남대학교 독도연구소.

______, 2021,「태정관지령과 독도문제에 대한 법리 해석을 위한 시론」,『대한정치학회보』 29-2, 대한정치학회.

이용희, 2013,「국제판례상 실효적 지배의 개념과 독도에 관한 고찰」, *Ocean and Polar Research* 35-4, 한국해양과학기술원.

이춘선, 2018,「국가행위로서 항의(protest)에 대한 국제법적 검토: 영토 문제를 중심으로」,『국제법논총』 63-3, 대한국제법학회.

전순신, 1988,「망끼에·에크레호도 사건」,『동아논총』 25, 동아대학교.

홍성근, 2020,「울도군수 심흥택의 치적과 '독도 보고서'의 법·역사적 의미」,『이사부와 동해』 16, 한국이사부학회.

芹田健太郎, 1999,『島の領有と経済水域の境界画定』, 有信堂高文社.
内閣官房,『(平成29年度 内閣官房委託調査)竹島に関する資料調査報告書』, ストリームグラフ.
内藤正中 · 金柄烈, 2007,『史的検証竹島 · 独島』, 岩波書店.
奥原碧雲, 2005,『竹島及鬱陵島(復刻版)』, ハーベスト出版.
中野徹也, 2019a,『竹島問題と國際法』, ハーベスト出版.
中井養三郎, 1909,『事業經營概要』.
池内敏, 2012,『竹島問題とは何か』, 名古屋大学出版会.
______, 2016,『竹島 - もうひとつの日韓関係史』, 中央公論新社(中公新書).
太壽堂鼎, 1998,『領土帰属の国際法』, 東信堂.
坂本悠一, 2021,『歴史からひもとく竹島 / 独島領有権問題』, 清水書院.
下條正男, 2017,『安龍福の供述と竹島問題: 知っておくべき竹島の真実』, 島根県総務部総務課.
許淑娟, 2012,『領域権原論 - 領域支配の実効性と正当性 -』, 東京大学出版会.
皆川洸, 1963,「竹島紛争と国際判例」, 前原光雄教授 還暦記念論文集刊行委員會,『国際法学の諸問題』, 慶應通信.
______, 1965,「竹島紛争とその解決手続 - 日韓条約の批判的検討」,『法律時報』 37 - 10, 日本評論社.
內藤正中, 2011,「1905年の竹島問題」,『北東アジア文化研究』 34, 鳥取短期大学北東アジア文化総合研究所.
濱田太郎, 1997,「竹島(独島)紛争の再検討 - 竹島(独島)紛争と国際法、国際政治(二)」,『法学研究論集』 7, 明治大学大学院.
植田捷雄, 1965,「竹島の帰属をめぐる日韓紛争」,『一橋論叢』 54 - 1, 一橋大学一橋学会一橋論叢編集所.
一又正雄, 1963,「国際法における時効と黙認の法理」, 前原光雄教授 還暦記念論文集刊行委員會,『国際法学の諸問題』, 慶應通信.
中野徹也, 2011,「竹島の領有権をめぐる戦後の動向について」,『竹島問題研究會 第2期 中間報告書』, 島根県.
______, 2012a,「1905年日本による竹島領土編入措置の法的性質 -「無主地先占」説をめぐって -」,『第2期「竹島問題に関する調査研究」最終報告書』, 島根県.

________, 2012b,「1905年日本による竹島編入措置の法的性質」,『關西大學法學論文集』5, 関西大学法学会.

________, 2019b,「韓国による『不法占拠』の長期化は国際法上いかなる法的効果も生じない- 現代国際社会における外交上の抗議と国際裁判への付託提案がもたらす法的効果」, 内閣官房,『竹島に関する資料調査報告書(平成31年度)』.

池內敏, 2011,「竹島/独島論争とは何か-和解へ向けた知恵の創出のために」,『歴史評論』733, 校倉書房.

塚本孝, 2012,「対日平和条約と竹島の法的地位」,『島嶼研究ジャーナル』2-1, 海洋政策研究所島嶼資料センター.

______, 2013,「元禄竹島一件をめぐって-付、明治十年太政官指令」,『島嶼研究ジャーナル』2-2, 笹川平和財団 島嶼資料センター.

______, 2015,「"独島連"の島根県知事に対する質問書"独島20問"について」,『第3期「竹島問題に関する調査研究」最終報告書』, 島根県総務部総務課.

______, 2016,「竹島領有権をめぐる韓国政府の主張について: 政府広報資料『韓国の美しい島, 獨島』の逐条的検討」,『東海法学』52, 東海大学法学部.

太壽堂鼎, 1955,「国際法上の先占について-その歴史的研究-」,『法学論叢』61-2, 京都大学法学会.

________, 1966,「竹島紛争」,『国際法外交雑誌』64-4, 日本国際法学会.

坂本悠一, 2014,「竹島 / 独島領有権論争の研究史的検討と課題-戦後日本における近現代史分野を中心に-」,『社会システム研究』29, 立命館大学社会システム研究所.

河錬洙, 1999,「独島紛争再考-領域権原をめぐる国際法の観点から-」,『龍谷法学』32-2, 龍谷大学法学会.

中谷和弘, 2021,「尖閣諸島, 竹島, 国際裁判」. www.cas.go.jp/jp/ryodo/kenkyu/takeshima/chapter01_column_03.html(검색일: 2021. 9. 21).

塚元孝, 2007,「領有権紛争の焦点ー国際法の見地から」(平成19年度島根県高等学校地理・公民科教育研究会研究大会 講演メモ). www.pref.shimane.lg.jp/admin/pref/takeshima/web-takeshima/takeshima04/takeshima04-1/index.data/tsukamoto071017.pdf?site=sp(검색일: 2021. 9. 12).

Shaw, M., 2003, *International Law*, 7th ed., Cambridge: Cambridge University press.

Fitzmamaurice, G., 1955, "Law nad Procedure of the International Court of Justice," *British Yearbook of International Law*, Vol. 32.

Johnson, D. H. N., 1950, "Acquisitive Prescription in International Law," *The British Yearbook of International Law*, Vol. 22, London: H. Frowde.

Kanae, Taijyudo, 1968, "The Dispute between Japan and Korea respecting Sovereignty over Takeshima," *The Japanese Annual of International Law*, No. 12.

Merrills, J. G., 2003, "Land and Maritime Boundary between Cameroon and Nigeria (Cameroon V Nigeria), Merits, Judgment of 10 October," *International and Comparative Law Quarterly*, Vol. 52, No. 3.

www.icj-cij.org/en/case/17.

일본의 선점론과 샌프란시스코 강화조약의 국제법상 정합성 검토

강병근 고려대학교 법학전문대학원 교수

I. 머리말

샌프란시스코강화조약(Treaty of Peace with Japan)은 1951년 9월 8일 샌프란시스코에서 채택되었다. 일본 외무성은 이 조약의 초안과 관련해서 작성된 미국 정부의 외교문서를 근거로 샌프란시스코강화조약에서 독도가 의도적으로 제외되었고, 이 조약이 상징하는 제2차 세계대전 후의 국제질서에서 독도를 포함하여 일본의 영토가 확인되었다고 주장하고 있다.[1] 전체적으로 일본 외무성의 입장은 늦어도 17세기 중반에 독도영유권이 확립되었고, 1905년(메이지 38) 1월 각의결정에서는 독도에 대한 일본의 영유의사를 재확인하였으며, 샌프란시스코강화조약의 작성 경위, 그리고 조약문에서 독도 혹은 죽도(竹島)가 제외되었던 점을 바탕으로 이 조약에서 독도가 일본의 영토라는 점이 또 다시 확인되었다는 것이다.

일본 외무성이 "늦어도 17세기 중반에는 일본의 다케시마에 대한 영유권이 확립되어 있었다"면서, 1905년 각의결정에서 "영유의사를 재확인함과 동시에 … 주권행사를 … 평온하게 계속적으로 실시했습니다"라고 한 것은 독도가 일본의 '고유영토'라는 것이다. 그런데 1905년 1월 28일 일본 정부가 각의에서 결정한 것은 1903년(메이지 36) 일본 시마네현 주민 나카이 요자부로가 독도에 어사(漁舍)를 짓고 어로 작업을 한 것, 그리고 독도 영토편입 및 해당 지역의 임대 신청을 한 것을 근거로 국제법상 독도를 점령한 사실이 존재한다고 보아서 독도를 일본 소속으로 하고, 시마네현 소관으로 편입한다는 것이었다.[2] 1905년 일본 각의결정에

1 일본 외무성, 『다케시마 문제에 관한 10개의 포인트』, 3쪽. www.kr.emb-japan.go.jp/territory/takeshima/pdfs/takeshima_point.pdf(검색일: 2022. 7. 10).

2 일본 메이지 38년 1월 28일 각의결정 "별지 내무대신(内務大臣) 청의 무인도 소속에

따르면 일본 외무성의 공식 입장과 달리 일본은 1905년에 독도를 무주지로 간주하고서 선점에 의한 영토편입조치를 하였다. 일본 외무성은 독도가 일본의 고유영토라고 하면서도 1905년 각의결정에 의한 무주지 선점 방식을 언급하고 있고, 샌프란시스코강화조약 제2조 (a)항을 통해서 독도 영유권이 확립되었다고 주장하는 것이다.

한편, 대한민국의 기본 입장에 따르면 대한민국의 제3대 외무부 장관 변영태가 지적했듯이, 1905년 일본제국의 독도 편입조치는 일본제국이 1904년부터 대한제국을 지배한 상태에서 1910년 한국 병합을 완성하기까지 진행된 일련의 정복 과정으로서 일본제국의 대한제국 영토 침략이다.[3] 대한민국의 현행 국내법으로도 일본제국의 한반도 강점은 '러

관한 건을 심사해보니, 북위 37도 9분 30초, 동경 131도 55분, 오키시마(隱岐島)를 거(距)하기 서북으로 85리에 있는 이 무인도는 타국이 이를 점유했다고 인정할 형적(形迹)이 없다. 지난 (메이지) 36년 우리나라 사람 나카이 요자부로란 자가 어사(漁舍)를 만들고, 인부를 데리고 가 엽구(獵具)를 갖추어 해마잡이에 착수하고, 이번에 영토편입(領土編入) 및 대하(貸下)를 출원했는바, 이때에 소속 및 도명을 확정할 필요가 있으므로, 다케시마(竹島)라 이름하고 이제부터는 시마네현(島根縣) 소속 오키시마사(隱岐島司)의 소관(所管)으로 하려 한다. 이를 심사하니 메이지 36년 이래 나카이 요자부로란 자가 해도(該島)에 이주하고 어업에 종사한 것은 관계서류에 의하여 밝혀지며, 국제법상 점령의 사실이 있는 것이라고 인정하여 이를 본방소속(本邦所屬)으로 하고 시마네현 소속 오키시마사(島根縣所屬 隱岐島司)의 소관으로 함이 무리 없는 건이라 사고하여 청의대로 각의결정(閣議決定)이 성립되었음을 인정한다."

3 "… 일본 정부는 일본제국주의 침략으로 40년 넘게 한국의 주권을 빼앗은 사실을 기억할 것이다. 일본 정부가 잘 알고 있듯이 침략은 단계적으로 이루어져 결국 한반도 전체가 일본 땅으로 병합되었다. 그러나 실질적으로 일본은 이미 1904년에 이른바 한일의정서와 제1차 한일협약을 강압적으로 체결하여 한국을 통치할 수 있는 권력을 장악했다(… the Japanese government must well remember the fact that it deprived Korea of her sovereignty for over forty years through imperial Japanese aggression. As it is no doubt well aware, the aggression took place in stages, culminating in the annexation of the entire Korean peninsula by Japan in 1910. But, in fact, Japan had seized the power to control Korea in 1904 when it forced upon Korea to sign the Korea-Japan Treaty of 1904 and the Korea-Japan Protocol of August 1904.)," 변영태 제3대 외무부 장관(1954. 10. 28), 「독도는 일본의

일전쟁 개전 시부터 1945년 8월 15일까지'의 기간이며, 이 기간은 일본 외무성이 주장하는 1905년 각의결정에 의한 독도 편입조치 시기를 포함한다.[4] 아래에서는 1905년 독도 편입의 근거가 되었던 무주지 선점론과 일본 외무성이 독도에 대한 영유권이 국제적으로 재확인되었다고 하는 샌프란시스코강화조약 제2조 (a)항 규정이 얼마나 합치되는지를 살펴보고자 한다.

Ⅱ. 독도영유권과 샌프란시스코강화조약

1. 샌프란시스코강화조약과 'Korea/朝鮮'의 지위

샌프란시스코강화조약 제21조에 의하면 'China/中國'은 이 조약 제10조 및 제14조 (a)2항의 혜택을 받고, 'Korea/朝鮮'은 이 조약 제2조, 제4조, 제9조, 그리고 제12조의 혜택을 받을 수 있다고 규정하였다.[5] 샌프란시스코강화조약 제23조와 제25조를 함께 보면 샌프란시스코강화조약은

한반도 침탈의 첫 희생물」. dokdo.mofa.go.kr/kor/pds/docu.jsp(검색일: 2022. 7. 10).

4 '일제강점하 반민족행위 진상규명에 관한 특별법'(법률 제11494호, 2012. 10. 22, 일부개정) 제1조의 규정은 다음과 같다. "이 법은 일본제국주의의 국권침탈이 시작된 러·일전쟁 개전 시부터 1945년 8월 15일까지 일본제국주의를 위하여 행한 친일반민족행위의 진상을 규명하여 역사의 진실과 민족의 정통성을 확인하고 사회정의 구현에 이바지함을 목적으로 한다."

5 샌프란시스코강화조약 제21조의 규정은 다음과 같다. "Notwithstanding the provisions of Article 25 of the present Treaty, China shall be entitled to the benefits of Articles 10 and 14 (a)2; and Korea to the benefits of Articles 2, 4, 9 and 12 of the present Treaty."

오직 '국가'에 대해서만 효력을 갖기에 이 조약 제21조의 'Korea/朝鮮'은 국가적 실체를 의미한다. 그런데 China/中國이나 Korea/朝鮮이라는 국가의 대표자가 이 조약 채택 시 서명한 적이 없기에 China/中國이나 Korea/朝鮮은 샌프란시스코강화조약의 당사국이 아닌 국가 즉 '제3국'이다.[6] 조약은 당사국만 구속하고 제3국에게는 권리나 의무가 발생하지 않는다.[7] 다만, 조약 규정에서 의도하고 제3국이 동의하면 그 조약 규정으로부터 제3국에게 권리가 발생하고, 혜택의 경우 제3국의 동의는 반대의 표시가 없는 한 존재하는 것으로 추정한다.[8]

샌프란시스코강화조약에 의하여 Korea/朝鮮이 혜택을 얻는 분야는 제4조에서 규정하듯이 재산과 채권을 포함하는 청구권의 처리를 위하여 특별약정을 체결하기로 한 점[(a)항], 미군 정부가 지령을 내려서 일본과 일본국민의 재산을 처리한 것을 일본이 승인한 점[(b)항], 일본 소유의 해저전선 중 한반도 쪽 해저전선 절반을 보유하게 된 점[(c)항]이 있다. 또한, 샌프란시스코강화조약 제9조에 따라서 공해 어업 규제, 보전, 개발과 관련해서 다자협정을 체결하는 데 참여할 수 있게 된 점, 그리고 제12조에 의하여 통상 관련 조약을 체결하기 위한 교섭에 참여하게 된 점[(a)항], 상호적으로 내국민 대우와 최혜국 대우를 받을 수 있게 된 점[(b)항·(c)항]이 있다.

일본 외무성은 대한민국에 대해서 샌프란시스코강화조약 제2조 규정이 적용되고, 그 규정에 따라서 일본의 영역에서 배제되지 않았기에 독도

---

6 '조약법에 관한 비엔나협약(Vienna Convention on the Law of Treaties, 이하 1969년 협약)'은 대한민국에 대해서 1980년 1월 27일 발효하였다. 1969년 협약 제2조 (h)항의 규정은 다음과 같다. "'제3국'이라 함은 조약의 당사국이 아닌 국가를 의미한다."

7 1969년 협약 제34조.

8 1969년 협약 제36조 (1)항.

가 일본령이라고 주장하고 있다. 일본은 샌프란시스코강화조약 제21조에 의하여 제2조의 '혜택'을 누리는 Korea/朝鮮이 대한민국을 의미하는 것으로 전제하지만, 대한민국은 샌프란시스코강화조약 제2조에 의하여 독도가 일본령이라는 일본 외무성의 입장을 인정한 적이 없다. 더구나, 샌프란시스코강화조약 제21조에서는 '혜택'을 Korea/朝鮮이 누린다고 했기에 샌프란시스코강화조약 제2조에 의하여 Korea/朝鮮이 영역을 상실하는 '불이익'을 감수할 이유가 없다.

일본 외무성은 샌프란시스코강화조약 초안 작성 중 독도가 일본령이라고 지적된 적이 있었다고 주장하지만, 조약문 기초 작업 시 생산된 자료를 활용하는 것은 이른바 조약 작업 문서를 활용하여 해석하는 것인데, 이렇게 할 때는 대상 조문의 목적과 취지, 맥락 등을 고려해서 해석한 결과를 확인하거나, 그 결과가 모호하거나 분명하지 않거나, 명백히 불합리한 경우이다.[9] 일본 외무성이 근거로 삼는 미국이 작성한 공문서가 1951년 샌프란시스코회의의 공식 교섭 기록, 교섭 대상이 되었던 초안 규정, 해당 조문과 관련해서 토의 시 주장되었던 사항, 외교문서, 초안 작성위원회에서 제시해서 반대 없이 채택되었던 해석사항이라고 할 수도 없다.[10] 무엇보다도 일본 외무성의 해석은 샌프란시스코강화조약 제2조 (a)항에서 명시적으로 규정되지 않았는데 일방에게만 유리하도록 해석하는 것이고, 이러한 해석에 의해서 발생하는 불이익을 감수하겠다고 이 조약의 제3국인 대한민국이 명확히 인정하지 않은 이상 그러한 해석이 대한민국의 독도영유권에 대해서 영향을 미칠 수 없다.

---

9 1969년 협약 제32조.

10 1969년 협약 제32조의 '교섭기록(preparatory work)'에 대한 설명으로는 다음 문헌 참조. Olivier Corten and Pierre Klein, 2011, *The Vienna Conventions on the Law of the Treaties–A Commentary,* Vol. 1, Oxford: Oxford University Press, p. 852.

2. Korea/朝鮮과 대한민국의 관계

샌프란시스코강화조약에서 Korea/朝鮮은 흔히 대한민국(ROK)을 지칭하는 것으로 해석한다.[11] 일본의 주요 국제법학자들은 Korea/朝鮮을 국가적 실체가 아닌 지역을 일컫는 지명으로 취급하면서, 샌프란시스코강화조약 제2조에 따라서 Korea/朝鮮을 승인한 것은 한반도 전체를 승인한 것으로 설명하고 있다.[12] 이러한 해석은 국제법상 승인제도와 맞지 않는다. 분명 샌프란시스코강화조약의 목적과 취지는 Korea/朝鮮을 다른 연합국과 동일하게 국가적 실체로 파악하고 있다. 국제법상 국가를 승인하는 것이지 어떠한 지역 전체를 승인하는 것이 아니기 때문이다.

일본 정부의 후속 실행은 샌프란시스코강화조약 제2조나 제21조에서 언급하는 Korea/朝鮮과 대한민국을 구분하는 것이다. 일본은 1965년 대한민국과 국교를 수립할 당시에도 1948년 12월 유엔총회 결의에서 대한민국이 한반도 유일의 합법정부로서 승인받지 못했다는 것을 들었다.[13]

---

11 일본 정부는 재일교포들이 외국인등록 시 국적난에 '조선'이라고 표기하는 경우 이는 특정 국가를 표시하는 용어가 아니라, 과거 한반도(조선반도)를 표시하는 것이라고 한다. 정인섭, 2021, 『신국제법강의』 제11판, 박영사, 207-208쪽.

12 일본학자들은 샌프란시스코강화조약 제2조의 'independence of Korea' 구절을 '독립국으로서 한반도의 독립(independence of the Korean Peninsula as one independent State)'을 말한다고 한다. Shigeru Oda and Hisashi Owada, 1965, "Annual Review of Japanese Practice in International Law II(1963)," *9 Japanese Ann. Int'l L.* 101, p. 102.

13 UNGA Resolution 195(III), 12 December 1948. 이 결의의 관련 부분은 다음과 같다. "2. Declares that there has been established a lawful government (the Government of the Republic of Korea) having effective control and jurisdiction over that part of Korea where the Temporary Commission was able to observe and consult and in which the great majority of the people of all Korea reside; that this Government is based on elections which were a valid expression of the free will of the electorate of that part of Korea and which were observed by the Temporary Commission; and that this is the

이에 따르면 일본은 1965년 한일기본관계조약 제3조에서 대한민국을 한반도 유일의 합법정부로 승인하지 않은 것이다.[14]

일본 정부나 주요 국제법학자들의 견해에 따르면 샌프란시스코강화조약의 Korea/朝鮮은 일본 영역에서 분리된 '지역'의 명칭이다. 샌프란시스코강화조약이 발효하면서 샌프란시스코강화조약 제2조에 의해서 독립이 승인된 지역으로서 Korea/朝鮮은 1945년 8월 이후 1948년 8월 사이의 어느 순간에 대한민국과 북한(DPRK)으로 분열되었고, 한반도 남쪽을 기반으로 한 대한민국이 1965년 일본과 정식으로 국교를 수립하면서 국가승인을 받은 것이 된다. 샌프란시스코강화조약의 목적과 취지에 의하면 대한민국이나 북한은 국가가 아니라 한반도의 남쪽과 북쪽을 지배하는 정부조직체이다.

그런데 샌프란시스코강화조약이 채택된 1951년 9월 한반도에서는 대한민국과 북한이 한반도 전체에 대한 패권을 놓고서 전쟁 중이었다. 그리고 이들은 모두 국제적으로는 교전자의 지위를 갖는 조직체로서 국가적 실체였다. 더욱이 샌프란시스코강화조약 제2조 (a)항의 목적과 취지에서 보더라도 패전국 일본이 '독립'을 승인한 Korea/朝鮮은 국가적 실체이지 1952년 4월 28일까지 일본이 지배했던 조선반도가 될 수 없다.

대한민국에 대해서 일본은 1952년 4월 28일 샌프란시스코강화조약이 발효하면서 주권을 회복하자 당시 도쿄에 파견되어 있던 대한민국 주

---

only such Government in Korea."

14 1965년 한일기본관계조약 제3조의 규정은 다음과 같다. "대한민국 정부가 국제연합총회의 결의 제195(III)호에 명시된 바와 같이 한반도에 있어서의 유일한 합법 정부임을 확인한다(It is confirmed that the Government of the Republic of Korea is the only lawful Government in Korea as is specified in the Resolution 195(III) of the United Nations General Assembly)."

일대표부에 대해 정상적인 외교관계 개설 시까지 임시로 정부기관의 지위와 영사에 상응하는 특권을 부여하는 구상서를 보냈다고 한다.[15] 샌프란시스코강화조약의 맥락을 보건대 1952년 일본의 구상서는 Korea/朝鮮을 대표하는 대한민국 정부를 사실상(*de facto*) 승인한 것으로 볼 수 있다. 법률상(*de jure*) 승인은 1965년 외교관계 수립 이후가 될 것이다. 이를 국가승인으로 보게 되면 1951년 9월까지 하나의 국가적 실체로 인정되었던 Korea/朝鮮이 샌프란시스코강화조약이 발효한 1952년 4월 28일 이후 대한민국과 북한으로 분열되었고, 하나의 Korea/朝鮮에서 새로이 창설된 대한민국에 대해서 일본은 1951년 하반기부터 사실상 '국가'승인을 한 것이 된다.

그런데 이러한 해석은 현실과 전혀 부합하지 않는다. 일본이 대한민국을 언제 국가로 승인했는지 여부와 상관없이 대한민국 정부는 이미 1948년 12월 12일 유엔총회에서 유일한 합법정부로 인정받았다. 대한민국 정부는 바로 국가적 실체인 대한민국을 국제사회에서 대표하는 정부조직체로서 독도를 포함하여 대한민국의 영역에 대해서 실효적 지배력을 갖게 되었다. 1952년 4월 28일 이후 일본이 연합국의 군사점령하에서 정지되었던 주권을 회복하면서 신생국 대한민국을 사실상 승인했고, 1965년 대한민국을 법적으로 승인했다고 하는 것은 대한민국의 지위에 전혀 영향을 줄 수 없는 일본의 국내정치적 해석에 불과하다.

일본이 주장하듯이 1952년 4월 28일 샌프란시스코강화조약 발효 이전까지 일본이 Korea/朝鮮에 대해서 합법적인 주권을 가졌다는 주장은 Korea/朝鮮이 '불법적'인 조직체로 존재하다가, 1952년 4월 28일 샌프란시스코강화조약이 발효하면서 비로소 합법적인 국가로 독립이 승

15 정인섭, 2021, 186쪽.

인되었고, 동시에 Korea/朝鮮의 분열로 인해서 대한민국이 탄생하였기에 대한민국을 사실상 승인한 것이 된다. 이러한 견해에 따르면 제주도, 거문도, 울릉도를 포함하는 한반도 전체는 원래 일본의 영역이었지만, 1952년 4월 28일 샌프란시스코강화조약이 발효하면서 일본의 영역에서 분리되었고, 샌프란시스코강화조약 제2조 (a)항에서 명시하지 않은 독도는 당연히 일본령으로 남는다고 해석할 수밖에 없다. 더 나아가 독도는 일본 고유의 영토로서 1905년 영유의사가 재확인된 이후 샌프란시스코강화조약에 의하여 확정되었다는 일본 외무성의 주장과 일치하게 된다. 그런데 이러한 해석은 국제법을 매우 선별적으로 일본에 유리하게 활용하는 것으로 제대로 된 국제법적 해석 방법이 아니고, 선린우호관계를 지향하는 국제법 원칙에도 맞지 않는다.

Ⅲ. 국제법상 승인과 일본제국의 한반도 지배 관련 쟁점

1. 일본제국의 한반도 지배 개시와 종료

일본제국과 일본은 국가적 지위 면에서 동일하다. 일본제국이 항복문서에 서명하고, 그 후 미군이 주도하는 연합국의 군사점령하에서 헌법 개정을 통해서 일본으로 거듭났지만, 이는 현재의 통일독일이 이전 독일 제3제국의 후신으로서 동일한 국가성을 갖는 것과 마찬가지이다.

샌프란시스코강화조약 제2조 (a)항과 제4조를 함께 보면, 1952년 4월 28일 샌프란시스코강화조약이 발효하면서 한반도 전체는 일본의 지배에서 제외된다.[16] 샌프란시스코강화조약 제4조에서 Korea/朝鮮이 일본의 영역에서 제외된다고 하였기에 언제 일본이 Korea/朝鮮을 '지배'하게 되었는지를 밝히는 것이 샌프란시스코강화조약 제4조 (c)항의 의미를 이해하는 데 매우 중요하다. 역사적으로 일본제국이 언제부터 Korea/朝鮮을 지배하게 되었는지는 명확하지 않다. 일본제국은 대한제국과 다양한 조약 관계를 형성하면서 최종적으로 1910년 대한제국을 병합하였다. 이러한 일본의 실행은 세력권(sphere of influence)을 통한 지배권 행사와 조약을 통한 영토획득이 다르다는 것을 방증한다. 그런데 일본제국이 전 세계에 공포한 1910년 병합조약(Treaty of Annexation)은 조약문의 형식을 가졌지만,[17] 그 내용이 대한제국 황제와 황태자 가족의 지위 유지 보장(제3조), 황족의 대우 보장(제4조), 한국인에 대한 표창 및 작위 수여(제5조), 한국 시정 법규를 준수하는 한인의 보호 보장(제6조), 적절한 자격을 갖춘 한인의 관리 등용 약속(제7조)으로서 향후 병합지역인 한국의 통치에 관한 일종의 정책 선포에 관한 것이고, 병합되는 대한제국 황제의 재가를 받는 점(제8조)도 대등한 조약체결이 이루어진 것을 가장하고 있어서 매우 형식적이다.

이미 일본제국은 러일전쟁을 승리로 이끈 후 러시아제국과 1905년

16 '일본의 지배에서 제외된 영역(日本国の支配から除かれる領域, territory removed from Japanese control)'이라는 구절은 샌프란시스코강화조약 제4조 (c)항에서 찾을 수 있다.

17 1910년 한국 병합에 관한 조약(韓國併合に關する條約, Treaty Regarding the Annexation of Korea to the Empire of Japan) 제1조와 제2조의 규정은 다음과 같다. "第一條 韓國皇帝陛下ハ韓國全部ニ關スル一切ノ統治權ヲ完全且永久ニ日本國皇帝陛下ニ讓與ス(His Majesty of the Emperor of Korea makes complete and permanent cession to His Majesty the Emperor of Japan of all rights of sovereignty over the whole of Korea); 第二條 日本國皇帝陛下ハ前條ニ掲ケタル讓與ヲ受諾シ且全然韓國ヲ日本帝國ニ併合スルコトヲ承諾ス(His Majesty of the Emperor of Japan accepts the cession mentioned in the preceding Article, and consents to the complete annexation of Korea to the Empire of Japan)."

9월 5일 체결한 포츠머스조약 제2조에서 러시아제국은 일본제국이 대한제국에서 최고의 정치적, 군사적, 경제적 이익(paramount political, military and economical interests; 政事上, 軍事上及經濟上ノ卓絶ナル利益)을 갖는다는 점은 인정했고, 일본제국이 여기기에 대한제국에 필요한 사항을 지도, 보호, 감리하는 조치(measures for guidance, protection and control which the Imperial Government of Japan may find necessary to take in Korea; 日本帝國政府カ韓國ニ於テ必要ト認ムル指導, 保護及監理ノ措置)를 러시아제국이 막거나 간섭하지 않기로 약속했으며, 아울러 대한제국 영토의 안전(the security of Korean territory; 韓國ノ領土ノ安全)을 침해하는 군사조치를 하지 않기로 약속하였다.[18]

흔히 이 조약으로써 일본제국이 대한제국에 대해서 지배권을 행사하는 것을 국제적으로 인정받았다고 평가한다. 당시 미국 대통령 시어

---

18 포츠머스조약(The Treaty of Portsmouth, 日露講和條約) 제2조의 규정은 다음과 같다. "The Imperial Russian Government, acknowledging that Japan possesses in Korea paramount political, military and economical interests engages neither to obstruct nor interfere with measures for guidance, protection and control which the Imperial Government of Japan may find necessary to take in Korea. It is understood that Russian subjects in Korea shall be treated in exactly the same manner as the subjects and citizens of other foreign Powers; that is to say, they shall be placed on the same footing as the subjects and citizens of the most favored nation. It is also agreed that, in order to avoid causes of misunderstanding, the two high contracting parties will abstain on the Russian-Korean frontier from taking any military measure which may menace the security of Russian or Korean territory(露西亞帝國政府ハ日本國カ韓國ニ於テ政事上, 軍事上及經濟上ノ卓絶ナル利益ヲ有スルコトヲ承認シ日本帝國政府カ韓國ニ於テ必要ト認ムル指導, 保護及監理ノ措置ヲ執ルニ方リ之ヲ阻礙シ又ハ之ニ干涉セザルコトヲ約ス 韓國ニ於ケル露西亞國臣民ハ他ノ外國ノ臣民又ハ人民ト全然同樣ニ待遇セラルヘク之ヲ換言スレハ最惠國ノ臣民又ハ人民ト同一ノ地位ニ置カルヘキモノト知ルヘシ 兩締約國ハ一切誤解ノ原因ヲ避ケムカ爲露韓間ノ國境ニ於テ露西亞國又ハ韓國ノ領土ノ安全ヲ侵迫スル事アルヘキ何等ノ軍事上措置ヲ執ラサルコトニ同意ス)."

도어 루스벨트(Theodore Roosevelt. Jr.)는 이 조약이 체결되도록 중개자(mediator) 역할을 성공리에 수행했다고 해서 1906년 노벨평화상을 수상하였다.[19] 1905년 당시 국제법에 따르면 분명 국가 간 평등과 정당한 명분이 없는 전쟁은 허용되지 않았다. 1904년 일본제국이 요동반도의 러시아 해군기지를 기습한 것을 미국 여론은 '정당한 전쟁(just war)'으로 평가하였다.[20] 이후 전투는 대한제국 영역 내와 동해에서 벌어졌다. 동해 지역은 러일전쟁 초기부터 전략적으로 매우 중요한 지역이었다. 미국은 당시 대한제국과 외교관계를 개설하고 있었지만, 대한제국을 마치 국가적 조직체가 아닌 것처럼 취급하였다. 물론, 이 시기 영국 그리고 러일전쟁의 패전국 러시아도 마찬가지 입장을 취하였다.

일본은 1905년 9월 포츠머스조약 이전에 조선/대한제국과 많은 조약을 체결했고, 1905년 9월 이후부터 1910년까지도 다양한 명칭의 조약을 대한제국과 체결했다.[21] 일본 외무성이 이해하는 제2차 세계대전 이후

---

19 러시아와 일본제국의 첫 교전 지역은 제물포의 월미도 인근 해역이었다. 일본제국의 승리는 당시 적용되었던 국제법을 철저히 위반한 결과였다. 이 시기 대한제국의 전시중립 선포도 완전히 무시당했다. 일본제국의 대러 전승 요인은 미국의 러시아 봉쇄정책에도 상당 부분 기인하는 것으로 평가되고 있다. 최덕규, 2019, 「대한제국의 전시중립과 러일전쟁-미국의 대러봉쇄전략을 중심으로-」, 『슬라브학보』 34-2, 267-271쪽.

20 "Throughout the war and the peace talks, American public opinion largely sided with Japan. Believing that the Japanese were fighting a "just war" against Russian aggression, and that the island nation was equally committed to the Open Door and the territorial integrity of China, the American people were anxious to support it." 'The Treaty of Portsmouth and the Russo-Japanese War, 1904-1905.' history.state.gov/milestones/1899-1913/portsmouth-treaty(검색일: 2022. 7. 10).

21 1905년 9월 이후 체결된 주요 조약으로는 1905년 한일협약, 1907년 한일협약, 1909년 간도에 관한 협약(間島ニ關スル協約), 1910년 한국 병합에 관한 조약이 있다. 「戰前日本政治外交文書(1945年8月14日以前)」. worldjpn.grips.ac.jp/(검색일: 2022. 7. 10).

의 '국제질서'나 일본 최고재판소가 말하듯이 제2차 세계대전 이후 일본의 전후처리에 관한 '샌프란시스코강화조약의 틀'을 담은 샌프란시스코강화조약에 의하여 일본의 지배에서 제외된 Korea/朝鮮은 1905년 포츠머스조약에서 규정하는 Korea/韓國과 동일하다.

일본제국은 1910년 8월 29일 일본천황조서에서 한국이 항상 화란의 근원이었기에 일본제국의 보호를 받도록 하였지만, 성과가 별로 없어서 한국을 일본제국에 병합하기로 하였다면서, 칙령 제318호로써 한국의 국호를 조선으로 칭하도록 하였다.[22] 포츠머스조약의 일본어본에서 'Korea'가 대한제국을 약칭한 '한국'을 말했다면, 샌프란시스코강화조약의 일본어본에 있는 Korea/朝鮮은 1910년 8월 29일 이후의 조선을 말하는 것이고, 어느 경우나 대한민국(ROK)의 약칭인 '한국'을 지칭하지 않는다. 일본제국은 포츠머스조약에서 Korea/韓國을 영토를 가진 대한제국으로 인식했지만, 패전국 일본은 샌프란시스코강화조약의 Korea/朝鮮을 국가적 실체의 영토적 개념이 아니라 일본제국이 지배했던 한반도로서 이해했고, 지금까지도 일본 행정부나 사법부도 비슷한 인식을 유지하고 있다.

현재 대한민국의 정부나 법원, 그리고 국제법률가들은 대부분 샌프란시스코강화조약의 Korea/朝鮮을 대한민국(한국)으로 이해하고 있다. 일본 외무성이나 최고재판소는 샌프란시스코강화조약의 Korea/朝鮮에 대한 일본의 지배력이 행사되었던 기간은 1910년부터 샌프란시스코강화조약이 발효하는 1952년 4월 28일 이전까지라고 해석하고 있다.[23] 그

---

22 "勅令第三百十八號, 韓國에 國號는 改ᄒᆞ야 爾今朝鮮이라 稱홈이라[한국(韓國)의 국호(國號)를 고쳐 지금부터 조선(朝鮮)이라 칭한다]." 『순종실록부록』 1권, 순종 3년 8월 29일 양력 1번째 기사. sillok.history.go.kr/id/kzc_10308029_001(검색일: 2022. 7. 10).

23 일본제국의 조선 지배 기간 중 조선인과 결혼해서 조선인 호적에 등재된 일본인 여성의 국적을 판단하는 사건에서 일본 최고재판소는 1952년 4월 28일 이후 샌프란시스

런데 이러한 해석은 1910년 병합조약을 강조하는 측면이 강하다. 이미 1910년 대한제국 병합에 관한 일황의 선언문에서 1905년 11월 17일 을사늑약을 통한 보호상태를 언급하고 있는데, 이 조약은 단순히 외교와 국방 기능을 수행해서 당시 한국을 보호하기 위한 것이 아니라 별도로 일본제국이 지명한 고문을 임명하고, 이사청을 설치하여 하부단위에까지 대한제국의 내정을 통제하는 것으로서 사실상 이때부터 대한제국은 한국 영역 내에서 실효적 지배력을 행사할 수 없게 되었다.

2. 샌프란시스코강화조약상 지배(control) 용어의 의미

1) 샌프란시스코강화조약 제2조 영역(territory)의 비교

샌프란시스코강화조약 제2조 (a)항과 거의 동일한 방식의 규정은 제2조 (b)항부터 (f)항에서 찾을 수 있다.[24] 이 규정의 대상이 되는 기간은

코강화조약이 발효함으로써 Korea/朝鮮에 속하는 사람(persons belonging to Korea)들은 원래 일본인 호적에서 조선인 호적으로 변경하였고, 당시 일본 국적을 가졌다고 해도, 이들의 일본 국적이 박탈되었기에 일본 국적을 원하는 경우 귀화 절차를 통해서 일본 국적을 획득해야 한다고 판시하였다. "Kanda v. The State, Japan Supreme Court, April 5, 1961", *8 Japanese Ann. Int'l L.* 1964, p. 160.

24 샌프란시스코강화조약 제2조 (b)항에서는 타이완과 평후제도(Formosa and the Pescadores, 台湾及び澎湖諸島), (c)항에서는 쿠릴열도(the Kurile Islands, 千島列島), 그리고 사할린과 그 인접도서(Sakhalin and the islands adjacent, 樺太及びこれに近接する諸島), (d)항에서는 일본제국의 위임통치령이었던 태평양제도(the Pacific Islands, 太平洋の諸島), (e)항에서는 남극지역(the Antarctic area, 南極地域), (f)항에서는 스프래틀리군도와 파라셀군도(the Spratly Islands and the Paracel Islands, 新南群島及び西沙群島) 지역이 '영역(territory)'이라는 제목으로 제2절에서 규정되어 제시되고 있다.

1895년 청일전쟁부터 1942년 태평양전쟁에 이르기까지 매우 긴 기간이다. 제2조 규정의 대상이 되는 지역은 일본의 주요 4개 도서와 가까운 곳도 있지만, 태평양제도와 남극지역(Antarctic area, 南極地域)과 같이 일본의 주요 4개 도서와 너무 멀리 떨어져 있어서 과연 샌프란시스코강화조약 제2조의 목적과 취지가 무엇인지 이해하기가 어려운 경우도 있다. 이들 지역에서 패전국 일본이 영토주권을 행사했던 것도 아니고 영토주권에 준하는 지배력을 행사한 것도 아니다.

샌프란시스코강화조약의 일본어본에 나오는 Korea/朝鮮은 1910년 병합조약에서 사용된 '한국 전체에 대한 통치권(韓國全部ニ關スル一切ノ統治權, sovereignty over the whole of Korea)'이 행사되는 지역과 직결되어 있다. 1910년 당시 '한국'은 당연히 대한제국의 약칭이었고 흔히 'sovereignty'는 주권으로 번역이 되는데, 1910년 병합조약에서는 'sovereignty'를 '통치권(統治權)'으로 번역한 것은 당시 일본제국 정부가 주권과 통치권을 구분하지 않았던 시대 분위기를 반영한다.[25] 샌프란시스코강화조약의 일본어본에 나오는 타이완(台湾)과 평후제도(澎湖諸島)는 1895년 청일전쟁 이후 체결된 시모노세키조약에 따라 청국(the Empire of China, 清國)이 타이완 전체 그리고 평후제도 전체 토지의 주권을 영구적으로 일본제국에 양여한 것이다.[26] 1905년 러일전쟁 이후 체결된 포츠머스조약에서 러시

25 '주권'이라 함은 대내적으로 최고, 대외적으로 독립을 의미하는 국가권력의 성격으로서 과거의 군주주권론에 따르면 국왕이 주권자였으나 현재는 국민주권론에 따라서 대부분 국가에서 국민들이 주권자이다. 이처럼 이해할 경우 주권과 통치권은 동일하지만, 주권을 통치권의 정당한 근거로 이해할 경우 주권은 최고절대의 국가권력이지만 통치권은 그렇지 않다. 이미 19세기 독일학계에서는 주권과 통치권을 구별한 것으로 알려져 있다. 박경철, 2002, 「통치권의 정당화원리로서 국민주권」, 『공법연구』 31-1, 392-395쪽.

26 시모노세키조약(日清講和条約, 下関条約)은 'Treaty of Peace between the Empire of

아제국은 일본제국에게 쿠릴열도(千島列島), 사할린(樺太) 및 인접도서의 주권 일체를 영원히 양여하였다.[27] 샌프란시스코강화조약 제2조 (b)항과 (c)항의 영역은 모두 전쟁 후 전쟁 당사자들이 전후처리 차원에서 체결한 강화조약에서 관련 지역의 주권을 양여한 경우이다.

대한민국의 기본 입장은 1904년 이래 일본제국이 대한제국의 영역을 침략했고, 1910년 대한제국 정부를 폐지하는 병합을 했다는 것이다. 이 점에서 보면 샌프란시스코강화조약 제2조 (a)항에서 (c)항에 이르는 지역은 일본제국이 일방적으로 수행한 무력침략에 의하여 획득하였거나, 아니면 청국 혹은 러시아국과 교전자로서 전쟁을 수행한 후 전승국이 되면서 패전국으로부터 통치권 혹은 주권을 인수받은 경우에 해당한다. 이것만 보면 이 세 가지 영역은 필경 일본이 주장하듯이 자국의 고유영토가 될 것이고, 당시 국제법에 따라서 인정되는 정복에 의한 영토획득이라고 할 수 있다.

Japan and the Empire of China, Treaty of Shimonoseki'를 말하며, 이 조약 제2조의 관련 규정은 다음과 같다. "ARTICLE II. China cedes to Japan in perpetuity and full sovereignty, the following territories together with all fortifications, arsenals and public property thereon: a) …. b) The Island of Formosa together with all Islands appretaining or belonging to the said Island of Formosa. c) The pescadores Group, that is to say, all Islands lying between the 119th and 120th degrees of longitude east of Greenwich and the 23rd and 24th degrees of north latitude(第二條 清國ハ左記ノ土地ノ主權竝ニ該地方ニ在ル城壘, 兵器製造所及官有物ヲ永遠日本國ニ割與ス: 一) …. 二) 臺灣全島及其ノ附屬諸島嶼. 三) 澎湖列島即英國「グリーンウィチ」東經百十九度乃至百二十度及北緯二十三度乃至二十四度ノ間ニ在ル諸島嶼)."

27 포츠머스조약(露講和条約, ポーツマス条約)은 'Russo-Japanese Peace Treaty(Treaty of Portsmouth)'를 말하며, 이 조약 제9조의 관련 규정은 다음과 같다. "The Imperial Russian Government cede to the Imperial Government of Japan in perpetuity and full sovereignty, the southern portion of the Island of Saghalin and all islands adjacent thereto, … (第九條 露西亞帝國政府ハ薩哈嗹島南部及其ノ附近ニ於ケル一切ノ島嶼…完全ナル主權ト共ニ永遠日本帝國政府ニ讓與ス…)."

현재, 일본 정부의 기본 입장은 샌프란시스코강화조약에서 Korea / 朝鮮의 영역은 전쟁과 무관하다는 것이다.[28] 일본은 제2차 세계대전 패전 이후 자국의 고유영토였던 Korea / 朝鮮에 대해서 1952년 샌프란시스코강화조약이 발효하면서 이 조약 제2조의 지역에 대해서 영토주권을 상실했다는 것이다. 이러한 점에서 1952년 4월 28일 샌프란시스코강화조약이 발효되기 이전까지 일본이 Korea / 朝鮮에 대해서 갖는다고 하는 잔존주권(residual sovereignty)은 영토권을 말한다. 이러한 주장이 일본 행정부나 학계에서 아직까지 존속하는 것은 일본이 제2차 세계대전 이후 패전국의 영토를 전승국이 분할한 것이 불법이라는 주장을 하고 싶은 속내인 것이다. 일본의 입장에서 보면 샌프란시스코강화조약 제2조에서 Korea / 朝鮮을 일본의 지배 대상 영역에서 배제시킨 것은 국제법을 위반하는 것이 된다. 그렇다면 일본 외무성이 말하는 제2차 세계대전 이후의 세계 질서 혹은 일본 최고재판소가 말하는 '샌프란시스코강화조약의 틀'은 모두 성립될 수 없다. 왜냐하면 일본제국의 대한제국 병합은 영토권을 획득할 정도로 공고하지 않았다. 비록 국제사회에서 영토권의 향배는 '불법에서 법이 나올 수 없다(*ex injuria jus non oritur*)'는 격언과 '사실에서 법이 나온다(*ex factis jus oritur*)'는 격언의 경쟁이지만[29] 샌프란시스코강화조약 규정에

---

28 일본군'위안부' 피해자들이 1991년경부터 자신들의 피해를 주장하자, 당시 유엔경제사회이사회(Economic and Social Council) 산하 인권위원회(Commission on Human Rights)는 1996년과 1998년 두 차례 일본군'위안부' 보고서를 채택하였다. 일본 정부는 일본군'위안부' 피해자들의 피해 주장에 대해서 일본의 국제 책임이 없다는 주장을 하면서 조선은 제2차 세계대전 중 일본제국에 병합된 상태이기에 무력충돌 상황이 없었다는 취지의 주장을 하였다. Contemporary Forms of Slavery-Systematic rape, sexual slavery and slavery-like practices during armed conflict, E/CN.4/Sub.2/1998/13, 22 June 1998, para. 4.

29 Christopher R. Rossi, 2015, "Ex Injuria Jus Non Oritur, Ex Factis Jus Oritur, and the Elusive Search for Equilibrium After Ukraine," *Tulane J. of Int'l & Comp. Law*, Vol. 24, p. 150.

서 드러나듯이 일본제국의 Korea/朝鮮 지배권력은 1919년 3·1운동으로 흔들리고, 1932년 만주국 설립으로 부정되었으며, 1937년 중일전쟁 이후 한민족을 노예로 삼았다는 평가를 받고, 1942년 태평양 전쟁 시 원자폭탄을 맞은 후 완전히 사라졌기 때문이다.

샌프란시스코강화조약 제2조 (d)항에서는 '일본이 위임통치를 했던 태평양제도(the Pacific Islands formerly under mandate to Japan, 日本国の委任統治の下にあつた太平洋の諸島)'를 언급하고 있다. 이들 지역은 원래 독일의 식민지였다. 1914년 제1차 세계대전이 발발하자 일본제국은 독일에 선전포고를 하였다. 1918년 종전 후 연합국과 패전국 독일이 체결한 평화협정인 베르사유조약 제1조에서 제26조까지의 규정이 국제연맹규약(The Covenant of the League of Nations)이다. 이 조약 제22조에 따르면 전승국이 패전국들의 영역을 분할하여 흡수하는 대신, 인민의 발달 단계, 영역의 지리적 사정, 경제적 여건 등의 상황을 고려해서 위임통치를 시행하기로 되어 있다. 이들 영역은 '위임통치 시행국가 영역의 구성부분으로서 해당 국가의 법(the laws of the Mandatory as integral portions of its territory)'이 적용되도록 하였다. 위임통치 대상 영역 중 C등급 영역은 태평양제도와 같이 작은 규모의 원주민이 거주하는 소도서가 넓은 지역에 산재해 있고, 유럽 기준의 문명 중심지에서 멀리 떨어져 있으며, 상대적으로 위임통치 시행국가인 호주, 뉴질랜드, 그리고 일본제국의 세력권과 지리적으로 근접하였다. 일본제국이 국제연맹이사회에서 위임통치국으로 지정될 수 있었던 것은 국제연맹 창설 회원국으로서 상임이사국 4국 중 하나였기 때문이다.

국제연맹규약의 일본어본에서는 영역의 의미로 '식민(colony, 植民)' 용어와 '영역(territory, 領土)' 용어를 사용하면서, 이러한 영역에 거주하는 사람들을 '인민(people, 人民)'으로 번역하였다. 이들 지역들은 전쟁으로 인하여 패전국이 '주권(sovereignty, 統治)'을 상실한 지역이고, 위임통치 시행국가가 행사하는 통치권한은 국제연맹 회원국들이 정하도록 하였다. 위임통치 시행국가는 상임위원회에 연례보고서를 제출해서 심사받아야 하고, 위임통치 이행과 관련된 사항에 있어서 연맹이사회를 자문하도록 하였다.

비록 국제연맹규약에서 위임통치 대상으로서 태평양제도와 같은 C등급 지역이 위임통치 시행국가의 영토를 구성한다고 표현하였지만, 위임통치 영역은 일반적인 주권국가의 통치 영역인 영토와 전혀 다르다. 왜냐하면, 위임통치 세부사항에 대해서 국제연맹 회원국들이 결정하고, 위임통치 시행국은 이행사항에 대해서 연례보고서로서 위임통치에 관한 상임위원회에 보고해서 심사를 받아야 했기 때문이다. 이러한 상황을 표현하기 위해서 국제연맹규약 제22조에서는 '감리(control, 監理)'라는 용어를 사용하였다. 따라서 샌프란시스코강화조약 제2조 (d)항의 대상 지역이 일본의 영역이 아닌 것은 분명하다.

샌프란시스코강화조약 제2조 (e)항에서 언급하는 남극지역의 경우 다른 영역과 달리 포기해야 할 대상이 권리, 권원, 청구권 이외에 이익도 포기하도록 하였다. 일본제국은 19세기 말 20세기 초에 극지역의 이익을 확보하고자 노력하였다.[30] 일본제국 당시 국가 차원에서 남극 탐험이 수행된 적은 거의 없었지만, 노부 시라세(矗白瀬)가 남극 탐험에 성공한 바 있다.[31] 남극지역이 비록 샌프란시스코강화조약 제2조에서 언급되고 있

---

30 Ivar Hamre, 1933, "The Japanese South Polar Expedition of 1911-1912," *The Geographical Journal*, Vol. 82, No. 5, pp. 411-423.

31 Susan Barr, 2012, *The Japanese Antarctic Expedition in 1912: a summary of lectures given at the Norway-Japan Society and the Mariners Society in Oslo*. nipr.repo.nii.ac.jp/?action=pages_view_main&active_action=repository_view_main_item_

지만 이 지역이 일본의 영역이 아니었던 것은 명백하다.

샌프란시스코강화조약 제2조 (f)항에서는 스프래틀리군도(Spratly Islands, 新南群島)와 파라셀군도(Paracel Islands, 西沙群島)를 언급하고 있다. 1939년 3월 30일 일본제국은 스프래틀리군도를 점령하여 병합하면서, 이 지역을 신남군도로 칭하고서, 타이완 총독이 관할하도록 하였다. 또한 일본제국은 1939년 4월 4일 파라셀군도를 침범했다. 일본제국은 이 섬들이 중국의 영역이라고 간주하였고 중국과 전쟁 중이었기에 점령하여 보호령으로 삼았다. 일본제국은 1941년에 파라셀군도 역시 타이완 총독이 관할하도록 하였다. 현재 파라셀군도에 대해서는 베트남이 발견과 선점, 프랑스 통치하의 실효적 점유, 승계 등을 근거로 주권을 주장하고 있다.[32] 파라셀군도에 대해서는 중국도 1909년 행정행위를 근거로 영유권을 주장하고 있다.[33]

영토권 주장이 서로 충돌하는 경우 특정 시점을 지정하고 그 이전의 여러 가지 역사적 근거는 신빙성이 없는 것으로 여겨진다.[34] 파라셀군도

---

detail&item_id=9697&item_no=1&page_id=13&block_id=104.

32 Hong Thao Nguyen, 2012, "Vietnam's Position on the Sovereignty over the Paracels & the Spratly: Its Maritime Claims," *Journal of East Asia and International Law*, Vol. 5, No. 1, pp. 165-211; Hungdah Chiu and Choon-Ho Park, 1975, "Legal Status of the Paracel and Spratly Islands," *Ocean Development & International Law*, Vol. 3, No. 1, pp. 1-28; 1816년에 Gia Long 황제는 파라셀군도를 베트남 영역으로 병합하였다. 1835년에 Minh Mang(1820~1841) 황제는 파라셀군도 내 바위섬에 정자와 석조 표지판을 설치하도록 했다.

33 "Paracels Islands: Chinese Official Mission Returns Dragon Flag Planted and Islands Renamed," *South China Morning Post*, 10 June 1909.

34 Bill Hayton, 2017, "When Good Lawyers Write Bad History: Unreliable Evidence and the South China Sea Territorial Dispute," *Ocean Development & International Law*, Vol. 48, No. 1, pp. 17-34.

와 관련해서 이러한 시점이 언제였는지에 대해서는 논란이 있지만 중국 정부가 탐사단을 보냄으로써 다른 국가의 영유권 주장을 차단하려고 했기에 중국 정부의 탐사선 파견 시점을 기준으로 관련 국가의 영유권 주장을 판단해야 할 것이다.[35] 파라셀군도의 영유권을 둘러싸고서 진행된 남중국해 중재사건에서 중국의 역사적 권원에 근거한 영토권 주장과 필리핀, 베트남, 인도네시아, 자유중국의 영유권이 논의되었지만 일본의 영유권은 전혀 언급되지 않았다.[36] 따라서 이 지역은 일본제국이 주권을 행사하는 영역이 아니었다.[37]

샌프란시스코강화조약 제2조에서 열거하는 여러 영역들 중에서 어느 영역도 일본의 고유영역은 없다. 모두 전쟁에서 승리하면서 정복하였거나 전쟁 와중에 군사점령한 지역 혹은 탐사활동을 통해서 이익을 확보

---

35 이러한 시점을 결정적 기일(critical date)이라고 한다. 김원희, 2020, 「영토분쟁에서 결정적 기일(Critical Date) 개념의 증거법적 재구성과 독도 문제에 대한 함의」, 『국제법학회논총』 65-2, 22쪽; Marcelo G. Kohen and Mamadou Hébié, 2011, "Territory, Acquisition," *Max Planck Encyclopedia of Public International Law*, Oxford: Oxford University Press. opil.ouplaw.com/view/10.1093/law:epil/9780199231690/law-9780199231690-e1118?rskey=bPUpM8&result=1&prd=OPIL, para. 52.

36 PCA, Case No. 2013-19 in the Matter of an Arbitration before an Arbitral Tribunal Constituted under Annex VII to the 1982 United Nations Convention on the Law of the Sea between the Republic of the Philippines and the People's Republic of China Award, 12 July 2016(이하, '남중국해 중재판정').

37 제2차 세계대전이 종료되기까지 파라셀군도와 스프래틀리군도가 포함된 남중국해에서 가장 많은 활동을 한 나라는 영국과 일본제국이었다. 이 국가들은 1860년대부터 1930년대에 이르는 기간까지 규칙적으로 이 지역의 수로를 측량하고 해도를 만들어서 활용하였다. 남중국해 중재사건에서는 제2차 세계대전 종전 후 몰수된 일본제국 해군의 각종 해도와 측량 기록이 다양하게 증거로 제시되었다. 영토권 확보와 관련해서 필리핀은 유인도로 분류될 가능성이 가장 높았던 이투아바(Itu Aba)섬의 경우 일본제국이 토지 개간과 정착촌 건설을 시도했지만 이들 활동은 모두 군사적 성격이었던 것으로 파악하였다. 남중국해 중재판정, para. 430.

하려고 했던 지역들이다. 일본 외무성은 독도가 일본의 고유영역으로서 1905년 각의결정에 의한 영유의사가 확인되었다고 하지만, 1905년 당시 일본제국의 독도 편입은 군사적 목적 때문이었다.

샌프란시스코강화조약에서는 1895년 청일전쟁으로 정복한 타이완과 평후제도에 대해서 그리고 1905년 러일전쟁으로 획득한 쿠릴열도와 사할린 일부 지역에 대해서 모든 권원, 권리, 청구권을 포기하였다. 이 점에서 Korea/朝鮮도 1904년 일본제국의 침략 이후 병합된 영역에 대해서 일본이 모든 권원, 권리, 청구권을 포기한 것이지, 일본의 고유영토였는데 제2차 세계대전 패전으로 인해서 지배권을 상실한 상태에서 주권행사가 정지되었다가 1952년 4월 28일 샌프란시스코강화조약이 발효하면서 일본 영역에서 분리독립된 영역이 아니다. 이 점에서 보면 샌프란시스코강화조약 제2조의 영역에 관한 규정은 1895년 청일전쟁, 1905년 러일전쟁, 그리고 1910년 대한제국 병합선언의 불법을 확인하여 이러한 사태 발생 이전의 상태로 복원시키는 규정에 불과하고, 제2차 세계대전 이후의 새로운 세계질서나 '샌프란시스코강화조약의 틀'을 형성하는 것이 아니다.

2) 일본의 지배에서 제외되는 영역

샌프란시스코강화조약에 따르면 Korea/朝鮮은 이 조약이 발효하는 1952년 4월 28일 이후 일본의 지배(control, 支配)에서 제외되었다.[38] 샌

38 Kanda 사건에서 일본 최고재판소의 다수 재판관들은 상고인의 일본 국적이 박탈된 결정적인 계기를 1952년 4월 28일 샌프란시스코강화조약의 발효라고 판단하였다. 왜냐하면 이 조약 제2조 (a)항에서 '독립을 승인한다'고 했기에 Korea/朝鮮의 인민, 영역, 정부를 일본이 승인한 것이고, 상고인은 이렇게 독립된 Korea/朝鮮에 속하는 사람

프란시스코강화조약 제4조에 의하여 일본의 지배에서 제외되는 제2조의 영역 중 개인 탐험가의 탐험 경력이 있어서 일본이 이권을 주장할 수 있었던 남극지역만 제외하고 다른 지역들은 모두 일본제국 당시 군사적 행동과 관련이 있다.

샌프란시스코강화조약의 목적과 취지 중 중요한 사항은 연합국과 일본 사이의 전쟁상태(state of war, 戰爭狀態)가 존재하여 발생했지만 아직 해결되지 않은 문제를 해결하는 것이다.[39] 샌프란시스코강화조약으로 인하여 연합국과 일본 사이에서는 전쟁상태가 종료되고, 연합국은 일본의 완전한 주권을 승인하였다.[40] 제2차 세계대전 종전 시 일본제국이 서명한 항복문서에 의하면 일황과 일본제국 정부의 국가통치권한은 연합국최고사령관의 권한행사로 제한되었다.[41] 따라서 일본은 1945년 9월 2일 이후 샌프란시스코강화조약이 발효한 1952년 4월 28일 이전까지 연합국의 군사점령 상태에 있었고, 주권행사를 제대로 할 수 없었다. 일본이 온전한

이 되었기에 비록 일본 국적을 가졌지만 조선호적령에 등재된 상태였던 상고인은 새로이 일본 귀화절차를 밟아야 한다고 판단하였다. "国家は, 人, 領土及び政府を存立の要素とするもので, これらの一つを缺いても国家として存立しない. 朝鮮の独立を承認するということは, 朝鮮を独立の国家として承認することで, 朝鮮がそれに属する人, 領土及び政府をもつことを承認することにほかならない." 「昭和30(オ)890 国籍存在確認請求 昭和36年4月5日 最高裁判所大法廷 判決」; "Kanda v. The State, Japan Supreme Court, April 5, 1961," *8 Japanese Ann. Int'l L.*, 1964, p. 157.

39 샌프란시스코강화조약의 서문 관련 부분은 다음과 같다. "WHEREAS the Allied Powers and Japan … are therefore desirous of concluding a Treaty of Peace which will settle questions still outstanding as a result of the existence of a state of war between them(両者の間の戦争状態の存在の結果として今なお未決である問題を解決する平和条約を締結することを希望するので)."

40 샌프란시스코강화조약 제1조.

41 항복문서의 관련 부분은 다음과 같다. "The authority of the Emperor and the Japanese Government to rule the state shall be subject to the Supreme Commander for the Allied Powers …."

주권행사를 하게 된 것은 샌프란시스코강화조약이 발효한 1952년 4월 28일 이후이다. 이 시점에 일본은 비로소 독립적인 지위를 갖게 되었다. 이러한 점은 샌프란시스코강화조약 제2조 (a)항에 의하여 Korea/朝鮮의 독립이 인정된 것과 비교된다.

국제법상 국제관계에서 국가승인이 두 번 세 번 재활용되지 않는다. 즉, 국제관계에서 국가들이 서로 국가적 지위를 인정했다면 설령 국가로 인식할 수 있는 징표로서 정부, 영역, 국민, 혹은 독립성의 변동이 있다고 해도 국가적 지위는 바뀌지 않는다. 예컨대, 2021년 현재 일본과 1945년 9월 2일 항복문서에 서명했던 일본제국은 동일한 국가이다. 1945년 9월 2일부터 연합국의 군사점령을 받아서 온전히 주권행사를 하지 못했고, 전제군주국에서 민주화된 입헌군주국으로 헌법 개정을 통해서 정치체제의 성격이 바뀌었다고 해도 일본은 일본제국과 동일한 국가임을 표방하고 있다. 이러한 현상은 독일국이 패전 후 미국, 영국, 프랑스, 소련의 군사점령 상태에서 동독정부와 서독정부가 들어선 이후에도 서독정부가 나치 독일의 제3제국과 국가성이 동일한 것을 표방한 것과 같다. 이 점에서 본다면, 일본 외무성이나 최고재판소의 입장과 달리 대한제국은 대한민국임시정부 그리고 대한민국 정부로 이어지고, 대한제국과 대한민국은 동일한 국가적 실체로서 한국으로 약칭할 수 있다. 1904년부터 1945년까지의 기간 중 1910년 대한제국 정부가 소멸하였고, 1910년부터 1945년까지 조선총독부에 의한 일본제국의 강점이 있었지만 한국이라고 하는 국가적 실체는 소멸되지 않았다.

일본 외무성이나 일본의 주요 국제법학자들은 샌프란시스코강화조약 제2조 (a)항의 'Korea/朝鮮'을 독립된 국가적 실체로 보고 있지 않고 과거 일본제국이 지배했던 한반도 전체로서 이해하고 있다. 이처럼, 일본 외무성이나 최고재판소에서 한국을 1952년 4월 28일 이후 독립을 획득한 신생국가로서 파악하고, 일본이 1965년 기본조약에 의하여 한국이라 칭하는 대한민국을 국가로서 승인했다고 하는 것은 국제법적 관점에서 매우 선택적으로 한일 양국 관계를 인식하는 것으로서 일반적인 국제법의 국가승인제도와 맞지 않는다. 현재의 일본은 과거 일본제국이 국가적 실체로서 승인했던 조선과 동일한 국가적 성격을 갖는 대한제국, 그리고 대한제국과 동일한 국가로 인식되는 대한민국을 이미 국가로서 승인했던 것이기에 별도로 일본에 의한 한국의 국가승인 여부를 따질 필요가 없고, 대한민국을 법리상 1952년 4월 28일 이후 존재하는 신생독립국으로 이해하는 것도 적절하지 않다.

샌프란시스코강화조약 제25조에 의하면 연합국은 일본과 전쟁상태에 있었던 국가이거나 제23조에서 열거한 영역의 일부였던 국가로서 이 조약에 서명 비준한 국가를 말한다.[42] 비록 Korea/朝鮮이나 China/中國의 경우 당사국은 아니지만, 샌프란시스코강화조약 제21조에서 정한 범위 내에서 제23조나 제25조에서 열거하는 국가들과 동일한 입장에 있기에 Korea/朝鮮은 일본 정부나 일본 학자들이 언급하듯이 과거 일본제국이 지배했던 한반도 전체가 아니라 한반도에 터잡은 국가적 실체일 수밖에 없다.

일본 정부의 기본 입장은 Korea/朝鮮과는 전쟁상태가 없었다고 하지만, 이미 샌프란시스코강화조약의 여러 곳에서 '전쟁상태' 혹은 '전쟁'이라는 용어를 사용하고 있기에 Korea/朝鮮과 연결되지 않을 수 없다. 샌프란시스코강화조약은 전승국과 패전국 사이에 체결되는 평화조약이기

42 샌프란시스코강화조약 제23조 (a)항에서는 일본, 미국, 호주, 캐나다, 실론, 프랑스, 인도네시아, 네덜란드, 뉴질랜드, 파키스탄, 필리핀, 영국을 포함하는 과반수의 국가가 비준하도록 하였다.

에 전쟁수행이나 전쟁행위와 관련해서 발생한 사안을 다루도록 조문들이 만들어졌다. 따라서 샌프란시스코강화조약 제2조 규정의 여러 항목 중 특별히 제2조 (a)항의 Korea/朝鮮만 놓고서 전쟁수행이나 전쟁행위와 관련이 없다고 해석할 이유가 없다. 기본적으로 조약 규정 해석은 조약의 맥락, 목적과 취지를 감안해야 하기에 샌프란시스코강화조약 작성자들은 Korea/朝鮮과 일본의 관계는 일본제국이 강점했던 한반도 전체를 의미하는 것이 아니라 다른 연합국과 패전국 일본제국의 관계와 유사하게 Korea/朝鮮과 일본의 관계는 전쟁수행이나 전쟁행위를 염두에 둔 것이라고 해석할 수밖에 없다. 또한, 샌프란시스코강화조약 제4조에서 일본의 지배에서 제외되는 제2조의 영역 중 굳이 이 조약 제2조 (a)항의 Korea/朝鮮만을 다른 영역과 달리 취급할 필요가 없다. 타이완과 펑후제도, 그리고 쿠릴열도 및 사할린 일부 지역의 경우 전쟁을 통해서 일본제국이 획득한 영역이었지만, 패전국이 되면서 지배할 수 없게 된 영역이다. 따라서 Korea/朝鮮의 경우도 1904년 이후 러일전쟁과 직결되어 있기에 전쟁과 매우 관련성이 깊다. 설령, 1910년 일본제국의 대한제국 병합선언을 근거로 한반도와 그 부속도서를 획득했다고 해도 이는 1904년부터 진행된 일본제국의 한반도 침략의 결과로서 점령에 의한 영토획득 방식 즉 정복이 되고, '평시 병합(peaceful annexation)'이라고 할 수 없다.[43]

---

43 흔히 1898년 미국이 하와이를 병합한 것을 평시 병합으로 설명한다. Pekka Korhonen, 1996, "The Pacific Age in World History," *Journal of World History*, Vol. 7, No. 1 (Spring, 1996), p. 46; 평시 병합이라 함은 폭력행사를 내재하는 영토획득 방법으로서 '병합(annexation)' 용어에 정반대의 의미를 갖는 '평화적(peaceful)' 용어를 덧붙여 독자의 혼란을 야기한다. 기본적으로 병합은 관련 국가의 합의에 의하여 체결된 조약에 의하여 영토를 이양하는 '할양(cession)'과 구분된다. Rainer Hofmann, 2020, "Annexation," *Max Planck Encyclopedias of International Law*. opil.ouplaw.com/view/10.1093/law:epil/9780199231690/law-9780199231690-e1376?rskey=dtU4uD&result=1&prd=

3. 불법점령과 국제적 승인

1) 승인 관련 규정의 대상

일본 정부와 일본의 주요 국제법학자들은 샌프란시스코강화조약 제2조 (a)항에 근거하여 대한민국이 신생국이라고 한다. 샌프란시스코강화조약 제4조에서 Korea / 朝鮮이 일본의 지배에서 제외된 영역이라고 규정하고 있고, 제2조 (a)항에서 일본이 Korea / 朝鮮의 독립을 승인했기에 이로 인하여 Korea / 朝鮮이라는 독립국가가 탄생한 것이라고 해석하기 때문이다.

'독립'은 관습국제법상 국가가 타국과 독자적으로 외교관계를 형성할 수 있는 능력을 말하며, 국가 성립의 요소로 여겨지는 '실효적인 정부(effective government)'의 속성일 뿐 타국의 독립승인이 있어야만 국가가 생성되는 것은 아니다. 샌프란시스코강화조약에서 사용되고 있는 '승인(recognize)' 용어가 주권과 결부되는 경우는 직접적으로 일본이 연합국의 점령으로 인하여 정지된 주권이 회복되었다고 승인하는 규정과[44] 유엔헌장 제51조에 따라서 개별적 혹은 집단적 정당방위를 갖는 주권국가라고 승인하는 규정이다.[45] 간접적으로는 일본과 연합국이 1939년 9월 1일 개시된 전쟁상태를 종료시키기 위해서 체결한 샌프란시스코강화조약 자체 그리고 이와 관련해서 후속적으로 체결되는 모든 조약의 효력을 완전히 승인한다는 규정[46] 그리고 일본이 전쟁 중 야기한 손해 그리고 '고통'에

MPIL(검색일: 2022. 7. 10).

44 샌프란시스코강화조약 제1조 (b)항.

45 샌프란시스코강화조약 제5조 (c)항.

46 샌프란시스코강화조약 제8조 (a)항.

대해서 배상금을 지급할 책임을 부담한다고 인정한 규정이다.[47]

1941년 12월 6일 당시 일본제국 영역 내에서 인정되었거나, 전쟁이 없었다면 인정되었을 문학작품이나 예술작품에 대한 권리를 일본이 인정한다는 규정,[48] 일본 정부나 일본국민은 채권, 채무, 계약에 근거한 금전채무는 전쟁상태와 상관없이 지급책임이 있다는 점을 인정한 규정,[49] 일본은 점령 기간 중 점령 당국의 지령에 근거하여 수행된 작위 및 부작위의 효력을 인정하고, 그로 인하여 발생한 민형사 책임을 연합국 국민에게 추궁하지 않기로 한 규정에서도 승인에 관한 규정을 두고 있다.[50] 샌프란시스코강화조약에서 사용되는 승인이라는 용어는 모두 연합국이나 일본과 같은 기존의 국가와 관련된다.

2) 승인의 시간적 · 공간적 범위

샌프란시스코강화조약에서 전반적으로 국가를 상대로 승인 용어가 활용되기에 승인의 대상으로서 Korea / 朝鮮은 국가적 실체인 것이 분명하다. 샌프란시스코강화조약 제2조 (a)항에서 언급한 Korea / 朝鮮의 독립을 승인하는 효력은 1952년 4월 28일 이후이기에 1945년 9월 2일부터 시작해서 1952년 4월 27일 자정까지 Korea / 朝鮮은 미승인 상태의 국가적 실체를 의미한다. 그런데 1948년 8월 15일에 한반도 남쪽에서는 대한민국 정부가 수립되었고, 같은 해 9월 9일 한반도 이북에는 북한 정권이 들

47 샌프란시스코강화조약 제14조 (a)항.

48 샌프란시스코강화조약 제15조 (c)항.

49 샌프란시스코강화조약 제18조 (a)항.

50 샌프란시스코강화조약 제19조 (d)항.

어섰기에 이들 중 어느 쪽이 승인 대상인 Korea/朝鮮인지가 문제될 수 있다. 일본 정부나 법원, 일본의 주요 학자들은 Korea/朝鮮은 대한민국이나 북한도 아닌 한반도 전체를 의미한다고 설명하고 있다. 1951년 9월 샌프란시스코강화조약이 채택될 당시 한반도에서는 대한민국이나 북한이 아닌 국가적 실체를 찾기 어려웠기에 이는 1910년 일본제국의 병합선언에서 언급하는 국가적 실체로서의 대한제국 혹은 1904년 이후 일본제국이 한반도를 침범할 당시 국제사회에서 국가로 인정했던 대한제국 혹은 한국이 될 수밖에 없다. 다만, 1945년 9월 2일 일본이 연합국에 무조건 항복하고 연합국의 군사점령을 받게 될 당시 분명 한반도에는 거의 삼천만 명에 해당하는 한국인이 거주하고 있었고, 이들 주민과 이들이 거주하는 영역에 실효적인 권한을 행사하는 정부는 없었다. 한반도의 북쪽과 남쪽에서 소련군과 미군이 일본군의 무장해제를 위하여 실효적인 지배권을 행사하기 시작했을 뿐이다.

샌프란시스코강화조약 제4조 (b)항에서는 미국의 군사정부가 직접 혹은 지령에 의하여 일본과 일본국민의 재산을 처분한 행위가 유효하다는 점을 승인하고 있다. 한반도의 북위 38도선 이남 지역에서 미국 군사정부는 1945년 12월의 지령 제33호에 의하여 일본과 일본국민의 재산을 처분하였고, 이에 대해서 일본이 아무런 권리 주장을 할 수 없다는 것은 한일간 국교 수립을 위한 교섭 시 미국 정부가 반복해서 확인해준 바 있다.[51]

---

51 1957년 12월 31일 제4차 한일회담 재개를 위한 예비회담에서 한일 양측은 일본의 대한청구권이 근거 없다는 취지의 미국무성 각서의 내용을 수락하였다. 한일회담외교문서, 「청구권 문제에 관한 미국무성 각서 발표의 건」, 동북아역사넷. contents.nahf.or.kr/item/item.do?levelId=kj.d_0006_0100_0320; 그 후 일 측에서 미국무부 각서가 마치 한일 양국 간 청구권 상쇄를 의미하는 것으로 왜곡하고 있어 한국 정부는 미국무부의 각서를 1961년 3월 9일에 공표하였다. 미국무부 각서의 내용은 다음과 같다. "미국은 샌프란시스코강화조약 제4조 b항 및 주한미국 군정청의 관계명령 및 처분에 의하

샌프란시스코강화조약 제19조 (d)항에서는 일본이나 일본국민이 연합국이나 연합국민에 대해서 청구권을 포기하기로 약속하면서, 점령 당국의 작위 및 부작위로 인하여 발생한 민형사 책임을 연합국 국민을 상대로 제기하지 않는다는 점을 승인하고 있는데, 이 규정은 샌프란시스코강화조약 제2조나 제3조 규정의 대상이 되는 영역은 일본의 영역이 아니라는 것을 방증한다. 따라서 샌프란시스코강화조약은 Korea/朝鮮과 일본의 고유한 영역 혹은 일본이 무주지 선점한 영역을 구별해서 일본의 지배영역에서 제외시켰기 때문에 일본이 Korea/朝鮮에 대해서 잔여주권을 가졌지만, 1952년 4월 28일 이후에서야 비로소 Korea/朝鮮에 대해서 주권을 잃게 되었다는 것은 학설로만 의미가 있을 뿐이다. 1952년 4월 28일 이전까지 연합국이 일본의 영역을 점령했다고 해도, 점령 당국이 일본의 주권을 획득할 수 없기에 샌프란시스코강화조약 제2조 (a)항에 의하여 Korea/朝鮮에 대해서 여전히 일본이 영토주권을 갖고 있었다고 해석하는 것은 샌프란시스코강화조약 전문이나 신탁통치 혹은 정당방위와 관련된 본문 규정에서 파악이 가능한 유엔헌장의 목적과 취지를 위반하여 샌프란시스코강화조약을 해석하는 것이다.

이미 1920년대 이후 국제연맹에서는 전쟁 후 인민자결원칙에 반하는 영토획득은 인정하지 않았고, 위임통치제도를 운영하기 시작했으며,

---

여 대한민국의 관할 내 재산에 대한 일본인의 모든 권리, 권원 및 이권은 박탈되었다는 견해를 가지고 있다. 따라서 미국의 견해에 의하면 일본은 그러한 자산 또는 그에 관한 이권에 대하여 유효한 청구를 주장할 수 없다. 그러나 미국의 견해에 의하면 일본이 전기 조약의 제4조 b항에서 유효한 것으로 인정한 여사한 자산의 처분은 동 조약 제4조 a항에서 상정된 약정을 고려함에 있어서 관련성을 가지는 것이라고 생각한다." 「제5차 한·일본회담 예비회담: 미국·일본 평화조약 제4조(청구권관계)의 해석에 관한 미국무성 각서 공개」. opendata.mofa.go.kr/mofadocu/resource/Document/18643(검색일: 2022. 7. 10).

유엔헌장에서도 위임통치 대상지역을 신탁통치제도하에서 규율하도록 했다. Korea / 朝鮮에 대한 일본의 잔여주권이 존재한다고 해석한다면 일본과 같은 패전국의 고유영역을 전승국이 분할하여 독립시키는 것인데 이는 당시 유엔헌장에 기초한 국제법제도에서 인정될 수 없다. 결국, 샌프란시스코강화조약 제4조에서 사용하는 '지배'권은 영토주권에 미치지 못하는 주권적 권한이기에 샌프란시스코강화조약 제2조 (a)항의 Korea / 朝鮮에 대한 일본제국의 지배권은 영토권과 동일하지 않다. 따라서 샌프란시스코강화조약에 의해서 일본이 비록 연합국의 점령하에 있었지만 이 조약이 발효할 때까지 일본이 여전히 Korea / 朝鮮에 대해서 영토권을 갖는다는 주장은 정치적인 선전(propaganda)이 될 수 있을지언정 국제법적으로는 완전히 잘못된 주장이다.

3) 일본제국의 한반도 관련 일방적 선언의 효력

일본제국은 1910년 대한제국 병합 직후 대한제국과 조약을 체결했던 국가들에게 병합으로 인하여 기존의 조약을 폐지하고, 대신 이 국가들과 일본이 체결한 조약이 일본제국에 병합된 한국에 적용된다고 선언하였다.[52] 그리고 일본제국과 조약을 체결했던 다른 국가들에 대해서 일본제국과 그 나라들이 체결했던 기존의 조약이 일본제국에 병합된 한국에 적용된다고 선언하였다.[53]

---

52 대한제국과 조약을 체결했던 나라들은 독일, 미국, 오스트리아-헝가리, 벨기에, 중국, 덴마크, 프랑스, 영국, 이탈리아, 러시아였다. 한국 병합에 관한 선언 제1조 참조.

53 일본제국과 다른 국가들(아르헨티나, 브라질, 칠레, 콜롬비아, 스페인, 그리스, 멕시코, 노르웨이, 네덜란드, 페루, 포르투갈, 사이암, 스웨덴, 스위스)이 체결한 조약의 적용 범위가 일본제국에 병합된 한국에 적용된 사항에 대해서는 한국 병합에 관한 선언 제2조 참조.

일본제국은 1910년 당시 국가로 구성된 국제사회의 대부분을 차지하는 24국에 대해서 한국 병합 사실을 일방적으로 선언했고,[54] 이러한 사실에 대해서 일본에서는 당시 국제사회의 승인을 받았기에 국제법상 합법이라거나,[55] 1910년 병합조약의 성립에 하자가 없기에 유효하다는 주장이 있다.[56] 그런데 일본제국이 당시 대한제국을 국가로 '승인'했던 10개국 그리고 일본제국과 외교관계가 있었던 다른 14개국을 상대로 대한제국의 의사와 상관없이 대한제국을 병합하는 취지의 선언을 일방적으로 하였지만, 이러한 일본제국의 일방적 행위가 당시 국제사회에서 어떠한 효력을 갖더라도 이는 대한제국과 무관하다. 일본제국이 자신의 일방적 선언에 대해서 국제법상 권리와 의무가 발생하고, 이에 의하여 대한제국의 병합을 기정사실화하는 주장을 하는 것과 별개로 이러한 행위로 인하여 일본제국의 한반도 지배가 당시 국제법상 합법이 될 수 없다.

일본제국이 국제사회의 24개국을 상대로 한 일방적인 병합선언의 영문본에서는 일본제국이 1905년 11월 17일 한국을 보호국으로 만든 이후 4년여가 지났지만 대한제국 정부가 '국제질서와 안정을 유지할 의무(the duty of preserving public order and tranquillity)'를 제대로 수행하지 못하였다는 언급을 하였다. 하지만 같은 선언의 일본어본에서는 1905년 한

---

54 한국 병합 사실의 대외적 선포를 위하여 일황의 '병합조칙'이 만들어지는 과정에 대해서는 다음 문헌을 참조. 윤대원, 2015, 「'병합조칙'의 이중적 성격과 '병합칙유'의 동시 선포 경위」, 『동북아역사논총』 50, 52-56쪽.

55 정상수, 2010, 「일본의 한국 강제병합과 강대국들의 대응 1895~1910년」, 『서양사연구』 42, 136-145쪽.

56 조약체결과 관련해서 국가에 대한 강박이 당시로서는 인정되었기에 조약의 강박으로 인한 무효사유는 없다는 주장을 소개하는 논문은 다음을 참조. 박배근, 2009, 「시제법적 관점에서 본 한국병합관련 조약의 효력: 조약 체결의 형식과 절차를 중심으로」, 『국제법학회논총』 54-2, 93-97쪽.

일협약 이후 4년여 동안 한일 양국 정부가 한국 시정을 개선하고자 백방 노력했지만, 1910년 병합 시점 당시 통치제도의 수준이 아직 공공의 안녕질서를 충분히 유지할 정도에 미달했고, 많은 사람들이 의구심을 가져서 어디에도 의지할 수 없는 상태라고 하였다. 이러한 내용을 국제법적으로 재해석하면 일본제국의 일방적 병합선언문의 영문본에서는 한국 정부에게 국제질서와 안정을 유지할 일종의 대세적 의무가 있는데 그러한 의무를 제대로 이행하지 못한 책임을 한국 정부가 부담해야 하고, 당시 국제공동체의 일원으로서 일본제국이 대한제국을 병합한다는 취지의 주장이다. 그러나 같은 시점에 선포된 일방적 병합선언문의 일본어본에서는 그러한 사항과 전혀 상관없이 순전히 한일 양국의 양자적 관계에서 1905년 11월 17일 이후 한반도에서 진행된 상황을 일본제국이 스스로 판단할 때 대한제국 정부의 시정능력에 대해서 일반 한국인들의 의구심이 만연해 있다는 식으로 표현함으로써 마치 당시 한반도 거주 인민들이 대한제국의 병합을 원한다는 취지의 기술을 하고 있다. 일본제국의 일방적 병합선언문의 일본어본만 보면 대한제국 정부와 구별되는 존재로서 한반도 거주 인민들의 집단이 모종의 의사결정력을 갖는 것으로 인식되는데, 이는 당시 국제사회에서도 인정되었던 '민족자결권(people's right of self-determination)'을 말한다. 따라서 일본제국이 대한제국과 관련된 10개국 그리고 자신과 관련된 14개국을 상대로 공포한 일방적 병합선언문의 영문본과 일본어본 사이에는 국제적 의무 면에서 전혀 다른 사항을 언급하고 있다. 전자는 대한제국이 국가로 구성된 당시의 국제공동체에 대해서 대세적 의무를 부담한다는 것이고, 후자는 한일 양국의 양자적 의무 사항 중 대한제국 정부가 한반도 거주 인민에게 부담하는 의무를 언급하고 있고 그러한 의무를 제대로 이행하지 않은 것에 대해서 일본제국이 대한제국 정부 자체를 폐지하는 극단적인 조치를 취할 필요가 있었다는 것이다.

일본제국은 당시 대한제국 정부체제를 근본적으로 변경해야 할 필요성이 명백한 이유로, 한국 병합을 통하여 한국의 평화와 안정을 유지하고, 한국민의 복리증진을 도모하는 동시에 한국에 거주하는 외국인의 안녕을 꾀한다는 점을 들었다.[57] 당시 일본제국의 일방적 병합선언문을 접한 24개국은 별다른 이의제기를 하지 않았다. 그런데 일본제국의 대한제국 병합조치에 대해서 이들이 침묵했다고 해서, 대한제국의 평화와 안정, 한국민의 복리증진, 외국인의 안전보호를 위하여 일본제국이 대한제국 정부체제를 근본적으로 변경하는 것이 당시 국제법상 합법이었다고 말할 수 없다.

일본제국은 자신의 대한제국 병합에 관한 일방적 선언에서 1910년 8월 29일 이후 일본제국 정부가 Korea/朝鮮에 관한 통치 전체를 담당할 것이며 외국인과 외국 무역과 관련한 사항을 자신이 직접 처리할 것이라고 공포하였다.[58] 1910년 일본제국의 일방적인 병합선언문에 나타나는

57 "The Governments of Japan and Korea, being convinced of the urgent necessity of introducing reforms responsive to the requirements of the situation, and of furnishing sufficient guarantees for the future, have, with the approval of His Majesty the Emperor of Japan and His Majesty the Emperor of Korea, concluded, through Their respective Plenipotentiaries, a Treaty providing for the complete annexation of Korea to the Empire of Japan(日韓兩國政府ハ前記ノ必要ニ應シテ現在ノ事態ヲ改良シ且將來ノ安固ニ對シテ完全ナル保障ヲ與フルノ急務ナルヲ認メ日本國皇帝陛下及韓國皇帝陛下ノ承認ヲ經兩國全權委員ヲシテ一ノ條約ヲ締結セシメ全然韓國ヲ日本帝國ニ併合スルコトトナセリ)."

58 "By virtue of that important Act which shall take effect on its promulgation on the 29th August the Imperial Government of Japan undertake the entire government and administration of Korea, and they hereby declare that the matters relating to foreigners and foreign trade in Korea shall be conducted in accordance with the following rules(該條約ハ八月二十九日ヲ以テ之ヲ公布シ同日ヨリ直ニ之ヲ施行スヘク日本帝國政府ハ同條約ノ結果朝鮮ニ關スル統治ノ全部ヲ擔當スルコトトナレルヲ以テ玆ニ左ノ方針ニ依リ外國人及外

Korea / 朝鮮 용어는 샌프란시스코강화조약의 Korea / 朝鮮 용어와 개념상 일치한다. 샌프란시스코강화조약 제2조 (a)항의 Korea / 朝鮮에 대해서 일본이 갖는 지배권은 1910년 당시 일본제국의 대한제국 병합 이후 한반도 지배에 불과하고 한국이라는 국가적 실체의 주권 변경을 수반하지 않는다. 일본 정부, 법원, 일본의 주류 국제법학자들이 주장하듯이 Korea / 朝鮮은 일본이 지배했던 지방으로서 조선이 아니라 1910년 불법적으로 병합된 대한제국을 의미하는 것이다.

일본의 해석에 의하면 샌프란시스코강화조약 제2조 (a)항에 의해서 Korea / 朝鮮은 1952년 4월 28일 독립하게 되었지만 이렇다고 일본의 고유영역에서 분리된 신생국이 된 것이 아니다. 이미 일본제국은 1876년 이후 朝鮮을, 그리고 1897년 이후 대한제국 / 한국(大韓帝國 / 韓國)을 한반도의 합법정부로 인정하고 외교관계를 형성했었다. 당연히 대한제국 정부가 대표하는 국가는 조선에서 대한제국으로 이어지는 국가적 실체로서 당시 국제사회에서 'Korea' 혹은 'Corea'로 알려졌던 국가적 실체였던 조선 / 한국(朝鮮 / 韓國)이다.

1910년 일본제국이 대한제국을 병합하면서 추구했던 것은 대외무역과 같은 경제적 이익 그리고 영토확장정책을 시행하기 위한 기반을 마련하기 위한 것이었다. 일본제국이 한반도 북부 지역의 만주 그리고 중국의 동쪽 지역으로 군사력을 활용하여 무리하게 세력을 확대하면서, 일본제국의 팽창정책이 미국의 팽창정책과 정면으로 충돌하면서 양국은 1910년대 이후 줄곧 대립하게 되었다. 이러한 배경에서 일본제국이 1931년 만주사변을 통해서 1932년 만주국을 수립하자 미국 정부는 만주국을 국가로 승인하지 않아야 한다는 외교정책을 공식 표명하였다. 결

國貿易ニ關スル事項ヲ處理スヘキコトヲ表明ス)."

국, 1910년 일본제국이 일방적으로 국제사회에서 선언한 대한제국 병합은 국제법적으로 전혀 근거가 없는 국가팽창정책의 일환이었고 1910년 당시 일본제국의 대한제국 병합이 국제사회에서 승인받았다는 주장은 17세기 중반 이후 지속되어온 국가 간 평등이나 내정불간섭, 타국의 영토 보전과 같은 기본적인 국제법 규범을 위반하는 것으로서 당시 국제법을 위반하는 것이었다. 일본제국이 주장했던 대한제국의 국제공동체에 대한 대세적 의무 위반, 대한제국 정부의 자국민에 대한 의무 위반은 당시로서는 매우 생소한 개념이었으며 국제법적으로 전혀 타당하지 않다. 따라서 샌프란시스코강화조약 제2조 (a)항의 규정은 불법에서 합법이 나올 수 없다는 격언에 충실한 규정이라고 할 수 있다.

4. 일본의 잔여주권

일본이 대한제국의 영역에 대해서 주권을 갖는다는 주장은 1910년 병합 선언에서 대한제국 황제로부터 일황이 한국 전체에 대해서 통치권을 양여받았다는 규정을 근거로 한다. 확실히 이 문서에서는 '양여(讓與, cede)'라는 용어를 사용하여 대한제국 황제에게서 일본제국 황제에게 무엇인가 이전된 것을 의미한다. 만약, 제국주의 시대 대한제국 황제와 일본제국 황제 사이의 '계약'이라면 계약이행의 대상은 단순히 대한제국 황제와 그 일가족 혹은 고관대작에만 한정되지 않았을 것이다. 분명 일본제국은 대한제국의 영역 내에서 일반 행정 사무를 위하여 한국인을 고용하기로 했었고, 무엇보다도 1910년 병합선언문서의 전문에서 나오듯이 일본제국은 한국인의 안정과 복리를 증진하기로 했었다. 그런데 이미 일본제국은 1910년 이전부터 대륙침략의 계획을 수립하고서 1910년 명목상 일방적인 병합선언으로서 대한제국 황제로부터 한국 전체에 대한 '통치권'을 양여받았다. 러일전쟁 시기인 1905년 전후 일본제국은 전쟁수행을 위하여 한반도 동해안 지역과 일본 열도의 서쪽 지방을 연결하는 군사용 통신케이블을 설치하였다. 울릉도와 독도는 그러한 통신케이블의 경유지로서 매우 중요한 곳이었다. 러일전쟁 승리 후 일본제국은 한반도 동해안을 따라서 만주 지역으로 이어지는 통신선을 부설하였고, 이는 중국의 동북부 지방을 공략하는 데 있어서 매우 중요하였다.

결국 1910년 병합선언문서의 전문에서 말하는 대한제국의 안정 그리고 한국민의 복리는 모두 사실과 달랐다. 1910년 이후 진행된 상황도 한반도의 안정이나 당시 조선인의 복리와는 거리가 멀었다. 1937년 중일전쟁 그리고 1942년 태평양전쟁으로 이어지는 기간 동안 일본제국은 자국의 이익을 위하여 한반도를 착취하였다. 결국 일본제국이 주장하는 한반도에 대한 주권의 근거로서 1910년 일방적인 대한제국 병합선언은 실체가 없는 명목상의 허위 문서에 불과하였다. 일방적인 대한제국 합병선언서는 일본제국의 후속 실행에서 그 문언 내용대로 이행되지 않았다. 일본제국과 대한제국 사이에 합의된 내용이라는 것은 국가와 국가 사이의 권리와 의무를 정하는 것이 아니었고, 이미 국제관계에서 온전히 의사표현을 할 수 없었던 대한제국 정부와 조약을 체결하는 외양만 갖추었고, 그 선언의 내용과 '병합(annexation)'이라는 제목이 서로 맞지 않았고, 그 내용은 일반적인 국제관계의 조약에 담겨야 할 사항이 아니라, 대한제국 황제 일족의 대우와 조선인의 관직 취업 등 국내 통치와 관련된 사항만 다루었다. 따라서 1910년 병합선언문에 근거한 일본제국의 영토권이 1945년 8월 패망 이후에도 1952년 4월 28일 샌프란시스코강화조약이 발효하는 날까지 잔존했다는 주장은 국제법적으로 전혀 무의미하다.

연합국과 일본의 관계는 유엔헌장 제2조의 원칙에 근거하였다.[59] 일본도 모든 상황에서 유엔헌장의 원칙에 따르고 세계인권선언의 목적을 실현하고자 노력하며, 일본 영역 내에서 유엔헌장 제55조와 제56조에서 정의하는 안정과 복리를 이루기 위한 여건을 조성하기로 선언한 바 있다.[60]

샌프란시스코강화조약 제2조에서 언급하는 Korea/朝鮮, 타이완과 펑후제도, 쿠릴열도와 사할린의 일부 영역, 일본이 국제연맹 시기 위임통치했던 영역은 일본의 지배에서 제외된 영역인데, 이 영역에서 일본은 온전한 영토권을 갖지 않았고, 그러한 영토권이 연합국의 전시점령으로 인해서 일시적으로 정지된 것이 아니다. 무엇보다도 일본의 패전 이후 Korea/朝鮮에 대해서 일본이 영토주권이 정지되었다고 할 수 없다. 특히 일본의 패전으로 인하여 Korea/朝鮮이 국제법상 '임자 없는 땅'(무주지)이 되었다는 주장도 국제법적으로 무의미하다. 샌프란시스코강화조약 제2조의 영역에 대해서 규정상 명시적인 주권 포기 여부, 그리고 일본이 포기한 주권이 어느 국가에게 이전하는지를 명확히 규정하지 않았다고 해서 일본의 영토주권이 잔존한다고 할 수 없다.[61] 이러한 견해에 의하면,

---

59 샌프란시스코강화조약 제5조 (b)항.

60 샌프란시스코강화조약 전문의 관련 부분은 다음과 같다. "Whereas Japan for its part declares its intention to apply for membership in the United Nations and in all circumstances to conform to the principles of the Charter of the United Nations; to strive to realize the objectives of the Universal Declaration of Human Rights; to seek to create within Japan conditions of stability and well-being as defined in Articles 55 and 56 of the Charter of the United Nations(日本国としては, 国際連合への加盟を申請し且つあらゆる場合に国際連合憲章の原則を遵守し, 世界人権宣言の目的を実現するために努力し, 国際連合憲章第五十五条及び第五十六条に定められ且つ既に降伏後の日本国の法制によつて作られはじめた安定及び福祉の条件を日本国内に創造するために努力)."

61 소위 일본의 Korea/朝鮮에 대한 일본의 기존주권 혹은 잔여주권에 대해서는 다음 문헌을 참조. 나가사와 유코, 2012, 「일본 패전 후의 한반도 잔여주권(残余主権)과 한일 '분리'-신탁통치안 및 대일강화조약의 '한국포기' 조항을 중심으로」, 『아세아연구』

샌프란시스코강화조약은 유엔헌장의 기본 원칙에 반하여 체결된 조약이 된다. 유엔시대에 전쟁의 결과로 인하여 패전국의 영토를 분할하는 것은 허용되지 않는 점에서 Korea / 朝鮮은 신생국 대한민국(ROK)이 될 수 없다. 1960년대 유엔총회에서 채택된 결의에 의하면 식민통치국가가 분할하여 식민통치 영역의 일부를 독립시킬 수 없다.[62] 이 점은 전승국의 경우에도 해당되기에 적어도 유엔시대에 와서는 전승국이 패전국의 고유한 영역을 분할하여 신생국을 만들 수 없다.

샌프란시스코강화조약 제2조의 Korea / 朝鮮이 대한민국이라면 일본이 샌프란시스코강화조약에 의하여 한반도 전체가 아닌 일부 지역의 합법정부인 대한민국의 독립을 승인한 것이 되는데, 이는 유엔헌장의 목적과 배치되며 유엔시대 후속 실행과도 맞지 않는다. 결국, 샌프란시스코강화조약 제2조의 Korea / 朝鮮은 한반도 전체에 대해서 존재하는 국가적 실체여야 하는데, 이는 1945년 9월 2일 이후 일본의 무조건 항복으로 인하여 한반도를 미국과 소련이 분할점령하였을 때 일본제국의 지배로부터 정지되었던 주권을 회복한 국가를 의미한다. 이 국가는 한반도 전체를 영역으로 하는 국가이지만 1945년 9월 이후 패전국 일본제국의 지배에서 벗어난 이후에도 실효적인 정부를 갖고 있지 않았던 국가적 실체로서 Korea / 韓國을 말한다.

55-4, 65-68쪽; 잔여주권과 동일한 의미에서 '잔존주권'에 관한 한국학자들의 견해로는 다음 문헌을 참조. 안준형, 2018, 「해방직후 주한미군정의 국제법적 성격: 주류적 견해에 대한 비판적 접근」, 『서울국제법연구』 25-2, 59-63쪽.

62 차고스군도에 관한 권고적 의견 사건에서 유엔총회는 차고스군도를 분리한 상태에서 모리셔스를 독립시킨 것이 유엔체제하에서 진행된 비식민화 과정에서 합법적인 것인지를 물었고, 이에 대해서 ICJ는 모리셔스를 식민통치했던 영국이 차고스군도를 '인도양 영국령(British Indian Ocean Territory)'에 편입시키고 나머지 부분을 모리셔스로 독립시킨 결과 모리셔스의 비식민화 과정이 합법적으로 종료되지 않았다고 판단하였다.

이 점에서 샌프란시스코강화조약 일본어본 제2조에서 Korea를 朝鮮으로 번역한 것은 일견 1910년 당시 일본제국이 선포한 대한제국의 병합선언문에서 Korea를 朝鮮으로 번역한 것과 동일하지만, 1945년 이후 일본제국의 지배하에 있었던 대한제국의 영역을 의미하는 조선은 1951년 9월 샌프란시스코강화조약이 체결되었을 때 존재하지 않았다. 이 점을 명확히 한 것이 샌프란시스코강화조약 제4조의 규정이다. 샌프란시스코강화조약 제2조와 제4조 규정을 함께 보면 제2조의 대상 영역은 원래부터 일본의 고유영토가 아니었고, 더구나 1945년 일본제국의 패전 이후 무주지 선점의 대상인 영역도 아니었음을 알 수 있다.

샌프란시스코강화조약 제2조의 영역 대부분은 일본제국이 영토확장정책으로써 무력을 사용하여 점령하였던 영역들이다. 샌프란시스코강화조약의 목적과 취지는 과거 일본제국의 영토확장정책에 의하여 그 지배하에 편입된 영역에 대해서 일본의 지배에서 배제하여 독립시켜주거나, 일본이 더 이상 권리, 권원, 이익, 혹은 청구권을 주장할 수 없다는 점을 명확히 하려는 것이었다.

일본제국은 대한제국 병합선언에서 대한제국 인민의 안정과 복리를 위하여 대한제국을 대신하여 일체의 통치권을 행사하겠다고 선포함으로써 일방적으로 의무를 부담했지만 결과적으로 중일전쟁과 태평양전쟁을 일으켰다. 대한제국의 인민은 일본제국의 지배하에서 노예상태에 있었다. 노예제는 이미 관습국제법으로 불법이었다.[63] 일본제국에 대해서

Legal Consequences of the Separation of the Chagos Archipelago from Mauritius in 1965, Advisory Opinion, ICJ Reports, 2019, p. 95, para. 174.

63 최전성기에 전세계 영역의 25%를 식민지로 직접 경영하거나 자국의 세력권하에 두었던 영국은 1807년 대서양 노예무역을 금지하는 국내법을 제정하고, 1834년에는 노예매입 및 소유를 금지하는 법을 제정하였다. 그리고 1837년에는 해외에 소재하는 노예

이 조항을 이행하겠다고 통보한 것이 포츠담선언의 제8항이다.[64] 그리고 일본제국은 패전 후 연합국에 항복하면서 포츠담선언을 무조건 수용하겠다고 다짐했다.[65] 분명 일본은 세계인권선언을 지키겠다고 선언했기에 이 선언의 노예금지 규정에도 구속받는다.[66] 따라서 일본이 샌프란시스코 강화조약이 발효되는 1952년 4월 28일 이전까지 Korea / 朝鮮에 대해서 여전히 주권을 갖는다는 것은 카이로선언과 포츠담선언의 취지, 일본제국의 무조건 항복선언, 세계인권선언, 그리고 무엇보다도 유엔헌장의 목적과 취지에도 부합하지 않는다.

소유주들이 보유하고 있는 노예를 해방시키면 해방된 노예에 대해서 국가에서 보상하는 법을 제정하였다. 국제조약으로는 국제연맹시기 노예제 폐지 및 금지에 관한 노예협약(The Slavery Convention)이 1926년에 채택되어 1927년에 발효하였으며, 1953년 개정되었다. 1943년 11월 미국, 영국, 중국의 지도자들이 합의한 카이로선언에서는 "한국인의 노예상태에 유의하여 장차 한국을 적절한 시기에 해방시키고 독립시키겠다"고 선언하였다.

64 포츠담선언 제8항의 규정은 다음과 같다. "The terms of the Cairo Declaration shall be carried out and Japanese sovereignty shall be limited to the islands of Honshu, Hokkaido, Kyushu, Shikoku and such minor islands as we determine."

65 1945년 9월 2일 일본제국의 항복문서(Surrender of Instrument)의 관련 구절은 다음과 같다. "We hereby undertake for the Emperor, the Japanese Government and their successors to carry out the provisions of the Potsdam Declaration in good faith, and to issue whatever orders and take whatever action may be required by the Supreme Commander for the Allied Powers or by any other designated representative of the Allied Powers for the purpose of giving effect to that Declaration."

66 세계인권선언 제4조의 관련 규정은 다음과 같다. "어느 누구도 노예상태 또는 예속상태에 놓여지지 아니한다. 모든 형태의 노예제도와 노예매매는 금지된다…."

Ⅳ. 맺음말

일본 외무성은 샌프란시스코강화조약이 제2차 세계대전 이후의 국제질서를 형성했다고 하면서 독도영유권이 제2차 세계대전 후 형성된 국제정치질서 차원에서 결정된 것처럼 설명하고 있다. 이러한 설명은 19세기 말 20세기 초 일본제국이 동북아시아 지역에서 극단적인 영토확장정책을 표방하던 시기에 유행했던 소위 '세력권' 개념에 근거한다. 당시에는 유럽열강들이 세력권을 기반으로 영토권을 행사했지만 이는 국제정치적인 현상을 설명하는 개념일 뿐 그 당시 국제법이나 현재의 국제법에서도 세력권에 의하여 영토권이 결정되지 않는다. 따라서 21세기에도 일본 외무성이 세력권 개념을 바탕으로 제2차 세계대전 이후의 전후질서에서 독도영유권이 결정된다는 주장을 반복하는 것은 일본의 독도영유권 확보를 위한 정치적 선전 전술로는 설명할 수 있을지 몰라도 국제법상 온전한 영토권을 설명할 수 없다.

참고문헌

정인섭, 2021,『신국제법강의』제11판, 박영사.

김원희, 2020,「영토분쟁에서 결정적 기일(Critical Date) 개념의 증거법적 재구성과 독도 문제에 대한 함의」,『국제법학회논총』65-2.

박경철, 2002,「통치권의 정당화원리로서 국민주권」,『공법연구』31-1.

박배근, 2009,「시제법적 관점에서 본 한국병합관련 조약의 효력: 조약 체결의 형식과 절차를 중심으로」,『국제법학회논총』54-2.

안준형, 2018,「해방 직후 주한미군정의 국제법적 성격: 주류적 견해에 대한 비판적 접근」,『서울국제법연구』25-2.

나가사와 유코(長澤裕子), 2012,「일본 패전 후의 한반도 잔여주권(残余主権)과 한일 '분리'-신탁통치안 및 대일강화조약의 '한국포기' 조항을 중심으로」,『아세아연구』55-4.

정상수, 2010,「일본의 한국 강제병합과 강대국들의 대응 1895~1910년」,『서양사연구』42.

昭和30(オ)890 国籍存在確認請求 昭和36年4月5日 最高裁判所大法廷 判決.

Barr, Susan, 2012, *The Japanese Antarctic Expedition in 1912: a summary of lectures given at the Norway-Japan Society and the Mariners Society in Oslo*(nipr.repo.nii.ac.jp/?action=pages_view_main&active_action=repository_view_main_item_detail&item_id=9697&item_no=1&page_id=13&block_id=104).

Corten, Olivier and Klein, Pierre, 2011, *The Vienna Conventions on the Law of the Treaties–A Commentary*, Vol. 1, Oxford: Oxford University Press.

Chiu, Hungdah and Park, Choon-Ho, 1975, "Legal Status of the Paracel and Spratly Islands," *Ocean Development & International Law*, Vol. 3, No. 1.

Hamre, Ivar, 1933, "The Japanese South Polar Expedition of 1911-1912," *The*

Geographical Journal, Vol. 82, No. 5(November 1933).

Hayton, Bill, 2017, "When Good Lawyers Write Bad History: Unreliable Evidence and the South China Sea Territorial Dispute," *Ocean Development & International Law*, Vol. 48, No. 1.

Hofmann, Rainer, 2020, "Annexation," *Max Planck Encyclopedias of International Law*(opil.ouplaw.com/view/10.1093/law:epil/9780199231690/law-9780199231690-e1376?rskey=dtU4uD&result=1&prd=MPIL).

Kohen, Marcelo G. and Hébié, Mamadou, 2011, "Territory, Acquisition," *Max Planck Encyclopedia of Public International Law*, Oxford: Oxford University Press(opil.ouplaw.com/view/10.1093/law:epil/9780199231690/law-9780199231690-e1118?rskey=bPUpM8&result=1&prd=OPIL).

Korhonen, Pekka, 1996, "The Pacific Age in World History," *Journal of World History*, Vol. 7, No. 1, Spring.

Nguyen, Hong Thao, 2012, "Vietnam's Position on the Sovereignty over the Paracels & the Spratly: Its Maritime Claims," *Journal of East Asia and International Law*, Vol. 5, No. 1.

Oda, Shigeru and Owada, Hisashi, 1965, "Annual Review of Japanese Practice in International Law II(1963)," *9 Japanese Ann. Int'l L.* 101.

Rossi, Christopher R., 2015, "Ex Injuria Jus Non Oritur, Ex Factis Jus Oritur, and the Elusive Search for Equilibrium After Ukraine," *Tulane J. of Int'l & Comp. Law*, Vol. 24.

Legal Consequences of the Separation of the Chagos Archipelago from Mauritius in 1965, Advisory Opinion, ICJ Reports, 2019.

PCA, Case No. 2013-19 in the Matter of an Arbitration before an Arbitral Tribunal Constituted under Annex VII to the 1982 United Nations Convention on the Law of the Sea between the Republic of the Philippines and the People's Republic of China Award, 12 July 2016.

일본 국제법학계의 영토권원 연구에 대한 연대기적 동향 검토

최철영 대구대학교 법학부 교수

I. 머리말

일본은 무주지 선점과 영토편입조치를 명분으로 독도 영토주권을 주장하고 있다. 이에 대해 우리나라는 일본 측이 제기하는 주요 쟁점에 대한 대응과 반박으로서 영토주권법리의 검토를 중심으로 연구해왔다. 즉, 일본 외무성의 주장, 시마네현 죽도문제연구회의 주장, 일본 주요 학자의 선점·편입·고유영토 등에 대한 논문의 분석과 비판이 중심이었다. 이러한 연구 형태는 한일 간 독도논의에 대한 영유권 담론을 구성하는 주도권을 일본에 부여하고, 한국 측의 뛰어난 연구 역량을 수세적으로 파생적인 쟁점에 투여함으로써 영토주권 담론의 방향을 통찰하지 못하는 문제를 야기하고 있다.[1]

이를 극복하려면 한국의 독도 영토권원 연구의 대상 또는 계기가 된 일본의 논문들이 어떠한 내용과 의미를 가지고 있고, 연구 방향에 어떠한 변화를 보이고 있는지 살펴보아야 한다. 즉, 일본의 영토주권 권원과 관련된 논의, 특히 국제법적 논의의 흐름에 대한 거시적이며 연혁적인 고찰이 필요하다.

그동안 일본 내에서 발표된 영토주권 관련 논문에 대한 우리나라의

---

1 1905년 일본 시마네현의 독도 편입의 배경이 된 「리양코도 영토편입 및 대하원(リヤンコ島領土編入並び貸下願)」에 대한 연구가 대하원을 제출한 나카이 요자부로(中井養三郎)에 대한 개인사적인 연구로 확대심화되어 그의 가계(家系)와 일생 등에 대한 연구가 진행되기도 하고, 1952년 샌프란시스코강화조약 체결을 위한 논의 과정에서 미국 국무부 차관보 딘 러스크(Dean Rusk)가 양유찬 주미 대한민국 대사에게 보낸 외교 문서의 하나인 러스크서한에 과도한 의미와 무게를 부여해서 조약해석에 있어 보충적 자료에 불과한 이 서한을 샌프란시스코강화조약 해석의 문맥(context)을 이루는 카이로선언, 포츠담선언, 일본항복문서, 연합국최고사령부에 대한 연합국의 지령과 연합국최고사령부가 공포한 명령 등과 동일하거나 심지어는 더욱 중요한 근거로 인식하는 문제가 그 사례이다.

연구로는 이한기의 「한국과 일본의 국제법발달에 관한 약간의 비교연구」,[2] 박배근의 「『竹島の歷史地理學的硏究』에 대한 비판적 검토」,[3] 「일본 국제법학회지에 나타난 한국침탈 관련 연구의 내용과 동향-보호국 논쟁을 중심으로」,[4] 「무주지 선점의 요건에 관한 1905년 전후의 학설」,[5] 서인원의 「1930년대 일본의 영토편입 정책연구에 있어 독도 무주지 선점론의 모순점」[6] 등이 있다.

가장 최근에는 박병섭이 「2000년 이후 독도관련 일본학계의 인문과학 연구」에 대한 검토를 한 바 있으며,[7] 이성환은 일본 국제법학자들의 고유영토론, 독도문제해결론, 국제법사관, 독도문제에 대한 일본의 인식 등을 중심으로 일본학자들의 견해를 분석한 「2000년 이후 일본의 독도연

---

2 이한기, 1975, 「한국과 일본의 국제법발달에 관한 약간의 비교연구」, 『대한국제법학회 논총』 20-1.

3 박배근, 2001, 「『竹島の歷史地理學的硏究』에 대한 비판적 검토」, 『법학연구』 42-1.

4 박배근, 2009, 「일본 국제법학회지에 나타난 한국침탈 관련 연구의 내용과 동향-보호국 논쟁을 중심으로」, 『한일간 역사 현안의 국제법적 재조명』, 동북아역사재단.

5 박배근, 2013, 「무주지 선점의 요건에 관한 1905년 전후의 학설」, 『영토해양연구』 6, 동북아역사재단. 그 외에도 박배근, 2016, 「독도 문제에 관한 제3국 학자의 연구 동향」, 『독도연구』 20이 있다.

6 서인원, 2016, 「1930년대 일본의 영토편입 정책연구에 있어 독도 무주지 선점론의 모순점」, 『영토해양연구』 11, 동북아역사재단.

7 박병섭, 2013, 「2000년 이후 독도관련 일본학계의 인문과학 연구」, 『2013년 경상북도 독도연구기관 통합협의체 학술심포지엄자료집』(2013. 10. 18). 이 글에서 박병섭은 이케우치 사토시(池内敏), 시모조 마사오(下條正男), 가와카미 겐조(川上健三), 호리 가즈오(堀和生), 쓰카모토 다카시(塚本孝), 나이토 세이추(内藤正中) 등의 글을 마쓰시마(독도) 어업과 도해면허, 인슈시청합기(隱州視聽合紀)의 해석, 안용복피랍사건과 다케시마 도해금지령, 안용복의 도일과 진술의 경위, 안용복과 독도, 조선역사서에 관한 논란, 덴포다케시마일건(天保竹島一件)과 에도막부의 인식, 태정관지령서에 관한 논란, 1900년 칙령 제41호와 석도, 러일전쟁과 일본의 독도 편입, 독도어업과 평화선 등의 주제로 나누어 살펴보았다. 독도의 일본 편입과 관련해서는 일본의 입장에서 독도의 전략적 중요성과 울릉도의 부속섬으로서 독도인식을 언급하고 있다.

구동향-사회과학분야」를 발표한 바 있다.[8]

하지만 일본 국제법학계를 대표하는 일본 국제법학회가 1897년 설립된 이래 120년 이상 발간해온 국제법 분야 학회지인 『국제법외교잡지(國際法外交雜誌)』를 대상으로 당해 논문집에 게재된 영역의 선점 및 편입 등 영토주권 관련 연구 동향을 1899년(메이지 32) 창간호부터 2020년 제119호에 이르기까지 연대기적으로 접근하여 통시적 시각을 제공하는 연구는 없었다.

이는 연구자료의 디지털 자료화에 보수적인 일본학계의 특성에 기인하는 접근의 어려움이 주요 원인으로 보인다.[9] 일본 국제법학회는 당해 학회의 학술지인 『국제법외교잡지』의 창간호부터 최근 호에 대하여 목차만 인터넷을 통해 제공하고 있으며, 일본 국회도서관의 경우도 마찬가지이다. 결국 당해 논문집은 실물을 통해 접근하지 않으면 게재된 논문을 입수할 수 없다. 한편 우리나라에는 1950년대 이후 발간된 일본 국제법학회의 『국제법외교잡지』만 국회와 매우 소수의 대학에 연도별로 보관되어 있으며, 그 이전에 발간된 『국제법외교잡지』는 국회와 서울대 법학도서관에서 특정 해의 논문집 한두 권이 드물게 발견될 뿐 체계적 수서관리가 되어 있지 않고, 1930년대 이전의 일본 『국제법외교잡지』를 보관하고 있는 국내 기관은 아예 파악되지 않는다.

---

8 이성환, 2013, 「2000년 이후 일본의 독도연구동향-사회과학분야」, 『2013년 경상북도 독도연구기관 통합협의체 학술심포지엄자료집』(2013. 10. 18).

9 일본은 현재도 선거(총선)에서 유권자들이 연필로 후보자와 정당의 이름을 투표용지에 직접 기재해야 한다. 우리나라는 후보자와 정당 이름의 옆에 기표를 하고, 일부 국가에선 전자투표가 도입되고 있는데도 일본에선 선거 때 한자나 히라가나로 후보자와 정당의 이름을 쓰는 관행이 70년 넘게 유지되고 있다. 「[특파원시선] 전자투표 시대 후보자 이름 연필로 쓰는 일본」, 연합뉴스, 2021. 10. 30. www.yna.co.kr/view/AKR20211028155800073?input=1195m.

1897년(메이지 30)에 국제법의 연구, 국제사회에 대한 지식의 보급, 국제사회에서 체결되는 협약의 연구를 목적으로 설립된 일본 국제법학회는[10] 1899년 학회지인 『국제법잡지(國際法雜誌)』를 창간하여 데라오 도오루(寺尾亨)의 「국제법연구의 필요(國際法硏究の必要)」를 창간호의 첫 논문으로 게재한 이래 1912년에 학회지의 제호를 『국제법잡지』에서 『국제법외교잡지』로 변경하여 지금까지 발행하고 있다.[11]

이 글은 일본이 지속적으로 주장하고 있는 독도 영토주권의 권원으로서 무주지 선점과 영토편입 등의 국제법적 논의가 어떤 배경에서 시작되었고, 시대의 흐름에 따라 어떤 논리와 주제의 변화가 이루어졌는지 살펴보고자 한다.

이를 위해 일본 국제법학회가 발간하는 『국제법외교잡지』에 창간 이래 게재된 영토 관련 주요 논문을 분석함으로써, 거시적으로는 일본 국

---

10 일본에서 가장 오래된 법학 분야 학회일 뿐만 아니라 세계에서 가장 오래된 국제법 분야의 학회라고 한다. 일본 국제법학회는 일본의 개국 과정에서 제기된 국제법문제를 다루어야 할 필요성에 따라 1897년에 설립되었으며, 2012년 재단법인에서 일반재단법인으로 체제를 전환하여 현재 900명의 회원으로 구성 및 운영되고 있다. jsil.jp/president(검색일: 2021. 10. 3).

11 『국제법외교잡지』는 국제법 전문지로서 프랑스(1874), 벨기에(1889)에 이어 세계에서 세 번째로 오래된 잡지라고 한다. jsil.jp/president(검색일: 2021. 10. 3). 일본 국제법학회는 설립 이후 제1차 세계대전 참전, 국제연맹 가입과 탈퇴, 제2차 세계대전의 도발과 패망, 국제연합(UN)의 창설과 이후 가입, 신국제경제질서의 형성, UN해양법질서의 재구성 및 국제사회에서 인권의 보호와 법의 지배, 국제환경법 등 시대의 변화에 대응하며 한 해도 거르지 않고 『국제법외교잡지』를 학회지로 발간하여 당시의 국제적 현안과 쟁점을 국제법과 외교정책의 측면에서 고찰해왔다. 심지어 1945년 패망 직후에도 비록 『국제법외교잡지』 제44권 제1호만 발간하기는 했지만 해를 거르지 않고 학회지를 발간했다. 그럼에도 불구하고 1902년 창간호인 『국제법잡지』 제1권은 회보를 포함하여 제17호까지 발간되었으며 이후 지금까지 한 해에 권당 4~12호까지 학회지를 발행한 것을 고려하면 제44권이 제1호만 발간한 것은 제2차 세계대전 패전 이후 혼란이 반영되었음을 알 수 있다.

제법학계가 영토주권을 보는 관점의 변화를 살펴보고, 미시적으로는 독도에 대한 일본의 권원주장과 관련한 논리와 쟁점의 변화를 분석하고자 한다. 물론 일본의 영토와 영토주권의 권원에 대한 연구 및 독도에 대한 영토주권 관련 글은 민간 출판사에서 발행하는 다양한 책과 저널, 그리고 여러 대학의 법학 분야 및 역사 분야 논문집에 발표되어 있고 그 숫자도 압도적으로 많지만, 이 글에서는 일본의 국제법 분야 학술지인 『국제법외교잡지』에 창간 이래 게재된 논문을 중심으로 살펴봄으로써 일본 국제법학계의 영토주권 권원에 관한 논리와 쟁점의 추이를 파악하는 데 기여하고자 한다.

II. 1900년대~1940년대: 제국주의적 영토팽창의 논리

1. 시대적 특징과 영토권원 관련 논문

일본은 19세기 유럽과 미국의 제국주의적 문호개방 요구에 쇄국정책으로 대응해왔지만, 에도 말기에 서양 열강의 강요에 의해 결국 개국하였다. 개국 과정에서 구미 열강은 일본에 대해 치외법권의 승인과 불평등 조약 체결을 강요했으며, 이에 일본은 국제법의 필요성을 절감하고 국제법학회의 설립과 함께 국제법학회의 논문집인 『국제법잡지』를 발행하게 되었다. 이후 일본은 국제사회의 일원으로 등장하며 아시아를 넘어 유럽의 일원이라는 탈아입구(脫亞入歐)를 구호로 삼아 유럽 국가들과 전쟁 및 동맹관계를 구축하면서 제1차 세계대전을 통해 아시아 지역의 패권국가로서 식민지 경쟁에 뛰어들게 된다. 하지만 일본의 제국주의적 침략정책은 다시 아시아·태평양에서 미국의 이익과 충돌하면서 제2차 세계대전을 도발하고 결국 패망하게 된다.

이 당시『국제법잡지』및『국제법외교잡지』에 게재된 영토 관련 국제법 논문은 寺尾亨, 1902,「國土の膨脹」,『國際法雜誌』3-7; 澤田康三, 1911,「保護地, 勢力範圍, ヒンテルランド, 租與地に關する國際法學會の新提案」,『國際法雜誌』10-8; 大沢章,「領域及び領域高権の概念の法律的構成」,『国際法外交雑誌』27-2·3·5·6·8(1928), 28-2·3(1929); 立作太郎, 1933,「無主の島嶼の先占の法理と先例」,『國際法外交雜誌』32-8; 立作太郎, 1939,「土地の先占に關する沿革的考察」,『國際法外交雜誌』38-3; 大澤章, 1941,「國際法に於ける領域と生活圈」Ⅰ·Ⅱ·Ⅲ,『國際法外交雜誌』40-5·6·8 등이 있다.

2. 주요 논문의 내용 분석

『국제법잡지』에 영토와 관련된 논문이 최초로 게재된 것은 1902년 제3권 제7호에 4쪽 반 정도의 분량으로 게재된 데라오 도오루의「국토의 팽창(國土の膨脹)」이라는[12] 짧은 글이다. 데라오 도오루는『국제법잡지』창간호의 첫 번째 게재 논문인「국제법연구의 필요」를 작성한 도쿄대 법대 교수 겸 외교부의 관리로서 우파 지식인들과 함께 러일전쟁의 즉시 개전(開戰)을 촉구하는 의견서를 수상 가쓰라 다로(桂太郎)에게 제출하여

12 寺尾亨, 1902,「國土の膨脹」,『國際法雜誌』3-7, 1쪽.

사회적 물의를 야기한 '7박사(博士) 사건'의[13] 구성원이라는 측면에서[14] 논문의 방향 또한 당시 유럽 국가들의 식민지 경쟁에 있어 정당화 논리를 소개하는 데 치중하고 있다.

『국제법외교잡지』 제32권 제8호(1933)에 게재된 다치 사쿠타로(立作太郎)의 논문 「무주도서 선점의 법리와 선례(無主の島嶼の先占の法理と先例)」는[15] 당시 국제법학자들이 무주(無主) 토지의 선점 문제에 관심이 축소된 것을 지적하며, 이는 이전에 무주의 토지가 많았던 아메리카 대륙을 유럽의 여러 강대국이 나눠 갖게 된 이후 새로 선점이 행해질만한 토지가 거의 없다고 생각하기 때문이라고 분석하였다. 하지만 무주도서(無主島嶼)의 선점은 과거의 문제가 아니라 요즘에도 종종 일어나고 장래에도 일어날만한 문제라고 말하고 이런 종류의 문제에 관한 현실의 국제법 법리가 단순히 추상적 연역론에 의해 바로 정해지지 않고 국제적 관행을 되돌

---

13 '7박사 사건'은 1903년 6월 10일 도쿄대 법대 교수들이 주축이 되어 가쓰라 다로(桂太郎) 총리의 연약한 외교정책을 비판하고 주전론(主戰論)을 전개하면서 러시아에 대한 개전(開戰) 건의서를 연명으로 제출한 사건이다. 이것이 대러 협상을 둘러싸고 열린 어전 회의 다음 날인 6월 24일 도쿄 『아사히신문』에 발표되면서 대러 강경 외교·즉시 개전의 주장은 세간에 충격을 주었다. 이들 학자 그룹의 신문·잡지 및 강연에 의한 적극적인 행동은 러일전쟁의 불씨가 되었다. 당시 도쿄대 총장 야마가와 겐지로(山川建次郎)는 메이지정부의 외교문제에 관하여 건의서를 작성하여 제출한 당사자들에게 정직 등 징계 조치를 하였으나 도쿄대 법대 교수회가 항의서를 제출했고, 이에 문부성 대신이 도쿄대 총장을 면직했는데 이번에는 도쿄대와 교토대 전체 교수가 대학의 자치와 학문의 자유에 대한 침해라고 총사직을 선언하여 결국 구보타 유주루(久保田讓) 문부성 대신이 사직하고, 주동자인 7박사와 도쿄대 총장은 복직하는 것으로 사건이 종료되었다.

14 7박사 사건의 당사자는 도미즈 히론도(戸水寛人), 도미이 마사아키라(富井政章), 오노즈카 기베이지(小野塚喜平次), 고바야시 사쿠에(高橋作衛), 가나이 노부루(金井延), 데라오 도오루(寺尾亨) 등 도쿄대 교수와 나카무라 신고(中村進午) 가쿠슈인대(学習院大) 교수다.

15 立作太郎, 1933, 「無主の島嶼の先占の法理と先例」, 『國際法雜誌』 32-8, 815쪽.

아보는 것이 필요하다고 강조하였다.

1)「국토의 팽창」

데라오 도오루는 「국토의 팽창(國土の膨脹)」이라는 글을 통해 과거에는 국가의 분리독립이 명확하지 않아 세계 도처에 소속이 없는 토지를 힘 있는 국가들이 발견하여 자국의 영토로 하는 것이 가능했으나, 이제는 아프리카 내륙과 아시아 일부 지역을 제외하고는 무주지가 없어 발견을 통한 영토편입이 어렵게 되었지만, 영토팽창에 대한 국가의 욕망은 매우 강렬하기 때문에 이미 방대한 영토를 가지고 있어도 팽창하고자 하는 의도에서 다양한 종류의 정당화 논리를 제기하고 있다고 하면서 이에 대하여 평가하고 있다.

즉, 국가팽창의 근거로서 첫째, 민족설(民族說)은 인종(人種)·풍속·언어·종교·역사 및 개명(開明)의 정도가 가장 앞선 민족국가는 같은 인종의 다른 나라를 합동하는 것을 정당성의 근거로 제시한다.[16] 둘째, 천연국경설(天然國境說)은 세계 각국은 산과 강, 호수와 바다와 같은 자연의 경계에 의하여 국경이 구별되는데 국가의 안녕을 유지하고, 이를 개조하기 위한 목적으로 정벌을 행하는 것에 대한 나폴레옹 황제의 정당성 주장은 한 국가 또는 한 사람의 야심을 충족하는 정략에 기초하는 것이라고 본다.[17] 셋째, 국토확장설(國土擴張說)은 한 국가의 인구 증가로 국운이 날로 증진하여 그 세력이 강대해지는 경우에 타국에게 영토를 할양하도록 하거나 혹은 타국을 합병하는 것은 인류공존의 목적상 정당하다는 입장

16 寺尾亨, 1902, 1쪽.

17 寺尾亨, 1902, 2쪽.

이다. 다만, 한 국가가 인구가 희박하면서도 방대한 영토를 영유하는 것은 인류공존의 도에 반하는 것으로, 인구증가로 인해 생활에 심각한 제한이 있는 국가는 이에 대응하여 영토의 할양을 요구하는 것이 당연한 것이라고 해도 이는 강대국의 야심을 충족하는 흉기가 되는 최고로 위험한 주장이라고 지적하고 있다.[18] 넷째, 미개국 개발권설(未開國 開發權說)은 이미 개명(開明)의 영역에 도달한 국가는 인류진화의 목적상 미개국을 개명에 이끌 권리가 있다고 주장한다. 스스로 개명국이라고 칭하는 야만국 혹은 진보의 정도가 낮은 국가에 대하여 자국의 의견(이익)을 강하게 압박하기 위해 병력을 사용하는 것은 국제법상 확고하게 허용하는 것은 아니지만 가능하고, 야만국이 개명에 대한 의지가 없거나 약할 때 타국은 이를 개명으로 이끌려는 호의가 있다면 학술·기술, 상공업 등 다양한 평화적 수단 또는 병력에 의하여 개입하는 것이 허용된다.[19] 다섯째, 야만인 박멸설(野蠻人 撲滅說)은 개발권설과 관련성이 있다고 하면서 미개인을 이끌어 도와서 개화하는 목적을 달성할 수 없을 때에는 이를 박멸하는 것도 가능하다는 결론에 도달한다고 평가한다. 그 이유는 야만인은 악질(惡疾)을 전파하고 악풍속(惡風俗)을 확산하여 인류에 해악을 주기 때문에 인류공존의 목적에 의해 이를 박멸하는 것은 선진국의 권리라는 것이고, 만약 야만인 스스로 개명사회에 근접하여 해악을 주는 경우에는 이를 물리쳐야 하며, 빈번히 내습(來襲)하는 경우에는 한 국가사회에서 해악을 징계하기 어려운 대죄인을 사형에 처하는 것과 동일한 이론을 이에 적용하여 야만인을 박멸하여 국가사회에서 배척하는 것도 불가한 것은 아니라는 설이다. 다만, 타국이 자기의 세력으로 심어두거나 그 이익을 농단하기 위

---

18 寺尾亨, 1902, 2-3쪽.

19 寺尾亨, 1902, 3쪽.

해 그 자신 스스로 평온무사하게 거처하는 야만국에 근접하여 그 악폐를 받은 바를 구실로 이를 박멸하려는 계획에 이르는 것은 인류공존의 도에 위배된 것이 명확하다고 평가하고 있다.[20] 여섯째, 세력범위설(勢力範圍說)은 정략상의 용어를 국제법상의 용어로 변환한 것이라고 하면서 아프리카 내륙은 현재까지도 야만몽매(野蠻蒙昧)의 지위에서 벗어나지 못한 국가라고 말하지 않을 수 없는 곳이 많아 이를 개발하려는 세력을 양성하기 위하여 유럽의 강대국은 개괄적으로 아프리카 내지의 지역을 구분하고, 이에 대하여 그 목적을 달성하고자 당해 지역을 유럽 강국의 세력범위라고 하는 주권적 권력행사의 범위를 말하고 있다. 하지만 이는 강대국 간의 조약 또는 묵계로 이루어지는 것으로서 그 성질이 확정적이지 않아 각국은 현재 그 사업에 종사하고 있는 그대로 또는 그 영토에서 행하거나 혹은 그 종속국이나 피보호국에서 행하거나 혹은 또한 단순히 식민지에서 행하는 등 여러 상태가 있다. 또한 동남아 지역에 있어서 세력범위라고 말하는 것은 동남아 국가들이 자국의 영역을 타국에 할양 또는 대여한다는 협정을 체결한 것이 아니기 때문에 이를 그 세력범위로 하는 것은 강대국 간의 이익을 위한 묵시적 승인에 지나지 않는다고 지적하고, 실제는 스스로 그 세력범위라 칭하는 지역에서 전적으로 상공업상의 이익을 취득하는 사실상의 문제이지 권리상의 문제가 아니라고 한다.[21]

데라오 도오루는 국토의 팽창 관련 당시 국제사회에서 강대국의 논리에 대한 소개와 분석을 통해 아시아 국가에 대한 자국의 이익을 추구하려는 일본의 입장에서 세력범위설 등 서구 강대국의 영토확장 논리를 비판하는 한편으로 자국의 영토팽창을 정당화할 수 있는 적절한 논리로서 식

20 寺尾亨, 1902, 3-4쪽.

21 寺尾亨, 1902, 4-5쪽.

민지 확보를 위한 미개국 개발권설을 옹호함으로써 이미 1900년대 초에 일본의 아시아 지역 영토팽창을 정당화하기 위한 근거로 제시하고 있다.

2) 「무주도서 선점의 법리와 선례」

일본 관동군이 1931년 만주사변을 일으키고 1932년 명목상의 독립국가 '만주국'을 설립한 사건은 일본제국 국경의 불안정상태를 야기하고, 새로운 영토확장의 출발 경계를 설정함으로써 일본의 외교 및 국내 정책 전환의 분수령이 되었다.

이 시기에 다치 사쿠타로는 논문 「무주도서 선점의 법리와 선례(無主の島嶼の先占の法理と先例)」를[22] 통해 발견에만 의존하여 영토권을 획득하는 것은 인정되지 않는데, 과거 국제법상 발견이 영토획득의 원인으로 인정되었던 때에도 영토획득의 원인이 될 수 있는 발견은 국가가 파견하는 군함이나 특히 국가에 의해 발견을 위임받은 사선(私船)에 의해 행해진 후, 국가가 그 명의로 발견 사실을 어떤 국가적 행위를 통해 확인할 것을 필요로 한다고 하였다. 그렇지만 사인(私人)의 행위에 의한 발견에는 무게를 두지 않고, 군함의 해군장교가 발견하는 경우라도 그 정부의 영토주권획득의 의사가 증명되고 국제사회에 공적인 점유행위를 통해 그것을 알린 경우가 아니면 권원(權原)의 설정을 인정하지 않는다고[23] 설명하고 있다.

이어 선점의 요건으로서 정신적(주관적) 요건과 실체적(객관적) 요건을 설명하고, 국제법상 선점은 국가의 이름으로 이루어지는 국가의 행위

---

22 立作太郎, 1933, 815쪽.

23 立作太郎, 1933, 818쪽.

가 아니면 안 된다는 입장을 분명히 하고 있다.[24] 물론 선점의 실제 행위가 먼저 사인(私人) 또는 사회사(私會社)에 의해 행해진 경우, 아직 국가의 확인이 없는 동안에도 국가의 확인을 얻는 데 필요한 상당한 기간 동안은 미성숙 권원(inchoate title)이 그 이름으로 선점한 나라에 존재하는 것을 인정해야 하며, 선점에 착수한 후 그것을 완성하는 데 필요한 상당한 기간 안에 선점이 완성되지 않을 때는 이론상으로는 미성숙 권원은 소멸하는 것이 당연하다고 한다.[25]

이와 더불어 선점 시 외국에 통고하는 것은 선점하려고 하는 나라의 영토권 획득의 의사를 표시하는 하나의 방법이지만 국제법상 반드시 행하지 않으면 안 되는 요건으로 되어 있지는 않다고 하면서, 외국에 대한 통고가 선점의 필요조건이라는 주장에 대하여 반박하고 있다. 다치 사쿠타로는 1885년의 아프리카 회의에서 의결한 일반결의서 안에 아프리카 대륙 연안의 토지 선점에 대한 외교상의 통고를 선점의 유효성인정을 위한 요건의 하나로 간주한 것을 일반 토지의 선점에도 적용되는 필요조건으로서 통고로 오해해서는 안 된다고 주장한다. 주요 국가의 아프리카 연안지역 토지 선점에 대해서도 모든 주요 국가를 포함한 다수 국가 간의 1919년의 생제르맹조약에 의해 아프리카회의 의정서, 이른바 콩고의정서 규정의 효력이 인정되지 않게 된 것을 알지 못하거나, 혹은 1888년의 국제법학회에서 외교상의 통고를 선점 요건의 하나로 결의한 학회의 국제법 개선의견을 현실의 국제법 규정을 선언하는 것으로 오해하거나, 혹은 외국에 통고하는 것을 국제상의 편의에 적합하다고 여기는 자연법적 견해를 바로 현행 국제법으로 인정하려고 주장하는 국제법학자들의 주장

24 立作太郎, 1933, 820-821쪽.

25 立作太郎, 1933, 822-823쪽

으로 치부하고, 현행 국제법에서는 일반적인 토지 선점에 대해 외국에 대한 통고라는 특정 형식으로 영토권 획득의 의사표시를 행하는 것은 필요하지 않다고 한다.[26]

이는 선점 시 외국에 통고를 하는 것은 해당 토지에 관한 다른 나라의 주장 유무를 분명하게 확인하고, 선점이 미치는 지역을 명확히 하는 편의가 있어서 그것을 행하는 것이 합리적임에도 불구하고, 법적 안정성의 확보나 합리성에 기초한 편의 여하에 의해 바로 현실 국제법의 문제를 결정할 수는 없는 것이라는 주장이다. 더 나아가 다치 사쿠타로는 실효적 선점이 완성되지 않은 이상 외국은 가령 선점의 통고를 받더라도 영토획득을 인정해야 하는 것은 아니라고 하여,[27] 법적 정당성과 절차적 공정성의 요소보다 실질적인 물리력의 행사를 통한 지배에 무게를 둔 논리를 전개하고 있다.

3)「토지의 선점에 관한 연혁적 고찰」

다치 사쿠타로는 1939년에도「토지의 선점에 관한 연혁적 고찰(土地の先占に關する演革的考察)」이라는 논문을[28]『국제법외교잡지』에 게재하였다.

이 글은 15세기 토지의 발견 및 획득과 관련된 요건으로서 지배(control)의 실효성(effectivity)을 언급하며 봉건제도 아래에서 토지획득은 그 주민이 국왕의 백성(*homine ligii*)으로서 충실히 따른다는 서약을 한 사실이 있다는 것이 요구되었으며, 충실히 따르는 관계가 존재하기 위해서는 토

26 立作太郎, 1933, 825쪽.

27 立作太郎, 1933, 826쪽.

28 立作太郎, 1939,「土地の先占に關する演革的考察」,『國際法雜誌』38-3, 183쪽.

지의 실효적 지배가 행해지고 주군(suzerain)이 외적을 막아 그 토지에서 국왕의 백성을 보호하는 실력을 갖고 있어야 했다는 점을 지적하고 있다.[29] 또한 중세 유럽에서 로마법에 따른 영토주권의 인정이나 로마교황의 교황령에 따른 영토주권 승인의 효력 그리고 미성숙 권원에 대해서도 검토하고 있다.[30]

이러한 검토를 통해 중세 말 근세 초의 토지발견 시대에 어떤 토지의 발견에 의해 해당 토지에 대한 영토권을 획득한다는 주장은 다른 나라가 받아들이지 않았고, 단순한 발견이 미성숙 권원을 부여한다고 하는 주장도 유력하지 않았다고 한다. 발견에 이어서 표식적(標識的) 병합행위가 서로 합쳐져서 비로소 토지에 대한 권리를 취득하든가, 토지에 대한 권리의 미성숙 권원을 취득한다는 것이다. 미성숙 권원을 취득하더라도 상당한 기간 실효적 점유가 행해지지 않을 때는 토지에 대한 권리는 완성을 방해받는다고 한다.[31]

중세에 식민지 정복 경쟁을 하던 스페인과 포르투갈은 상호 간의 분쟁이 발생하는 경우, 때때로 실효적 점유의 필요를 인정하는 언급을 한 바 있으나, 로마교황의 인허(認許) 및 발견, 표식적 병합행위로 선점에 의한 토지의 권리를 취득하기에 충분하다고 논했던 것은, 특히 식민지 경쟁에 후발 주자로 나선 영국 및 프랑스를 견제하려는 의도가 있었다고 분석하고 있다.

이러한 검토를 통해 다치 사쿠타로는 동일한 '실효적 점유'라고 해도

29 立作太郎, 1939, 183쪽.

30 立作太郎, 1939, 185-188쪽.

31 立作太郎, 1939, 187쪽.

앵글로 색슨계의 클래식한 국제법학자인[32] 홀(Hall), 휘튼(Wheaton), 필리모어(Phillimore)는 국제법상으로도 국제적 토지 소유권, 즉 영토권인 물권(物權)이 국가 간의 관계에서 존재함을 명백히 인정하고, 사법(私法)상의 물(物)에 대한 점유 법리를 국제법상의 영토권 관계에 적용하여 선점 시 필요한 점유도 사법의 점유와 종류를 같이하는 것으로 생각하고 토지 자체에 대한 지배 관념으로 인정했기 때문에, 이들 학자는 선점의 완성을 위해 필요한 실효적 점유에 대해 토지의 사용 또는 거주(use or settlement)에 중요성을 두었다고 한다.[33] 그러나 유럽대륙의 학자는 대부분 명령강제의 권력이라는 의미에서의 주권을 중심으로 생각해서, 선점의 완성을 위해 필요한 실효적 점유라는 관념에 대해서도 토지 자체를 지배하는 관념으로 말하기보다는 오히려 국가권력을 해당 토지에서 행하는 통치의 관념으로 파악하는 쪽으로 기울고, 마침내 선점하려고 하는 현지에서 행정과 주권적 행위를 할 것을 필요로 한다고 해석하여, 그 결과로서 지방적 권력을 세우고 행정을 실시해야 한다는 논리를 주장하고,[34] 국가의 의사가 실효적 선점에 없어서는 안 될 요소로 여기는 대륙의 주권 관념보다는 토지 자체의 물리적 지배를 나타내는 선점 또는 점유(occupation, possession)라는 '앵글로 색슨'적인 사상을 유력하게 받아들이고 있다.[35]

그리고 주민이 멀리 떨어져 있는 지방에서는 전체 지방에 대한 지배

---

32 '앵글로 색슨'계의 '클래식'한 법관념은 물(物)로서 토지의 직접적이며 물리적인 지배를 주된 것으로 보고, 다른 한편으로는 대외관계에 관하여 나라와 국민을 일괄적으로 생각하는 일종의 과거 전체주의적 사상의 영향이 있는 까닭에, 국민에 의한 거주와 토지 사용이 실효적 점유의 중요한 요소로 여겨지고, 종종 국가의 의사표시는 필요로 하지 않는다는 논리로 이어지게 된다. 立作太郎, 1939, 194쪽.

33 立作太郎, 1939, 193쪽.

34 立作太郎, 1939, 193쪽.

35 立作太郎, 1939, 195쪽.

가 행해질 수 있을만한 하나의 행동중심을 유지하면 충분하다는 "가능적 실효성(virtuelle Effektivität)설"을 소개하고 있다.[36]

3. 영토권원 관련 논의 검토

데라오 도오루의 「국토의 팽창」은 아직 국제사회에서 분명하게 자리 잡지 못한 일본의 입장에서 패권주의적 식민지 확장에 앞서 나간 유럽 강대국의 논리에 대하여 소개하면서 비판하고 있지만, 다른 한편으로는 일본의 입장에서 자국의 야욕을 정당화하기 위해 필요한 논리가 무엇인가를 모색하고 있다. 이에 따라 발견을 통한 영토편입은 어렵게 되었지만 영토팽창에 대한 국가의 욕망은 매우 강렬하기 때문에 이미 방대한 영토를 가지고 있어도 영토팽창에 대한 다양한 논리를 활용할 수 있다는 입장에 주목한다. 결론적으로 데라오 도오루는 국토팽창에 관한 여러 주장들에 대해 전반적으로 부정적 입장을 보이면서 국가 자위를 위한 필요나 타국 영토를 자국의 소속으로 두기 위한 목적의 국토팽창을 국제법이 완전히 허용하는 것은 아니지만, 현재 많이 나타나는 미개국 개발 목적의 영토팽창이나 전후(戰後)의 배상을 대신하여 국토를 할양하는 것은 국제법상 비난받을 일이 아니라고 한다.

다치 사쿠타로는 「무주도서 선점의 법리와 선례」에서 무주도서에 대하여 발견에만 의존하여 영토권을 획득하는 것은 인정되지 않는다고 하여 선점의 필요성을 언급하며 미성숙 권원에 대하여 설명하고, 선점에 착

36 Verdross, 1937, *Völkerrecht*, Berlin: Julius Springer, p. 126; 立作太郎, 1939, 200쪽에서 재인용.

수한 후 상당한 기간 안에 선점이 완성되지 않을 때는 미성숙 권원이 소멸한다는 팔마스섬 판결을 옹호하면서 선점의 요건을 매우 엄격하게 해석하고 있다.[37] 이와 더불어 1888년의 국제법학회에서 외교상의 통고를 선점 요건의 하나로 결의했다는 사실, 토지의 선점에 대하여 외국에 통고하는 것이 국제상의 편의에 적합하고, 자연법적 측면에서 이를 국제법으로 인정하는 일본의 국제법학자들의 논리를 반박하며 선점 시 외국에 대한 통고의무는 국제법상 의무는 아니라고 한다. 다치 사쿠타로는 「토지 점유에 관한 연혁적 고찰」에서도 미성숙 권원에 대하여 검토하고, 단순한 발견으로 미성숙 권원이 발생한다는 주장도 유력하지 않았다고 하면서 발견에 이어 표식적 병합행위가 있어야 비로소 토지에 대한 권리 또는 미성숙 권원을 취득할 수 있으며, 미성숙 권원을 취득하더라도 상당한 기간 실효적 점유가 행해지지 않을 때는 토지에 대한 권리는 완성되지 않는다는 사실주의적 입장을 유지하고 있다.

Ⅲ. 1950년대~1970년대: 샌프란시스코강화조약 체결과 영토축소 방어 논리

1. 시대적 특징과 영토권원 관련 논문

일본의 패망과 제2차 세계대전의 종전 이후 일본 국제법학계는 전후 연합군최고사령부의 일본 점령 및 통치 이후 일본의 영토와 법적 지위, 평

37 立作太郎, 1933, 822-823쪽.

화에 대한 의지의 국제법적 제도의 표현으로서 국제연합(UN), 그리고 한국전쟁과 새로운 국제경제질서에 대한 관심이 높았다. 이를 반영하여「국제연합특별연구호」,[38]「강화조약특집호」,[39]「조선문제특집호」[40] 등을 발간하기도 하였지만, 일본 국제법학계는 연합국 중심의 국제연합의 운영이 일본에 어떠한 영향을 줄 것인가에 대한 것과 한국전쟁으로 경제적 특수를 누리면서 새로운 국제경제질서 속에서 일본의 이해관계를 전망하는 데 논의의 중점을 두었다. 이러한 측면에서 샌프란시스코강화조약의 체결에 대하여 패전국이지만 연합국의 처분에 대응하여 국익을 최대화하고자 하는 접근을 하고 있다.

이 당시『국제법외교잡지』에는 高野雄一, 1950,「平和條約と日本の領土」,『國際法外交雜誌』49-3; 堀川武夫, 1957,「二十一個條要求に關する若干の考察(一)」,『國際法外交雜誌』56-3; 堀川武夫, 1957,「二十一個條要求に關する若干の考察(二)」,『國際法外交雜誌』56-4·5合併; 川上鍵三 外, 1957,「南方諸島法的地位(特輯)」,『國際法外交雜誌』56-4·5合併; 津律榮一, 1961,「領域取得の法理」,『國際法外交雜誌』60-3; 龍原光雄 外, 1961,「北方領土の地位(特輯)」,『國際法外交雜誌』60-4·5·6合併; 太壽堂鼎, 1965,「竹島紛爭」,『國際法外交雜誌』64-4·5合併 등이 영토 관련 국제법 논문으로 게재되었다.

38 『國際法外交雜誌』45-7·8合併, 1946.

39 『國際法外交雜誌』49-38, 1950.

40 『國際法外交雜誌』50-1, 1951.

2. 주요 논문의 내용 분석

1) 「평화조약과 일본의 영토」

일본 외무성 근무 경험이 있는 도쿄대 법학부 다카노 유이치(高野雄一)는 「평화조약과 일본의 영토(平和條約と日本の領土)」라는 논문을 통해 종전(終戰) 이후 영토변경을 일반적인 현상으로 전제하고, 제2차 세계대전 이후에도 이탈리아, 불가리아, 헝가리, 루마니아, 핀란드 등의 5개국에 대해서 1947년 12월 10일에 성립하여 같은 해 9월 15일에 시행된 각각의 평화조약이 영토변경을 정하고 있는 바와 같이[41] 일본과 독일에 대해서도 평화조약에 영토 조항이 명시되어 이를 통해 일본·독일의 영토문제가 최종적 결정을 보게 될 것으로 예상하였다.[42] 즉, 일본이나 독일에 관한 평화조약에 포함될 영토 조항은 각각 카이로선언, 포츠담선언 중에 이미 규정되어 있기 때문에 평화조약이 체결될 때까지 관련국의 합의에 의한 변경이 없는 한 포츠담선언에 대강을 정하고 있는 것이 약간의 보정을 수반하면서 그대로 평화조약으로 계승될 것이라는 것이다.[43]

다카노 유이치는 제2차 세계대전에서 연합국 측 정책의 지도원칙이며, 전후의 패전국 처리방침을 포함하고 있는 1941년 대서양헌장에서 영토문제에 관하여 첫째, 미영 양국은 영토적인 확장을 추구하지 않고, 둘째, 관계 국민이 자유롭게 표명하는 희망과 일치하지 않는 영토적 변경의

41 高野雄一, 1948, 「ヨーロッパ講和條約の研究, 領土問題」, 『日本管理法典研究』 16 (1948年 1月), 10쪽 이하 참조.

42 高野雄一, 1950, 「平和條約と日本の領土」, 『國際法外交雜誌』 49-3, 225쪽.

43 高野雄一, 1950, 226쪽.

행사는 원치 않는다고 강조하였다. 이 같은 방침은 1943년 11월 27일의 일본에 대한 미영중 3국의 카이로선언 영토 규정에서도 확인되어 "동맹국은 자국을 위한 어떠한 이득을 추구하지 않으며, 영토확장에 대한 의도를 가지는 것이 아님을" 명시했다는 것이다.

대일 종전의 조건이 된 미영중의 포츠담선언은[44] 제8항에 일본의 영토문제를 규정하면서, "카이로선언의 조항은 이행되어야 하며 또한 일본의 주권은 혼슈, 홋카이도, 규슈 및 시코쿠와 우리들이 결정하는 제 소도에 국한되어야 한다"고 하였다. 그런데 어떠한 '소도'가 뒤의 연합국 결정에 남겨질 '소도'이며, 어떠한 '소도'가 일본 영토에서 박탈될지는 포츠담선언 제8항에 준하는 카이로선언과 연계해서 해석해야 한다고 한다. 카이로선언은 "위 동맹국의 목적은 일본국으로부터 1914년의 제1차 세계대전 개시 이후에 일본이 약취 또는 점령한 태평양에서의 일체의 도서를 박탈함과 동시에 만주, 타이완 및 평후제도와 같이 일본이 중국으로부터 도취한 일체의 지역을 중화민국에 반환하는 것이다. 일본은 또한 폭력 혹은 탐욕에 의해 일본이 약취하고 있는 다른 모든 지역에서 구축해야 한다. 전기 3대국은 조선 인민의 노예상태에 유의하여 마침내 조선을 자유롭고도 독립된 나라로 하는 결의를 다진다"고 규정하고 있다. 이와 관련하여 다카노는 일본 본토 밖의 '제 소도' 중에서 연합국의 결정에 의해 일본에 남겨질 수도 있는 '제 소도'에 관한 문구가 없어 향후 일본에 남겨지는 일본 본토 밖의 '제 소도'의 결정은 향후의 과제로 판단하고, 인구가 극단적으로 많고 자원이 부족한 일본으로서는 조금이라도 많

44 포츠담선언은 1945년 9월 11일 항복문서 제1항에 정식으로 받아들여져, 연합국을 대표하는 연합국 최고사령관 이하 미국, 영국, 소련, 중국, 프랑스, 네덜란드, 호주, 캐나다, 뉴질랜드 등 9국 대표에 대해 일본이 조인했다.

이 남겨지는 것이 바람직하다는 전략적 입장을 보이고 있다. 제 소도에 포함되는 도서의 이해를 위해서는 일본 점령관리의 기본이 되는 문서로서[45] 항복문서 조인 직후인 1945년 9월 22일 일본 점령 관리 초기에 발표된 「항복 후 미국의 초기 대일방침」과 1945년 말에 성립된 일본 점령 관리 국제기구로서 최고정책결정기관인 극동위원회에서 1947년 6월 19일 정책으로 채택된 「일본에 대한 항복 후 기본정책」을[46] 연합국 간에 국제적 기초를 얻은 중요한 문서로서 높이 평가하고 있다. 이들 문서에는 영토문제와 관련해서 일본의 주권이 혼슈, 홋카이도, 규슈, 시코쿠로 한정되는 점은 변함이 없으나, 그 밖의 여러 섬에 대해서는 전자가 "카이로선언 및 미국이 이미 참가했거나 장래에 참가해야 할 다른 협정에 의해 결정되어야 할 원격의 제 소도(minor outlying islands)에 한정될 것이다"라고 규정하였고, '제 소도'에 '원격의(outlying)' 문구가 추가되었다는 점에서 원격이 아닌 본토에 근접한 여러 섬은 본토의 부속으로 간주되어 당연히 일본에 남겨지는 것이라고 주장하고 있다.[47]

한편 일본의 범위에서 제외되는 지역 및 일본 정부의 정치적 행정상 관할권에서 특히 제외되는 지역으로서, "(a) 울릉도, 독도(竹島), 제주도, (b) 북위 30도 이남의 류큐(남서)제도[구치노시마(口之島)를 포함], 이즈, 남방, 오가사하라, 이오군도(硫黃群島), 다토군도(大東群島), 오키노토리시마(沖の鳥島), 미나미토리시마(南鳥島), 나카노토리시마(中の鳥島)를 포함한 그 외의 원격 태평양상의 모든 제도(諸島), (c) 치시마열도(千島列島), 하보마이군도(齒舞群島), 시코탄(色丹島)"을 명시하고 있다. 다카노는 위 가운

45 高野雄一, 1946,「全文及び解說」,『日本管理法令研究』2(1946年 6月).

46 高野雄一, 1948,「全文及び解說」,『日本管理法令研究』2(1948年 4月).

47 高野雄一, 1950, 234쪽.

데 일본의 범위에 포함되는 영역의 범위가 「항복 후 미국의 초기 대일방침」과 「일본에 대한 항복 후 기본정책」 및 「일본점령의 근본목적에 관한 맥아더 원수의 휘하군대 앞으로 보낸 훈령」에서 추구해온 것과 부합한다고 해석하고 있다.[48]

이러한 해석을 통해 다카노는 포츠담선언 제8항에 명확하게 규정된 일본의 영토는 혼슈, 홋카이도, 규슈, 시코쿠의 본토 4개 섬과 부수하는 대마제도(對馬島) 및 기타를 포함한 약 1천 개의 근접한 제 소도 등이고, 박탈되는 영토에는 조선, 타이완, 펑후제도, 남양제도가 속하며, 사할린, 쿠릴열도도 간접적으로 이에 속한다고 하였다. 또한 이들 양자 어디에도 속하지 않는 '원격의 제 소도'가 포츠담선언에서의 '제 소도'로서 장래에 강화조약에 의해 연합국 중에서 결정하는 것이 일본에 귀속되는 것으로 되고, 그 외가 일본에서 박탈되는 것으로 귀결된다고 하였다.

2) 「영역취득의 법리」

후카츠 에이이치(深津榮一)는 「영역취득의 법리(領域取得の法理)」라는 논문을[49] 통해서 영역취득을 위한 영역권의 성립 연원을 검토하고 있다. 후카츠는 국제사회 전체의 법질서 상태는 '영역국가'의 개념이 그 기초라고 전제하고, 일정 영역에 대한 관할권의 행사라고 하는 주권적 영역국가의 개념은 중세에 있어서 토지영유라고 하는 매개를 통해서 이루어진 사회조직에서 발생한 '통치의 절대성'과 '군주의 영토 소유권'이 기초가 되어

48 高野雄一, 1950, 238쪽.

49 深津榮一, 1961, 「領域取得の法理」, 『國際法外交雜誌』 60-3, 306쪽.

발전한 것이라고 한다.[50] 그리고 영역의 취득 또는 상실을 질서 있게 다루는 국제법 규범은 기원이 로마법에 있다고 설명하면서 영역권을 둘러싼 법관계에 대한 새로운 고찰은 종래에 있었던 로마사법상의 제 원칙에 대해 파악되어야 한다고 주장한다.[51]

후카츠 에이이치에 따르면 역사적으로 영역을 둘러싼 분쟁은 '전쟁'이라는 해결 수단에 의해 처리되었고, 전쟁이 종결된 강화조약에는 거의 예외 없이 '영토 조항'을 포함하는 것으로 간주되어왔지만, 15세기 말부터 16세기 초기에 걸쳐 새롭게 유럽 이외의 대륙이나 도서가 발견된 이후, 그에 대한 항행과 무역의 배타적 권리를 둘러싸고 영역을 둘러싼 법관계는 새로운 전개를 보였다. 선점의 법리는 온갖 식민지 획득 경쟁의 부산물로 여겨졌다.[52] 15세기 말부터 아프리카 분할이 종료된 19세기 말까지 4세기에 걸친 영토경쟁 시대의 '선점' 무대는 '국제사회'의 전 세계적 규모 확대에 대응하여 넓혀졌다. 그러나 소위 선점을 유효하게 하는 요건이 그 모든 기간 동안 일관되었던 것은 아니며,[53] 발견과 항로의 개척, 발견된 토지에 대한 식민과 개발, 그리고 그에 따른 식민회사의 설립, 그에 부여되는 '특허장'과 사인(私人) 또는 국가 관헌에 의한 새로운 토지점유를 위한 일련의 '행위(deeds)'가 이루어지면서 토지의 사용·정주·식민이라는 현실적 점유의 원칙이 18세기에 선점의 요건으로 확정되었다는 것이다. 그리고 초기 식민국가가 뒤늦게 식민 경쟁에 참여한 국가들의 진출을 배제하기 위해 약간의 실적을 가지고 광대한 지역에 대

50 Stubbs, B., 1878, *Constitutional History of England*, Vol. 1, p. 274; 深津榮一, 1961, 307쪽에서 재인용.

51 深津榮一, 1961, 309쪽.

52 太寿堂鼎, 1955, 「国際法上の先占について」, 『法学論叢』 61-2, 41쪽.

53 다이주도 가나에(太寿堂鼎)의 위 논문은 이 점에 대한 상세한 역사적 연구이다.

한 지배권을 주장하기 위해 원용한 이론이 분수령(watershed)의 이론, 배후지(hinterland), 접속(contiguity)의 이론, 근접 또는 종속물(proximity or dependency)의 이론, 세력범위(spheres of influence)의 주장 등이라고 한다.[54]

후카츠 에이이치는 다치 사쿠타로와 달리 19세기 후반에 이르러 유럽 국가들의 식민지 획득 경쟁에 뒤늦게 등장한 독일과 포르투갈, 영국 등이 선진 식민국가와의 충돌로 인해 1884년 11월 베를린회의에서 채택한 콩고의정서가 '통고(通告)'의무를 선점의 요건에 부가함으로써 식민본국 상호 간의 분쟁을 방지함과 동시에 영역을 둘러싼 분쟁이 '국가 간'의 것이라는 인식에 도달했다는 의미에서 매우 중요하다고 한다.[55] 선점과 관련하여 통고된 사항에 대한 동의나 승인이 필요한지에 대해서는 언급하지 않았지만, 타국에게 이의신청 기회를 부여하는 것은 타국이 이의를 제기하거나 하지 않는 행위 그 자체에 명시적 또는 묵시적 승인 또는 부인을 포함하고 있다고 해석할 수 있는 충분한 근거가 되기 때문이다. 그리고 이는 무질서하게 맡겨진 영역취득의 법관계를 근대 국제법의 기초로서 주권국가 간의 합의에 두기 위한 단초를 연 것이라고 중요성을 크게 강조하고 있다. 후카츠 에이이치는 통고 요건이 분명히 식민지 획득 경쟁을 국제사회의 하나의 '질서' 아래 두려는 시도였다고[56] 의미를 부여함으로써 선점 시 '통고' 요건의 국제법적 수요와 의무성을 강조한 것으로 판단된다.

그러나 국제법학회(Institute de Droit International)의 1888년 로잔결의 제1조는 통지를 그 지역의 실효적 점유와 함께 선점의 요건으로 삼고 있고,[57]

---

54 深津榮一, 1961, 313쪽.

55 深津榮一, 1961, 315쪽.

56 深津榮一, 1961, 315쪽.

57 松原一雄, 1952,『国際法概論』, 291쪽; 深津榮一, 1961, 327쪽에서 재인용.

슈바르첸베르거(Schwarzenberger)는 통고의무가 생제르맹조약 규정에서 제외된 결과, 콩고의정서의 해당 조건은 폐지됐지만 결국 통고의무는 "관습국제법상의 규칙으로서의 지위를 회복했다"고 밝혔다는 점을 지적하고 있다.[58]

3. 영토권원 관련 논의 검토

다카노는 「평화조약과 일본의 영토」에서 제2차 세계대전의 연합국 측 지도원칙과 전후의 패전국 처리방침을 포함하고 있는 1941년 대서양헌장에 따르면 제2차 세계대전이 패전국의 영토축소를 목적으로 하는 것이 아니라는 점을 강조한다. 이 원칙은 카이로선언의 문언에 명시되어 있고, 이후 포츠담선언과 일본의 항복문서에[59] 삽입함으로써 일본과 미국·영국·소련·중국을 포함한 연합국 간의 법적 관계를 규율하고 있다고 주장한다.[60] 특히 포츠담선언은 제8항에서 일본의 영토문제를 규정하고 있으며, 포츠담선언의 제8항에서 밝히고 있는 것은 일본의 영토로서 남는 해외 영토는 미국과 영국, 소련이 적극적으로 결정하는 '소도'만이고, 어떠한 '소도'가 일본 영토에서 박탈될지는 포츠담선언 제8항에 준하는 카이로선언을 통해 확인할 수 있다고 한다. 특히 주목해야 할 논리는 연합국 최고사령관이 일본 정부 앞으로 보낸 1946년 1월 29일의 「약간의 원격 지역을 정치상 행정상 일본으로부터 분리하는 것에 관한 각서」(소위

58 深津榮一, 1961, 327쪽.

59 법률적 성질에 관한 논의가 있지만, 특수한 내용이기는 하지만 광의로 국제법상의 합의에 속한다고 보아야 한다. 高野雄一, 1950, 239쪽.

60 高野雄一, 1950, 228쪽.

SCAPIN 677)가 일본에 법적인 의미를 지닌다고 파악하고,[61] 일본의 영역과 관련하여 일본 정부가 행정상의 권능을 행사해야 할 부분과 그렇지 않은 부분을 구체적으로 밝혔다는 해석을 하고 있다. 물론 극동위원회와 연합국 최고사령관은 일본의 영토문제에 관한 권한을 갖지 않기 때문에 이 각서는 "포츠담선언의 제8조에 있는 제 소도의 최종적 결정에 관한 연합국의 정책을 나타내는 것으로 해석해서는 안 된다"고 되어 있지만 극동위원회 관리하의 일본 정부의 권한에 속해야 할 지역의 범위를 구체적으로 나타내고 있는 점, 또 앞에서 문제 삼은 '원격(outlying)'·'지역(areas)'의 용어를 사용해 구체적 지역·도서를 적시하고 있는 점, 문제의 포츠담선언의 '제 소도'에 관하여 참고가 될 의미는 충분히 있다는 것이다.

후카츠는「영역취득의 법리」에서 선점을 실효적으로 만들기 위한 조건은 역사적으로 변화가 있었으며, 오늘날의 국제사회 긴밀화 단계에서 선점의 사실은 타국에 이의신청의 기회를 주기 위하여 통고되어야 하고 그에 대한 타국의 승인이 필요하다는 명확한 입장을 견지하고 있다.[62] 그 근거로서 국제법학회의 1888년 로잔결의 제1조와[63] 통고의무가 생제르맹 조약 규정에서 제외된 결과 콩고의정서의 해당 조건은 폐지됐지만 결국 통고의무는 "관습국제법상의 규칙으로서 지위를 회복했다"고 논리를 전개했고, 오사와 아키라,[64] 다오카 료이치[65]도 통고를 선점 요건으로 꼽고

61 高野雄一, 1946,「全文及び解說」,『日本管理法令研究』8(1946年 12月); 高野雄一, 1947,「全文及び解說」,『日本管理法令研究』11(1947年 2月); 高野雄一, 1950, 237쪽에서 재인용.

62 深津榮一, 1961, 325쪽.

63 松原一雄, 1952, 291쪽.

64 大沢章, 1953, 229-230쪽.

65 田岡良一, 1955, 338 쪽.

있음을 지적한다. 이는 일본이 시마네현 고시를 통해 독도를 자국에 편입하면서 이해관계국인 한국에 대하여 통고하지 않은 점이 국제법의 법리에 반한다는 주장을 뒷받침하는 일본학자들의 논리와 주장이라는 측면에서 큰 의미가 있다. 후카츠는 국제사회의 법적 안전을 확보하기 위해서는 조약상의 의무가 존재하든 않든 간에 선언은 일반적으로 이루어질 필요가 있고, 이는 사실상 국제관행상 선점 통지를 각국이 많이 하고 있다는 사실에서 도출된다고 강조하고 있다.[66]

Ⅳ. 1980년대~2000년: 해양과 환경문제의 국제이슈화 및 영토개념의 확대

1. 시대적 특징과 영토권원 관련 논문

1980년대 이후 2000년까지 국제사회는 지구촌화되면서 인권, 환경, 통상, 해양 등 다양한 분야의 국제적 이슈가 제기되어 일본 『국제법외교잡지』에 게재된 논문들 또한 다양성이 확대되었다. 일본의 국제법학계는 국제연합에 대한 관심도가 높아 국제연합의 안보리, 사무총장, 국제연합의 PKO활동 등에 대한 논문을 여전히 많이 다루지만, GATT/WTO 등 국제경제법 및 미일통상마찰과 동서무역 그리고 남북경제분쟁 등 국제통상법 관련 논문이 대폭 증가하고, 유럽연합과 관련된 논문 또한 다수 게재하고 있다. 이와 함께 국제해양법협약 관련 논문이나 국제환경법 관련 논

66 松原一雄, 1952, 291쪽.

문들이 빈번히 등장한다. 이러한 다양성의 증가에 따라 영토주권 관련 논문은 상대적으로 줄어들어 이 시기 『국제법외교잡지』에 게재된 영토주권 권원 관련 논문은 安藤仁介, 1984, 「フォークランド諸島の領有權紛爭と國際法」, 『國際法外交雜誌』 83-5; 奧脇直也, 1997, 「日本の國際法學における領域性原理の展開」, 『國際法外交雜誌』 96-4·5合併 등에 불과하다.[67]

2. 주요 논문의 내용 분석

오쿠와키 나오야(奧脇直也)는 「일본 국제법학에서 영역성원리의 전개(日本の國際法學おける領域性原理の展開)」라는 논문에서[68] 영역성의 원리는 국가주권이 배타적으로 작용하는 영역을 상호 간에 공간적으로 구획함으로써 주권의 충돌을 회피하기 위한 것이라고 전제한다. 종전 시 체결되는 평화조약에서 영토획정 조항이 포함되는 것도 영역의 상호 획정을 하는 것이 전후 평화 확립과 그 안정의 기초였기 때문이며, 이는 근대국가의 질서유지 형성의 기본적 구조 중 하나였다는 것이다.[69]

---

67 그 외에도 太壽堂鼎, 1998, 『領土歸屬の國際法』, 東信堂; 河鍊洙, 1999, 「竹島紛爭再考-領域權源をめる國際法の觀點から」, 『龍谷法學』 32-2; 荒木敎夫, 1999, 「領土·國境紛爭における地圖の機能」, 『早稻田法學』 74-3 등의 주요 저서와 논문이 있다.

68 奧脇直也, 1997, 「日本の國際法學おける領域性原理の展開」, 『國際法外交雜誌』 96-4·5合併, 634쪽.

69 奧脇直也, 1997, 635쪽.

1) 영역지배의 실효성과 정당성

오쿠와키에 의하면 영역지배의 중요한 축은 영역지배의 실효성과 정당성이라는 축이다. 영역지배의 실효성은 우선 영역권원의 선점에 의한 취득 요건인 '실효지배'의 원리로서 나타나는데, 선점에 의해 영역권원이 확립된 후에는 이 실효지배의 원리는 내정불간섭 원리의 배경에 숨어 지배의 정당성이라는 관념이 겉으로 드러나는 일은 일반적으로 없었다. 전통적 국제법은 영역지배가 실효적으로 행해지고 있으면 그 효과가 영역 내에 머물러 있는 한 그 실질이 어떻든 그것을 존중했다.[70] 선점에 대해서도 예를 들어 선점 원리의 전제인 '무주지' 요건의 적용에 있어서 선주민의 정치질서를 어떻게 평가하는가 하는 점에 애당초 서구적인 정당성 원리가 감춰진 형태로 내재되어 있었다는 점을 갈파하고 있다.[71] 물론 실효지배의 원리는 토지를 물(物)로서 지배한다고 말할 수 있을 정도의 실력을 갖고 지배한다고 하는 의미로서, 그 의미에서는 물적 지배권(dominium)으로서의 영역지배에 관한 원리이고, 클리퍼튼(Clipperton) 사건의 중재재판에 대한 다치 사쿠타로의 비판처럼 선점의 대상이 되는 토지에 선주민이 있는가 또는 무인도인가에 따라 그 내용이 다른 것은 아니라고 한다.[72]

---

70 奥脇直也, 1997, 640쪽.

71 奥脇直也, 1997, 641쪽.

72 奥脇直也, 1997, 641쪽.

2) 물리적 점유와 명령강제의 주권행사

오쿠와키는 다이주도 가나에(太寿堂鼎)의 연구가[73] 1870년대 이후 선점의 요건인 실효지배의 원리가 그때까지와는 다른 의의를 갖게 된 것을 명확히 하고 있다고 평가한다. 즉, 16세기 이후 중상주의 시대의 해안이나 섬 등의 통상(通商)거점 확보를 위한 식민을 별도로 하면, 근대 국제법이 형성되는 18세기에서 19세기 중엽에 걸친 시기, 즉 아메리카대륙으로 농업이민을 배경으로 한 식민에서는 이주식민지의 개설이 목적이 되고, 따라서 토지의 사용과 정착에 의한 '토지 자체'의 지배가 중시되었다. 따라서 국가에 의한 영토권 획득도 사법상의 물(物)의 점유 법리, 실효적 점유와의 유사성이 설득력을 갖는 상황이었다. 그런데 차츰 일본이 국제사회에 참여하는 1870년대 시기에 선점의 실효지배에는 이미 '지방적 권력'의 확립이라는 전혀 별개의 내용이 포함되어 있었던 것이다.

다이주도 가나에가 특히 주목한 것은, 아프리카문제의 해결, 그중에서도 선점 규범의 확정을 위해 비스마르크가 개최를 호소한 1884년의 베를린회의에서 채택된 의정서였다. 이 의정서의 체결국은 선점한 아프리카 대륙의 해안 지역에서 기득권의 보호, 통상 및 통과의 자유를 보호하는 데 충분한 권력의 존재를 보증할 의무를 부담하는 것으로 정했다. 그러나 동 의정서에는 그들 제국주의 열강의 통상이익뿐만 아니라 원주민의 이익보호문제도 포함되어, 신앙의 자유보호나 노예제도 및 노예거래의 금지 등도 규정되어 있었다. 결국 한 국가는 점유한 토지에서 명령강제의 권력을 실효적으로 보유하고, 또 그것을 통해서 식민지 통치를 국제적 의무에 따라 행사할 것을 요구받게 되었던 것이다. 그리하여 토지의

---

73 太寿堂鼎, 1955, 36쪽 이하.

물(物, dominion)로서의 지배라는 관념 대신에 선점한 영역의 권력 확립의 의무와 통치권(imperium)으로서의 관할과 지배의 실질적 내용에 대한 정당성이라는 관념이 들어오게 되었다. 여기서 '실효성'은 다치 사쿠타로가 말하는[74] 선점의 남용을 회피하는 원리로부터 오히려 선점에 의한 영역권원의 취득 후의 명령강제적 권력의 보유와 적정한 행사를 의무화하는 원리로 전환한 것 또는 그 의미 내용을 확충한 것이 된다. 실효성이 물적 지배권에서 통치권으로 중점을 옮기고, 정당성이 조건이 된 것이다.[75] 다이주도는 그런 의미에서 이 역사의 단계를 "스스로 정당화하는 유럽의 문명과 세계적 규모로 확대된 자본주의 경제체제로의 신념이, 선점이라는 법개념과 결합한" 것으로 결론짓고 있다. 이러한 실효성 원리와 정당성 원리의 결합은 전통적인 영역성 원리를 해체하는 것이다. 이 원리적 전환은 20세기를 통해 식민지만이 아니라 본래의 국가영역에 대해서도 타당성을 갖게 되는 점에 특히 유의할 필요가 있다.

3) 영역주권의 내용으로서 물적 지배권과 통치권

근대적 국제법 규율의 역사적 발전은 영토라고 하는 물리적인 사실을 엄연한 전제로 하고, 영역에 의해 정해진 지배명령의 권능이 실효적으로 관철될 것을 요청하면서, 동시에 주권국가의 영역적인 거주 구분과 내정불간섭의 원리를 넘어서 국가관할권 행사의 정당성을 국제사회 측에서 기준화해갈 것을 요구하는 구조와 관련된다.[76]

---

74 立作太郎, 1931, 「國際法における獨立の觀念」, 『法學協會雜誌』 49-10, 1715쪽 이하.

75 奧脇直也, 1997, 642쪽.

76 奧脇直也, 1997, 643쪽.

확실히 영역성 원리를 절대화하여 국가 간의 분쟁 발생을 회피하고 국제질서를 안정화하기 위해서는 물적 지배권으로서의 영역지배의 범위에 통치권으로서의 국가주권이 미치는 범위를 일치시키는 것이 유효했다. 다만 그때 주의해야 할 것은 물적 지배권의 관념은 실은 근대 특유의 관념이었다는 것이다. 비(非)영역적인 원리 위에 성립하는 중세의 세계질서는 엄밀한 '선(線)으로서의 국경(border)'이 아닌 기껏해야 막연한 '벨트형태(帶狀)의 국경지대(frontier)'일 뿐이어서, 사실상으로도 사적인 토지소유권과 공적인 영토권이 하나의 연속선상에 있었다. 이에 반해 근대의 탄생은 사권 영역과 공권 영역의 명확한 구별을 도입함으로써 성립한 것이고, 동시에 공권으로서의 통치권이 '주권'으로 확립됨에 따라 이것을 하나의 고정된 국경선 안에 가둘 필요가 생긴 것이다.[77]

그런 까닭에 오쿠와키는 국가의 영역지배에서는 물적 지배권이 근거가 되는 통치권과 물적 지배권의 범위 안에 갇힌 통치권이라는 두 가지 관념이 서로 보완하며 근대 국제법의 영역성 원리를 지탱하고 있었다고 한다. 영역침해행위는 전자의 측면에서 물적 지배권으로서의 영토권 침해이기 때문에 통치권 침해(보호법익으로서의 영토보전의 침해)로도 되지만, 후자의 측면에서는 순수한 통치권 침해(보호법익으로서의 정치적 독립)로 파악된다.[78] 보호법익이 영토보전인지 정치적 독립인지에 따라 국제법상의 효과 즉 국가의 국제책임을 추궁하는 원리가 어떻게 달라지는가, 또 영역의 득실이나 국경의 획정, 대륙붕의 범위, 경우에 따라서는 배타적 경제수역의 범위 등, 전자의 측면에서 물적 지배권이 다퉈지고 있는 경우에 그 물적 지배권으로서의 영역을 국제법 적용의 전제가 되는 '국가적 사

---

77 奥脇直也, 1997, 657쪽.

78 奥脇直也, 1997, 658쪽.

실(fact of state)'로서 파악해서 문제의 차원을 통치권문제로부터 분리하는 '국가 3요소설'에 의해 설명하는 것이 현실성을 갖고 있는가 등 이 두 가지의 관념을 둘러싼 논쟁의 불씨는 끝이 없을 것으로[79] 예상하고 있다.

3. 영토권원 관련 논의 검토

오쿠와키 나오야는 국가는 점유한 토지에서 명령강제의 권력을 실효적으로 보유하고, 또 그것을 통해서 식민지 통치가 국제적 의무에 따라 행사할 것을 요구받게 되어, 토지의 물적 지배라는 관념 대신에 선점한 영역의 권력확립의 의무와 지배의 실질적 내용에 대한 정당성이라는 관념이 들어오게 되었다고 지적한다. 여기서 '실효성'은 정당성을 조건으로 하는 물적 지배권에서 통치권으로 중점의 이전이 있었으며, 그런 의미에서 이 역사의 단계는 "스스로 정당화하는 유럽의 문명과 세계적 규모로 확대된 자본주의 경제체제로의 신념이 선점이라는 법개념과 결합한" 것이고, 이러한 실효성 원리와 정당성 원리의 결합은 전통적인 영역성 원리를 해체하는 원리적 전환으로 이는 20세기를 통해 식민지만이 아니라 본래의 국가영역에 대해서도 타당하게 되었다고 강조하고 있다.

오쿠와키는 영토 또는 국가관할권이 배타적으로 미치는 공간의 경계 획정이 영역의 지배권과 얽히면 그 양상이 달라진다고 한다. 영토문제는 국민의 역사적인 감정을 불러일으킬 뿐만 아니라 국가안전보장의 가장 중요한 정책과제가 되고, 그 까닭에 각 영역국가의 정책적 선택지를 좁히고 통치권의 문제를 일체 배제한 물적 지배권의 문제로 전환되어버린다

79 奥脇直也, 1997, 658쪽.

는 것이다.[80] 이러한 영토를 둘러싼 딜레마를 극복하기 위해서는 영역지배에 관한 실효성과 정당성 사이의 긴장을 감안하여 국제의무의 이행을 확보할 국가의 책임이라는 측면에서 통치권의 적정한 행사 범위를 개별 사항마다 명확히 할 필요가 있다고 한다.[81]

V. 2001년 이후: 전방위적 영토분쟁과 역사적 측면에서 영토권원 검토

1. 시대적 특징과 영토권원 관련 논문

2000년 이후 한국과 일본은 경제와 국제정치 분야에서 협력과 한일 간 역사문제에 관한 갈등이라는 충돌적 양면관계를 적절히 '관리'해왔고, 이로 인해 한일관계의 미래를 언급하고 논의하기 위한 노력과 시도가 가능했다. 더욱이 일본은 러시아와 쿠릴/북방 영토문제, 중국과 댜오위다오/센카쿠 영토문제가 현안으로 부각되고 국제법적 측면에서의 검토가 진행되면서 독도에 대한 국제법적 연구는 상대적으로 소강상태였고, 이러한 상황에 대하여 일본 내에서는 더 이상 독도에 관한 국제법적 논의가 전개되지 않을 것이라는 전망도 제기되었다. 그러나 2005년에 시마네현이 '다케시마의 날'을 조례로 제정하고 난 후 독도에 대한 관심이 높아지면서 비록 『국제법외교잡지』에 게재된 글은 아니지만 시마네현의 죽도문

80 奥脇直也, 1997, 661쪽.

81 奥脇直也, 1997, 661쪽.

제연구회가 약 3년의 주기로 발간하는 기수별 최종보고서와 일본 내 각 대학의 법학논문집을 통해 많은 독도 또는 영토주권 관련 논문이 게재되었다.[82] 특히 2012년 8월 10일 이명박 전 대통령의 독도 방문과 일본 정부의 센카쿠(중국명 댜오위다오) 국유화조치로 인한 중일 간 대립이 격화되면서 영토에 대한 관심이 증폭되었다.[83] 이는 일본 내 사회과학분야에서 2000년부터 2008년까지 9년간 9건의 독도 관련 연구결과가 발표되었지만 2009년 이후 2013년 전반기까지 3년 반 동안 무려 19건의 연구결과가 발표되었다는 자료를 통해서도 알 수 있다.[84]

이 기간 동안 일본의 『국제법외교잡지』에 게재된 영토주권 관련 논문을 보면 塚本孝, 2006, 「冷戰終焉後の北方領土問題」, 『國際法外交雜誌』 105-1; 朴培根, 2006, 「日本による島嶼先占の諸先例-竹島/獨島に對する領域權原を中心として」, 『國際法外交雜誌』 105-2; YoshihiroMATSUI 外, 2014, 「尖閣諸島問題(特輯)」, 『國際法外交雜誌』 113-2; 坂本一也, 2021, 「領域管理を行う國際組織·機構のアカウンタビリテイに關する一考察」, 『國際法外交雜誌』 119-4가 있으며, 그 외에 주목할만한 영토주권 관련 논문으로 中野徹也, 2012, 「1905年日本による竹島領土編入措置の法的性質」, 『關西大學法學論集』 61-5; 中野徹也, 2020, 「地理的近接性に基づく領域權原取得の可能性」, 『第4期「竹島問題に關する調査研究」最終報告書』(令和2年3月); 島田征夫, 2014, 「國際法上の無主地先占の法

82 일본에서 독도에 대한 연구논문의 수는 많지 않지만 다양한 견해를 가지고 상호 간에 치열한 논쟁을 하기 때문에 논문의 질은 상대적으로 높다는 평가이다. 박병섭, 2013, 32쪽.

83 이성환, 2013, 66쪽. 이성환은 이 글에서 고유영토론, 독도문제해결론, 국제법사관, 독도문제에 대한 일본의 인식 등을 중심으로 일본학자들의 견해를 분석하고 있다.

84 이성환, 2013, 66쪽.

理」,『早稲田法學』 89-4 등이 있다.

2. 주요 논문의 내용 분석

1) 무주지 선점

무주지의 발견과 선점의 문제에 관하여 시마다 마사오(島田征夫)는 「국제법상 무주지 선점의 법리(國際法上の無主地先占の法理)」라는 글을 통해 영토권원으로서 발견과 선점의 대결과 중심이동에 관한 깊이 있는 역사적 접근을 하고 있다. 즉, 영국을 포함한 유럽 각국은 영토주권의 권원으로서 '최초의 발견과 의례'를 중시했지만, 누트카만 위기에서[85] 스페인의 북미 발견이 영국의 발견보다 먼저였기 때문에, 새로운 원칙 즉 '실제 점유와 항구적 영유'의 원칙이 영국에 의해 주장되었다고 분석하였다. 영국은 어느 쪽이 먼저 발견했는가를 다투기보다는 스페인의 발견원칙 자체에 이의를 제기하여 발견원칙에 따르면 권리 주장의 위반자인 늦은 발견자를 규탄하는 종래의 전통적인 생각을 부정하고, 발견원칙의 철회와 점유원칙의 적용을 요구한 것이다. 이는 종래 유럽인이 정주하고 있지 않은 미개척지는 '최초의 발견과 공적(公的) 영유의식'에 의해 영유가 확정된다는 발견원칙에 기초한 스페인의 영토권을 분쇄하기 위해 고안된 새로운

85 스페인은 1774~1779년에 3번에 걸쳐 탐험대를 보내, 멕시코로부터 알래스카의 프린스 윌리암만까지의 해안 전체를 항해하고 여러 장소에서 엄격한 의식에 의한 공식적인 영유선언을 했다. 마침 1778년 3월 29일에 영국의 쿡이 누트카만에 도달하였다. 이리하여 스페인, 영국 양국 모두 해달 모피 교역의 중요한 거점인 누트카만이 자신이 지배하는 장소라는 인식이 있었다.

원칙으로서[86] 보다 근대적인 '실제 점유와 항구적 영유'원칙으로 전환을 도모한 것이다. 시마다는 발견의 권리와 선점 사이의 관계에 대한 논의를 분석하면서, 유럽 국가들은 중세의 종교적 세계관에 입각하여 교황의 칙령을 통하여 영역획득의 합법화를 시도하였으나 교황의 권위가 상실됨에 따라 스페인·포르투갈의 패권에 대하여 도전하면서 발견과 선점이 평행하게 주장되는 시대로 이행이라는 보다 현실적인 법적 근거를 찾고자 하였다고 설명하고 있다.[87]

나카노 데쓰야(中野徹也)는 「1905년 일본에 의한 독도영토편입조치의 법적 성질(1905年日本による竹島領土編入措置の法的性質)」이라는 논문을 통해 적어도 1903년 이후의 동향을 보면, 한국도 독도/다케시마의 존재를 인식하고 이용하고 있었으며,[88] 1904년에 독도/다케시마에서의 어업권 독점을 기획한 나카이 요자부로의 동향 서술을 보면 독도/다케시마가 한국령이라고 인정될 것 같은 뭔가의 사정이 있었다는 것이 확실하고, 이 시기 내무성은 독도/다케시마의 일본령 편입에 신중했다고 한다. 1904년 9월자 군함 니타카(新高)의 일지가 쓰여진 시점에는 이미 한국인이 독도/다케시마를 '독도'라고 명명하고 있었던 사실과 1906년의 울도군수·강원도 관찰사·내무대신·의정부 참정대신 등이 독도는 한국령이라고 단언했던 사실을 인정하고 있다.

86 島田征夫, 2014, 「國際法上の無主地先占の法理」, 『早稲田法學』 89-4, 102쪽.

87 J. Crawford, 1979, *The Creation of States in International law*, p. 176.

88 中野徹也, 2012, 「1905年日本による竹島領土編入措置の法的性質」, 『關西大學 法學論集』 61-5, 151쪽.

2) 선점 또는 편입조치와 통지의무

시마다는 일본 시마네현의 독도 편입조치에 대하여 지적되고 있는 주변국에 대한 통지의무 위반 또는 불이행이나 선점행위의 주체가 국가기관 또는 국가의 위임을 받아 이루어져야 한다는 법리에 의문을 제기하고 있다.[89] 그리고 "발견 후 현실의 점유가 계속되는 것의 필요성"을 설명하면서 "정착이나 현실적 이용의 필요성"을 언급하고, 바텔의 '현실의 점유 이론'을 "선점법규의 중핵 요건"으로 확대하여 강조하고 있다. 그러면서도 이런 태도가 문명의 관점에서 야만을 판단하여 유럽의 아프리카 식민지화에 이론적 기초를 제공했다는 점과 바텔의 이론이 당시 국제법상 현실점유의 원칙에 우선해서 발견원칙이 여전히 중시되고 있다는 사실을 지적하고 있다.[90]

그러나 선점의 행위가 이루어지지 않은 무인도와 관련하여 나카노는 무인도의 경우 실효적 지배가 확립되어 있지 않은 경우에도 영유의사가 주지성(周知性)을 가지고 표명되고 있으면 선점이 성립한다고 주장한다.[91] 이는 일본의 독도에 대한 편입조치가 이해관계국에 대한 통지를 하지 않았다는 점에 상당한 문제의식을 가지고 이를 변호하기 위한 논리로서 일본의 영유의사표시를 통한 한국의 인식가능성만으로 통지의무의 결여를 대체할 수 있다는 해석이다. 하지만 일본의 독도 편입조치는 물리적 선점이나 행정적 통치권한의 행사가 독도에 대하여 어떠한 형식으로도 이루

89 島田征夫, 2014,「國際法上の無主地先占の法理」,『早稲田法學』89-4, 94쪽.

90 이를 뒷받침하는 사례로서 영국이 15세기 말 이후 카봇(John Cabot)이 항행한 사실을 근거로 오랫동안 북아메리카의 광대한 지역의 영유권을 주장한 바 있다. 島田征夫, 2014, 95쪽.

91 中野徹也, 2012, 161쪽.

어진 바 없으며, 클리퍼튼섬 사건에서도 인접한 잠재적 이해관계국인 하와이 정부에 대한 직접적 통지와 하와이에서 발행되는 영자신문의 보도가 있었다. 이를 고려하면 일본의 독도 편입의 경우 한국 정부에 전혀 통지되지 않고 자국의 지방정부 청사 앞의 안내판에 공고했을 뿐이며, 언론매체 또한 도쿄의 언론에 보도된 것이 아닌 시마네현 지역신문에 단순 보도된 것에[92] 지나지 않기 때문에 영유의사의 주지성을 갖추었다고 할 수 없다.[93]

따라서 나카노는 「1905년 일본에 의한 독도 영토편입조치의 법적 성질」에서 독도/다케시마의 경우, 후에 일본에 의한 실효적 지배가 확립되어 그것에 의한 '공연성(公然性)'을 갖게 되었으므로 통고가 이루어지지 않은 것 자체는 선점의 성립을 방해하는 사유는 아니지만,[94] 오가사와라(小笠原)제도의 영토편입 경우에는 미국이나 영국에 이 섬의 귀속 취지가 도쿄 주재 각국 공사에게 통고되었다는 당시 상황을 고려하면 독도/다케시마는 "어느 나라도 관심을 보이지 않았던 무인도"는 아니었기 때문에[95] 법률적인 요건이 아니라 "정책적인 견해로부터" 적어도 한국에 통고할 필요는 있었다고 한다.

---

92 메이지 38년(1905) 2월 28일 『시마네현보(島根県報)』에 게재되었으며, 동년 2월 24일자의 『산인신문(山陰新聞)』 제5912호도 고시가 있었던 사실 및 그 내용을 보도하고 있다.

93 그럼에도 불구하고 아무튼 독도/다케시마의 경우 후에 실효적 지배가 확립되어 그것에 의한 '공연성'을 갖게 되었으므로 통고가 이루어지지 않은 것 자체는 선점의 성립을 방해하는 사유는 아니라고 한다. 中野徹也, 2012, 161쪽.

94 中野徹也, 2012, 161쪽.

95 太壽堂鼎, 1998, 145쪽.

3. 영토권원 관련 논의 검토

영토취득의 권원으로서 무주지 선점과 관련하여 시마다 마사오는「국제법상 무주지 선점의 법리」라는 논문을 통해 '최초의 발견과 의례'를 중시하던 유럽의 영역권원 취득의 법리가 누트카만 사건을 계기로 새로운 원칙으로서 '실제 점유와 항구적 영유'의 원칙으로 전환되었다고 분석하였다. 영역취득의 권원으로서 발견원칙의 철회와 점유원칙의 적용을 요구한 것은 보다 근대적인 '실제 점유와 항구적 영유'원칙으로 전환을 도모했다는 것이다. 시마다는 사적 소유권의 원시적 취득은 선점에 의한다는 로마법의 원칙을 국가 간의 영토권의 획득에 응용하여 발견된 무주지는 점유를 동반할 때만 충분한 영유권의 권원이 형성된다고 주장하고 있다. 나카노 데쓰야는 늦어도 1903년 이후 한국도 독도의 존재를 인식하고 이용하고 있었음을 인정하고,[96] 1904년에 독도에서의 어업권 독점을 기획한 나카이 요자부로가 당초 대한제국 정부에 대해 이 섬의 대여 신청을 제출하려고 의도한 이유를 설명했다. 또한 1904년 9월자 군함 니타카의 일지가 쓰여진 시점에 이미 한국인이 독도/다케시마를 '독도'라고 명명하고 있었던 것이 명료하다는 점과 1906년의 울도 군수·강원도

---

96 동시대에 쓰여진 구즈 슈스케(葛生修亮)의 『韓海通漁指針』(1903), 이와나가 시게카(岩永重華)의 『最新韓国実業指針』(1904), 다부치 도모히코(田淵友彦)의 『韓国新地理』(1905) 등의 기술에서도 당시 일본인들 사이에 독도/다케시마를 대한제국 영토로 간주하는 생각이 적지 않게 있었던 것이 지적되고 있다. 1904년의 군함 니타카의 일지에는 한국인이 '독도'라고 쓰고 있다는 것이 적혀 있다. 그리고 1906년에 시마네현의 공무원 진자이 요시타로(神西由太郎) 등이 울릉도를 방문했던 시기에 "다케시마가 일본의 영토로 편입되었다"는 것을 들은 한국 관료들은 동일하게 독도는 자국 영토의 일부이고, 일본령이라고 하는 것은 전혀 근거가 없는 말이라고 대답했다. 中野徹也, 2012, 151쪽.

관찰사·내무대신·의정부 참정대신 등이 독도는 한국령이라고 단언했던 점을 근거로 1905년 전에 독도/다케시마가 한국령으로 인식되었음을 인정하고 있다.[97] 이런 상황 속에서 추진된 일본 각의의 1905년 '무인도'(독도/다케시마)의 일본령 편입을 '무주지 선점'으로 강변하며 정당화하는 데 한계가 있다는 것이다.[98]

나카노는 독도/다케시마의 경우 후에 일본에 의한 실효적 지배가 확립되어 그것에 의한 '공연성'을 갖게 되었으므로 통고가 이루어지지 않은 것 자체는 선점의 성립을 방해하는 사유는 아니지만,[99] 독도/다케시마는 "어느 나라도 관심을 보이지 않았던 무인도"는 아니었기 때문에[100] 법률적인 요건이 아니라 "정책적인 견해로부터" 적어도 한국에 통고할 필요는 있었다고 한다. 그것이 이루어지지 않았기 때문에, 이미 "일본 정부는 조선을 대등한 주권국가로 인정하지 않았던 것"이고,[101] '침략'으로 받아들여지는 하나의 원인이 되었다고 말할 수 있으며,[102] 이러한 측면에서 일본이 취한 조치는 "자국민을 대상으로 한 국내적 조치이며, 경쟁국은 물론 타국에 대해 이러한 입법 조치에 따른 영유권 주장이 이루어지지 않은 공공성이 매우 낮은 행위였다"는 것을 인정하고 있다. 하지만 공공성의 낮음이 법적으로 어떤 의미를 지니는가에 대하여는 의문을 제기하여 독도에 대한 일본의 영토편입이 이해관계국에 대한 통지의 요건을 구비하지 않았다고 하더라도 그 자체로 위법성을 형성하는지에 대하여는 소극

---

97 中野徹也, 2012, 151쪽.

98 池内敏, 2012, 32쪽; 中野徹也, 2012, 152쪽 재인용.

99 中野徹也, 2012, 161쪽.

100 太壽堂鼎, 1998, 145쪽.

101 堀和生, 1987, 119쪽.

102 中野徹也, 2012, 161쪽.

적 입장을 보이고 있다.

VI. 맺음말

일본국제법학회가 1899년 이래 현재까지 발간하고 있는 『국제법외교잡지』를 통해 전개하고 있는 영토주권 관련 국제법적 논의의 흐름은, 우선 1900년대에서 1940년대까지 일본의 제국주의에 대한 동경과 실행 속에서 영토팽창과 침략전쟁의 정당화 논리를 발굴하고 전개하는 시기를 첫 단계로 볼 수 있다. 일본은 후발적으로 국제사회의 일원으로 등장하여 유럽 국가들과 전쟁 및 동맹관계를 구축하면서 제1차 세계대전을 통해 아시아 지역에서 패권국가로서 식민지 경쟁에 뛰어들고, 이에 발맞추어 국제사회의 국제법 동향을 『국제법외교잡지』를 통해 소개하면서 영토 관련 국제법적 논의를 전개하였다.

두 번째 시기는 1950년대부터 1970년대까지 일본의 패망과 제2차 세계대전의 종전 이후 일본 국제법학계가 전후 연합군최고사령부의 일본 점령 및 통치, 평화에 대한 의지의 국제적 표현으로서 국제연합, 그리고 새로운 국제경제질서에 대한 관심이 높았던 시기로 설정할 수 있다. 이는 샌프란시스코강화조약의 체결 과정에서 패전국이지만 연합국의 패전국에 대한 처분에 대응하여 동서냉전의 국제질서체제에서 서방국가의 일원으로서 자국의 위상을 자리매김하고, 자국의 영토범위를 최대한으로 주장하여 제국주의 일본의 영토 범위 축소를 방어하고 국익을 극대화하고자 하는 접근을 하고 있다.

세 번째 시기는 1980년대 이후 2000년까지 국제사회가 지구촌화되면서 인권, 환경, 통상, 해양 등 다양한 국제적 문제가 이슈로 제기됨에 따라 해양국가인 일본의 국제법학계는 국제해양법에 대한 논문를 다수 게재하며 영토주권 관련 직접 논의는 소강상태를 보이면서 해양대국의 위상을 강조하여 해양영토주권을 간접적으로 강화하였다.

네 번째 시기는 2000년대에 들어 일본은 러시아와 쿠릴/북방 영토문제, 중국과 댜오위다오/센카쿠 영토문제를 현안으로 부각하고 국제법적 측면에서의 검토를 본격적으로 진행하여 영토팽창의 의지를 보이지만 독도 영토주권 측면에서의 연구는 보이지 않는다. 그러나 2005년에 시마네현이 '다케시마의 날'을 조례로 제정하고, 2012년 8월 10일 이명박 전 대통령의 독도 방문과 일본 정부의 센카쿠 국유화조치로 인한 중일 간 대립이 격화되면서 영토에 대한 관심이 증폭되어 시마네현의 죽도문제연구회가 주기적으로 최종보고서 형태로 독도 영토주권 관련 주장을 담고 있고, 일본 내 여러 대학의 법학 논문집과 잡지에서 독도 영토주권을 다루는 논문과 글을 싣고 있다.

각 시기별 주요 논문의 논의 내용을 보면 1902년 데라오 도오루는 「국토의 팽창」을 통해 발견을 통한 영토편입은 어렵게 되었지만 영토팽창에 대한 국가의 욕망은 매우 강렬하기 때문에 이미 방대한 영토를 가지고 있어도 영토팽창에 대한 다양한 논리를 활용할 수 있다는 입장에 주목하고 있다. 1933년 다치 사쿠타로는 「무주도서 선점의 법리와 선례」에서 무주도서에 대하여 영토권을 획득하기 위한 선점의 필요성을 언급하며 선점의 요건을 매우 엄격하게 해석하고 있다. 이와 더불어 선점 시 외국에 대한 통고의무는 국제법상 의무는 아니라고 한다. 하지만 1888년의 국제법학회에서 외교상의 통고를 선점 요건의 하나로 결의했다는 사실을 확인하고 있고, 토지의 선점에 대하여 외국에 통고하는 것이 국제상의 편의에 적합하고, 자연법적 측면에서 이를 국제법으로 인정하려고 주장하는 일본의 국제법학자들이 있었음을 인정하고 있다. 다치 사쿠타로는

1939년 「토지점유에 관한 연혁적 고찰」에서도 발견에 의한 토지의 영토권 획득을 다시 한번 부정하면서 '실효적 점유'에 대한 로마법에 기초한 유럽대륙학자들의 관념적 주권지배보다는 앵글로 색슨계의 국제법학자들의 접근방법론으로서 선점의 완성을 위해서는 실효적 점유에 의한 토지의 사용 또는 거주가 중요하다는 입장을 통해 실효적 지배가 이루어지지 않은 영역에 대한 일본의 제국주의적 침략을 지지하고 있다.

1950년 다카노 유이치 교수는 「평화조약과 일본의 영토」에서 제2차 세계대전의 연합국 측 지도원칙과 전후의 패전국 처리방침을 포함하고 있는 1941년 대서양헌장에 따르면 제2차 세계대전이 전승국의 영토변경을 목적으로 하는 것이 아니라는 점을 강조한다. 특히 포츠담선언은 제8항에서 일본의 영토문제를 규정하고 있으며, 동 조항의 취지에 따르면 미국과 영국, 소련이 적극적으로 결정하는 원격의 '소도'가 아닌 인접한 소도는 일본의 영토로서 남는다고 한다. 이와 관련하여 연합국 최고사령관이 일본 정부 앞으로 보낸 일본의 영역에서 제외되는 지역과 원격의 소도가 규정된 1946년 1월 29일의 소위 SCAPIN 677이 일본에 법적인 의미를 지닌다고 해석하고 있다. 이러한 논리는 원격의 소도에 대하여는 연합국이 명확하게 일본의 영역으로 문서를 통해 규정하지 않으면 일본의 영토가 아님을 인정하는 것이며, 이러한 논리에 기초해서 샌프란시스코 강화조약에서 일본의 인접도서가 아닌 독도를 일본의 영토로 명시하지 않은 것은 일본의 영토가 아님을 소극적으로 명시하였다고 볼 수 있다. 특히 1961년 후카츠 에이이치의 「영역취득의 법리」에서 오늘날의 국제사회 긴밀화 단계에서는 선점의 사실은 타국에 이의신청의 기회를 주기 위하여 통고되어야 하고 그에 대한 타국의 승인이 필요하다는 견해를 밝히고 있다. 그 근거로서 국제법학회의 1888년 로잔 결의 제1조와 통고의무가 생제르맹조약 규정에서 제외된 결과 콩고의정서의 해당 조건은 폐지됐지만 결국 통고의무는 "관습국제법상의 규칙으로서의 지위를 회복했다"고 밝혔다는 논리를 제시하고 있다. 후카츠는 국제사회의 법적 안전을 확보하기 위해서는 조약상의 의무가 존재하든 않든 간에 선언은 일반적으로 이루어질 필요가 있고, 이는 사실상 국제관행상 선점 통지를 각국이 많이 하고 있다는 사실에서 도출된다고 강조하고 있다.

1997년 오쿠와키 나오야는 「일본 국제법학에서 영역성원리의 전개」라는 논문을 통해 영토 또는 국가관할권이 배타적으로 미치는 공간의 경계획정이 영역의 지배권과 얽히면 영토문제가 국민의 역사적인 감정을 불러일으키면서 국가 안전보장의 가장 중요한 정책과제가 되고, 그 까닭에 각 영역국가의 정책적 선택지를 좁혀 통치권의 문제를 일체 배제한 물적 지배권의 문제로 전환되어버린다는 점을 지적하여 독도문제를 물적 지배권의 문제가 아닌 통치권의 문제로 접근할 것에 대한 시사점을 남기고 있다.

2012년 나카노 데쓰야는 늦어도 1903년 이후 한국도 독도의 존재를 인식하고 이용하고 있었음을 인정하고, 1904년에 독도에서의 어업권 독점을 기획한 나카이 요자부로가 당초 대한제국 정부에 대해 이 섬의 대여 신청을 제출하려고 의도한 이유를 설명했다. 또한 1904년 9월자 군함 니타카의 일지가 쓰여진 시점에 이미 한국인이 독도/다케시마를 '독도'라고 명명하고 있었던 것이 명료하다는 점과 1906년의 울도 군수·강원도 관찰사·내무대신·의정부 참정대신 등이 독도는 한국령이라고 단언했던 점을 근거로 1905년 전에 독도/다케시마가 한국령으로 인식되었음을 인정하고 있다. 이는 일본 각의의 1905년 '무인도'(독도/다케시마)의 일본령 편입이 '무주지 선점'으로 정당화하는 데 한계가 있음을 인정하는 것이다. 또한 나카노는 독도/다케시마의 경우 후에 일본에 의한 실효적 지배가 확립되어 그에 의한 '공연성'을 갖게 되었으므로 통고가 이루어지지 않은 것 자체는 선점의 성립을 방해하는 사유는 아니지만, 독도/다케시마는 "어느 나라도 관심을 보이지 않았던 무인도"는 아니었기 때문에 법률적인 요건이 아니라 "정책적인 견해로부터" 적어도 한국에 통고할 필요는 있었다고 한다. 이러한 측면에서 일본이 취한 조치는 "자국민을 대상으로 한 국내적 조치이며, 경쟁국은 물론 타국에 대해 이러한 입법 조치에 따른 영유권 주장이 이루어지지 않은 공공성이 매우 낮은 행위였다"는 것을 인정하고 있다.

2014년 시마다 마사오는 「국제법상 무주지 선점의 법리」라는 논문을 통해 영역취득의 권원으로서 발견원칙의 철회와 점유원칙의 적용을 요구한 것은 보다 근대적인 '실제 점유와 항구적 영유'원칙으로 전환을 도모했다고 하면서 국제법은 결국 약소국이 강대국에 대한 자신의 법적 권리 주장을 위한 법리적 도구라고 강조한다.

일본 국제법학자들의 논리는 국제사회 진입기에 일본의 제국주의화에 부응하는 영토팽창의 논리에서 시작하여 일본의 제2차 세계대전 패전 이후 패전국으로서 자국 영토의 축소에 대한 우려에 기초한 방어논리로 변화했다. 이후 샌프란시스코강화조약을 통해 자국 영토의 최대한 확보에 성공한 이후에 자세를 전환하여 영토주권 논의의 대상을 구체화하며 독도를 포함한 특정의 도서들에 대해 영역취득 권원 측면에서의 검토를 하면서, 순수한 국제법 법리와 국제법정의 판례에 대한 검토를 넘어 역사적 자료에 대한 국제법적 해석 시도를 하고 있다. 주목할 점은 일본의 독도 영토주권 주장에 대하여 제기된 한국의 국제법 법리에 따른 반론과 역사적 사실에 대한 지적을 일부 수용하면서 일본 정부의 정치적 입장과 각을 달리하는 학문적 검토 결과를 보이고 있다는 것이다.

참고문헌

太壽堂鼎, 1998,『領土歸屬の國際法』, 東信堂.

和田春樹, 2012,『領土問題をどう解決するか對立から對話へ』, 平凡社.

横田喜三郎, 1933,『無人島先占論』, 中央公論.

高野雄一, 1950,「平和條約と日本の領土」,『國際法外交雜誌』49-3.

大澤章, 1941,「國際法に於ける領域と生活圈」,『國際法外交雜誌』40-8.

島田征夫, 2014,「國際法上の無主地先占の法理」,『早稲田法學』89-4.

東壽太郎, 1966,「國境紛争と地圖」1·2,『神奈川法學』1-2.

龍原光雄 外, 1961,「北方領土の地位(特輯)」,『國際法外交雜誌』60-4·5·6合併.

立作太郎, 1933,「無主の島嶼の先占の法理と先例」,『國際法外交雜誌』32-8.

_______, 1939,「土地の先占に關する沿革的考察」,『國際法外交雜誌』38-3.

朴培根, 2006,「日本による島嶼先占の諸先例-竹島/獨島對する領域權原を中心として」,『國際法外交雜誌』105-2.

寺尾亨, 1902,「國土の膨脹」,『國際法雜誌』3-7.

Yoshihiro MATSUI 外, 2014,「尖閣諸島問題(特輯)」,『國際法外交雜誌』113-2.

深町朋子, 2013,「領土歸屬判斷における關聯要素の考慮」,『國際問題』624.

安藤仁介, 1984,「フォークランド諸島の領有權紛争と國際法」,『國際法外交雜誌』83-5.

奥脇直也, 1997,「日本の國際法學における領域性原理の展開」,『國際法外交雜誌』96-4·5合併.

羽場久美子, 2013,「尖角, 竹島をめぐる固有の領土論の危うさヨロッパの國際政治から」,『世界』839.

中野徹也, 2012,「1905年日本による竹島領土編入措置の法的性質」,『關西大學 法學論集』61-5.

_______, 2020,「地理的近接性に基づく領域權原取得の可能性」,『第4期「竹島問題に關す

る調査研究」最終報告書』(令和 2年3月), 第4期 島根縣竹島問題研究會.

池內敏, 2011,「竹島·獨島論爭とは何か」,『歷史評論』61-5.

津律榮一, 1961,「領域取得の法理」,『國際法外交雜誌』60-3.

川上鍵三 外, 1957,「南方諸島法的地位(特輯)」,『國際法外交雜誌』56-4·5合併.

塚本孝, 2000,「日本の領域確定における近代國際法の適用事例-先占法理と竹島の領土編入中心に」,『東アジア近代史』3.

______, 2006,「冷戰終焉後の北方領土問題」,『國際法外交雜誌』105-1.

太壽堂鼎, 1965,「竹島紛爭」,『國際法外交雜誌』64-4·5合併.

澤田康三, 1911,「保護地, 勢力範圍, ヒンテルランド, 租與地に關する國際法學會の新提案」,『國際法雜誌』10-8.

河鍊洙, 1999,「竹島紛爭再考-領域權源をめる國際法の觀點から」,『龍谷法學』32-2.

荒木敎夫, 1999,「領土·國境紛爭における地圖の機能」,『早稻田法學』74-3.

부록

독도주권 연구 관련 자료

대한민국 인접해양의 주권에 대한 대통령 선언

한일 간 독도영유권 논쟁 관련 교환각서

샌프란시스코강화조약

참고문헌

- 김명기, 2015, 『독도총람』, 도서출판 선인.
- 신용하, 2000, 『독도영유권 자료의 탐구』 3, 독도연구보전협회.
- 외교통상부 국제법률국, 2012, 『독도문제 개론』.
- 이원덕 외, 2013, 『한일공문서를 통해 본 독도』, 동북아역사재단.

대한민국 인접해양의 주권에 대한 대통령 선언

국무원고시 제14호
국무회의의 의결을 거쳐 인접해양에 대한 주권에 관하여 다음과 같이 선언한다.

대통령 이승만

단기 4285년 1월 18일(1952.1.18)

국무위원
국무총리 서리 허정
외무부장관 변영태
국방부장관 이기붕
상공부장관 김훈

확정된 국제적 선례에 의거하고 국가의 복지와 방어를 영원히 보장하지 않으면 안 될 요구에 의하여 대한민국 대통령은 다음과 같이 선언한다.

1. 대한민국 정부는 국가의 영토인 한반도 및 도서의 해안에 인접한 해붕(海棚)의 상하에 기지(旣知)되고, 또는 장래에 발견될 모든 자연자원 광물 및 수산물을 국가에 가장 이롭게 보호 보존 및 이용하기 위하여 그 심도 여하를 불문하고 인접 해붕에 대한 국가의 주권을 보존하며 또 행사한다.
2. 대한민국 정부는 국가의 영토인 한반도 및 도서의 해안에 인접한 해양의

상하 및 내에 존재하는 모든 자연자원 및 재부(財富)를 보유 보호 보존 및 이용하는 데 필요한 아래와 여(如)히 한정한 연장해안에 긍(亘)하여 그 심도 여하를 불구하고 인접해양에 대한 국가의 주권을 보지(保持)하며 또 행사한다. 특히 어족 같은 감소될 우려가 있는 자원 및 재부가 한국 주민에게 손해가 되도록 개발되거나, 또는 국가의 손상이 되도록 감소 혹은 고갈되지 않게 하기 위하여 수산업과 어렵업(漁獵業)을 정부의 감독하에 둔다.

3. 대한민국 정부는 이로써 대한민국 정부의 관할권과 지배권에 있는 상술한 해양의 상하 및 내에 존재하는 자연자원 및 재부를 감독하며 또 보호할 수역을 한정할 아래에 명시된 경계선을 선언하며 또 유지한다.

이 경계선은 장래에 구명될 새로운 발견 연구 또는 권익의 출현으로 인하여 발생하는 신 정세에 맞추어 수정할 수 있음을 겸하여 선언한다.

대한민국의 주권과 보호하에 있는 수역은 한반도 및 그 부속도서의 해안과 아래의 제선(諸線)을 연결함으로써 조성되는 경계선 간의 해양이다.

(1) 함경북도 경흥군 우암영고(牛岩嶺高)정으로부터 북위 42도 15분 동경 130도 45분의 점에 이르는 선

(2) 북위 42도 15분 동경 130도 45분의 점으로부터 북위 38도 동경 132도 50분의 점에 이르는 선

(3) 북위 38도 동경 132도 50분의 점으로부터 북위 35도 동경 130도의 점에 이르는 선

(4) 북위 35도 동경 130도의 점으로부터 북위 34도 40분 동경 129도 10분의 점에 이르는 선

(5) 북위 34도 40분 동경 129도 10분의 점으로부터 북위 32도 동경 127도의 점에 이르는 선

(6) 북위 32도 동경 127도의 점으로부터 북위 32도 동경 124도의 점에 이르는 선

(7) 북위 32도 동경 124도의 점으로부터 북위 39도 45분 동경 124도의 점에 이르는 선

(8) 북위 39도 45분 동경 124도의 점으로부터(평안북도 용천군 신도열도) 마안도 서단에 이르는 선

(9) 마안도 서단으로부터 북으로 한만국경의 서단과 교차되는 직선

4. 인접해양에 대한 본 주권의 선언은 공해상의 자유항행권(自由航行權)을 방해하지 않는다.

한일 간 독도영유권 논쟁 관련 교환각서

1953년 7월 13일자 다케시마(竹島)에 관한 일본 정부의 견해

1. 이 문제를 고려함에 있어서 먼저 과거에 다케시마 혹은 이소다케시마(磯竹島)라는 명칭을 가진 섬은 현재 울릉도라고 불려온 것이고, 현재의 다케시마는 마쓰시마(松島)로서 알려져 있었음을 상기시키고자 한다.
이것은 에도막부시대에 출판된 일본 문헌 및 고지도에 의하여 수립된 사실이다. 울릉도가 다케시마 또는 이소다케시마로 호칭되었다는 것은 한국 문헌을 통하여서도 명백하다. 그러한 문헌의 유례로서 만력 42년(1614)의 7월자의 서문을 가진 이수광이 편찬한 『지봉유설』의 제2권의 지리지를 언급하면 다음과 같은 일절을 포함하고 있다.

> 일본인 수 명이 최근에 죽도 혹은 기죽도라고 불리는 섬을 점령하였다는 보고가 있었다. 이 섬은 울릉도이다(近間倭奴古據竹島 或謂磯竹島 卽 鬱陵島也).

또한 원록 7년(1694) 9월에 쓰시마도주인 쓰시마노카미(對馬守)에게 보낸 조선의 예조참판의 공한 속에 다음과 같이 말하고 있다.

> 그러나 근접해에 우리 국민을 위한 어장이 있다. 원래 울릉도라고도 불렀지만 또한 그 섬은 산출되는 죽(竹)으로 말미암아 다케시마라고도 알려져 있고, 이와 같이 한 섬에 2개의 별개 명칭이 붙어졌다. 바로 이 사실은 우

리나라의 서적에도 기록되어 있을 뿐만 아니라 귀 지방 인민의 누구나도 잘 아는 것이다(雖然漁氓漁採之地 本是鬱陵島 而以其産竹 或稱竹島 此乃一島而二名也 一島二名之狀 非徒我國書籍之所記 貴州之人 亦皆知之).

그러나 필립 폰 지볼트(Philipp von Siebold)에 의하여 1840년에 간행된 일본 지도에 울릉도는 마쓰시마로서 잘못 지적되었고, 그 결과 '마쓰시마'라는 명칭을 구주에서 때때로 제작된 지도 속에서 울릉도에 붙이게 되었다. 이 오칭은 일본에서도 사용되어 울릉도는 마쓰시마로서 불리게 되었고, 그 전에 마쓰시마로 알려진 작은 섬은 다케시마라는 명칭을 취득하게 되었다.

2. 원록 6년(1693) 이래 한일 간에 분쟁이 일어났고 일본인은 다케시마 근방에 출어함을 막부의 명령으로 때때로 금지되었다. 그러나 그 당시는 울릉도가 다케시마 또는 이소다케시마라고 호칭된 시대이며, 소위 그때의 다케시마는 현재의 다케시마와는 하등의 관계가 없는 것이다.

메이지 14년(1881)에 어로 또는 재목 벌출을 위한 일본인의 이주가 한국으로부터의 항의에 직면하여 금지된 것은 현재의 다케시마가 아니었고 울릉도였다.

3. 이와 같이 한일 간에 존재했던 모든 충돌은 울릉도에 관한 것이고 현재의 다케시마는 양 정부에 의하여 논쟁된 바 없었다.

4. 한편, 문헌·고기록에 현재의 다케시마가 옛날에는 마쓰시마로서 일본에 알려졌고, 일본 영토의 불가결의 부분으로서 생각되었다는 것을 명시한다.

5. 상기 역사적 사실을 떠나서 국제법의 견지에서 다케시마가 일본 영토에 포함되었음은 조금도 의심되지 않는다.

한 국가가 어떤 육지 위에 영토권을 설정하기 위해서는 현대 국제법의 용인된 견해에 의하면 그 육지를 자국 영토의 일부로 하고자 하는 의사를 가지든지, 그 위에 효과적인 관리를 실시함이 필요하다. 다케시마의 경우에는 일본 정부는 한국 합병 전에 그 섬을 메이지 38년(1905) 2월 22일자로 현청고시 제40호에 의하여 시마네현에 속하는 오키도사의 관리하에 두었다. 동시에 일본인 나카이 요자부로(中井養三郎)가 일본 정부의 관허를 얻어 그가 그곳에서 채용한 어부를 위하여 섬 위에 소옥(小屋)을 세우고 도서 근방의 해려포획에 착수하였다. 그때부터 그 도서는 제2차 세계대전 발발까지 일본인에 의하여 효과적으로 개발되었다.

그 도서에 대한 일본인에 의한 관할 기간 중 어떤 외국에 의하여서도 결코 문제된 바 없었다.

6. 대전 종결 후 연합국최고사령관이 그 각서인 1946년 1월 29일자 SCAPIN 제677호에서 일본 정부에 다케시마에 대한 정치상 또는 행정상의 권능의 시행 또는 시행을 기도함을 중지하도록 지시하였다. 그러나 이 지시는 효력에 관한 그의 제6항으로부터 이해되는 바와 같이 그 도서를 일본 영토로부터 분리하지 않았다. 즉 "이 지시에서는 포츠담선언의 제2조에 언급된 소도서에 대한 최종적 결정에 관한 연합국의 정책으로서 해석될 것이 아니다." 이와 같이 그 각서는 다케시마를 결코 일본 영토로부터 분리하지 않았음을 명료하게 한다.

상기 해석은 또 소위 '맥아더라인'의 설정에 관하여 명시적으로 채용되었다. 1946년 6월 22일자 SCAPIN 제1033호의 일본 정부에 대한 연합국최고사령관으로부터의 각서의 제3항 (e) '일본인의 포어 및 포경에 관한 승인된 구역'의 건 속에서 일본인의 선박 및 인원은 북위 37도 15분, 동경 131도 53분에 있는 다케시마에 대하여 12리보다 가까운 지역 내로 접근하지 못하며, 또한 동 섬에는 여하한 접촉도 못함이라고 성명하는데, 이리하여 다케시마는 승인된 구역, 즉 소위 맥아더라인의 외곽에 위치하였다.

그러나 각서가 조금도 다케시마에 대한 일본의 주권을 부정하지 않았음을 명료히 하는 상기 허가는 관계지역 또는 어떤 다른 지역에 관한 국가 경계선 및 어로권의 주권에 관한 최종적 결정에 관한 연합국 정책의 표명이라고 해석되어서는 안 된다.

숙지하는 바와 같이 소화 27년(1952)에 샌프란시스코강화조약이 효력을 발생하게 되기 전에 일본인의 포어 및 포경을 위하여 승인된 지역 또는 소위 '맥아더라인'에 관한 모든 제한은 동년 4월 25일자로 일본 정부에 송부한 각서에 의하여 철거되었던 것이다.

7. 1951년 9월 8일 조인되고 1952년 4월 28일에 효력을 발생한 샌프란시스코강화조약의 제1장 제2조에는 '일본은 한국의 독립을 승인한다'고 규정한다. 이 조항은 타방으로부터 일방이 합병 전에 존재하던 것과 같이 일본으로부터 한국이 분리 또는 독립됨을 일본이 인정함을 의미한다. 그러나 합병 전에 일본 영토의 일부였던 육지를 새로운 독립 한국에 할양한다는 것을 조금도 의미하는 것이 아니다. 상술한 바와 같이 현재의 다케시마는 한국이 일본에 합병되기 전에 시마네현의 관리하에 있었고, 합병 후에도 그 관리하에 있었으며, 조선 총독의 관리하에는 있었던 일이 없다. 그러므로 다케시마는 일본 영토의 일부라는 것은 전혀 의론의 여지없는 사실이다.

상기 조항의 (a)에 제주·거제 및 울릉의 3도서에 대한 특별언급이 있지만, 이것은 한국이 일본으로부터 분리되고 독립되는 것이 이들 3도를 포함한 다른 사실을 확고히 하려는 것이다. 그러므로 강화조약 제2조 (a)의 특별조항의 견지에서 다케시마는 일본 영토의 일부를 구성한다는 것은 틀림없다.

강화조약의 상기 해석은 조약의 주요 조인자인 미합중국에 의하여 물론 그럴 것으로 생각되었다. 이것은 다음 사실에 의하여 논증될 것이다. 즉 다케시마는 1952년 7월 26일에 체결된「군대의 사용을 위한 편의 및 지역에 관한 협정」에서 동 섬이 일본 영토에 포함된다는 전제하에 미국 안전군을 위한 연습기지의 하나로 선정되었다. 그 후에 1953년 5월 19일자로 미일합동위원회의 소위원회는 연습기지로부터 다케시마를 제외할 것을 결정하였고, 틀림없이 이 조치는 동 섬이 일본 영토의 일부라는 사실에 기초를 둔 것이다.

1953년 9월 9일자 주일 한국 대표부 각서와 반박서

주일 한국 대표부는 일본국 외무성에 경의를 표하는 동시에 1953년 6월 26일자 대표부 각서에 언급하는 1953년 7월 13일자 외무성 각서에 답하여 다음과 같이 말하는 영광을 가진다.

1. 7월 13일자 외무성 각서에서 외무성은 한국에서 독도로서 아는 소위 다케시마(竹島)에 대한 일본의 청구권을 주장하였으나, 그러한 주장은 독도가 명백히 대한민국의 영토의 일부이므로 1953년 6월 26일자 대표부 각서에서 취한 바와 같은 대한민국의 입장에 결코 영향을 주지 않는다.

2. 따라서 외무성이 여러 가지 경우에 통지하였던 바와 같이 외무성이 그 도서 주변의 수역에서 한국 어부가 어로에 종사하고 또는 한국 정부 당국이 그 도서에 순시선을 파견하는 데 관하여 한국 정부에 항의를 제출한 지위에 결코 있지 않다.

3. 경우가 이러하므로 대표부는 이에 일본 정부는 장래에 일본관헌 또는 일본인이 이 섬에 불법 침입을 되풀이하지 않도록 적당한 방법을 취하라는 대표부의 요구를 상기시키는 동시에 대한민국 정부는 일본 관헌 또는 일본인이 다시 독도시역에 침입을 기노하는 경우에는 그 도서상의 영토권을 보호하기 위하여 적당하고 필요하다고 생각되는 어떠한 행동을 취하지 않을 수 없다는 사실을 외무성에 알리고자 한다.

대표부는 한국의 당연한 독도영유권에 관하여 일본 정부가 포회(抱懷)하는 오해를 명료히 하는 견해가 실린 1953년 7월 13일자 소위 '竹島'에 관한 일본 정부의 견해에 관하여 한국 정부의 성명서의 사본을 이에 동봉하는 기회로 이용한다.

1953년 9월 9일

도쿄에서

1953년 7월 13일자 독도(竹島)에 관한 일본 정부의 견해에 대한 한국 정부의 반박서

1. 1953년 7월 13일자 독도(竹島)에 관한 일본 정부의 견해의 제4항에 "한편 문헌·고지도 등에 현재의 다케시마가 옛날에는 마쓰시마로서 일본에 알려졌고, 일본 영토의 불가결의 부분으로서 생각되었다는 것을 명료히 표시한다"고 말하고 있다. 그리고 전술 견해의 제5항에서는 "상기 역사적 사실을 떠나서 …"라고 말하고 있다.

그러나 일본 정부가 말하는 소위 역사적 사실이란 독도의 영유권과 관계가 없다. 전기 사실은 단지 울릉도와 독도 양 도서의 명칭에 관한 것이다.

일본의 논증에 전혀 반하여 이들 양 도서에 관한 참다운 역사적 사실은 (현재 일본이 다케시마라고 칭하는) 독도의 영유권에 관하여는 한국 측에서 그 섬이 발견되었으며, 독도는 한국 영토의 불가결의 부분이라는 것을 명백히 표시한다. 다음 것은 한국의 고대 문헌 및 사적에 나타나는 역사적 사실이다.

a. 한국에 있어서의 울릉도 및 독도의 명칭에 관하여는 울릉도는 우릉·무릉·울릉도 등으로 호칭하게 되자, 독도는 우산 또는 삼봉도라고 호칭하게 되었다. 그리고 그러는 중에 독도는 다음의 배경에 의하여 독도라는 현재의 명칭을 가지게 되었다.

울릉도의 방언에 의하면 '독'은 돌 또는 암(岩)을 의미한다. 독도는 돌섬(石島) 또는 암도(岩島)를 의미한다. 독도(돌섬 또는 암도)의 발언과 합치되는 독도, 즉 '홀로 있는 섬'을 의미하는 현재의 독도라는 발언이 나타났다. 그리하여 독도가 참으로 암서(岩嶼)이므로 전기 도서를 한국인에 의하여 매우 적당하고 상징적으로 독도라고 불리게 되었다.

b. 『세종실록』(이조의 세종에 의하여 편찬된 가장 신빙할만한 한국 사적의 하나)의 울진현조에 "우산과 무릉이 이 현의 바로 동방의 해중에 위치하고 양도의 거리가 그리 멀지 않으므로 일기가 청명할 때에는 이들 양도는 서로 바라볼 수 있다(于山·武埈 二島 在縣正東海中 二島相去不遠 風日淸明 則可望見也)"

고 말하였다.

c. 독도는 이조 초기부터 삼봉도라고도 불린다. 이조시대의 가장 유명한 문헌 서적의 하나인 『동국여지승람』에 의하면, 1476년에 김자주(金自周)를 두령(頭領)으로 하는 현재의 독도의 한국시찰단이 삼봉도에 도항하고, 그 결과를 당시의 정부에 다음과 같이 보고하였다.

> 우리가 투묘(投錨)한 섬으로부터 7, 8리(한국의 10리가 4km에 해당하는 일본의 1리와 같음)의 거리에서 동방을 바라보니, 우리는 암서의 3개의 봉을 발견할 수 있었다. … 우리는 도형(島形)을 그리고 돌아왔다(西距島七八里許 到泊 望見則 於島北 有三石 … 書島形而來).

이 사실은 한국인이 도서의 시찰 목적으로 삼봉도(현재의 독도)에 갔다 온 것을 명료히 표시한다.

d. 『숙종실록』(이조시대의 숙종에 의하여 편찬[1]된 한국 사적의 하나)에 의하면 1696년 안용복을 포함한 한국인이 울릉도 및 독도에 가서 일본 선박이 이들 양 섬에 접근하지 못하도록 양 섬이 한국에 속함을 말하면서 엄중 경고하였다. 이와 같이 한국인은 한국 영토의 불가결의 부분인 울릉도 및 독도의 해상을 일본인이 침해하지 못하도록 하였었다.

e. 1906년의 울도 군수인 심흥택 씨에 의하여 제출된 한국 정부의 공문서에서 "우리나라에 속하는 독도(本郡所屬獨島)"라고 읽을 수 있는 일절이 있다.

그들의 몇 가지는 간단히 위에서 말했지만, 역사적 사실로 판단하건대 독도는 1910년 일본이 한국을 강제로 점령하기까지에 울릉도의 행정관리 담당자이던 한국 관리에 의하여 관리되었다는 것은 전혀 의론의 여지가 없는 사

1 조선시대 실록은 왕의 사후 편찬되기 때문에 숙종에 의해 『숙종실록』이 편찬되었다는 설명은 잘못됨. 『숙종실록』은 숙종 사후 1720년(경종 즉위) 11월 편찬을 시작하여 1728년(영조 4)에 완성되었다.

실이다. 이와 같이 독도를 발견하는 사업이 성취됨으로써 한국은 자연히 평화적으로 점령의 정당한 권리를 받았고, 울릉도의 속도로서 도서상의 주권의 취득을 위하여 계속적으로 독도를 경영하고 관리하고 있는 것이다.

2. 상기 일본 정부 견해의 제5항 중에 '한 국가가 어떤 육지 위에 영토권을 설정하기 위해서는 현대 국제법의 용인된 견해에 의하면 그 육지를 영토의 일부로 하고자 하는 의사를 가지든가, 그 위에 효과적인 관리를 실시함이 필요하다'라는 점을 명기하고 있다. 독도의 경우에는 상술한 바와 같이 독도는 한국인에 의하여 발견되고 점유되고 한국 영토의 일부로서 소유하는 견지로서 매우 효과적으로 계속적인 한국 정부 당국에 의한 관리를 받고 있는 것이다.

3. 한편, 지리적으로 말하면 독도로부터 시마네현의 오키도까지 86리(浬)인데 울릉도에서 독도까지 49리밖에 안 된다. 독도는 청명한 날에는 울릉도에서 육안으로 볼 수 있다. 이와 같이 독도에 대한 한국의 계속적이고 효과적인 관리도 필요조건으로서 우선 이 섬으로부터 울릉도까지 비교적 짧은 거리를 가정(假定)하였고, 이것은 일본이 결코 향유할 수 없는 위치에 있다.

4. 일본 정부는 1910년 한국을 강제점령하기 이전에 그 도서가 시마네현 소속의 오키도사의 관리하에 있었고, 또한 국제법상의 소위 '점령'의 원칙에 기초를 둔 이래 그 도서를 관리했다고 주장한다. 그러나 가장 중요한 조건의 하나는 '점령'에 관한 한 점령의 주체인 육지 및 도서는 무주물이어야 한다는 것이다. 상술한 바와 같이 독도는 법적으로는 1905년 국제법의 명백한 위반으로서 시행한 소위 시마네현의 관리하에 그 도서를 둔 기간에 결코 독도는 무주물이 아니었다.

청일전쟁 후 약 10년이 지난 그 당시는 일본은 대한민국이 무효한 것으로 주장하는 소위 한일의정서와 한일협약을 각각 1904년 2월 23일과 1904년 8월 22일에 한국에 강요하였다. 이렇게 일본은 강제적으로 한국으로 하여금 "일본인 외교고문들의 권고를 받도록 하고" 또 "필요하면 전략적 기지에서 한국 영토의 어떤 부분도 점령할 수" 있도록 하였다.

현재 일본 정부는 1905년에 시마네현에 의한 고시 제40호 이래 "그 도서에 대한 일본에 의한 관리 기간 중 어떠한 외국에 의하여도 결코 문제된 바 없었다"고 지적한다. 그러나 고시는 혼란한 순간에 불터에서 도적질하듯한 방법으로서 그 도서상에 이전에 수립된 한국 주권을 무시하고 감쪽같이 하였다. 따라서 대한민국 정부는 그에 대한 통고가 일본 정부에 의하여 정상적인 외교절차를 통하여 당시의 한국 정부에 법적으로 송부되었다고 인정할 수 없다.

그리고 일본의 지방청의 하나에 의한 그러한 단순한 고시가 그 도서에 대한 한국의 주권에 결코 영향을 줄 수 없다.

일본 정부는 아마 일본인 나카이 요자부로(中井養三郞)가 그 섬에 대하여 효과적인 관리를 하였다는 증거를 표시하기 위하여 그가 그곳에서 채용한 어부를 위하여 섬 위에 소옥(小屋)을 세우고 섬 근방의 해려를 포획하였다고 말한다. 그러나 1923년에 출판된 『시마네현사(島根縣史)』의 제5장에 의하면 상기 나카이도 독도가 확정적으로 한국의 영토의 일부였다고 믿고 있었다.

상기 서적의 제5장의 일절은 다음과 같다.

> 나카이는 그 도서가 한국 영토의 일부라고 믿었기에 1904년에 그는 도쿄에 상경하여 일본 농상성에 대하여 그 도서에 관한 의견을 말하고, 동년 9월 25일 농상성에 당시의 한국 정부로부터 그 도서를 양도받는 허가를 획득하기 위하여 출원하였다.

1904년 11월에 일본 군함 쓰시마(對馬)가 일본 정부에 "울릉도의 다수의 거주자들이 매년 여름철에 이 섬에 상륙하여 소옥을 짓고 그 섬 근방에서 어로작업에 종사하고 있다"라는 취의(趣意)의 보고를 하였다.

이와 같이 나카이와 일본 전함 쓰시마의 이야기는 독도는 한국에 의하여 소유되고 한국인에 의하여 효과적으로 관리되었다는 것을 명석히 하는 것임은 누구에게나 명료히 하고 있다.

1907년 이후 일본 정부는 대한민국도 무효함을 주장한 1907년 7월에 한국에 강요한 소위 새로운 한일협약에 의하여 한국의 내정문제에 공개적으로 간섭하였다. 이와 같이 이하라 분이치(庵原文一)를 포함한 일본인들은 총감으로부터 지시를 받고 한국의 어업에 관한 실지조사를 하고 그 조사표를 일본인들이 편찬하였는데도 불구하고, 독도는 그 조사표 속에서 한국에 소속되는 도서라고 기록되어 있다.

1930년에 유명한 일본 학자 히바타 세이코(樋畑雪湖)[2] 씨는 『역사지리』의 제55권 제6호에 「일본해에 있는 竹島에 관한 한일 간의 관계」에 관하여 전기를 썼다.

그 전기의 일부에 "현재 강원도에 속하는 다케시마와 울릉도는 한국 영토의 최동단으로서 일본해 중에 있다"라고 하였다.

한일 양국의 모든 상술한 사실과 역사적 증거로 판단하건대, 당시의 한국 정부는 소위 시마네현청에 의한 고시에 관계없이 일본에 의하여 강제로 점령당한 1910년까지 그 섬에 대한 영유권을 계속 행사하였던 것이다. 왜냐하면 그 섬에 대한 한국의 영유권이 소멸되었다는 법적 사실이 그 당시까지 없었기 때문이다.

5. 1945년 이후 독도의 현상유지에 관하여 그 상태는 누구에게나 명료하였으므로 한국 정부는 그 이래 한국이 그 도서에 대하여 평화적이고 계속적인 주권을 표시하였다는 사실을 지적하는 외에는 더 깊이 해설할 필요를 느끼지 않는다.

6. 1946년 1월 29일자 SCAPIN 제677호에 언급하여 일본 정부는 각서에서 "이 지시는 포츠담선언의 제조에 언급된 소도서 소유권에 대한 최종적 결정에 관한 연합국의 정책으로써 해석될 것이 아니다"라는 한 문장을 지적하였다.

---

2 히바타 셋코라고 읽으나, 외교통상부 국제법률국에서 펴낸 『독도문제 개론』(2012)에는 히바타 세이코라고 표기되어 있다.

이 각서 효력에 관한 일본의 논증에 관하여는 대한민국 정부는 일본이 전 적국의 영토의 전후처분에 관한 연합국의 기본정책에 대하여 매우 피상적인 견해를 가지고 있다고 주장하지 않을 수 없다.

한국 정부는 다시 상기 SCAPIN 제677호는 일본의 영유로부터 그 도서를 명시적으로 분리시키고 샌프란시스코강화조약은 일본 영토에 관한 한, 이 SCAPIN의 조항에 모순되는 어떤 조항도 규정하지 않았음을 일본 정부에 상기시키고자 한다. 한편 이것은 강화조약이 전혀 아무런 실질적 변경도 없이 이 문제에 대하여 SCAP의 처분을 확고히 하였다고 이해할 수 있다.

7. 1952년 4월 28일에 발효한 샌프란시스코강화조약의 제1장 제2조에 언급하여 일본 정부는 "다케시마(竹島)는 한국이 일본에 합병되기 전에 시마네현의 관할하에 있었고, 합병 후에도 그랬으며, 조선 총독의 관할하에는 한 번도 있지 않았다"라고 말한다. 이에 관하여 대한민국 정부는 다케시마가 상기 4항에서 상세히 표명한 바와 같이 시마네현의 관할하에 법적으로 있었는지를 인정할 수 없다. 더욱이나 이 관계에 관하여 한국 정부가 일본 정부에 대하여 인정하라고 요청하는 것은 일본에 의한 한국강점 기간에 있어서도 독도는 울릉도의 독도로서 알려졌고, 울릉도 어민에 의하여 경영되었다는 사실이다.

1933년에 일본 해군성에 의하여 편찬된 『한국연안수로지』의 3권 「조선연안」도 상기 사실이 진실임을 증명한다.

상기 조약의 제1장 제2조 a항에 관하여 일본 정부는 그 조항은 제주도·거문도 및 울릉도와 같이 한국 영토의 일부분이라는 것을 명확히 기술하고 있지 않다고 말한다. 그러나 이들 3개 도서의 열거는 결코 한국 연안의 다른 수백의 도서를 한국 소유로부터 분리하려는 것이 아니다. 만일 일본의 이 문제에 관한 해석에 따른다면, 이 3도서 근방의 한국의 서남연안을 떨어진 수백의 도서는 한국에 속하지 않고 일본에 속하게 될 것이다. 만약 이런 논법으로써 일본이 참으로 "다케시마는 일본 영토의 일부를 구성한다"고 주장한 일본 정부는 거금 울릉의 3도 이외의 한국 연안에서 떨어진 도서에 대하여 영유권을 요구하려고 하는 것인가?

8. 독도에 관한 일본 정부 견해의 최후 부분에서 "다케시마는 미국 안전군을 위한 연습기지의 하나로서 선정되었"고 "미일 합동위원회의 소위원회는 1953년 5월 19일자로 연습기지로부터 다케시마를 제외할 것을 결정하였다"고 하고, 일본 정부는 그러한 조치는 "독도가 일본 영토의 일부라는 것을 전제하여서" 취하여졌다고 생각한다고 말하고 있다.

그러나 그러한 전제는 일본 정부에 의하여서만 받아들이는 해석에 기초한 것이다. 반대로 일본 정부는 미공군총사령관이 대한민국 정부에 의하여 제출된 항의에 응답하여 1953년 2월 27일자로 독도가 미공군을 위한 연습기지로 선정됨으로부터 제외되었다고 대한민국 정부에 공적으로 통지하였다는 사실을 인정하여야 한다.

9. 결론으로서 독도는 역사적 · 지리적 배경에 감(鑑)하여, 그리고 육지의 영유권에 관한 국제법의 수락된 견해에 의하여 의문의 여유 없이 한국 영토의 일부라는 것이 대한민국 정부의 견해이다.

1953년 9월 9일

도쿄서 발표

1954년 2월 10일자 일본 외무성 각서

외무성은 주일 한국 대표부에 경의를 표하는 동시에 다케시마에 관한 1953년 9월 9일자 동 대표부 각서에 관하여 다음과 같이 언급하는 영광을 가진다.

1. 일본국 정부는 대한민국 대표부의 전기 각서에 동봉된 [독도(다케시마)]에 관한 일본 정부의 견해에 대한 한국 정부의 반박을 신중히 검토한 결과 그것이 역사적 사실 및 문헌 등에 대한 현저한 오해에 의거하는 것으로서 다케시마 영유에 관한 대한민국 정부의 주장을 조금도 근거 있게 하는 것이 아니라는 것을 발견하였다.

2. 전술한 검토의 과정에 있어서 일본국 정부는 다케시마가 근대 국제법이 요구하는 필요차 충분한 요건을 구비한 완전한 일본 영토일 뿐만 아니라, 옛날부터 일본인에 알려졌고 일본 영토의 일부라고 생각되었고 일본인에 이용되어 있었던 반면 한국 측에서는 이러한 사실은 없고 또 동 섬을 일본이 영유한다는 것에 대하여 한국으로부터 논의된 바 없었다는 것을 다시금 확인한다.

3. 따라서 일본국 정부는 다케시마가 일본국 영토라는 의심할 바 없는 사실에 대하여 대한민국 정부가 품고 있는 오류된 관념을 일소하기 위하여 여기에 [독도(다케시마)]에 관한 일본 정부의 견해에 대한 1953년 9월 9일자 한국 정부의 반박에 관한 일본국 정부의 견해를 별지와 같이 송부한다.

1954년 2월 10일
도쿄

다케시마 영유에 관한 1953년 9월 9일자 주일 한국 대표부 각서로서 한국 정부가 취한 견해를 논박하는 일본 정부의 견해

1. 일본 정부는 표제 건에 관하여 발송한 한국 정부의 견해를 신중히 검토하였다. 일본 정부는 한국 정부가 여러 가지 자재에 기하여 그 주장을 확립하려고 기도하고 있는 사실을 환영하고, 만일 문제를 그러한 태도로서 양 정부가 흉금을 털어서 연구할 수 있다면 정당한 결론에 당연히 도달할 것이다.

2. 그러나 한국 정부가 그 의논의 근거로서 거론한 것은 유감이나마 그 입장에 철저하다고 생각할 수 없다. 문헌에서의 이용과 사실의 참조가 부정확하고 오도적이다. 그리고 그것은 한국 정부의 입장을 확립하는 데 있어서 그 목적을 돕지 못하고 있다. 그의 현저한 예를 다음에 인용한다.

(1) 다케시마는 옛날에 한국에 있어서 인지되어 있었다는 증거로서 한국 정부는 『세종실록』에서 말하는 우산도(于山島)와 김자주가 탐험한 『동국여지승람』에서 말한 삼봉도(三峰島)가 현재의 다케시마와 동일하다고 주장한다.

그러나 한국은 그가 주장하는 동일성에 관하여는 증거서류를 제출 못하고 있다. 또한 『동국여지승람』에 있는 김자주의 기사는 틀린 것이다. 김자주는 『성종실록』에서만 언급되어 있다.

한편 일본 정부는 한국 문헌을 통하여 울릉도와 다름없는 삼봉도 또는 우산도에 관한 일절(一節)을 지적한다.

상기 『성종실록』에 있는 천산과 무릉의 기술 속에 한국 정부가 언급한 일절 다음에 다음과 같은 일절이 있다.

즉, "신라시대에 그 섬을 우산국이라고 칭하고 또한 울릉도로서 알려졌다(新羅時 稱 于山國 一云 鬱陵島)", 또 『동국여지승람』에는 우산도와 울릉도의 기술 속에 "일설에 의하면 우산과 울릉은 일도라고 동일한 도명을 가졌다(一說 于山蠻埈 本一島)"고 말하고 있다. 『문헌촬록』에 관하여는 다음과 같은 말로서 삼봉도와 우산도와 울릉도의 세 섬의 동일성을 명백히 표명하고 있다.

울릉도는 울진의 정동해중에 위치하고 있다. 일기가 청명하면 섬 위에 있는

봉두(峰頭)와 험한 연맥(連脈)을 역력히 볼 수 있다. 섬 위에 있는 토지가 비옥하다. 거기서 대죽이 산출되므로 그 섬을 죽도라고 하고 삼봉이 있으므로 삼봉도라고 한다. 우산, 우릉, 울릉, 무릉, 귀죽들은 전조된 것이다(鬱陵島 在鬱珍山 東海之中 淸明卽峰頭山根歷口可見 地廣土肥 以其産竹故謂竹島 以有三峰故謂 三峰島 至於于山 于陵 蔚陵 武陵磯竹 皆音訛而然也).

다케시마가 독도로서 한국인에게 알려졌다는 신립(申立)된 사실에 관하여 그러한 명칭의 언급은 한국의 고대 문헌 또는 고지도에서 발견할 수 없다.

(2) 『숙종실록』에 의하면 "1696년에 안용복을 포함한 한국인이 울릉도 및 독도에 가서 일본 선박이 이들 양 섬에 접근하지 못하도록 엄중 경고하였다"고 하고, 그것은 "한국인은 한국 영토의 불가결의 부분인 울릉도 및 독도의 해상을 일본인이 침해하지 못하도록 하였다"고 되어 있다. 그러나 『숙종실록』에서의 상기 기술은 안용복이 조사를 하고 돌아왔을 때에 안용복과 한국 방위당국(비변사)에 의하여 성명한 것에 기초를 두고 있고 매우 가상적인 것이다.

특히 그가 울릉도에서 일본 어선을 만나 울릉도와 독도로부터 철거하라고 그들에게 경고하였다는 그의 성명은 전혀 근거 없는 것이다. 그해에 울릉도에 접근한 일본인 어부들은 전혀 없었다. 한편 한국 정부는 불법 출국을 하였다는 혐의로 안용복을 체포하고 추방하였다. 이상으로서 안용복의 건에 기초한 한국의 의논은 근거 있는 것이 아니라는 것을 용이하게 알 수 있다.

(3) 다케시마가 한국에 의하여 소유되고 효과적으로 관리되었다는 증거로서 한국 정부는 다음과 같이 열거하고 있다.

(a) 울도 군수 심흥택이 "아군에 속하는 도서인 독도"라고 1906년에 보고하였다.

(b) 나카이 요자부로(中井養三郞)가 그 섬이 한국 영토의 일부라고 믿었기에 일본 농상성에 대하여 당시의 한국 정부로부터 그 섬을 양도받는 허가를 획득하기 위하여 출원하였다.

(c) 히바타 세이코(樋畑雪湖)의 논설 속에 독도는 한국 영토의 최동단으로서

기술하였다.

(d)『조선연안수지』 속에 다케시마는 울릉도의 속도로서 알려졌다.

(e) 1904년 11월에 군함 '쓰시마'는 울릉도에 있는 다수의 거주자들이 매년 하기(夏期)에 다케시마에 상륙하여 그 섬 근방에서 어로에 종사하였다는 것을 보고하였다.

(f) 한국의 어업에 관하여 일본인이 시행한 '조사'에 있어서는 다케시마가 한국에 속한 것으로 되어 있다.

그러나 모든 경우에 있어서 문헌으로부터의 인용과 사실의 증거가 부정확하고 그들의 하나도 한국의 의논을 실증하는 데 도움이 되지 않는다. 귀 주장을 반박하는 일본의 반대 이론은 다음과 같다.

(a) 확실한 원본이 인증되지 않으므로 일본 정부의 견해를 제시할 수 없다. 그러나 다음과 같은 사실이 있는 것을 주의하여야 할 것이다. 즉, 동년(1906) 3월에 시마네현청의 비서 진자이 요시타로(神西由太郎)를 지휘자로 한 40명 이상의 일단이 전년에 시마네현에 편입된 다케시마의 현지조사에 종사하였고 귀로에 울릉도를 방문하고 군수 심흥택을 만났으며 진자이는 또한 다케시마에서 포획한 해려 1두(頭)를 군수에게 진공(進貢)하고 군수는 내방과 진공에 대하여 진자이에게 감사를 드렸다. 만약 군수가 그 당시에 다케시마가 울릉도에 속하였다고 생각하였다면 그는 이와 같이 진자이를 영접하지 않았을 것이다.

(b) 한국 정부의 의논은 1923년 6월에 시마네현 교육회 편찬 발행(그러나 한국 정부는 7월에 발행하였다고 말한다)의 『시마네현지』에 근거하였을 것이다. 이 책에는 "나카이는 내무·외무·농상무의 대신들에게 다케시마의 일본 영토의 편입 및 대하하는 원서를 제출하였고 이에 의거하여 내각회의에서 3대신은 시마네현청의 의견에 조감(照鑑)하여 그 섬을 일본 영토에 편입하도록 결정하였다"고 되어 있다. 이 책에는 한국 정부가 주장하는 것같이 나카이가 농상성에 대하여 당시의 한국 정부로부터 그 도서를 양도받는 허가를 획득하고자 출원하였다고 말한 구절은 없다. 틀림없이 다음과 같은 일절이 있다.

"다케시마가 한국 영토라고 믿었기에 나카이는 도쿄에 가서 한국 정부로부터 그 도서의 양도를 신청할 것을 그에게 허가하도록 농상무성에 설복(說伏)하려고 하였다." 그러나 다케시마에 관한 오키도청에 제출한 이유서에 의하면 나카이는 현 다케시마는 장기간 일본인에 의하여 인지되고 관리되었다고 믿었다. 따라서 위에 인용한 구절은 편집자 측에서 어떤 오해를 한 결과일 것이다.

(c) 1930년에 문제의 논설이 출판될 때는 다케시마는 시마네현에 속하였고, 한국의 강원도에 속하지 않았다. 따라서 저자는 확실히 오해하였다. 저자의 과오는 그 논설에서 인용한 문헌의 취급방법에서 명료하게 표시하듯이 옛날에 '다케시마'로서 알려진 도서가 울릉도였고 현재의 다케시마가 아니었다는 사실을 몰라서 그렇게 된 것이다.

(d) 수로지는 사용자의 편의를 위하여 편집되었고 그 섬의 영토 관할을 처리하기 위한 것이 아니라 다케시마가 울릉도 근방의 항해에 관계되는 도서이므로 그 도서는 울릉도와 같이 언급한 것이다. 그리고 다케시마가 오키도의 근방의 항해에도 관계되므로 본주 수로지 제2편 제2권 『본주의 서북연안의 동남부』에서 『오키도 및 죽도』라는 표제하에 언급하고 있다. 이와 같이 수로부 당국은 다케시마를 울릉도의 속노로서 취급하지 않았던 것은 명백하다.

(e) 『조선연안수로지』에 의하면 전함 쓰시마는 다만 다음과 같이 보고하였다. "… 그들은 동방도(東方島)의 어부용의 고초소옥(菰草小屋)이 있었으나 풍랑 때문에 심히 파손되어 있는 것을 발견하였다." 그런데 "울릉도에 있는 다수의 거주자들이 매년 하기에 다케시마에 상륙하여 그 섬 근방에서 어획에 종사하였다"는 한국 정부에서 인용한 기사는 수로지의 편집자가 전문에 의하여 첨가한 후년의 다케시마 사정이었고 쓰시마함으로부터의 보고가 아니다. 뿐만 아니라 원본에는 '울릉도로부터 온 사람들'이라고 되어 있고 한국 측이 지적하는 바와 같이 '울릉도의 주민'이라고 쓰여 있지 않다. 그들은 패류 및 해조 채취를 위하여 울릉도 기지로부터 다케시마에 출로(出撈)한 일본인 및 그들에게 고용된 한국인이라는 것을 알았다.

(f) 이 주장의 원천이 확실하지 않으나 한국 정부는 1910년 5월에 출판하고 한국의 농상공부 수산과에 의하여 편찬된 『한국수산지』를 말하는 것이라고 생각된다. 그러나 한국 동해안의 어업에 관한 제2권에는 독도의 명칭은 어디에도 나타나지 않는다. 그들의 위치 선정의 견지에서 거기서 말하는 소위 '다케시마' 어느 것도 현재 문제의 다케시마와 동일시할 수 없다.

(4) 각각 1904년 2월 23일자 및 8월 22일자의 한일의정서와 한일협약의 약정하에 일본은 한국으로 하여금 '일본의 외교고문들의 권고를 받도록 하고' 또 '필요하다면 전략적 견지에서 한국 영토의 어떤 부분도 점령'할 수 있도록 하였다고 한국은 그 각서에서 언명하였다. 그러나 두 개의 인용문 중에 전자는 "한국 정부는 외무부의 외교고문으로서 일본 정부에 의하여 추천된 외국인을 고용하여야 한다(한일협약 제2조)"고 하여야 될 것이며 사실상 미국인 '스티븐스'가 고용되었다는 것을 주의하여야 한다. 또한 후자에 관하여는 인용문의 부정확을 제쳐 놓고라도 문제의 조항은 다만 러일전쟁 기간 한국의 영토보전을 보호할 목적을 수행하기 위하여 필요한 전시상의 장소를 잠시 점령할 수 있도록 하는 협정과 같다는 것과 다케시마를 일본 영토에 편입하는 어떤 수단도 취하지 않았다는 것을 주의하여야 한다.

(5) 강화조약의 영토 조항은 1946년 1월 29일자 SCAPIN 제677호의 정지조치를 실질적 변화를 가함이 없이 확인한 것이었다고 한국 정부는 주장한다. 그러나 일본의 권능이 상기 각서에 의하여 정지된 북위 30도 이남의 남서제도에 대하여는 북위 29도 이북의 제도는 1951년 12월 5일자 SCAP 각서로서 일본 정부가 행정조치를 회복하였으며, 아마미제도(奄美諸島)도 1953년 12월에 일본 관리에 반환되었다는 것을 주의하여야 한다. 더욱이나 일본은 아직도 남서제도와 유부암(孀婦岩)의 남방의 남방제도, 충(沖)의 조도(鳥島), 남조도(南鳥島)의 기타 도서상에 '잔존주권'을 가지고 있다. 홍콩회의에서 미국대표 '존 포스터 델레스'는 일본의 권능이 전기 SCAP 각서에서 정지되었던 하보마이제도(歯舞諸島)는 강화조약의 약정하에 일본이 모든 권리 권능 청구권을 방기하여야 하는 쿠릴열도(千島列島)에 포함되지 않는다는 것

을 명백히 하였다. 현 단계에 취하여지는 입장에서 보아도 상기 사실은 전기 SCAP 각서와 강화조약 간에 아무 관계가 없었다는 것을 논증한다.

3. 현대 국제법하에서는 다음과 같은 것이 영토취득에 필요하다.

(1) 영토를 획득하는 국가의 의사

(2) 의사의 공적 발표

(3) 영토를 지배하는 적당한 세력의 수립

그러나 개국 이전의 일본에는 국제법의 적용이 없었던 것이므로 당시에 있어서는 만약에 일본이 어떤 영토를 그 자신의 영토라고 생각하고 일본의 영토로서 취급하였다면, 또 그러한 사실이 어떤 타국에 의하여 논박되지 않았으면 일본은 영토를 영유하는 데 필요한 충분한 이유를 가지고 있었다고 생각된다.

옛날에 다케시마는 '마쓰시마'의 명칭으로서 일본에 알려졌고, 그들에 의하여 일본령의 일부로 생각되고 그들에 의하여 항해와 어업에 이용되었다. 도쿠가와가계의 제3대 장군 이에미츠(家光)시대에 막부는 요나고의 오오야(大谷)와 무라카와(村川)의 양 상가(商家)에 다케시마를 지배하도록 허가하였고 그 섬은 울릉도에 항해하는 데 중간정박소로서 사용되었다. 더욱이나 어로 및 수렵은 다케시마 및 그 주변에서 일본인이 종사하였다. 다음은 상술한 바를 표시하는 문헌이다.

『은주시청합기(隱州視聽合記)』(은주견문록), 이즈모번사(出雲藩士) 사이토(齊藤) 저-관문 7년(1667)

『오오야큐에몬 수기(大谷九右衛門 手記)』(오오야큐에몬 勝信의 수기)-연보 9년(천화 원년, 1681)

「오오야큐에몬 勝房으로부터 나가사키 번주에 송부한 각서」-관보 원년(1741)

『죽도도설(竹島圖說)』[기타모토 쓰안(北园通葊)이 저술한 지도]-보력시대(1750~1763)

『장생죽도기(長生竹島記)』[야다 다카마사(失田高當)가 쓴 다케시마 이야기]-순화 1년(1801)

이에 더하여 에도시대 중기 전후에 제작된 많은 고지도가 있으며 그것은 그 섬을 일본 영토의 일부로서 표시하며 예로서 그 지도를 다음에 기재한다.

『죽도도(竹島圖)』(다케시마지도): 이것은 돗토리번의 이케다(池田) 영주 가족이 장기간 소지하였다. 보력시대 제작(1720년대)

『일본여지로정전도(日本輿地路程全圖』(일본전도): 나가쿠보 세키스이(長久保赤水) 제작. 안영 4년(1775년)

상기 제 지도 중 이케다가가 가지고 있는 것은 막부의 명령에 의하여 제작하고 그들에게 제출한 지도의 사본이고 따라서 그것은 관적 성격을 가진 지도이고 그 당시의 사람들이 현재 다케시마명으로서 알려진 그 도서에 대하여 매우 정확한 지리적 지식을 가지고 있었음을 표시한다.
한편 한국 측이 말하는 한국이 그의 영토의 일부로서 다케시마를 인식하였고 옛날에 이용하였다는 것을 확증하는 것이 아무도 제시되지 않는다. 역사적 사실로 볼 때 한국 정부가 울릉도에 관하여 이조 초기 이래 장기간 '공광책(空購策)'을 계승하였다는 사실에 조감하여 한국은 울릉도보다 더 떨어진 고도(孤島)에 행정적 또는 기타 지배를 확장하였다고 생각할 이유가 없다.
전술한 바에 의하여 알 수 있는 바와 같이, 한국 측에서는 그런 사실이 없으므로 옛날부터 다케시마는 일본인에게 알려졌고 일본의 영토의 일부로 생각되었고 일본인에 의하여 이용되었다. 뿐만 아니라 그 섬의 영토권은 한일 간에 논의된 바 없었다. 따라서 다케시마는 고래로 일본 영토의 일부였다고 결론지을 수 있다.
4. 현대 국제법하의 영토취득의 요건에 관하여는 영토를 획득하는 국가의 의사가 다케시마를 일본 영토에 가입하기로 1905년 1월 28일자 내각회의에

서 결정을 본 결과로서 확정되고, 1905년 2월 22일 영토를 획득하는 국가의 의사의 공적 발표를 시마네현청에서 공포한 고시로서 하였었다. 이것은 당시 일본이 선점의 경우에 관행한 고시방법에 의한 것이며, 국가의사의 공적 발표로서 취하여진 상기 방법은 이 관계의 국제법상의 공시 요건을 만족시키고 있다.

이상에 첨가하여 이론적으로 그 소유를 완성하기 위하여 영토를 지배하는 적당한 권력의 수립을 필요로 한다. 이 점에 있어서는 1905년 8월에 시마네현의 지사 마쓰나가 다케키치(松永武吉)에 의하여 행하여진 다케시마에 관한 현장조사와 다음 해 3월에 시마네현청의 제3부장 진자이 요시타로를 장으로 하는 40명 이상의 일단에 의한 현장조사와 다케시마의 지역을 오키도주가 송부한 보고를 기초로 하여 1905년 5월 17일에 정부 소유 토지로서 토지대장에 기입하였다는 것을 말할 수 있다.

다케시마의 해려포획에 관하여는 이 산업에 적용할 어업통제규정은 시마네현령 제18호에 의하여 1905년 4월 14일에 개정되었다. 거기에는 면허제도가 해려포획을 위하여 채용되고 동년 6월 5일에는 나카이(中井) 등 4명에 대하여 정식의 면허를 수락하였다. 그 이래 이 사업에 소장(消長)은 있었으나 1941년에 전쟁에 의하여 중지하기까지 사업은 계속되었고, 면허자로부터는 매년 토지사용료가 국고에 납입되었다. 그간 수차에 걸쳐 다케시마 주변의 어업에 관한 어업통제규칙은 개정되었다는 것을 첨가할 수 있다.

1940년 8월 17일에 다케시마는 해군재산으로서 해군기지에서 인계하였고, 거기서 해려포획권을 가졌던 야하타 조시로(八幡長四郎)에게 그 사용허가를 용인하여 그때 해군기지사령관은 사용지령을 포함한 명령서를 교부하였다.

상기 사실은 일본이 다케시마에 대하여 계속적으로 지배권을 행사하였음을 표시한다. 이와 같이 그것은 현대 국제법으로 보아도 일본의 다케시마 영유의 요건은 완전히 구비되어 있다고 할 수 있다.

5. 한국 측은 최근에 와서 다케시마의 영유를 문제로 하고 있으나 한국은 1905년의 다케시마의 시마네현 편입 전후에 있어서 다케시마를 한국령으로

서 고려하고 있지 않았다는 것은 다음의 사실로서도 증명할 수 있다.

(1) 광무 5년(1901) 간행의 현채 저 『대한지지』(광무 9년 2책본으로서 재판된 한국지리지)에는 한국 영토의 최동단은 동경 130도 35분으로 되어 있고 다케시마는 한국 영토에 포함되지 않았다. 그 저자는 한국 정부의 학부 직원이었고 학부 편찬국장의 서문도 있으므로 현씨는 당시의 권위있는 저자라고 생각된다.

(2) 중화민국 4년(1915) 간의 태백광노(太白狂奴, 신채호) 저 『한국통사』(한국사)에 의하면 한국의 최동단은 동경 130도 50분에 위치하고 다케시마는 한국 영토에 포함되지 않고 있다. 이 책은 일본의 한국통치에 반대하여 그 독립을 기도한 한국인의 한 사람에 의하여 저술되었다. 따라서 만약 그가 독도에 대하여 관심을 가졌더라면 당연히 다케시마를 취급하였을 것이다.

6. 요컨대 한국 측의 설명과 아측의 조사결과로서는 한국이 고래로부터 다케시마를 영유하였고 그 섬을 효과적으로 관리하였다는 것을 증명하는 것이 아무것도 발견되지 않았다. 일방 역사적 사실과 국제법상의 영토취득의 요건으로 보아서 다케시마의 일본 영유는 전혀 의심할 바 없는 것이다.

1954년 9월 25일자 대표부 각서와 반박서

대한민국 주일 대표부는 일본 외무성에 경의를 표하며 독도(다케시마) 영유권에 관한 1954년 2월 10일자의 귀 성의 각서 15 / A2에 관하여 다음과 같이 논술할 영광을 가진다.

1. 한국 정부는 전술한 각서의 별첨물 "다케시마 영유권에 관한 1953년 9월 9일자의 대한민국 주일 대표부의 각서로서 한국 정부가 취한 태도를 반박하는 일본 정부의 견해"를 주도하게 검토하고 일본 정부가 사실로서 각종의 문헌과 서류에서 인용한 것은 전부가 불확실하며 또한 영토주권의 취득권리가 기초하고 있는 소위 '선점'을 독도에 적용한 것은 전혀 부적당하다는 것을 발견하였다.

2. 한국 정부는 검토를 가하는 중에 독도영유권에 관한 일본 정부의 상기 견해는 1953년 9월 9일 한국 대표부의 각서로서 외무성에 송달한 한국 정부의 견해를 하등 실질적으로 반박하지 못함을 확인하였다. 뿐만 아니라 상기 일본 정부의 견해는 사실과 현대 국제법에 비추어 독도에 대한 일본의 소유권을 입증하지 못하였다.

3. 타면(他面) 한국 정부의 상기 견해는 각종의 증거로서 고대부터의 독도에 대한 한국의 소유권과 동 도에 대한 효과적인 한국의 관리를 충분히 입증하였다.

4. 따라서 독도가 한국 영토의 일부라는 역연한 사실에 관하여 일본 정부가 가졌던 착오적인 개념을 제거하기 위하여 1954년 2월 10일자 일본 외무성의 각서로서 독도에 대한 영유권에 관하여 일본 정부가 취한 입장을 반박하는 한국 정부의 견해를 명시하는 성명서를 이에 동봉한다.

1954년 9월 25일

도쿄

[별첨]

1954년 2월 10일자 일본 외무성의 각서 15/A2에서 취한 독도(다케시마)의 영유에 관한 일본 정부의 견해를 반박하는 한국 정부의 견해

독도(다케시마) 영유에 관한 1954년 2월 10일자 아2 제15호 일본 외무성의 각서로서 일본 정부가 취한 견해를 반박하는 대한민국 정부의 견해

I.

대한민국 정부는 표제 건에 관한 일본 정부의 견해를 신중히 검토하였다. 그러나 일본 정부가 역사적 사실로서 각종 문헌과 사적을 이용한 것은 다 부정확하고 또 독도 소유에 대한 국제법상의 제 조건을 충족시키었다는 일본 정부의 주장도 역시 전연 근거가 없다. 대한민국 정부는 다음의 역사적 사실을 열거함으로써 일본 정부가 취한 견해를 논박하려고 한다.

1. 한국 정부가 역사적 문헌상에 나타나는 우산도와 독도(일본의 소위 다케시마)와의 통일성을 주장한 데 대하여 일본 정부는 한국이 이 주장을 기대할 만한 증거 서류를 제출치 못하였다고 비난하였다. 그러나 이러한 증거는 이미 일본 측에 제시되어 있다. 한국 정부는 일본 정부가 제시한 반대 의견이 그 논거가 허심탄회하게 해결하지 않고 단질적인 억측에 기초를 두고 있다는 것에 의심할 여지가 없다는 것을 재언하고자 한다.

이제 한국 정부는 문헌상의 우산도가 현재의 독도(일본의 소위 다케시마)를 가리키는 것이 더 의심할 여지가 없음을 다시 한번 지적하지 않을 수 없다. 따라서 우산도, 삼봉도 그리고 울릉도의 각 명칭이 동일한 섬을 지칭한 이칭에 불과하다는 일본 정부의 견해는 하등 근거가 있는 것이 아니라고 말하지 않을 수 없다.

천산도와 울릉도가 두 개의 별도(別島)라는 것을 구구히 설명할 필요가 없다.

그러나 다시 한번 오해가 없도록 명확을 기하기 위하여 이제『세종실록지리지』와『신증동국여지승람』에서 다음의 기사를 이용하고자 한다.

> 우산과 무릉의 두섬이 울진현의 정동쪽 해중에 위치되고 또 이 두 섬의 거리가 그리 원격이 아니기 때문에 일기가 청명한 때는 이 두 섬 서로가 망견할 수 있다(『세종실록지리지』).

> 우산도와 울릉도 이 두 섬은 울진현의 정동쪽 해중에 위치되며 운운(『신증동국여지승람』).

상기 인용문과 같이 우산도와 무릉도(울릉도)의 두 섬은 울진현의 정동쪽 바다에 위치된 별도이다. 더욱 이 두 섬은 서로 떨어져 있으나 과히 멀지 않기 때문에 일기가 청명할 때는 서로가 망견할 수 있다고 첨기되어 있다.
상기의 설명한 증거로서 이 우산과 울릉의 두 섬은 결코 동일한 섬을 가리키는 것이 아니고, 명확히 두 개의 분리된 섬으로 인정하지 않을 수 없다. 일본 정부는 이같이 명확히 인정된 사실을 솔직하게 인정하지 않고, 도리어 이 사실을 부인할 기도하에 상기 본문에 첨기되고 있는 다음 구절만을 맹목적으로 인용하고 있다. 즉,『세종실록』 전기 본문에 첨기되어 있는 "신라 때 우산국이라 칭했다. 일설에는 울릉도이다(新羅時稱 于山國 一云 鬱陵島)"라고 한 것과『신증동국여지승람』 전기 본문에 첨기되어 있는 "일설에는 우산 울릉은 본래 한 섬이라고 한다(一說 于山鬱陵本一島)"라고 한 것을 인용 제시하였다. 그러나 이것은 이 기사가 표시하는 바와 같이 그 전자에 있어서는 신라시대에 있어서의 '우산국'을 말한 것이지 '우산도'(「여지지」에 우산도를 우산국의 일부라는 것을 표시)를 말한 것은 아니다. 그리고 그 후자에 있어서는 막연한 '일설'에 지나지 않는다. 따라서 이 인용문은『세종실록지리지』와『신증동국여지승람』이 편찬된 당시 2도 2명으로 확인된 사실에 결코 영향을 미치게 하지는 못한다. 더욱이 지리적 지식이 발달되지 않았던 시대에 있어서는 동일지역에 이칭(異稱)이 생기고 이것이 원명과 혼용하여 오다가 2소(所) 2명으로 분석되는 실례는 일일이 매거(枚擧)하기 어려우나 특히 일본학자 다보하시 기요시(田保橋潔) 씨의 마쓰시마, 다케시마에 관한 학구적인 논증에서도 그 좋은 실례를 찾아볼 수 있는 바이다. 즉, 다보하시 기요시 씨는 일본이 해당 지역에 대하여 지리적 지식이 흠핍(欠乏)되어 있던 메이지 초기에 있어서 마쓰시마, 다케시마라는 명칭이 울릉도 1도를 지칭하였고, 그것이 다시 울릉도와 독도(일본 소위 현재의 다케시마)를 각각 지칭하게 되었다. 동시에 울릉도를 가리키는 다케시마라는 명칭이 독도(울릉도의 부속도)의 명칭으로 지칭되었다는 사실을 학구적으로 논증한 바 있었다.

『세종실록』과 『신증동국여지승람』에 명확히 나타나 있는 우산, 울릉 2도 인지의 사실을 인정하여야 할 본문의 기사를 고의로 무시하고 다만 무근거한 설을 인용 제시하거나 또는 고의로 우산도를 차지하려는 일본 정부의 태도는 일본 정부가 이 문제를 공정무사하게 취급하려는 의사가 없다는 것을 명백하게 나타나는 것에 불과하다.

일본 정부는 또한 『문헌촬록』의 기사를 들어서 우산도 · 삼봉도 · 울릉도의 3도가 동일의 섬(도)이었다는 논거를 삼고 있으나 그것은 『문헌촬록』 자체가 이조 말엽에 있어서의 단순한 개인 수록(隨錄)에 지나지 않은 것이며, 또 『세종실록』과 같이 역사적 · 지리적 사실과 그 변천을 밝히는 데 도움이 되는 문헌적 가치는 전무한 것이라는 것을 지적하여 둔다. 이 같은 논거의 제시로서 일본 정부가 내리는 그 결론이야말로 견강부회의 이론에 불과하다.

2. 일본국 정부는 안용복에 관한 『숙종실록』의 기사를 안용복이 귀국 시 한국 방위당국에 의하여 조사당할 시의 진술한 것에 기초를 두고 있는 것으로서 매우 가상적인 것이라고 주장하고 있으나, 『숙종실록』에서의 기사는 안용복사건의 전말을 명시하여 주는 역사적 사실로서 하나의 성명이거나 또는 가상적인 것이 아니다. 한국 정부는 이 역사적 사실을 명확히 하기 위하여 본건에 관하여 거듭 다음과 같이 설명하고자 한다.

『숙종실록』(권30) 22년 9일 무인조에는 틀림없이 다음과 같은 기사가 적혀 있다.

비변사(당시의 특수국무위원회) 안용복에 묻기를 … 본도(울릉도)에 이르러 … 왜선이 또한 많이 내박하여 있으므로 선인(船人)이 다 놀래서 소리를 질러 "울릉도가 본래 우리나라 땅이다. 왜인이 어찌 우리나라 땅에 넘어와서 침략을 하느냐"고 선두(船頭)에 나서서 크게 꾸짖으니 왜가 말을 하되, "우리는 본래 송도로 가니 우연히 고기를 잡으러 왔다가 이번에 마땅히 본소로 돌아가는 바이라"하였다. 이에 "송도는 즉 우산도라 또한 우리나라의 땅이라. 네 감히 여기에 갈 수 있느냐"고 꾸짖다 뒷날 아침이 되매 배를 지어 우산도에 이르니, 왜 등이 바야흐로 솥을 벌려놓고 기름고기를 지지는지라. 이에 솥을 깨트리고 배를 두드리며 큰 소리로 짖으니 왜 등이 걷어서 모아 배에 싣고 돛대를 올려 돌아가다.

다시 『증보문헌비고』(권301) 울진 우산도 · 울릉도에도 다음과 같은 기사가 있다.

섬은 울진현의 정동해중에 있고 … 성종 2년에는 따로 삼봉도를 고하는 자가 있어 이에 박종원을 시켜 가서 보게 하였다. 풍도(風濤)로 인하여 다다르지 못하고 돌아왔다. 동 일행은 울릉도에서 하룻밤을 자고 단지 큰 대나무와 큰 전복을 가지고 돌아와 아뢰되, 섬 가운데 사는 사람이 없더라(「여지지」에 이르되 울릉도와 우산은 다 우산국의 땅이다. 우산은 소위 왜가 이르는 송도이다). 동래 안용복은 왜말을 잘하는데 … 돛을 달고 3주야를 걸려서 울릉도에 다다를 때 왜선이 동쪽으로부터 오거늘 용복이 여러 사람에 눈짓하여 왜를 결박하게 하였더니 선인이 겁을 내서 덤비지 못하도다. 용복이 혼자 앞에 나서 크게 꾸짖어 가로되 "무슨 까닭으로 우리 경계를 범하였느냐." 왜가 대답해 가로되, "본래 송도를 향하는 바이니 마땅히 가겠노라"고, 용복이 추격하여 송도에 이르러 또 꾸짖어 가로되, "송도는 즉 우산도라. 네가 우산이 우리 경계인 줄 또한 듣지 못하였느냐." 그 솥을 부순즉 왜가 크게 놀래서 돌아갔다.

즉, 이때 안용복이 울릉도에서 일본인을 발견하고 불법 범경을 책하며 우산(于山, 芋山)도(독도, 송도)까지 추종하여 일본에서 말하는 송도는 곧 아국의 우산도라는 것을 논박하여 일본인들로 하여금 철거케 하였다. 안용복 등 이보다 3년 전인 숙종 19년(1693)에도 울릉도에 출어하여 불법 범경한 일본인들에게 강제로 체포되었다가 그해에 송환된 일이 있었다. 이때부터 한일 간에는 울릉도(일본인의 소위 다케시마) 부근의 어업문제를 개재하고 3년간 분규를 거듭한 끝에 숙종 23년(1696) 2월[3]에 이르러 일본 정부는 울릉도(다케시마)와 울릉도로부터 단지 49해리의 거리에 있고 또 시마네현 오키도로부터 약 86해리의 해중에 있는 그 부속도(독도)가 한국의 영유라는 것을 재인정하고 이후 일본인의 이 지역으로의 출어를 금지케 하였다. 그러나 그 후로 일본인의 불법 범경이 있었으므로 상기한 바와 같이 안용복 등은 숙종 22년 가을에 재차로 이 섬에 도항하여 불법 출어한 일본인들을 추격하고 일본에서 부르는 송도가 곧 아국의 우산도(독도)라는 것을 말하여 그들로 하여금 이 지역을 철거케 하였다. 이때 안용복 등 11명은 다시 일본 어선을 추격하여 옥기도(오키도)를 거쳐 호키주(伯耆州)에까지 이르러 한국의 영역인 울릉도·우산 양도에 범경한 도주(島主)를 문책하고, 그 죄상을 직접 에도성의 관백(장군)에게 진언하겠다고 주장하였다.

상기의 한 첨기 사실이 있은 후 울릉도와 우산도(일본인의 소위 마쓰시마)가 한국의 영유라는 것을 확인하고, 이 두 섬이 고대로부터 우산국의 영토로서 한국에 귀속한다는 것이 확인되어 이후 한국 정부에서는 3년에 1차씩 수부관(搜府官, 搜討官을 말함)을 이 지역에 보내어 일본인의 범경 유무를 조사하

3 1월이다.

게 하기로 하였다. 이 사실 이후 140년 되는 헌종 3년(1837)에는 일본 정부는 '한국의 다케시마'(울릉도)에 밀무역한 이와미국 하마다번 하치우에몬(八右衛門)을 사형에 처하여 한국 정부에 대한 약속을 지키는 한편 양 섬에 대한 한국의 주권을 존중한다는 약속을 지켰다.

이러한 엄연한 역사적 사실이 있음에도 불구하고 『숙종실록』에 나타나는 안용복의 기사를 가상적 무근거 운운이라고 말하는 일본 정부의 논조는 역사적 문헌의 가치를 일방적으로 말살하려는 고의적인 태도라고 볼 수밖에 없다.

한국 정부가 안용복을 추방한 것은 국법으로 출입을 금하고 있는 원양 수역에 출어한 그의 위법 행위에 대한 조치인 것이요, 결코 국토의 주권문제와는 관계가 없는 것이다. 안용복은 드디어 울릉·우산 양도에 대한 한국의 주권을 일본국 정부에 재확인시키는 데 혁혁한 공적이 있었다는 데 비추어 사형에서 감형되어 유배된 것에 불과한 것임을 알아야 한다.

일본에서 말하는 다케시마의 지역이 일본의 주권하에 있는 것이 아니라는 것을 일본 정부 측에서 공인한 사실로서는 다음과 같은 것을 들 수 있다.

에도 막부의 수립을 전후하여 호키주의 어민들이 우산도 도항의 허가를 위정당국에 청원하자 특히 일본 원화 4년(1618)에는 에도성으로부터 호키주주(伯耆州主)인 마쓰나이라 신타로(松平新太郎)에게 '수인(朱印)'을 하사하여 이것을 소지한 어민들로 하여금 매년 다케시마 지역에 출어케 하였다. 주인이라는 것이 그때 일본 정부에서 외국과의 무역을 공인한 선원에 한하여 하급(下給)된 증명인 것임은 일본 사료에도 명백히 나타나 있는 바이다. 이 사실만으로서라도 다케시마의 지역이 당시 한국의 주권하에 있었음을 일본의 상하 각계가 자인하고 있었음은 역력히 알 수 있다.

3. 독도가 한국에 소속하고 한국인에 의하여 이용되었다는 증거로서 제시한 사실에 관한 한국 정부의 견해를 일본 정부는 문헌의 이용에 잘못된 해석이 있었다는 것과 사실의 증거가 다 정확하다고 반대 이론을 제시하였으나 일본의 반박이야말로 다음의 이론으로 근거가 없다.

a. 독도를 울릉도의 속도라 한 울도 군수 심흥택의 보고서에 대하여 일본 정

부는 한국 측에서 확실한 인용의 출전을 제시하지 아니하였다며 이에 대한 견해를 회피하였으나, 그 원본은 현재 아국 정부의 공문서철 중에 보관하고 있다. 대한민국 정부는 1953년 9월 9일자 대한민국 정부의 견해에 지적한 바와 같이 독도는 울도 군수의 관할하에 있었다는 것을 되풀이하려 한다.

이제 1906년 3월 울릉도를 방문한 진자이(神田) 일행에 언급하여 일본 정부는 군수 심흥택에게 해려 1두를 진공하였다 말하나 이러한 사실이 없을 뿐더러 "군수는 이와 같이 진자이를 영접하지 아니하였을 것이다. 운운"이라고 하는 일본 정부의 주장은 조작에 지나지 않는다.

이에 관련하여 대한민국 정부로서는 그 당시 일인들은 제국주의 일본이 한국에 강요하였기 때문에 한국 정부가 이를 무효로 인정하고 있는 소위 모든 관계조약과 협정 등을 구실로 하여 불법적으로 한국 영토에 상륙하여 조사 등을 자행할 수 있었다는 사실을 일본 정부에 상기시키고자 한다.

일본 정부는 제국일본이 1904년 2월에 소위 한일의정서를 한국에 강요한 것과 진자이 일행이 울릉도를 방문하기 1개월 전 1906년 2월에 소위 통감부를 설치하였다는 것을 환기하여야 한다.

b. 『시마네현지』에 나타난 나카이 요자부로(中井養三郎)의 건에 대하여 일본 정부는 "이 책에는 대한민국 정부가 주장하는 바와 같이 나카이가 농상성에 대하여 당시의 한국 정부로부터 독도를 대여받는 허가를 획득하고자 출원하였다고 말한 구절은 없다" 하고, 계속하여 확실히 다음과 같은 절이 있다고 말하였다. "다케시마를 한국 영토라고 믿었기에 나카이는 도쿄에 가서 한국 정부로부터 그 도서의 대여를 신청할 것을 그에게 허가하도록 농상성에 설복하려고 하였다."

그러면 일본국 정부가 제시한 이 구절은 대한민국 정부가 주장한 의미와 무엇이 다른가. 다만 농상성에 '출원하였다'는 것과 '설복하려고 하였다'는 것이 다를 뿐이다. 나카이가 독도를 한국 영토로 믿었기 때문에 도쿄에 와서 한국 정부로부터 대여받을 것을 운동한 것은 사실이다. 일본 정부는 나카이가 오키도청에 제출한 다케시마에 관한 이유서에 의하여 "위에 인용한 구절은 편찬자 측에서 어떤 오해를 한 결과일 것이다"라고 말하였다.

이 점에 있어 일본 정부는 인용된 구절이 전연 저자 측에서 어떤 오해를 한 결과라고 언명하나 한국 정부는 일본에 불리하게 인용된 구절이 모두 저자나 편찬자 측의 오해로서 일어난 것이라고 하는 일본 정부의 주장은 양해하기에 대단히 곤란하다.

요컨대 나카이가 한국 정부로부터 독도를 대여받을 것을 운동한(혹은 운동하려고 한) 것은 1904년(일본이 자칭 독도를 시마네현에 편입하였다고 하는 1년 전)의 일이고 이때 일본인이 독도를 한국 영토로 믿었던 것은 숨길 수 없는 사실이며 또 실제로 독도는 한국 영토이었던 것이 사실이다. 이것으로서 독도가 본래 한국 영토라는 것을 증명하고도 오히려 남음이 있다.

c. 히바타 세이코(樋畑雪湖)의 논설 속에 있는 "다케시마와 울릉도는 일본해 최동단에 있는 조선 영토라 운운"한 말에 대하여 일본 정부는 "저자의 오해이고 … 사실의 무지에서 일어났다 운운"이라고 말하나, 저자는 자기의 지식대로 독도는 한국 영토라고 명기하였던 것이다. 저자와 일본인 학자는 시마네현청의 소위 독도 편입 후 25년이나 지나도 이 섬을 한국의 영토로서 간주하였다.

d. 일본 해군성에서 발행한 수로지에 대하여 일본 정부는 "수로지는 사용자의 편의에 의하여 편찬되었고 그 섬의 영토 관할을 처리하기 위한 것이 아니다"라고 주장하고 또 일본 정부는 "다케시마가 울릉도 근방의 항해에 관계되는 까닭에 울릉도와 같이 언급된 것이며 또 다케시마가 오키도 근방의 항해에도 관계되므로 일본 본주 수로지에 일본 본주의 서북 연안 동남부에서 언급되어 있다"라고 말하고, 또 수로부 당국이 다케시마를 울릉도의 속도로 취급하지 아니하였다는 것을 말하고 있다.

이에 시험 삼아 1933년에 발행한 『조선연안수로지』와 『일본본주연안수로지』를 가지고 다케시마에 관한 기사의 상략과 경중을 비교하여 보라.

『조선연안수로지』 제3편 조선동해안 『울릉도와 다케시마』조에 다케시마의 위치·지세·산물·기타사항을 상세히 기술한 데 비하여 『일본본주연안수로지』 제2권 일본해안 『오키도와 다케시마』조에는 다만 다케시마의 이름만 기재하였을 뿐이다(만일 다케시마가 본래부터 일본의 소속이었다면 『일본본주연안수로지』에서 그 위치·지세·산물 등을 상세히 기술하였을 것이다). 이는 독도가 본래로부터 울릉도에 속한 섬이며 또 지리적으로 울릉도에 속하는 것이 가장 합리적인 까닭이고, 또 상기 사실로 판단하여 일본 수로부 당국이 독도를 한국 영토로 취급한 것은 명백한 사실이다.

e. 『조선연안수로지』에 기재한 일본 전함 쓰시마의 보고 사항에 있어 다케시마에 대한 기사에 관하여 일본 정부는 어느 부분은 전함의 보고에 근거를 두고 또 어느 부분은 수로지의 편찬자가 전문에 의하여 후에 첨가하였다고 주장하고 있으나 그렇게 분석하여 볼 하등의 이유를 우리로서는 발견할 수 없으며 설사 그렇게 분석한다 하더라도 일본 해군성이 수로지를 공간지(公刊誌)로서 편일필(編一畢)한 것인 고로 수로지 편찬자가 임의로 허구한 사실을 기재한 것은 결코 아니고 확실한 자료에 의거하여 기재한 것으로 보지 않으면 아니 되겠다. 기사의 원문은 다음에 인용하여 검토하면,

> 섬 위에는 가옥을 건축할만한 땅이 극히 적고 1904년 11월에 군함 쓰시마가 이 섬을 실측할 때에는 동방도(東方島)에 어부용의 고초소옥(菰草小屋)이 있었으나 풍랑 때문에 심히 파손되었다 한다. 매년 여름이 되면 해려를 잡기 위하여 울릉도로부터 이 섬에 오는 자 수십 명의 다수에 달할 때가 있다. 그들은 섬 위에 소옥을 짓고 매회 약 10일 간 가거(假居)한다고 한다(『조선연안수로지』 제3편 『울릉도와 다케시마』).

전후의 문세로 보아 쓰시마함이 독도를 실측할 때에 발견한 고초소옥은 울릉도의 주민들이 하계의 어채를 위하여 지은 소옥이라는 것을 부인할 수 없다는 것이다. 따라서 이 섬은 전부터 울릉도 주민이 항상 이용하였다는 것이 확실하다. 그리고 대한민국 정부는 "전기 기사 중에 울릉도로부터 독도에 온 사람은 일본인과 그들에 고용된 한국인이다"라고 하는 일본 정부의 단언은 전

연 근거가 없는 말이라고 인정하는 바이다.

4. 제1차 한일협약 제2항은 "한국 정부는 일본 정부가 추위하는 외국인 1명을 외무부의 외교고문으로 고용하여야 한다 운운"이라고 되어 있었더라고 하고 "사실상 미국인 스티븐스가 고용되었다"고 일본 정부는 논하였으나 실제로 일제는 한국의 외교권을 착취하기 위하여 스티븐스를 앞잡이로서 한국의 외교고문으로 채용하도록 강요한 것은 역사가 증명하는 바이다.

일제 침략을 미국인 스티븐스가 책임을 져야 하고 일본제국주의는 책임 없다는 바와 같은 논조를 일본 정부는 사용하였으나, 이것은 이치에 닿지 않을 뿐더러 언어도단이다. 또한 일제의 침략은 한국의 전역을 대상으로 하였고 한국 영토에 대한 착취를 죄하였던 것이다. 일본 정부가 주장하는 바와 같이 다만 "러일전쟁 기간 한국의 영토보전을 보호할 목적을 수행하기 위하여 필요한 전략상의 장소를 잠시 점령할 수 있도록 하는 협약과 같다"는 일본 정부의 논조는 수긍할 수 없다. 그 이유는 일본 정부가 '잠시'라는 용어를 사용하고 있으나 실상은 당시 일제 정부는 영구적이고도 근본적인 침략 계획하에 모든 것을 수행하였던 것이다. 대한민국이 이 두 협정의 무효를 주장하는 이유의 하나이다.

5. 「강화조약」의 영토 조항은 1946년 1월 29일자 『SCAPIN』 제677호의 『SCAP』 각서에 의하여 이루어진 일본의 통치상 또는 행정상 권능의 정지 조치를 실질적 변화를 가함이 없이 확인한 것이었다고 한국 정부가 주장한 데 대하여 일본 정부는 "그러나 … 일본의 권능이 상기 각서에 의하여 정지된 북위 30도 이남의 남서제도에 대하여는 북위 29도 이북의 제도는 1951년 12월 5일자 『SCAP』 각서로서 일본 정부가 행정관리를 회복하였으며"라고 주장한다. 일본 정부는 일본의 행정권이 정지된 지역의 일부분을 일본에 반환하는 1951년 9월 샌프란시스코강화조약 조인 이후 『SCAP』 또는 미국 정부가 취한 조치를 열기(列記)하고 있는 것이다. 그러나 1951년 12월 5일자 『SCAP』 각서 또는 미국 정부에 의하여 일본 정부의 행정관리권을 회복하였다고 일본 정부가 주장하는 이들 섬은 미국을 유일한 관리권자로 지정한

국련의 신탁통치하에 있었던 섬에 지나지 않는다.

이미 일본 정부에 지적한 바와 같이 『SCAPIN』 제677호에나 또는 샌프란시스코강화조약에도 독도영유에 대한 대한민국 정부의 정당한 주장에 모순되는 조문은 없다. 그리고 이 조약 제1장 제2조 a항에 관하여 대한민국 정부는 "3개의 중요 도서의 열기는 결코 독도를 한국 영유에서 제외하려 하는 것은 아니다"라는 견해를 가진다. 또 울릉도의 하나의 속도로서 독도가 이 평화조약에 의하여 울릉도와 같이 한국 영역으로서 승인되어 있다고 하는 의미로서도 해석된다.

II.

일본 정부로부터의 "도쿠가와 3대 장군 이에미츠(家光)시대에 막부는 요나고의 오오야(大谷)와 무라카와(村川)의 양가에 대하여 다케시마의 지배가 허가되고 울릉도에 도항할 때에는 항상 이 섬이 중간 정박소로 이용되고" 또 "다케시마 주변에서 일본인이 어로에 종사하였다"고 하는 논거에 대하여 대한민국 정부는 결코 응시하지 않는 바이며 요나고의 오오야·무라카와 양가는 울릉도(일본에서는 당시 소위 다케시마) 방면에 원양 출어하는 데 허가를 얻은 것뿐이지 일본 정부가 주장하는 바와 같은 '다케시마를 지배하도록' 하게 된 것이 아님을 지적하지 않을 수 없다. 이 문제에 대하여 한국 정부가 전항의 제2절에 자세히 논한 바 있으므로 여기에는 더 오연(敖衍)할 필요가 없다고 생각한다.

일본 정부가 『은주시청합기』(은주견문록, 1667)와 『대곡구우위문 수기』(1681)의 양자를 증거 문헌으로서 제시하고 있으나, 이들 문헌은 일본의 울릉도 방면 침략시대(1614년으로부터 1697년까지)에 저작된 것으로 대한민국 정부는 이를 증거로서 무효라고 할 뿐 아니라, 이에 관련하여 한국 정부는 일본 국민의 울릉도 방면 출어를 금한다는 일본 측의 결정이 1697년에 한국 정부에 통보되었다는 점을 지적하여 둔다.

일본 정부는 수개의 고지도를 들어 독도가 중간 정박지로서 사용되고 또 당시의 인민들이 이 섬에 대하여 정확한 지리적 지식을 가지고 있었다고 주장하고 있으나, 대한민국 정부는 일본 정부의 위 주장이 독도영유문제와 하등 관계가 없다는 견해를 가진다. 지도의 가치에 대하여 원도가 없으므로 한국 정부의 견해를 제시할 방법이 없다.

전술된 바와 같이 울릉도에 대한 소위 『공광책』은 울릉도와 그 속도인 독도에 대한 영유권의 포기를 의미하는 것이 아니다. 그러므로 대한민국 정부는 "한국 정부 당국이 울릉도에 관하여 이조 초기 이래 장기간 『공광책』을 계승하였다는 사실에 비추어 한국은 울릉도보다 더 떨어진 고도에 행정적 또는 기타의 지배를 확충하였다고 생각할 이유가 없다"라는 일본 정부의 논조는 도저히 용납할 수 없다. 한국은 이조 세조 이래 북변 『폐사군』에 대한 정책에서도 알 수 있는 것이다. 소위 『공광책』이라는 것이 영토에 대한 행정권의 포기를 의미하지 않는 것이 명백하다. 일본 정부가 소위 『공광책』에 대하여 논박하고 있지만 3년에 한 번씩 울릉도와 독도 지역에 한국 수부관이 파견되어 있었다는 것을 상기하여야 한다.

III.

일본 정부는 현대 국제법하의 영역의 취득 요건으로

(1) 영토를 획득하는 국가의 의사

(2) 국가의사의 공적 발표

(3) 영토를 지배하는 적당한 세력의 수립을 들고 있다.

그러나 "일본이 다케시마에 대하여 현대 국제법에 의한 영유 요건을 전부 충족시켰다"라는 일본국 정부의 견해는 이에 다음과 같이 반박된다.

1. 일본 정부는 1905년 1월 28일의 내각회의에서 독도를 일본 영토의 일부로서 획득하려는 의사를 가지고 다케시마를 일본 영토에 편입하기로 결정한 사실을 지적하고 일본이 영토 선점 요건의 하나인 '영토를 획득하려는 국가의 의사'라는 것을 충족시켰다고 주장한다. 그러나 앞에 누누이 논술한 바와 같이 독도는 한국 영토의 일부였으며 결코 국제법상 선점의 대상이 될 수 없는 것이다. 따라서 의심할 수 없는 한국 영토의 일부인 독도가 마치 무주도라는 전제하에 이론을 전개한 것은 전연 어불성설인 것이다. 또 1905년 1월

28일 일본의 각의에서 한국 영토인 독도에 대하여 영토편입을 결정하였다는 주장은 제국주의 일본의 침략적인 정책에서 나온 것이라 단정하지 아니할 수 없다.

2. 제2요건에 대하여 한국 정부는 일본이 '영토 선점에 관한 국제법하의 취득요건으로 국가의사의 공적발표라는 요건'을 충족시켰다는 일본 정부의 의논을 타당하다고 인정할 수 없다. 시마네현청의 고시라 하는 것은 암암리에 시행된 것으로 외국에는 물론 일본의 일반 국민에게도 알려져 있지 않았다. 그러므로 이를 결코 일 국가의 의사의 공표라고 간주할 수는 없다. 일본이 무주도가 아니고 한국 영토의 일부인 독도를 일본 영토의 일부로 편입시키기에는 전연 불가능한 일이다.

3. 끝으로 소위 영토를 지배하는 적당한 세력의 수립에 관하여는 일본 정부는 다케시마에 대하여 일본의 관리로 하여금 현지측량을 하였고, 또 다케시마 수역 해려어에 허가제가 채용되었다고 말하나 특히 1904년 이래 일본제국은 한국 전토의 강제점령을 목적으로서 측량 기타의 명목하에 공공연히 한국 침략을 기도하였다. 소위 측량 또는 해려는 일본의 침략행위의 하나에 불과하다고 국제법하의 '영토지배권의 계속적 행사'와는 관계가 없다.

대한민국은 1945년 8월 9일 해방된 이후 완전히 독립하게 되었다. 그 이후 또 주한미군정시대에 한국은 이 섬을 일본에 할양한 바 없고 따라서 독도는 한국 영토의 완전한 일부로서 대한민국이 유지하여 왔다.

Ⅳ.

일본 정부는 두 개의 한국 서책에 관하여 논하여 마치 한국은 이전에는 또 다케시마가 1905년 시마네현 관할하에 있었다고 칭하는 때부터 장기간 다케시마를 한국 영토로서 간주하지 않았던 것과 같이 언급하고 있다. 그러나 이 의논에 대하여는 이에 다음과 같이 반박하고자 한다.

『대한지지』(현채)와 『한국통사』(박은식)에 언급하여 일본 정부는 이 양서(兩書)의 저자가 독도에 대하여 관심을 가지고 있었다면 독도를 취급하였을 것이라고 주장하고 있으나 양 저자가 독도를 논급하지 않은 이유는 한국을 개설하기 위한 이와 같은 서책에서 무인고도(無人孤島)의 이름까지 기입할 필요가 없었던 것과 양서 서술의 목적이 다른 데 있었다는 데 있다. 이에 관련하여 대한민국 정부는 일본의 문부성이 일본인의 학교용으로서 인가한 현대의 지도가 결코 독도를 일본 영토의 일부로서 취급하고 있지 않다는 것과 일본전국교육도서주식회사가 1952년 6월 10일에 발행한 표준세계지도의 제6판도에는 한자 竹島의 음표로서 '다케시마' 대신 로마자로 'CHUKDO', 일본가나로 (CH-YU-KU DO)로만 써 있다는 것을 일본 정부에 상기시키고자 한다.

이와 같이 이 섬의 이름이 한국어의 발음으로 되어 있으며 이는 이 지도의 서언에 특히 지적된 바와 같이 이 섬에 대한 한국의 주권이 승인되었다는 것을 의미한다. 또 한편으로 보아 독도가 울릉도의 속도였다는 것은 일본이 독도를 시마네현에 편입하였다고 칭하는 당시의 문서에 완전히 기록되어 있다. 이것은 『한국신지리』를 편찬한 일본학자 다부치 도모히코(田淵友彦)가 명백히 언명하였다. 이 책(제국백과사전 134권, 1906년 제2판) 308항과 이 책에 첨부된 『한국전도』에도 다케시마(리야고)를 한국 속령으로 기술하였다. 이 사실로서도 일본이 이 섬을 한국 영토의 일부로서 간주하고 있었다는 것을 알 수 있으며, 또 다부치 도모히코 씨는 당시 독도영유권에 대하여 사실 그대로를 기재하였다.

또 일본 해군성 편찬의 『한국연안수로지』(451항으로부터 452항까지, 메이지 40년 발간, 개정 제2판)에는 "한국인은 '獨島'라고 서(書)하고 일본어민은 '리앙고도'라고 호칭하고 있다"고 기재하여 있다. 이 사실로만 보더라도 한국인은 '독도(돌섬)'라고 하는 매우 적당한 이름을 사용하고 일본인은 '리앙쿨럭스'라는 외래의 이름만을 사용하였다는 것을 일본 정부(해군성)가 인정하였다는 것을 충분히 표시하고 있다. 이 섬에 관한 역사적·현실적 배경으로부터 판단하여 대한민국 정부는 "다케시마가 옛적부터 일본 영토의 일부이다"라는 일본 정부의 결론이 무근이라고 확신하고 있다.

일본 역사사전(제1권 662항, C항 16-17행 참조)에는 현재의 다케시마라는 이름이 울릉도의 하나의 속도의 호칭으로서 사용되게 되고 그 외국명 '리앙크-르' 운운으로 주기되어 있다. 이와 같이 일본인이 보통 '리앙고도'라고 호칭한 다케시마가 울릉도의 속도라는 사실은 이 사전에 의하여 확인되어 있다.

V.

요컨대 전술한 바와 같이 일본 정부가 소위 역사적 사실에 의거하여 독도에 관하여 언명한 독도가 한국 영토의 완전한 일부분이라는 확고한 사실에 하등 영향을 주지 않는다. 이제 독도에 대한 한국의 영유권 주장은 수차 반복 언명한 바와 같이 지리적으로나 법률적으로도 정당하고 적절하다는 것이 명백히 되었다. 이로서 대한민국 정부는 모순과 억측에 충만한『1954년 2월 10일자 아2 제15호 일본외무성 각서로서 독도영유권에 관하여 일본정부가 취한 견해』를 용인할 수는 없다.

끝으로 대한민국 정부는 독도가 한국 영토의 완전한 일부분이라는 것에 전연 의심할 바 없음을 재차 언명하여 둔다.

1954년 9월 25일

도쿄

1956년 9월 20일 일본 외무성 각서

외무성은 다케시마(竹島)의 영토주권에 대한 한국 대표단의 1954년 9월 25일자 구상서와 관련하여 한국 대표단에게 감사의 뜻을 전하며 다음과 같은 입장을 표명한다.

1. '1954년 2월 10일자 일본 외무성 구상서 No. 15/A2'에 기술된 바와 같이 일본 정부가 '독도(다케시마)의 영토 소유권에 대한 일본 정부의 견해를 논박하는 한국 정부의 입장'을 면밀히 검토한 결과 다케시마에 대한 일본의 영토주권을 부인할 수 있는 일체의 근거, 또는 다케시마에 대하여 제기된 주장을 정당화할 수 있는 일체의 근거도 찾지 못했다.

2. 한국 정부의 다케시마에 대한 잘못된 인식을 제거하고 다케시마가 일본 영토의 일부임을 다시 한번 명확히 하기 위해 동 구상서에 첨부된 바와 같이 1954년 9월 25일자 '한국 정부의 관점에서 바라본 다케시마 문제'에 대한 일본 정부의 견해를 제시한다.

3. 다케시마에 대한 부당한 소유권 주장을 고수하고 있는 한국 정부는 일본 정부의 지속적인 항의에도 불구하고 다케시마를 계속해서 점유하고 있다. 동 구상서의 첨부문서에 설명되어 있는 바와 같이 대한민국이 다케시마에 대한 영토주권을 소유하고 있지 않다는 사실은 매우 자명하다.

따라서 일본 정부는 다케시마에 대한 한국 정부의 불법적 점유, 그리고 그러한 불법적 점유와 관련하여 한국 당국이 자행한 불법행위에 대하여 다시 한번 강력하게 이의를 제기한다. 또한 일본 정부는 한국의 관료들과 무선장치 등의 시설을 다케시마로부터 즉각 철수 및 제거하고 다케시마의 사진을 담은 우표를 즉각 처분할 것을 요청한다.

또한 일본 정부는 한국 정부가 다케시마 문제의 평화로운 해결을 위해 국제사법재판소에 당해 문제를 회부하자는 일본 정부의 제안에 응하지 않았다는 점에 유감을 표한다. 일본 정부는 국제사법재판소로부터 다케시마 문제에 대한 판결을 구하는 것이 공정하고 적절한 해결책을 도모하기 위한 최선의 방법이라는 믿음을 재차 확인한다.

1956년 9월 20일

도쿄

1954년 9월 25일자 한국 정부의 견해에 대한 일본 정부의 견해

1. 일본국 정부는 본건에 관한 대한민국 정부의 견해를 신중히 검토했다. 대한민국 정부 견해의 대부분은 1953년 9월 9일자 일본 정부의 견해를 반박한 것으로, 다케시마(竹島)의 영유 주장을 입증하기 위해 인용하고 있는 문헌 및 역사적 사실의 취급에서, 또한 이에 대한 해석에서도 공정을 결여하고 있기 때문에 일본국 정부는 대한민국 정부의 다케시마 영유를 입증하는 근거를 전혀 발견할 수 없었다.

일본국 정부는 이하에서 본건에 관한 대한민국 정부의 견해를 반박하고 더불어 다케시마가 명백한 일본 영토라는 사실에 관해 설명하고자 한다.

2. 원래 다케시마 영유의 정당성을 결정하기 위한 가장 기본적인 문제는 한일 양국 중 어느 나라가 다케시마에 관해 일찍부터 정확한 지식을 가졌고, 그것을 영토의 일부로 생각했으며, 실제 이를 경영해왔는가, 특히 어느 정부가 다케시마에 관해 국제법상 필요한 영토취득의 요건을 충족시키는가 하는 점을 분명히 하는 데 있다고 생각한다.

3. (1) 우선 다케시마에 관한 식견에 관해서는 한국 측은『세종실록지리지』및『신증동국여지승람』을 인용하여 **(15-119)** 우산도(于山島) 및 무릉(武陵島) 두 섬은 울진현의 정동쪽 해상에 위치한 별개의 섬이 분명하고, 따라서 고문서에 우산도라고 적힌 것이 현재의 다케시마라는 데에는 의문의 여지가 없다고 하고 있다.

그리고 우리 쪽이 전술한『세종실록지리지(世宗實錄地理志)』의 전게 기술에 이어 "新羅時稱于山國, 一云鬱陵島"라는 구절이 있다는 것, 그리고『신증동국여지승람(新增東國輿地勝覽)』에도 "一說于山鬱陵本一島"라는 구절이 있음을 지적한 데 대해, 한국 측에서는 전자는 신라시대의 '우산국'을 가리키는 것으로 우산도를 의미하는 것은 아니며, 후자는 애매한 '이야기'에 지나지 않는다고 했다. 따라서 일본 측이 인용한 것들은 우산도, 울릉도라는 명칭이

『세종실록(世宗實錄)』과『신증동국여지승람』이 편찬되었던 당시 확인된 별개의 두 섬의 이름이었다는 사실에 결코 영향을 미칠 수 없다고 판정하고 있다. 그러나 한국 측과 같이 하나의 문헌의 한 절만을 갖고 자신의 상황에 유리한 해석을 내리는 것은 적절하지 않다.

이 문제를 정확히 이해하기 위해서는 전술한 두 개의 문헌뿐만 아니라 우산도, 울릉도에 관해 기술하고 있는 동종의 고문헌을 널리 비교·대조하여, 그간의 추이를 검토할 필요가 있다.

즉 우선 조선 최고(最古)의 사서로 일컬어지는『삼국사기(三國史記)』를 보면, 이 책에서는 우산국(于山國)이란 울릉도라고 하고 있다.『삼국사기』의 입장은『고려사지리지(高麗史地理志)』에서도 답습되어 울릉도는 원래 신라시대에 우산국이었던 섬이라고 하고, 단 그 기술의 끝부분에 우산·무릉 양도설(兩島說)에 의문을 남기고 있다. 또한『세종실록지리지』에서는 우산·무릉 이도설(二島說)을 취하고 있는데, 그에 관한 주에서는 이 두 섬이 울릉도이며 신라시대의 우산국이라고 기술하고 있다.

그 후의 것으로는『신증동국여지승람』이나『증보문헌비고(增補文獻備考)』등과 같이 이도설을 취하면서도 일도이명(一島二名)의 의문을 남기고 있는 것,『지봉유설(芝峯類說)』이나『문헌촬록(文獻撮錄)』과 같이 일도이명설을 고집하는 것 등 여러 가지가 있어, 후세에 이르기까지 우산·울릉 두 섬의 관계는 확신을 갖고 기술되고 있지 않다.

특히 주목해야만 하는 것은 이도설을 취하더라도 전문(全文)을 울릉도에 관한 설명으로 시종하고, 우산도에 관해서는 어떠한 구체적 설명도 하지 않고 있다는 점이다.

이는 이들 여러 문헌의 편자가 문제의 섬에 관해 실지(實地) 견문을 기초로 한 명확한 지식을 결여하고 있으며, 더욱이 이에 관한 인식은 후대에 이르기까지 새로운 발전이 없었다는 것을 나타내는 것이라고 할 수 있다.

이상과 같은 우산·울릉 두 섬에 관한 지식의 혼란은 비단 상기의 문헌들에서만 나타나는 것이 아니라,『고려사지리지』,『세종실록지리지』등이 편찬된 시대의 가장 권위 있는 사서인 『태종실록(太宗實錄)』, 『세종실록』 등에서도 우산도, 울릉(武陵, 茂陵 등)도에 관한 기술을 정밀히 조사하면 마찬가지여서, 한국 측이 말하는 바와 같이 우산도·울릉도라는 명칭이 『세종실록』 및 『신증동국여지승람』이 편찬되었던 당시 확인된 두 개의 별개의 섬 이름이었다고는 할 수 없다.

하여튼 우산도와 울릉도가 별개의 섬이라는 것에 관해 많은 의문이 있는 이상, 우산도가 오늘날의 다케시마에 해당한다고 판정하는 것은 곤란하다. 또한 비록 그것이 별개의 섬이었다고 하더라도 상기 문헌들에 있는 설명은 어느 것도 울릉도에 관한 것뿐으로 우산도에 관한 구체적 기술은 없으므로, 그것이 오늘날의 다케시마라는 것을 적극적으로 입증하지는 못한다. 마침 『태종실록』 33권의 태종 17년(1417) 2월 임술(壬戌)의 조(條)에는 우산도에 관해 이 섬에서 대죽, 물소가죽, 기타 천연산물이 생산되고, 86명이 거주하고 있었다는 기술이 있는데, 여기에서 말하는 우산도는 오늘날의 다케시마에 해당하지 않는다는 것은 분명하다. 하나의 작은 바위섬인 오늘날의 다케시마는 사람이 상주하기에 적합하지 않고, 또한 해산물 이외에는 아무것도 생산되지 않기 때문이다.

(2) 한국 측이 오늘날의 다케시마를 인지하고 있었다는 것을 입증하지 못하는 데 반해, 우리나라에서는 울릉도는 예부터 이미 1004년경 '우루마섬(うるまの島)'으로 알려졌고(權記), 또한 1379년부터 일본인이 울릉도에 도항했다는 사실이 전해지고 있다(고려사). 이 섬이 이조 초기 완전히 공도화(空島化)하여 조선국 정부에 의해 사실상 방기되자 일본인의 왕래가 점차 많아져 임진왜란(文祿役)(1593) 후 약 100년에 걸쳐 완전히 일본인의 어채지(魚採地)가 되기에 이르렀던 것이다. 특히 겐나(元和) 4년(1618)에는 호우키노쿠니(伯耆國, 현재의 돗토리현 중부 및 서부) 요나고(米子)의 상인 오야 진키치(大谷甚吉), 무라카와 이치베(村川市兵衛) 등은 번주(藩主) 마츠다이라 신타로(松平新太郎)를 통해 막부로부터 울릉도(당시 다케시마라고 불렀다)에의 도항면허를 받아 그 경영에 종사했다.

울릉도 왕복 시 배가 정박하는 곳으로서, 또한 강치, 전복 등의 어채지로서 이용되었던 것이 당시 마쓰시마(松島)라는 이름으로 불렸던 오늘날의 다케시마이고, 이 섬에 대해 오야·무라카와 두 가문이 앞서 울릉도와 마찬가지로 막부로부터 도항 면허를 받게 된 것은 메이레키(明暦) 2년(1656), 또는 그 이전이었다(大谷九右衛門 編, 『竹島渡海由来記抜書控』).

마쓰시마에 관해서는 오키노시마(隠岐島)의 서북쪽에 있고 오키(隠岐)로부터 다케시마(당시의 울릉도)에 도항하는 도중에 있는 섬으로 초목이 없는 바위섬이고, 염천하에 용수가 없어 곤란하며, 동서 두 개의 섬으로 이루어져 있다는 등이 적혀 있는 고문헌, 예를 들면 간분(寛文) 7년(1667) 斎藤某 編, 『隠州視聴合紀』, 엔포(延寶) 9년[텐나(天和) 원년, 1681] 大谷九右衛門勝信請書 등이 많이 있는 것으로 보더라도 마쓰시마가 오늘날의 다케시마에 해당하는 것은 명백하다.

특히 교호(享保) 9년(1724), 막부의 명에 의해 호우키노쿠니 이케다번(伯耆池田藩)이 납품한 마쓰시마, 다케시마의 지도는 마쓰시마(즉 오늘날의 다케시마)를 좁은 물길을 사이에 두고 동서로 마주한 두 개의 섬과 이를 둘러싼 여러 개의 암초로 나타내고 있다. 이는 매우 정확하게 이 섬을 표현하고 있어 당시의 일본인이 다케시마(당시의 마쓰시마)를 숙지하고 있었음을 나타내는 결정적인 증거이다.

요컨대 한국 측이 예부터 오늘날의 다케시마를 인지하고 있었다는 것을 입증하는 아무런 근거도 제시하지 못하는 데 반해, 일본 측은 적어도 1600년 후기에는 이를 숙지하고 있었다는 것은 상기의 여러 문헌, 지도 등으로 보더라도, 또한 당시 일본 어민의 행동을 실제 생각해도 명백한 사실이라고 하지 않을 수 없다.

4. (1) 다케시마에 관한 한국 측의 식견이 상술한 바와 같이 명확하지 않은 이상, 이 섬을 한국 측이 자신의 영토라고 생각하고 있었는지 아닌지는 이미 논외이다.

또한 한국 측은 『숙종실록(肅宗實錄)』 권30에 기재된 안용복에 관한 사실(史

實)에 비추어 비판적 고려 없이 인용하여, 그가 울릉도 및 독도(다케시마) 수역을 일본 어민의 침범으로부터 보호했다고 하고 있지만, 이는 안용복이 귀국 후 비변사에 일방적으로 진술한 것에 지나지 않는다. 이를 안용복의 도래에 관하여 일본 측에 남아 있는 상세한 기록과 비교해보면 그의 진술에는 허위가 많고, 자신의 행동을 장대하게 윤색하기 위해 없는 사실을 만들어낸 것이 분명하다. 뿐만 아니라 그가 어떤 언동을 했다 하더라도 한 개인에 불과한 그의 언동은 한국이 독도영유를 주장하는 근거에는 아무 도움도 되지 않는다.

(2) 한편 일본 측으로서는, 울릉도가 이조 초기 이래 완전히 공도(空島)가 되어 조선국 정부에 의해 사실상 방기되자, 일본인으로 하여금 이 섬에 내왕하게 하고, 점차 그 수를 늘렸다. 특히 겐나 4년(1618) 오야·무라카와 두 가문에 막부가 다케시마(울릉도) 도해(渡海)면허를 부여한 이후에는 두 가문이 이 섬에서 독점적으로 어채를 하게 되었기 때문에 양가는 물론이고, 일반인들도 다케시마(울릉도)를 막부로부터 배령(拜領)받은 것이라고 생각하게 되었다.

전게한 『은주시청합기(隱州視聽合紀)』(1667)도 마쓰시마(지금의 다케시마) 및 다케시마(울릉도)를 일본 북서부의 경계로 보고 있고, 교호 9년(1724)의 오야·무라카와 양가로부터 마츠다이라 호우키(松平伯耆) 국수(國守)에게 보낸 다케시마에 관한 7개조 답서에서도, 겐로쿠(元祿) 5년(1692)에 일본어민이 울릉도에서 처음으로 조선인 어민과 만났을 때의 상황에 관해 일본 측은 "이 섬은 원래 일본 땅으로 막부로부터 대대로 배령하여 매년 도해한 섬인데, 어째서 그대들은 (여기로) 오는가?(此島之儀は元来日本の地にて, 従御公方様, 代々拝領仕, 毎年渡海いたし候島にて候所に, 何とて其方共, 参候哉)"라고 물었다고 적혀 있다.

또한 엔포 9년=텐나 원년(1681)의 大谷九右衛門勝信이 막부로부터의 순검사(巡検使)에게 제출한 청서(請書)에서도 "도쿠가와 3대 쇼군[大猷院은 徳川三代將軍(徳川家光公) 사후 光明天皇으로부터 받은 법호] 때인 50년 전에, 아베 시로고로(阿部四郎五郎)의 알선으로 다케시마를 배령하고, 부모 때부터는 알현을 명받아 감사하게 생각합니다(大猷院様御代五拾年以前阿部四郎五郎様御取持を以竹島拝領仕其上親共より御目見江迄被為仰付難有奉存候御事)"라고 되어 있다.

한국 측에서는 겐나 4년(1618)의 오야·무라카와 양가에 대한 막부의 다케시마(울릉도) 도해면허를 주인장(朱印狀)으로 간주하고, "朱印이 외국무역을 허가 받은 선박의 승무원에 대하여 막부가 통상 발행했던 신분증명서라는 것은 일본 역사상 명백한 사실이다. 이 사실만 보더라도 당시 각 계층의 일본인이 다케시마가 한국의 주권하에 있었다는 것을 충분히 인지하고 있었다는 것을 나타낸다"고 하고, 또한 "양가에게 허가된 것은 울릉도 방면의 원양에 출어하는 것만이고, 일본 정부가 주장하는 것처럼 '다케시마의 지배'를 허가한 것은 아니었다는 것을 지적하지 않을 수 없다"고 기술하고 있다.

그러나 오야·무라카와 양가에 막부로부터 부여되었던 것은 주인장이 아니다. 그것은 다케시마(울릉도)에 대한 도해면허로, 양가는 이 면허에 근거해 쇼군가의 문장(紋章)을 찍은 깃발을 달고 다케시마(울릉도)에 출항하여 전복, 강치 등을 채취·포획하고, 목재의 벌목 등에 종사했다. 특히 전복은 다케시마 전복이라고 하여 쇼군가를 비롯한 각로(閣老)[4]에게 헌상되었다. 이른바 이는 이 섬의 독점적 경영이 허가되었다는 것을 의미한다.

다케시마(울릉도)에 관해 이미 이와 같았던 이상 도항 도중에 있고, 메이레키 2년(1656) 또는 그 이전에 마찬가지로 막부로부터 도해가 면허되었던 마쓰시마(오늘날의 다케시마)에 관해 사람들이 일본 영토라고 생각하고 있었다는 것은 말할 것도 없다. 더욱이 마쓰시마(오늘날의 다케시마)의 경우는 겐로쿠 9년(1696) 막부의 다케시마(울릉도) 도해금지 조치와는 관련이 없기 때문에 후에 이르기까지 이 생각은 변하지 않았다. 예를 들면 『죽도도설(竹島圖說)』(1751~1763)에는 '隱岐國松島'라고 쓰여 있고, 『장생죽도기(長生竹島記)』

4 에도 막부의 재상에 해당하는 로주(老中)의 별칭이다.

(1801)에는 마쓰시마를 '本朝 西海의 끝'이라고 하고 있다. 이는 막부의 다케시마(울릉도) 도해금지 이전의 편저인 『은주시청합기』(1667)가 다케시마(울릉도) 및 마쓰시마(오늘날의 다케시마)를 일본 북서부의 경계로 보고 있는 것과 비교해 흥미 있는 것이다.

5. (1) 상술한 바와 같이, 한국 측이 예부터 오늘날의 다케시마를 인지하고 있었다는 확증이 없는 이상, 이를 경영하고 있었다는 증거가 없는 것은 말할 것도 없다.

한국 측에서는 "한국이 이조의 세조 이래 북변도에서 **(15-128)** 4군에 대한 비개척정책을 취하고 있었던 것에 비추어, 이른바 공도정책이 영토에 대한 행정권의 방기를 의미하는 것은 아니라는 것은 명백하다. 일본국 정부 때문에 논하건대, 3년마다 울릉도 및 독도(다케시마) 지역에 한국의 수토관이 파견되었다는 것을 상기하지 않으면 안 된다"고 하고 있는데, 한국의 순검사가 울릉도에 정기적으로 파견된 것은 일본 측에서 다케시마(울릉도) 도해금지 조치를 취한 후의 일로, 그때까지는 가끔 본국 백성을 쇄환(刷還)하는 일은 있었지만 그것도 초기에 지나지 않고, 거의 300년에 걸쳐 울릉도는 조선국 정부로부터 방기되어 있었다. 이는 겐나 4년(1618)에 막부로부터 다케시마(울릉도) 도해면허를 받은 오야·무라카와 양가가 겐로쿠 5년(1692)까지 한 번도 한국 본토 사람과 마주치지 않고 다케시마(울릉도)를 경영했다는 것으로부터도 명백하다. 동시에 『숙종실록』의 숙종 19년에 울릉도를 '三百年 空棄之地'로 칭했다고 실려 있는 것으로부터도 당시 이조 조정(朝廷)도 울릉도를 비어 있는 버려진 땅(空棄之地)으로 간주하고 있었음을 알 수 있다.

일본 측에서 다케시마(울릉도)로의 도해를 금지한 후, 조선 정부는 숙종 23년(1697)부터 울릉도에 대해 정기적으로 순검을 하게 되었는데, 이는 공도정책을 유지하기 위한 것으로 사람들의 입거(入居)를 허가하지 않은 것은 물론, 경영을 하지도 않았다. 이 금지제도는 그 후에도 오랫동안 계속되어 그것이 변경되어 사람들이 들어가 살게 된 것은 이 태왕[5] 21년 = 메이지(明治) 17년(1884)의 일이었다. 그러나 그 후에도 입식권장책의 효과는 쉽게 나타나지 않았다.
울릉도에 대한 경영이 그러할진대, 하물며 이 섬보다 한참이나 동쪽 바다에 위치한, 사람들이 상주할 수 없는 작은 바위섬인 오늘날의 다케시마(당시의 마쓰시마)에까지 한국 측의 경영이 미쳤으리라고는 도저히 생각할 수 없다.
더욱이 한국 측에서는 상술한 바와 같이 "3년마다 울릉도 및 독도(다케시마) 지역에 한국수토관이 파견되었다"고 하고 있지만, 수토관의 파견은 전술한 바와 같이 일본 측에서 다케시마(울릉도) 도해금지 조치를 취한 후의 일이고, 더욱이 울릉도에만 보냈을 뿐 오늘날의 다케시마(한국 측에서 말하는 독도)에까지 미쳤다는 어떠한 증거도 없다. 『숙종실록』 및 그 이후의 『영종실록(英宗實錄)』, 『정종실록(定宗實錄)』[6] 등에 산발적으로 보이는 수토관의 보고는 모두 울릉도에만 그치고, 오늘날의 다케시마로 보이는 것에 대한 언급은 일언반구도 찾아볼 수 없다.
(2) 이에 반해 일본 측에서는 다케시마(울릉도)에 갈 때면 마쓰시마(오늘날의 다케시마)에 들러 이를 기항지로 이용하였고, 아울러 그곳에서 어업을 했다는 것은 많은 문헌에 실려 있다. 예를 들면 엔포 9년=텐나 원년(1681)의 大谷九右衛門勝信의 청서에는 "… 이 작은 섬(마쓰시마)에서, 더구나 강치 기름을 조금씩 짜내며[此小島(松島)にしかも海鹿魚油少宛所務仕候] …"라고 있고, 겐로쿠 8년(1695) 12월 26일에 이케다 가문에서 로주(老中) 아베 분고노카미(阿部豊後守)에게 제출한 답변서에도

> … 戌年에는 조난을 당하여 다케시마에 착안하지 못했음을 보고했습니다. 올해도 바다를 건너갔으나 이국인들이 많이 보여서 착안하지 못한 채 돌아오던 중, 마쓰시마에서 전복을 조금 어획했습니다(戌年者遭難風竹島着岸不仕段御届申上候当年も渡海仕候処異国人数多見え申に付着岸不仕罷

5 일본에서 고종을 일컫는다.

6 『영조실록』, 『정조실록』의 오기다.

帰候節松島にて鮑少々取申候). …

라고 되어 있다. 또한 겐로쿠 9년(1696) 정월 23일자 마츠다이라 호우키노카미(松平伯耆守)의 각서에도

… 마쓰시마로 어렵을 가는 것은, 다케시마로 도해하는 항로상에 있기에 들러서 어렵을 행하는 것입니다. 타령에서 어렵에 나선다는 것은 듣지 못했습니다만, 이즈모국(出雲國) 오키국(隠岐國) 사람은 요나고(米子) 사람과 함께 승선하여 갑니다(松嶋へ猟に参候儀竹嶋へ渡海の節通筋にて**(15-131)**御座候故立寄猟仕候, 他領より猟に参候儀は不承候つとも出雲國隠岐國の者は米子の者共と同船にて参候). …

라고 적혀 있다. 『장생죽도기』(1801)에는 이와미노쿠니(石見國) 하마다번(浜田藩)의 해운운송업자(廻船問屋) 아이즈야 하치에몬(會津屋八右衛門)의 다케시마(울릉도) 밀무역 사건이 발각되어 하치에몬은 책형(磔刑)에 처해졌지만, 이에 연계된 하마다번의 가로(家老) 오카다 다노모(岡田頼母)의 부하 하시모토 산베에몬(橋本三兵衛門)에 대해서는 울릉도 도해를 마쓰시마 도해 명목으로 처리하는 법이 있음을 동 사건의 판결문 중에서 언급하고 있다.
이는 다케시마(울릉도) 도해금지 후에도 마쓰시마(오늘날의 다케시마)에의 도항은 아무 문제가 없었음을 나타낸다.
6. 상기와 같이 오늘날의 다케시마는 마쓰시마라는 이름으로 예부터 일본인에게 알려져 왔고 일본 영토의 일부로 생각되었으며 또한 일본인에 의해 이용되어 왔지만, 일본에서는 메이지 38년(1905)에 이르러 동년 1월 28일의 각의결정 및 동년 2월 22일의 시마네현 고시를 거쳐 이 섬을 정식으로 시마네현에 편입하는 조치를 취했다.
이 점에 관해 한국 측에서는 "독도(다케시마)는 한국 영토의 일부로 결코 국제법에 의한 점유의 대상이 **(15-132)** 될 수 없다. 따라서 의심할 것도 없이

한국 영토의 일부인 독도(다케시마)가 주인 없는 섬이었다는 가정에 근거하여 일본 정부가 논의를 전개한 것은 전혀 의미가 없는 것이다"라고 말하고 있는데, 다케시마가 일찍이 한국 영토의 일부였다는 아무 증거도 없다는 것은 전술한 것으로부터도 분명하다.

실제로 메이지 20년(1887)경부터 오키노시마 도민이 다케시마에서 강치잡이와 전복 채취를 했고, 메이지 36년(1903)부터는 이를 본격적으로 개시하게 되었지만, 그때도 한국에서 이 섬을 점거하거나 여기에 행정권을 미치고 있었던 사실은 없고, 이 섬에서의 일본 어민의 활동에 항의를 해온 적도 없다.

더욱이 한국 측은 "이른바 시마네현(島根縣) 고시는 매우 비밀리에 이루어졌기 때문에 외국에서는 물론 일본 국민들조차도 이를 몰랐다. 그런 까닭에 이는 결코 일국의 의사의 공시로 간주할 수 없다"고 하고 있다.

그러나 다케시마의 시마네현 편입에 관한 시마네현 고시는 '매우 비밀리에 이루어진' 것이 아니라 각의결정에 근거하여 시마네현 지사가 발표한 것이었고, **(15-133)** 편입의 국내형식에 관계없이 거기에 표명되었던 것은 의심할 것도 없이 일본의 국가의사 표명이다. 뿐만 아니라 이 형식은 당시 일본이 영토취득 시의 관행이었던 고시방법으로 다케시마 편입에 특별히 취해진 조치는 아니다.

이 공시의 문제와 관련하여 외국에 통고하는 문제가 있는데, 이 점에 관해서는 대다수의 학자는 이를 영토취득의 절대적 요건으로 하는 것과 같은 국제법 원칙은 현재 존재하지 않는다고 보고 있다. 또한 1928년 팔마스섬 사건, 1931년의 클리퍼튼섬 사건의 중재재판에서도 외국에 대한 통고는 필요 없다는 취지의 판결이 내려졌고, 미국의 구아노섬 선점에서도 외국에 통고하지 않은 선례가 있다.

이상의 외국 사례에서는 일본 측이 들고 있는 다케시마 지배 사실에 관해 "이른바 조사 내지 강치잡이는 일본의 침략행위의 하나에 다름없고, 따라서 국제법에 근거한 '영토지배권력의 계속적 행사'와는 관련 없다"고 하고 있지만, 다케시마가 한국 영토가 아닌 이상 이는 완전히 요점에서 벗어난 논의에 지나지 않는다.

더욱이 한국 측에서는 다케시마에 대한 한국의 유효한 경영의 증거를 적극적으로 제시할 수 없기 때문에 일본 측의 문헌을 인용하여 다케시마가 시마네현 편입 전후로 한국 영토의 일부였던 것처럼 주장하려고 노력하고 있지만 이는 그 영유에 대한 직접적 증거는 될 수 없을 뿐만 아니라, 이들 문헌의 인용은 자신의 사정에 맞게 자의적 해석을 내린 것이거나 또는 현재의 다케시마와 울릉도를 혼동한 것으로 방증의 가치도 없다.

7. 이상의 기술로부터 다케시마가 여하한 의미에서도 일본 영토라는 데 의심을 품을 여지는 없다. 따라서 이제는 더 이상 한국 측에서 거론하는 구구한 사례에 대해 일일이 반박할 필요는 없다고 생각하지만, 다만 여기에서 다케시마의 영유와 한국 측이 다케시마가 한국령이라는 가장 유력한 이유의 하나로 들고 있는 1946년[쇼와(昭和) 21] 1월 29일자 연합국 총사령부 각서 SCAPIN 제677호(약간의 외곽지역을 정치상·행정상 일본으로부터 분리하는 것에 관한 건)와의 관계 및 다케시마 영유와 일본국과의 평화조약과의 관계에 관해 한마디만 하고자 한다.

(1) 앞에서 한국 측은 1946년 1월 29일자 SCAPIN 제677호에 의해 다케시마는 일본의 영역에서 분명히 배제되었다고 주장했다. 이에 대해 우리 측은 이 각서는 일본 정부의 다케시마에 대한 정치상 또는 행정상의 권력 **(15-135)** 행사 및 행사 기도의 정지를 지령하는 것에 그치며, 다케시마를 일본의 영역에서 배제한 것은 아니다. 동 각서 제6항에도 "이 지령 중의 조항은 어느 것도 포츠담선언 제8조에 있는 소도서의 최종적 결정에 관한 연합국 측의 정책을 나타내는 것으로 해석해서는 안 된다"고 규정하여, 그 취지를 분명히 하고 있음을 지적했다.

그럼에도 한국 측은 여전히 SCAPIN 제677호가 소도서를 일본의 영유에서 명백히 배제했다는 주장을 고집하고, 더욱이 평화조약은 이 문제에 관한 연합국 최고사령관의 조치를 전혀 어떠한 실질적 변화를 부가하지 않고 확인한 것으로 이해할 수 있다고 주장했다.

그러나 연합국 최고사령관에게 부여되었던 권능은 점령관리의 목적을 달성하기 위한 행동 범위로 제약되었고, 더욱이 그 기간도 점령관리 기간으로 한정되었다. 따라서 점령 목적 달성을 위해 피점령국의 영토권의 행사에 어떤 제한을 가하는 지령을 발표한 일이 있다 하더라도 그것은 일본을 점령관리했던 기간에 한정된 것으로, 각서 제6항에 있듯이 일본 영토의 최종적 결정과는 아무 관련이 없다. **(15-136)** 동 각서에 의해 다케시마가 일본의 영유로부터 배제되었다고 하는 한국 측의 견해는 명백한 오류다.

또한 평화조약이 SCAPIN 제677호에 근거한 연합국 최고사령관의 조치를 실질적 변화를 부가하는 일 없이 확인했다는 한국 측의 주장은 근거가 없다. 동 각서에 의해 일본 정부의 정치상 또는 행정상의 권력행사가 정지되었던 여러 소도 중, 북위 30도부터 29도까지의 사이에 있는 남서제도는 평화조약이 발효되기 이전에 이미 일본 정부에 반환되었고, 또한 평화조약 제3조에 규정된 북위 29도 이남의 남서제도, 소후암 남쪽의 남방제도, 오키노토리시마(沖の鳥島) 및 미나미토리시마(南鳥島)에 대해서도 '잔존주권'이 있다는 것이 분명해졌다. 특히 남서제도 중 아마미(奄美)군도에 관해서는 그 후 일본 정부에 행정관할권이 반환되었다. 또한 하보마이 군도에 관해서도 샌프란시스코회의에서 덜레스 미 전권은 일본이 평화조약에 근거하여 권리, 권한 및 청구권을 포기해야만 하는 치시마(千島)열도 안에 포함되어 있지 않다는 것을 분명히 했다.

일본 측에서 이 점을 지적하자 한국 측에서는 그 후 일본 정부의 행정관할권으로 반환된 이들 제도(諸島)는 "합중국을 유일한 시정권자로 지정한 유엔의 **(15-137)** 신탁통치하에 있었던 것에 한하며", "SCAPIN 제677호 및 평화조약 어느 것에도 다케시마에 대한 한국 정부의 정당한 영유권 주장과 모순되는 조항은 전혀 존재하지 않는다"고 주장하고 있다.

그러나 일본 정부의 행정관할권으로 반환된 제도가 유엔의 신탁통치하에 있었다는 한국 측의 견해도 분명히 잘못된 것이다. 북위 29도와 30도 사이의 남서제도도, 아마미군도도 이전에 유엔의 신탁통치하에 놓였던 적은 없다.

전자는 일본 정부에 반환되기까지 연합국 최고사령관이 이를 관리하고 있었고, 후자는 평화조약 제3조 후단의 규정에 근거해 합중국이 행정, 입법 및 사법상의 권력을 행사하고 있었던 데 지나지 않는다.

(2) 다음으로 일본국의 평화조약과 다케시마 영유와의 관계에 관해서는, 한국 측에서는 "평화조약에 의해 다케시마는 울릉도의 속도로서 울릉 본도와 더불어 한국 영토로 승인되었음을 의미하는 것으로 해석된다"고 하고 있는데, 이러한 한국 측의 해석은 평화조약의 조문으로부터 도출할 수 없다. 오히려 평화조약 제2조의 "일본국은 조선의 독립을 승인"한다는 규정은 앞에서도 일본 측에서 지적한 바와 같이, 한일병합 전의 조선이 일본으로부터 분리독립한 것을 일본이 인정했다는 것으로, 한일병합 전에 일본 영토였던 영토를 새로이 독립 조선에 할양한다는 의미는 전혀 포함되어 있지 않다. 한편 다케시마는 한일병합 이전에 시마네현의 행정관할하에 있었고, 또한 병합 후에도 동 현 관할하에 놓여 있었다. 따라서 한일병합 이전에 다케시마가 한국의 영토였다는 법적 근거가 제시되지 않는 이상, 평화조약 제2조에 관한 한국 측의 해석은 성립되지 않는다.

8. 이를 요약하면, 한국 측에는 예부터 다케시마가 한국령이었던 어떠한 증거도 없는 것은 물론, 근대 국제법상의 영토취득 요건인 국가로서의 영유의사, 그 의사의 공시, 적당한 지배권력의 확립 등에 관해 어떠한 조치도 취해지지 않았다. 이에 대해 일본 측은 일찍부터 다케시마에 관해 정확한 지식을 갖고, 영토의 일부로 생각하고, 또한 실제 이를 경영해왔다. 더욱이 다케시마의 시마네현 편입과 관련하여 취해진 일련의 조치 및 그 후의 경영에 의해 근대 국제법상으로 보더라도 다케시마의 일본 영유에 관한 요건은 완전히 구비되기에 이르렀던 것이다.

따라서 일본국 정부는 1954년 9월 25일자 재일본 한국 대표부 구상서 부속에서 제시된 다케시마의 영유권에 관한 한국 정부의 견해에는 전혀 동의할 수 없다.

1956년 9월 20일

1959년 1월 7일 대한민국 정부 각서

한국 대표단은 외무성에 감사의 뜻을 전하며 외무성 구상서 No. 102/A1과 1956년 9월 20일자 첨부문서, 1957년 12월 25일자 No. 199/A1, 1958년 10월 6일자 No. 175/ASN과 관련하여 독도의 소유권에 대한 다음과 같은 입장을 표명한다.

대한민국 정부가 여러 차례에 걸쳐 명확히 밝힌 바와 같이 독도가 대한민국 영토의 일부라는 사실은 권위 있는 역사적·지리적 증거와 문헌에 의하여 명백하게 입증되었으며, 국제법하에서 이에 대한 어떠한 논쟁의 여지도 존재하지 않는다. 독도의 영토 소유권의 관점에서 대한민국은 독도에 대한 독점적인 관할권을 행사하고 관리할 권리를 보유한다.

따라서 한국 대표단은 대한민국 정부가 일본 외무성이 구상서를 통해 제기한 항의와 주장의 적절성을 인정할 수 없다는 뜻을 전달하고자 한다.

대한민국 정부는 일본 해상보안청 초계정이 독도 인근 한국 영해에 무단 침입했다는 사실에 크게 우려하며 이와 같은 불법행위에 대하여 일본 정부에 강력히 항의함과 동시에 향후 유사한 상황이 재발하는 것을 방지하기 위하여 일본 정부가 즉각 적절하며 효과적인 조치를 취할 것을 강력하게 요청한다.

한국 대표단은 독도가 분리할 수 없는 대한민국 영토의 일부임을 다시 한번 밝히며 동 문서에 첨부된 바와 같이 독도의 소유권에 대한 대한민국 정부의 정당하며 적절한 입장을 표명하고 1956년 9월 20일자 외무성 구상서 No. 102/A1의 첨부문서에 담긴 일본 측 견해를 반박한다.

도쿄, 1월 7일 1959년

1956년 9월 20일자 독도에 관한 일본 정부의 견해를 반박하는 대한민국 정부의 견해

I.

대한민국 정부는 표제 건에 관하여 일본 정부의 견해를 신중히 검토하였다. 대한민국 정부는 일본 정부의 견해가 그 인용한 문헌과 역사적 사실에 대한 인식에 있어서 도리어 공정성을 잃었고 또 그 견해가 명백히 부당한 이론의 분식으로 위장되고 있음을 유감으로 생각한다. 따라서 대한민국 정부는 일본 정부가 독도영유에 관한 대한민국 정부의 견해를 부인할 하등의 근거도 제시할 수 없었다는 점을 재천명하지 않을 수 없다. 이에 대한민국 정부는 본건에 관한 1956년 9월 20일자 일본 정부의 견해를 반박하는 동시에 독도영유에 관한 대한민국 정부의 견해가 명백 공정한 것임에 틀림없다는 사실을 설명하고자 한다.

II.

(1) 대한민국 정부는 한국이 이미 이조 초기로부터 우산도(于山島)와 울릉도(鬱陵島)가 각기 별칭의 2도임을 인지하고 있었으며 또 그 우산도는 독도(일본 소위 현재의 다케시마)와 동일하다는 점을 정확한 문헌에 의거하여 주장하여 왔다.

이에 대하여 일본 정부는 한국 측이 제시한 이조시기의 관찬기록인 『세종실록지리지(世宗實錄地理志)』 중의 "于山, 武陵 二島 在縣正東海中"이라 한 것과, 역시 당시의 관찬인 『신증동국여지승람(新增東國輿地勝覽)』 중의 "于山島, 鬱陵島 二島 在縣正東海中"이라 한 2도 인지의 명확한 기사를 부인하기 위하여서 본문에는 각각 첨입된 주기, 즉 "新羅時 稱于山國 一云 鬱陵島"라고 한 것과 "一說鬱陵本一島"라 한 것을 들어 우산, 울릉이 동일도를 가리킨 것이라고 견강부회하였으나, 한국 측은 이미 도명(울릉도)과 국명(우산)이 표시하는 개념의 외연을 혼동하는 데서 오는 일본 측의 오해를 지적한 바 있고, 또한 "一說云云"의 주기는 본문의 기록 사실을 부인하는 것이 될 수 없다는 것을 천명하였던 것이다.

특히 지리적 지식이 발달되지 않았던 시대에 있어서는 1도에 2명(名)이 혼용되다가 정확한 지식의 획득과 더불어 2도 2명(二島二名)으로 분리 지칭되는 경위를 설명하고 더욱이 일본이 바로 메이지(明治) 초기에 있어서도 울릉도 일도를 '마쓰시마(松島)', '다케시마(竹島)'라는 2명으로 혼칭하다가 이후에야 울릉도와 독도(일본 소위 현재의 다케시마)를 각각 지칭하게 되었다는 실질적인 진실을 일본인 학자의 학구적인 논증을 빌어서 제시하기까지 하였던 것이다.

또한 일본 측이 『문헌촬록(文獻撮錄)』 중의 기사를 들어서까지 우산, 울릉이 동일도를 지칭한 것이라는 그릇된 주장을 보강하려는 데 대하여 한국 측은 그것이 이조 말엽의 일개 사인의 수록으로서 이조 초기의 역사지리에 관하여 전거가 될 수 있는 문헌적 가치가 전무한 것이라는 점을 지적하였던 것이다.

(2) 그런데 한국 측의 이 같은 정당차 공정한 견해에 대하여 일본 측은 또다시 이를 반박하는 견해를 제시하고 있으나 이는 종래의 견강부회한 견해를 반복한 것에 지나지 않으며 따라서 일본 측은 의연히 그 인용문헌의 문의와 역사적 사실을 곡해하는 것이라고 하지 않을 수 없다.

즉 일본 측은 『삼국사기(三國史記)』에 기록된 "于山國 … 或名 鬱陵島"라고 한 것을 들고 『고려사지리지(高麗史地理志)』에서도 이것이 답습되었다는 것을 말하고, 또 상술한 바와 같이 『세종실록지리지』에서 "于山武陵二島 在縣正東海中"이라 한 본문기사에 첨기된 "新羅時 稱于山國 一云 鬱陵島"라고 한 것을 거론하면서 우산·울릉이 동일도를 지칭한 것이라고 억단하고 있으나, 이는 어느 문헌의 한 구절을 자기에게 유리하게 인용 해석함으로써 그 전체적인 진실을 은폐하려는 일본 측의 그릇된 편견에서 도출된 결론에 지나지 않는 것이다.

왜냐하면 우산국을 울릉도라 하고 또는 울릉도를 우산국이라고 하였다 하더라도 그 어느 것도 울릉도 부근의 무인소도가 우산국에 포함되어 있지 아니하였다는 사실을 말하는 것이 아닌 것이다. 더욱이 일본 측은 『세종실록지리지』 중의 일주기를 인용하여 이로써 우산·무릉 두 섬을 울릉도라고 하였다고 견강부회하고 있으나 본문의 "于山 武陵 二島 在縣正東海中", "二島相距不遠 風日淸明 卽 可望見"이라 한 별칭의 2도로서 명백히 인지된 사실에 추호의 의문도 있을 수 없는 것이다.

이와 같이 명백히 시인하지 않을 수 없는 사실에도 불구하고 일본 측은 한국 측이 인증한 문헌이 당시 한국 정부에 의한 관찬물이라는 사실에는 조금도 유의하지 않고 여하문 한국 측에서 우산도와 울릉도가 별개의 섬(島)이라는 것에 대하여 많은 의문을 가졌었던 것처럼 주장하기 위하여서 본 문제에 대한 하등의 문헌적 가치도 인정할 수 없는 일개 사인의 수록에 불과한 『지봉유설(芝峯類說)』과 『문헌촬록』의 기사를 또다시 거론하는 데 대하여 한국 측은 더 해명할 필요조차 느끼지 않는 바다.

또한 일본 측은 『증보문헌비고(增補文獻備考)』에서도 2도설을 취하면서도 역시 1도 2명에의 의문을 남긴 것이었다고 하나 실제로는 『증보문헌비고』에서도 "于山島 鬱陵島 鬱一作蔚 一作芋 一作羽 一作武 二島 一卽芋山"이라 하였다. 이를 설명하면 우산도와 울릉도 그중 울릉의 鬱자를 혹은 蔚, 혹은 芋, 혹은 羽, 혹은 武로도 쓰고 있으나 실상 우산과 울릉은 2도이니 그중의 1인 우산은 즉 우산이다. 환언하면 울릉의 상자가 우산의 상자와 혼용되고 있으나 우산과 울릉은 2도라는 것이다. 이로써 차문헌에서도 우산, 울릉이 이도로서 확인되어 있음은 명백한 것이다. 일본 측은 당시의 우산도가 금일의 독도에 해당한다고 단정하기는 곤란할 것이라고 억측하고 있으나, 『증보문헌비고』 중의 「여지지」를 인용하면 "鬱陵, 于山 皆于山國于山則 倭所謂松島地(역 = 울릉도와 우산도는 다 '우산국'이니 우산도는 왜의 이른바 마쓰시마)"라고 명기한 기사는 일본 정부의 곡해를 일소할만한 것이라 하겠다. 즉 우산국이라 하는 것은 울릉·우산 두 섬을 포함하여 지칭한 것이며 그중 우산도는 일본의 소위 마쓰시마(일본 소위 금일의 다케시마), 즉 독도를 가리킨 것이 분명하다. 이와 같은 기술이 사인의 수록이나 체험기에서가 아니고 일국의 관찬지리지에 수록되어 있다는 것은 재론할 여지도 없이 곧 그것이 국가적인 인식을 말하는 것이며 따라서 독도가 분명히 국가 영토의 일부로 간주되어 있는 사실을 입증하는 것이다.

(3) 우산도가 금일의 독도의 지칭인 것은 비단 한국 측 기록에서만 분명할 뿐 아니라 일본 측 기록(松島之記)에서도 또한 적확한 것을 망각하여서는 안 될 것이다. 즉 1876~1878년(메이지 9~11)에 일부 일본 어민들이 소위 송도 개척원을 제출함에 당시 일본 정부는 당황하여 조야의 학자에 청탁하여 송도문제에 대한 의견을 물었을 때 외무성공신국장 다나베 다이치(田邊太一)는 "마쓰시마(독도)는 우리나라 사람들이 명명한 것이고, 실은 조선 울릉도에 속한 우산이다. 지금 까닭없이 사람을 보내어 순시한다는 것은 타인의 보배를 욕심내는 것이다. 하물며 인경(隣境)을 침월(侵越)함과 유사함에 있어서랴 云云"이라 하여 그 소위 개척을 불허하자는 결론을 내렸던 것이다. 이로써 명칭문제, 소속문제가 한국 측 자신의 해명을 기다릴 필요조차 없이 이미 메이지 시대의 일본국 관리에 의하여 웅변으로 대언되고 있음을 알 수 있다.

또한 일본 측은 자기의 주장을 유력케 하기 위하여 『은주시청합기(隱州視聽合紀)』를 인용하였는데 그 인용이 큰 오독에 기인한 것이므로 다시 그 원문을 정독할 필요가 있다. 이 책은 서명과 같이 은주군 오키노시마(隱岐島)에 관한 기사로서 은주(隱州)가 (주제로 되어) 일본의 서북한계로 되어 있다. 그 원문을 인용하면 다음과 같다.

> 은주는 북해(동해, 일본해)에 있기에 오키노시마라고 칭한다. … 북서쪽으로 이틀 낮 하루 밤을 가면 마쓰시마가 있고, 다시 하루 정도를 가면 다케시마가 있다. 이 두 섬은 사람이 살지 않는 땅으로, 고려(高麗)를 보는 것이 운주(雲州)에서 은주를 보는 것과 같다. 까닭에 일본의 북서쪽 땅은 이 주(此州)로써 한계를 삼는 것이다(隱州在北海中 故云 隱岐島 … 按 … 戌亥間行二日 一夜有松島 又一日程有竹嶋 此二島無人之地 見高麗 如自雲州 望隱州 然則 日本之乾地以此州爲限矣).

원문에서 소위 마쓰시마는 즉 독도, 다케시마는 울릉도를 말한 것으로 이 두 섬에서 고려(한국) 본토를 망견하는 거리 관계가 마치 운주에서 은주를 망견한 것 같으니 그런즉 일본의 서북부는 차주(은주)로써 한계를 삼는다는 것이다. 이것을 일본 측은 오독하여 전 2도로써 "일본 서북부의 한계"라고 한 것은 큰 잘못이다. 『은주시청합기』의 기사야말로 정당한 견해라고 보지 않으면 안 된다.

III.

(1) 위와 같이 명명백백한 사실을 일본 정부는 고의로 은폐하여 이를 부인하고 일본인이 일찍부터 울릉도에까지 도항하였다는 사례와 일본인이 17세기경 막부에서 울릉도 도항면허를 받게 되었다는 사실 및 그 도항 도중에 독도가 그들의 어채지로 이용되고 17세기 후반기에 이르러서는 또한 독도에 대한 도항면허를 막부에게서 받게 되었던 것이라고 말하고 있으나 이 같은 인증은 일본 정부가 독도영유에 대한 권리를 주장하는 데 있어 하등의 도움도 되지 못하는 것이다.

실로 일본인은 삼국시대로부터 특히 고려왕조 말기에 이르러서는 한국의 연안 각지와 내륙에까지 깊이 출몰입구(出沒入寇)하여 한국의 인민과 재산을 노략하였었나는 사실을 상기하고 나아가 일본인들의 침구노략을 위한 도해가 비단 울릉도 일대에만 그쳤던 것이 아니였다는 사실을 허심탄회하게 상기시인한다면 일본 정부는 이 문제에 관한 스스로의 주장이 근본적으로 그릇된 입장에서 출발되고 있다는 것을 솔직히 시인하지 않을 수 없을 것이다. 당시에 일본인들이 한국 연해 각지를 구략(寇略)함으로써 그 구략지구에 관한 '지리를 숙지'하였던 것이라고 한다면, 이로써 한국 연안 각지의 영유권을 주장할 수 없는가 우리는 질문하고 싶다.

(2) 일본국 정부는 앞서 한국 측이 유력한 자료의 하나로써 안용복의 영웅적 활동에 관한 역사적 사실을 제시하였음에도 불구하고 또다시 이를 고의로 부정하려고 하는 것은 결국 자기네 주장에 불리한 하나의 장애 사실로 여기는 소이(所以)에 불과하다고밖에는 해석되지 않는다. 안용복의 도일담판사건은

우리의 허다한 관사기록에서 분명할 뿐만 아니라 또한 일본 측 기록(三國通航一覽)에도 나타나는 저명한 사실이며, 이것이 당시 일본 정부에 큰 충격을 주어 마침내 이것으로 말미암아 일본 측이 자국민의 이 방면으로의 출어를 금하였던 것은 속일 수 없는 엄연한 사실이다.

일본 측은 이에 대하여 출어금제 후에도 마쓰시마에의 도항은 문제가 아니었다고 하는 문헌을 인용하였으나, 위에서 누언한 바와 같이 이것은 일종의 침구행위밖에 되지 않는 것이며 일인이 이 같은 침구행위를 위한 기항지 내지는 정박지로써 인간의 상주가 불가능한 작은 바위섬인 독도를 이용하였었다고 하여 이로써 이 섬의 경영을 운위함은 전혀 정궤를 탈한 논리의 전개라고 하지 않을 수 없다. 또한 당시 일본의 소위 다케시마, 마쓰시마가 지금의 울릉, 독도 중 어느 것을 지칭한 것인지 분별키 어렵다. 환언하면 다케시마, 마쓰시마란 이름이 도대체 서로 바뀌어 2명 공히 울릉도, 독도를 혼칭하였기 때문에 일본 측 기록은 그 어느 것을 독도, 어느 것을 울릉도로 지칭한 것인지 실로 구별하기 어려운 까닭이다. 이러한 명칭의 혼란은 무엇보다도 2도에 대한 당시 일본인의 지리적 지식이 명확치 못하였다는 것을 증명하는 것이며 또 이러한 지리적 지식의 결함은 결국 이것이 일본의 관할권 외에 속하였던 것을 말하는 것이다.

요컨대 이미 신라 지증왕 당시에 우산국이 신라에 귀속하였다는 사실과 그 우산국은 이씨 조선 초기에 이르러서는 분명히 울릉·우산 두 섬을 포함한 것으로 인지되어 관찬지리지를 비롯한 기타 공사기록에 수록되었고, 따라서 울릉도의 속도인 우산도, 즉 독도도 영역의 일부로 분명히 간주되어 있었다는 사실에 추호의 의문을 품을 여지가 없다.

IV.

(1) 상술한 바와 같이 독도가 한국 영토의 일부분이라는 역사적 사실을 논박할 충분한 증거를 가지지 못한 일본 정부는 소위 시마네현 고시라는 일방적 조치를 들어 국제법상의 영토취득의 요건이 충족된 것처럼 표방하는 종래의 태도를 금번에도 의연히 반복하고 있으나 이와 같은 일본 측의 견해는 한국

측의 독도영유에 대한 주장에 하등의 영향도 주지 못할 뿐 아니라 일고의 가치조차 없는 것임을 밝히려고 한다.

일본 측은 이른바 1905년 1월 28일의 일본 각의결정과 동년 2월 20일의 시마네현 고시를 원용하여 독도를 정식으로 시마네현에 편입하였다고 주장한다. 그러나 이러한 일본의 국내조치는 독도가 근고(近古)로부터 일본의 영토였다는 일본국 정부의 집요한 주장에 대하여 조금도 도움이 되지 않는 것은 물론 오히려 적어도 1905년 당시까지 일본이 독도를 그 영토의 일부분으로 생각하고 있지 않았다는 하나의 유력한 반증을 제시하는 것이다. 왜냐하면 일본 측이 진실로 독도의 영유권을 확립하였을진대 그 당시에 새삼스러이 이를 일본국의 영토로 편입할 필요가 나변에 있었던가. 일본 정부의 이러한 행동은 그 당시 일본이 한국을 침략하여 궁극적으로 이를 병탄하기 위한 전초공작으로 우선 독도에 대한 그들의 침구행위를 합리화할 하나의 구실로서 마치 무주물의 선점과 같은 국내적 조치를 취한 데 불과한 것이다. 일본 측의 논리를 따른다면 독도가 시마네현에 '정식으로' 편입될 때까지 그것은 일본의 어느 현에도 속하지 않는 비정식의 일본 영토였다는 결론이 나오는데 이야말로 황당무계한 궤변이 아닐 수 없다. 이와 반대로 독도는 역사상으로나 지리상으로나 분명한 한국 영토인 울릉도와 불가분리의 관계를 가진, 즉 공동운명체적 관계에 놓여온 것이고 절대로 무주물이 아니었음을 상기하여야 한다. 따라서 소위 시마네현 고시라고 하는 일본의 일방적 국내조치는 국제법적 효과를 발생하지 않는다.

(2) 또한 일본 측은 한국 측이 '다케시마의 시마네현 편입'에 관한 시마네현 고시는 "극히 비밀리에 행하여졌다"라고 한 데 대하여 이것을 부인하면서 '각의결정에 의하여 시마네현 지사로부터 발포'된 것이므로 비밀리 편입이 아니고 공개적 편입인 것처럼 말하려고 하고 있다. 그러나 외국에는 물론 일본의 일반 국민에게도 알려지지 않은 소위 '다케시마 편입'이 어떻게 비밀리가 아니라고 말할 수 있겠는가. 외국의 예는 고사하고라도 일본국의 문부성 자신이 일본인의 학교교과용으로 인가한 현대 지도가 독도를 결코 일본 영토

의 일부분으로 취급하지 않고 있으며 일본전국교육도서주식회사가 1952년 6월 10일에 발행한 표준세계지도의 제6판에도 한자 다케시마(竹島)를 한국어로 음표하고 있는 사실은 소위 시마네현 고시라고 하는 것이 비밀리에 행하여진 것이 아니라는 일본 측의 주장을 번복시키는 유력한 방증이 되는 것이다.

(3) 이와 같은 이른바 시마네현 고시에 의한「일본의 국가의사의 표명」이 당시 일본이 영토취득 시에 관행한 고시방법이든 또는 다케시마 편입에 제하여 특별히 취한 조치이든 간에 이러한 편입의 국내법 형식은 우리에게 하등의 관계도 없고 또한 국제적 관행에도 없는 일이다. 여하한 국제적 선례에 있어서도 타국의 영토를 일개지방청의 고시로써 비밀리에 편입하였다는 실례를 우리는 들은 바 없다. 일본 측은 자기의 주장을 정당화하고자 몇 개의 국제적 선례를 들은 바 있으나 '클리퍼튼'도 사건에 있어서는 엄연히 '하와이'에서 발행되는 '폴리네시아' 지상에 영문으로 '클리퍼튼'도에 대한 불국주권의 수립을 공고하였던 것이다. 이것은 정히 일본의 은밀한 '영토취득의 관행'과는 천양의 차이가 있는 것이다. 또 1928년의 '팔마스섬 사건'에 대한 중재재판에 있어서는 외국에 대한 통고가 기타의 공식적인 행위와 동양으로 '팔마스'섬에 대한 화란의 행위를 정당화하는 조건이 됨을 인정하고 있으며 절대로 "통고가 필요 없다"고 하지는 않았던 것이다. 다만 '팔마스'섬과 같은 주민이 살고 있는 지역에 있어서는 은밀한 주권의 행사란 불가능하다는 전제하에 아프리카 대륙의 토지 선점에서 보는 바와 같은 통고의 의무가 발생하지 않는다고 판정하였을 뿐이다. 또 일본 측이 '구아노'섬의 선점에 관하여 예시하고 있는 1890년의 미국대법원의 판결(죤스대미국사건)에서 보더라도 문제의 섬이 명백히 무주의 지역이라는 확증이 선 연후에 비로소 그 섬의 미국에의 편입을 결정하기로 된 것이며, 그렇기 때문에 외국에의 통고를 행사하지 않았던 것이고, 또 이 사건은 순전히 국내적 사건으로서 외국과의 분쟁이 야기된 일이 없었다.

이와 같이 상기 어느 국제적 사건도 일본의 황당한 독도점유론을 합리화할 하등의 방증도 될 수 없음을 지적하는 바다. 자기 측의 유리한 사건처럼 보이는 국제적 사례라고 하여 전연 사정과 조건이 판이한 독도문제에 대하여 단편적인 부분을 함부로 원용하려고 하는 일본 측의 태도는 오히려 국제법에 관한 이해의 부족함을 표시하는 외에 아무런 소득이 없으리라고 생각한다. 우리는 도리어 1888년의 '국제법협회'의 선언이 선고에 관한 요건으로서 은밀한 고시가 아니라 외국에 대한 통고를 요구하고 있는 데에 일본 측의 주의를 환기하고자 한다.

V.

다음으로 대일평화조약 제2조에 관하여 논술한다면 차조의 해석에 있어서의 우리의 견해는 일본국이 한국의 독립을 승인하고 또한 원래의 한국 영토 일체를 대한민국에 반환할 것을 연합국에 엄숙히 약속하였으며 동시에 대한민국은 권리로서 제2조의 이익을 주장할 수 있다는 것이다. 이 영토반환의 요구는 원래의 한국 영토에 국한하는 것이고 원래의 일본 영토에 대하여 요구하는 것은 물론 아니다. 그럼에도 불구하고 일본 측이 독도가 원래의 일본 영토인 것처럼 주장하여 평화조약을 왜곡하는 이유는 오로지 1905년의 문제의 시마네현 고시에 의한 소위 독도의 편입이 1910년의 한일병합 이전에 성취되었다는 데에 기인한다. 그러나 이러한 편입의 법적 효과는 선점의 요건을 구비하지 못하였기 때문에 무효일 뿐만 아니라 실로 청일전쟁 이후 일본 제국주의의 일련의 침략행위의 일환이었다는 의미에서 그 편입조치는 단연코 용인될 수 없다는 것이다.

독도는 한일병합 이전에, 정확히 말하면 1905년에 선점이 아니라 일본의 강탈적 방법에 의하여 한 지방자치단체의 고시로서 소위 편입을 당하였던 것임은 누술한 바와 같다. 이것이 과연 합법적인 것이었던가.

1895년 청국과의 전쟁에 승리한 일본은 1904년 노서아(露西亞)와 전쟁을 개시하여 제국주의적 팽창정책을 감행하고 독도를 소위 편입하기 전년인 1904년 8월 22일에는 소위 한일협약을 강요하여 사실상 한국의 실권을 장악하였다. 따라서 당시의 한국은 형식상으로는 독립을 유지하고 있었으나 실질상으로는 일본의 지배하에 있었다. 사실상 일본은 한국의 완전병탄을 위한 예비공작으로서 한국의 국제사회에 있어서의 발언권을 봉쇄할 목적으로 한일협약의 제2항에 의하여서 '스티븐'을 매수 파견하여 그로 하여금 한국의 외교상의 실권을 장악케 하였던 것이다. 일본의 주구인 외교고문이 이처럼 한국의 외교를 장악하고 있었던 당시의 독도 편입에 대하여 "외국에 의하여서 문제된 일이 없다"고 하여 마치 한국이 독도 편입을 인정한 것처럼 내세울 수 있는가. 이 대답은 부정적이 아닐 수 없다. 이것은 용관적인 기대 가능성이 전적으로 결여되었고 그러한 정세의 조작은 바로 일본 측에 책임이 있기 때문이다. 이리하여 우리는 한일병합 전이라 할지라도 그와 같은 정치 정세하에 취하여진 일본의 조치는 전혀 승인할 수 없는 것이다.

VI.

끝으로 우리는 독도문제의 해결이 중대한 관건이 되는 연합국의 일본 영토 처리방침과 그 기본정신에 언급하고자 한다. 연합국은 일본 영토의 처리를 '카이로'선언과 대일평화조약에 이르는 일련의 국제문서에 의거하였다.

1943년 10월 27일의 '카이로'선언에서 미 · 영 · 중 삼대국은 한국인민의 노예 상태에 유의하고 적당한 경로를 밟아서 한국을 자유독립국가로 하는 결의를 한다고 규정한 후 다시 "삼대연합국의 목적은 1914년의 제1차 세계대전의 개시 이후에 일본이 탈취하였거나 또는 점령한 모든 태평양제도를 일본으로부터 박탈하는 것 그리고 … 일본이 청국으로부터 도취한 모든 지역을 중화민국에 반환하는 데 있다"고 하였으며, 또 "일본국은 또 폭력 및 강력에 의하여 약취한 기타 모든 지역으로부터 구축된다"고 규정하였다. 이 '카이로선언'은 일본의 '포츠담선언'의 수락과 동시에 이 선언 제8항에 의하여 일본을 엄연히 구속하는 국제문서가 되었다. 이와 같이 연합국의 일본 영토 처리에 관한 기본방침은 일본 영토를 청일전쟁 이전의 상태로 환원시키려고 한 것이 분명할진대 1905년 일본이 한국 정부에 외교고문을 파견하고 재정고문과 경무고문까지 파견하여 놓고 시마네현 고시라는 일 지방자치단체의 고시로서 편입하였다는 독도의 취득은 바로 '폭력과 강력에 의하여 약취'한 것임이 명백하며 일본은 마땅히 이러한 지역으로부터 구축되어야 하는 것이다.

또다시 독도는 SCAPIN 제677호에 의하여 비인접도서로서 인접 제 소도와는 명백히 구별되었고, 1947년 6월 19일 일본에 대한 항복 후의 기본정책에 의하여 일본의 영토는 인접도서에만 국한되었으므로 일본으로부터의 독도의 분리는 이로써 확정되었다. 따라서 대일평화조약에 독도를 일본에 편입한다는 적극적인 규정이 없는 한 일본으로부터 분리가 확정된 독도의 지위에는 아무런 변동도 있을 수 없는 것이다. 이와 같이 독도의 처리는 '포츠담선언'으로부터 '일본의 항복 후의 기본정책'에 이르는 일련의 문서에 의하여 통일적으로 이해되어야 하며 그러한 용의 없이 SCAPIN 제677호 제6항만으로 전체를 왜곡하려는 일본 측의 태도는 부당한 것이다. 특히 유의하여야 할 점은 한국은 대일평화조약에 앞서 이미 1948년 8월에 독립을 달성한 이래 독도의 관리 통치를 회복하였으며 그러한 상태하에서 대일평화조약의 해당사국으로부터 정식 승인을 받고 있었다는 사실이다. 이 사실은 독도가 한국의 영토임을 더욱 명백히 해주는 것이다.

독도는 연합국최고사령관이 관리하는 주변 소도도 아니고 또 한국 독립 후 합중국의 입법 및 사법권의 행사에 유보된 지역도 아니였다. 더욱이 독도에 관한 일본의 소위 '잔존주권'이 설립된 일도 없는 것이다.

VII.

상술한 바 제반 권위 있는 문헌과 역사적 사실이 입증하는 바와 같이 독도는 역사상·지리상으로 또한 부인할 수 없는 법 이론에 의하여 대한민국의 엄연한 영토의 일부임에도 불구하고 일본 정부가 불법으로 이의 영유권을 주장함은 그 진실한 의도가 어디에 있는지 의심되지 않을 수 없다.

대한민국 정부는 일본 측의 이러한 주장이 하등의 정당한 근거도 가지고 있지 못한 것이며 따라서 한국이 고래로부터 인지하여 왔고, 또한 울릉도의 불가분의 속도로서 분명히 그 영역의 일부로서 간주하여 왔으며 대한민국의 주권 확립과 더불어 그 관할권을 회복한 독도의 지위에 하등의 영향도 미칠 수 없다는 것을 지적하고자 한다. 그러므로 대한민국 정부는 1956년 9월 20일자 일본외무성 구상서 부첨에 표명된 일본 정부의 견해를 추호도 용인할 수 없는 것이다. 독도는 대한민국의 영토의 불가분의 일부임을 재삼 선언하는 바다.

1962년 7월 13일 일본 외무성 각서

외무성은 다케시마(竹島)의 영토주권문제와 관련하여 한국 대표단에 감사의 뜻을 전하며 다음과 같은 견해를 표명한다.

1. 다케시마가 일본 영토의 일부를 형성한다고 굳게 믿고 있는 일본 정부는 다케시마에 대한 한국 정부의 불법적 점유를 반복적으로 강력하게 반대해왔으며 역사적 사실과 국제법에 비추어 다케시마가 의심할 여지없이 일본 영토의 일부임을 한국 정부에게 상세히 설명하였다. 일본 정부는 반복적인 이의 제기에도 불구하고 한국 정부가 여전히 다케시마를 불법 점유하고 있다는 점을 매우 유감스럽게 생각한다. 따라서 일본 정부는 다케시마에 대한 불법적 점유와 관련하여 한국 정부에 매우 강력한 항의의 뜻을 전하며, 한국 관료들을 다케시마로부터 즉각 철수시키고 다케시마에 설치한 모든 구조물을 제거할 것을 강력하게 요구한다.

2. 다케시마의 영토주권과 관련하여 일본 정부가 표명한 근거 있는 견해에도 불구하고 한국 정부는 1959년 1월 7일자 한국 대표단 구상서에 첨부된 의견을 통하여 1956년 9월 20일에 일본 정부가 제시한 관점을 반박하려 했다. 한국 정부의 견해에 대한 면밀한 검토 후에 일본 정부는 한국의 의견은 다케시마가 일본 영토의 일부라는 부인할 수 없는 사실에 대하여 어떠한 유효한 반박도 하지 못하고 있으며, 다케시마에 대한 소유권과 관련한 한국 측의 주장을 뒷받침할 수 있는 어떠한 근거도 제시하고 있지 않다는 결론에 도달했다. 따라서 다케시마에 대하여 한국 정부가 제기한 견해는 완전히 잘못된 것이며 다케시마가 일본 영토의 일부임을 다시 한번 밝히기 위하여 일본 정부는 동 구상서에 첨부한 '1959년 1월 7일 다케시마에 대하여 한국 정부가 표명한 의견에 대한 일본 정부의 견해'를 제시한다.

1962년 7월 13일, 도쿄

1959년 1월 7일자 한국 정부의 견해에 대한 일본 정부의 견해

(15-162) 다케시마(竹島)에 관한 1959년 1월 7일자 한국 정부의 견해에 대한 일본국 정부의 견해(37. 7. 13일자 구상서 부속)

(1) 일본국 정부는 다케시마가 예부터 일본 고유의 영토라고 종래부터 분명히 밝혀왔지만, 이 입장을 여기에서 다시 강조한다.

(2) 원래 국제법상 어느 지역이 예부터 일국의 고유영토인지 아닌지에 관해서는 그 나라가 문제의 지역에 대해 이를 어떻게 실효적으로 지배 경영해왔는가가 가장 결정적인 요소가 된다.

일본은 예부터 다케시마에 관한 정확한 지견을 갖고 이를 그 영토로써 실효적으로 지배 경영해왔다. 이에 관해 일본국 정부는 종래의 견해에 대해 거듭하여 많은 구체적 증거를 들어 입증해왔음에도 불구하고, 한국 정부는 그 사실을 충분히 인식하지 않고 잘못된 주장을 고집하고 있기 때문에, 이번에 다시 한번 일본이 어떻게 예부터 실효적으로 다케시마를 지배 경영해왔는가를 사실을 종합하여 다음과 같이 기술한다.

한편 후기 (6)에서 상술하는 바와 같이 메이지 시대 초기까지 일본에서는 지금의 다케시마를 '마쓰시마(松島)'라고 하고 울릉도를 '다케시마'라고 부르고 있었다.

일본의 다케시마 경영은 우리나라가 울릉도를 경영하고 있었던 때로 **(15-163)** 거슬러 올라간다. 울릉도는 1004년경 일본인에게 '우루마섬(うるまの島)'으로 알려졌고, 14세기 후반에는 일본인이 울릉도에 도항했다는 기록이 있다. 이조 초기에 조선 정부가 공도정책을 취해 그 경영을 포기하고부터 일본인의 울릉도 왕래가 많아졌고, 16세기 말부터 약 100년간 울릉도는 일본인의 어채지가 되었다. 특히 요나고(米子)의 상인 오야 진키치(大谷甚吉), 무라카와 이치베(村川市兵衛)는 겐나(元和) 4년(1618)에 정식으로 막부로부터 울릉도에의 도항면허를 얻어 그 경영에 종사하고 있었다. 다케시마에는 울릉도에의 왕복 도중에 기항했던 것이다. 간분(寬文) 7년(1667)에 이즈모(出雲)

번사 사이토(斎藤某)가 편찬한 『은주시청합기(隠州視聴合紀)』는 오키(隠岐)의 어부들의 실제 견문담을 채록한 것인데 그 권1에

> 오키노시마 … 서북쪽으로 1박 2일을 가면 마쓰시마(지금의 다케시마)가 있고, 또 하루 정도 가면 다케시마(지금의 울릉도)가 있는데, 이 두 섬은 사람이 없는 땅 … (隠岐嶋 … 西北方に行くこと二日一夜にして松島(今の竹島)あり, また一日程で竹島(今の鬱陵島)があり, この二島人なき地 …)

이라고 적혀 있다. 1656년 혹은 그 이전에 오야 가문은 다케시마도 막부로부터 배령하여 어업과 수렵을 포함해 그를 독점적으로 경영하는 면허를 얻고 있었다. 이에 관해서는 오야 진기치의 3대째 大谷九右衛門勝信의 엔포(延宝) 9년[덴나(天和) 원년, 1681] 5월 13일의 신청서에 다음과 같은 기술이 있다.

> **(15-164)** 도쿠가와 이에쓰나(徳川家綱)의 시대, 다케시마(지금의 울릉도)로 가는 길목에 20정[7] 정도의 작은 섬이 있다. 이것은 초목이 없는 바위섬이다. 25년 이전에 아베 시로고로(阿部四郎五郎) 님의 중개로 막부로부터 배령받아 배로 건넜다. 이 작은 섬에서도 강치 기름을 소금씩 취했다. 오키노쿠니섬 뒤에 있는 후쿠우라(福浦)로부터 소도까지 해상 60여 리나 된다.

이 작은 섬은 말할 것도 없이 지금의 '다케시마'다. 즉 오야 가문은 막부로부터 다케시마에 도해하여 어업·수렵하는 면허를 얻어 막부의 공인하에 다케시마를 경영했던 것이다. 겐로쿠(元禄) 8년(1695) 12월 26일에 이케다(池田) 가문으로부터 로주(老中) 아베 분고노카미(阿部豊後守)에게 제출한 답

7 1정은 약 3,000평에 해당한다.

서는 그해에 울릉도의 귀로에 "마쓰시마(지금의 다케시마)에서 전복을 조금 땄다"고 적고, 또한 겐로쿠 9년(1696) 1월 23일자 마츠다이라 호우키노카미(松平伯耆守)의 각서는 "마쓰시마(지금의 다케시마)는 다케시마(지금의 울릉도)로 향하는 도중이므로 들러서 수렵을 했다. 이즈모, 오키노쿠니(隠岐の國) 사람들이 요나고의 사람들과 같이 배로 갔다. 후쿠우라로부터 마쓰시마(지금의 다케시마)까지 80리, 마쓰시마(지금의 다케시마)로부터 다케시마(지금의 울릉도)까지 40리"라고 적고 있다.

겐로쿠 9년(1696) 1월에 도쿠가와 막부는 울릉도의 경영을 포기하기로 결정했는데, 오늘날의 다케시마로의 도항은 **(15-165)** 금지하지 않고 여전히 일본 영토로 생각하고 있었다.

18세기 중반경 저술된 기타조노 미치안(北園通葊)의 『죽도도설(竹島圖說)』에는 "오키노쿠니 마쓰시마(지금의 다케시마)의 서도로부터 바닷길 약 40리 정도 북쪽에 한 섬이 있는데, 이름하여 다케시마(지금의 울릉도)라고 한다." 특히 '오키노쿠니 마쓰시마'라고 적고 있고, 또한 마쓰시마의 서도라고 적고 있는 점에서 마쓰시마(지금의 다케시마)가 동서 두 섬으로 이루어져 있다는 것을 숙지하고 있었던 것이 분명하다. 야다 다카마사(矢田高当)의 『장생죽도기(長生竹島記)』(1801)에는 마쓰시마에 관해 구체적으로 적은 후 "염천(炎天) 때에는 용수가 부족하다. 다케시마(지금의 울릉도) 도해 시에 다케시마호의 왕복에는 반드시 이 섬에 기항했다. … 우리나라(本朝) 서해의 끝"이라고 적고 있다.

또한 지금 남아 있는 지도를 보면, 호우키(伯耆)의 이케다번이 교호(享保) 9년(1724)에 막부의 명령에 의해 조진(調進)한 마쓰시마·다케시마의 지도에는 마쓰시마(지금의 다케시마)를 좁은 물길을 사이에 두고 동서로 마주하는 두 섬과 이를 둘러싼 여러 개의 암초를 그렸고, 동도(東島)의 물길 쪽 바닷가에 '선착장(船寄場)'이라고 적고 오두막을 그려 일본인의 다케시마 경영과 그 인식의 정확함을 나타내고 있다. 나가쿠보 세키스이(長久保赤水)의 『일본여지로정전도(日本輿地路程全圖)』[안에이(安永) 4년, 1775], **(15-166)** 곤도 모리시게(近藤守重)의 『변요분계도고(邊要分界圖考)』[분카(文化) 원년, 1804]를 비롯하여 에도시대 중기 이후의 많은 일본 지도에 오키와 조선 사이에 두 섬이 그려져 있고, 오키에 가까운 쪽을 '마쓰시마', 조선에 가까운 쪽을 '다케시마'로 하고 있는데, 이는 그 위치로 보아 지금의 다케시마와 울릉도다.

텐포(天保) 8년(1837)에 하마다(浜田)의 해상운송업자(回船問屋)[8]인 아이즈야 하치에몬(會津屋八右衛門)이 밀무역을 하다 발각되어 사형에 처해진 사건이 있었다. 이 밀무역은 다케시마(지금의 울릉도)와의 사이에 행해진 것으로 여겨져 왔는데, 이 사건의 판결문 중 하시모토 산베[橋本三兵衛, 하마다번(浜田藩) 가로 오카다 다노모(岡田頼母)의 부하]가 아이즈야 하치에몬에게 "가까운 마쓰시마(지금의 다케시마)에 도해 명목으로 다케시마(지금의 울릉도)로 건너는 방법이 있다"고 말했다고 적혀 있다. 이는 다케시마(지금의 울릉도)에의 도항은 금지되었어도 마쓰시마(지금의 다케시마)로의 도항은 아무 문제가 없었음을 나타낸다.

또한 후술하는 (7)과 같이 메이지(明治) 1년(1877~1878)에도 당시 일본 외무성의 수뇌부는 다케시마가 일본 영토라는 데 대해 명확한 인식을 갖고 있었다.

이상과 같은 역사적 근거를 배경으로 메이지 38년(1905) 1월 28일의 각의 결정 및 동년 2월 22일의 시마네현 고시를 거쳐, 일본 정부는 다케시마를 시마네현에 **(15-167)** 편입하는 조치를 취했던 것이다.

(3) 한국 정부는 조선의 고문헌에 조선반도 동쪽 해상에 울릉도와 우산도라는 두 개의 섬이 존재하는 것이 기술되어 있고, 우산도는 즉 현재의 다케시마라고 주장함으로써 일본에 의한 다케시마의 인지 및 경영에 앞서 조선 측에서 다케시마를 인지하고 있었다고 강변하려고 하고 있지만, 일본국 정부가 종래부터 지적해왔던 바와 같이 조선의 고문헌을 객관적으로 검토하면, 거기에는 조선 측이 이와 같이 다케시마를 인지하고 있었다는 증거는 어디에서도

8 廻船問屋의 오기로 보인다. 廻船問屋은 에도시대 荷主와 船主 사이에 積荷를 담당한 업자를 가리킨다.

찾아볼 수 없다.

즉 일본국 정부가 '1956년 9월 20일자 견해'에서 지적한 바와 같이, 조선의 고문헌 중에는 울릉도와 우산도라는 두 명칭에 관해 이것이 별개의 두 섬을 가리키는 것인지, 혹은 두 명칭 모두 한 섬을 가리키는 것인지에 관해 두 가지 설이 있고, 2도설을 취하는 고문헌에서도 1도 2명의 의심을 남겨놓고 있을 뿐만 아니라, 전문(全文)이 시종일관 울릉도에 관한 설명으로 우산도에 관해서는 단순히 섬 이름이 나오는 것뿐으로 어떤 구체적 기술도 없다. **(15-168)**

이는 2도설을 취하고 있는 고문헌의 편자가 우산도라는 섬 이름을 거명할 때 실지(實地)에 관한 명확한 지식에 근거한 것이 아님을 증명하는 것으로, 우산도가 오늘날의 다케시마라는 것을 입증할 수 없다.

또한 한국 정부는 『증보문헌비고(增補文獻備考)』의 「여지지」의 "鬱陵, 于山皆于山國, 于山則, 倭所謂松島也"라는 기술을 인용하여 우산도가 다케시마를 가리키는 것이라고 실증을 시도하고 있지만, 이 기술은 일본 측에서 '마쓰시마'라고 명명하여 경영해온 섬(지금의 다케시마)이라는 것을 알고, 고문헌에 나온 우산도를 마쓰시마에 적용시킨 것에 지나지 않으며, 『고려사지리지(高麗史地理志)』, 『세종실록지리지(世宗實錄地理志)』, 『신증동국여지승람(新增東國輿地勝覽)』에 적힌 우산도가 현재의 다케시마라고 입증하는 자료는 되지 않는다.

더구나 일본 정부가 '1956년 9월 20일자 견해'에 적은 바와 같이, 이조 태종 17년 2월의 김인우(金麟雨)의 보고에 나타나는 '우산도'는 대죽, 생모시(生苧)·면자(綿子) 등을 생산하고, 15호 86명이 사는 섬이라고 적혀 있어 분명히 울릉도를 가리키고 있다.

또한 한국 측이 울릉도와 우산도가 별개의 섬이라는 주장의 근거로써 인용하는 『신증동국여지승람』에는 처음에 게재된 '八道總圖' 및 권44의 '강원도'의 지도에 우산도는 울릉도와 조선 본토의 중간에 크게 그려져 있고, 여기에 적힌 '우산도'는 전혀 존재하지 않는 섬이다.

이와 같이 일본에 의한 다케시마의 인지와 경영에 앞서 조선 측이 이 섬을 인지하고 있었다는 증거는 조선의 고문헌 중 어디에도 존재하지 않으며, 하물며 다케시마에 대한 실효적 경영을 했다는 흔적은 아무것도 보이지 않는다.

(4) 일본국 정부가 역사적으로 여러 자료를 열거하여 다케시마 경영 사실을 증명한 데 반해, 한국 정부는 '1959년 1월 7일자 견해'에서 이는 '일본인의 침구(侵寇) 노략을 위한 도해'라고 규정하고, '지리를 숙지'하고 있었던 것도 침구를 위한 것이었으므로 영유권을 주장할 수 없다고 하고 있다. 이와 같은 한국 정부 주장의 전제로써는 일본의 다케시마에 대한 실효적 경영 이전에 조선이 이 섬을 실효적으로 경영하고 있었다는 것이 입증되지 않으면 안 되는데, 전술한 바와 같이 이를 증명하는 것은 아무것도 없기 때문에 어찌 되었든 이 주장은 전혀 근거 없는 것이다.

(15-170) (5) 또한 한국 정부는 '1959년 1월 7일자 견해'에서도 안용복의 공술을 갖고 다케시마가 한국령이라는 근거로 삼으려고 시도하고 있는데, 이 사건에 관한 『숙종실록(肅宗實錄)』 및 『증보문헌비고』의 기술은 국금(國禁)을 범하고 해외로 나갔던 범인이 귀국 후 조사를 받았을 때의 공술로 일본 측에 존재하는 안용복 도래에 관한 막대하고 상세한 기록에 비추어 그 내용을 검토했을 때, 그 공술이 허위로 가득 차 있다는 것은 이미 일본국 정부가 '1956년 9월 20일자 견해'에서 지적했다.

한국 측의 기록에 있는 안용복의 공술에 의하면 안용복은 오키에서 호우키로 향하면서 "울릉도와 자산도 두 섬의 감세장(鬱陵子山兩島監稅將)"이라고 했다고 되어 있는데(『증보문헌비고』에는 '울릉 감세관'이라고 칭했다고 적혀 있음), 조선에는 이와 같은 관직명은 없었고, 그는 조선 정부로부터 어떤 위임도 받지 않았다.

또한 『숙종실록』에 의하면 안용복은 최초에 도일했을 때(겐로쿠 6년, 1693)에 "울릉·자산 등의 섬을 조선의 경계(地界)로 정한다"는 서계를 에도 막부로부터 얻었지만, 쓰시마의 번주가 그 서계를 탈취했기 때문에 두 번째 도일했을 때(겐로쿠 9년, 1696) 이 일과 기타의 **(15-171)** 불법행위를 에도막부에 호소하려고 했으나, 일본 측은 당혹하여 먼저 국경을 침범했던 일본인 15명

[울릉도에서 안용복을 체포했던 오야 가문의 종업원(手代) 등]을 처벌했다고 적혀 있는데, 사실은 이 공술과 전혀 다르다.
울릉도 어로는 오야, 무라카와 두 가문이 막부로부터 인정받아 오랫동안 계속하고 있었는데, 조선인이 출어하기 시작했다. 이에 겐로쿠 6년(1693)에 조선인 출어의 산증인으로써 안용복 등을 붙잡아 일본에 데리고 왔다. 막부는 안용복을 조선에 송환하면서 쓰시마 번주 소 요시쯔구(宗義倫)로 하여금 조선인의 울릉도에의 출어 금지를 조선 측에 교섭하도록 했던 것이다. 따라서 막부가 울릉도를 조선령으로 하는 서계를 그에게 주었다는 것은 있을 수 없다. 또한 그를 체포했던 자가 처벌된 적도 없다. 이와 같이 안용복은 비변사의 취조에 대한 공술에서 자신의 행동을 허황되게 윤색하고 있다. 겐로쿠 6년에 안용복이 일본에 끌려와 조선으로 송환되기까지의 기간에 울릉도문제는 일본과 조선 간의 큰 외교문제가 되어 있었다. 이 시기에 도일한 안용복은 울릉도를 둘러싼 움직임을 알고 있었기 때문에, 자신에게 유리한 창작을 해서 비변사에 공술했던 것이다.
이상에서 기술한 바와 같이, 안용복의 공술은 허위로 차 있어 **(15-172)** 신빙성을 결여하고 있다. 어찌 되었든 일본국 정부가 '1956년 9월 20일자 견해'에서 기술한 바와 같이 사인(私人)인 그의 언동은 한국이 다케시마 영유를 주장하는 근거로 하기에는 아무 도움도 되지 않는다.
또한 한국 정부는 "안용복의 도일담판사건이 당시의 일본국 정부에 큰 충격을 주어 이에 의해 일본국이 자국민의 이 방면 출어를 금지했다"고 적고 있지만, 이것은 시기적으로 보아 잘못된 것이 명백하다. 즉 안용복이 다시 도일하여 호우키에 당도한 것은 겐로쿠 9년 6월 초이고, 요나고의 오야, 무라카와 두 가문이 울릉도에의 도해금지제도가 쓰시마 번주 및 호우키 번주에게 통달된 것은 이로부터 전인 겐로쿠 9년(1696) 1월 28일이다.
(6) 한국 정부는 '1959년 1월 7일자 견해' 중에서 일본의 문헌 중 마쓰시마와 다케시마를 혼동하여 어느 것이 울릉도와 다케시마를 지칭하는지 알지 못한다고 하여, 일본의 다케시마에 대한 명확한 지식에 의문을 던지려고 시도

하고 있다.

마쓰시마와 다케시마 두 섬의 변천에 관해서는 이미 '1953년 7월 13일자 일본국 정부 견해'에서 기술한 바 있는데, 이를 다시 기술하면 일본에서는 메이지시대 초까지 일관되게 울릉도를 '다케시마', 오늘날의 **(15-173)** 다케시마를 '마쓰시마'라고 부르고 있었다. 그 후 특정 시기 명칭의 혼란은 이하와 같이 울릉도에 대한 유럽인의 측정 오류에 기인하고 있다. 즉 그 경위를 보면, 1787년 프랑스의 갈로프 드 라 페루즈(Galaup de la Perouse)가 울릉도에 이르러 이를 다줄레(Dagelet)섬이라고 명명하였고, 1797년에 영국의 윌리엄 로버트 브로이튼(William Robert Broughton)이 마찬가지로 울릉도에 대해 아르고노트(Argonaute)섬이라는 이름을 부여했다. 그런데 브로이튼이 이 섬의 경위도를 잘못 측정했기 때문에, 그 후 유럽의 지도에 울릉도가 다줄레, 아르고노트의 두 섬으로 기재되었다. 1840년에 지볼트가 일본 지도를 만들 때 종래의 일본 지도에 다케시마(지금의 울릉도), 마쓰시마(지금의 다케시마)라고 적혀 있던 것에 잘못해서 다케시마를 아르고노트 섬으로, 마쓰시마를 다줄레 섬이라고 했다.

그 후 브로이튼의 측정은 부정확했다는 것이 판명되어 유럽의 지도에서 아르고노트 섬이 말소되었고, 울릉도는 다줄레 섬(마쓰시마)으로만 쓰게 되어 유럽의 지도에서는 종래 '마쓰시마'라고 불리었던 울릉도가 '마쓰시마'가 되었던 것이다.

이와 같이 유럽인의 측정 오류에 기인하는 **(15-174)** 다케시마, 마쓰시마 두 섬의 이름의 혼란을 피하기 위해 1905년 2월에 종래의 '마쓰시마'가 시마네현에 편입되었을 때 이것이 '다케시마'로 정식으로 명명되었던 것이다.

(7) 메이지 9년, 10년, 11년 사이에 블라디보스톡으로 향하는 선상에서 지금의 울릉도를 바라본 자가 이것을 '마쓰시마'라고 하여 개척 신청서를 일본국 정부에 제출했다.

한국 정부는 '1959년 1월 7일자 견해'에서 이 개척 신청서 심의에 즈음하여 외무성의 다나베(田辺) 공신국장은 "'마쓰시마'(독도)는 우리나라가 명명했지만, 실은 조선 울릉도에 속하는 우산이다. …"라고 하며 개척을 허락하지 않는 결론을 내렸다고 주장하고 있는데, 한국 정부의 이 주장은 단지 자신의 주장에 유리하도록 왜곡하여 기록 중의 한 구절만을 인용한 것이다.

당시 외무성에서는 마쓰시마라는 섬의 개척 신청서 제출에 즈음하여, 이 섬이 과연 어떤 섬을 가리키는 것인지를 분명히 하기 위해 시찰할 필요가 있는지의 여부를 검토했다.

그때 다나베 공신국장은 "마쓰시마가 우산도라고 하는 자가 있다"는 가설에 관해 논했던 것이다.

(15-175) 한국 정부의 견해의 첫 번째 오류는 이 인용구를 다나베 국장의 말이라고 하고 있는 것이고, 두 번째 오류는 이 가설에서 들고 있는 마쓰시마를 독도라고 하여 지금의 다케시마를 가리키고 있다고 곡해하고 있는 것이다. 여기에서 말하는 마쓰시마는 현재의 다케시마를 말하는 것이 아니라, 개척 신청서가 제출되어 실체가 명확하지 않은 마쓰시마를 의미하는 것이다. 다나베 국장은 이 마쓰시마가 울릉도에 속한 우산도라는 것인지(이 경우 우산도라는 이름은 조선 측의 고문헌을 보고 말한 것이고, 그것이 지금의 다케시마를 가리키는 것이 아니라는 것은 전술한 (3)에서 상술한 바와 같다.) 혹시 정말로 그렇다면 개척해야만 하는 것은 아니라고 말하고 있는 데 지나지 않는다.

또한 이 논의에서 와타나베 고키(渡辺洪基)[9] 기록국장은 "이 이른바 마쓰시마라는 것이 다케시마(지금의 울릉도)라면 그에 속하고, 만일 다케시마(지금의 울릉도) 이외에 있는 마쓰시마라면 우리에게 속하지 않으면 안 되는 … 그 마쓰시마 '데라세'섬이라는 것은 본래 다케시마 즉 울릉도이고, 우리의 마쓰시마는 서양명 '호넷 락스(Hornet Rocks)'인데 … 이 호넷 락스가 우리나라에 속하는 것은 각국의 지도 모두 같다", "구 막부가 무사(無事)를 원해 … 다케

9 와타나베 고키(渡辺洪基, 1848~1901): 메이지시대의 중의원, 귀족원의원·교육자, 원로원의관, 원로원부의장, 도쿄부지사, 초대제국대학총장, 외무성, 사법성, 학습원차장, 태정관법제부주사, 주 오스트리아 공사, 일본건축학회회장 등을 역임하였다.

시마(지금의 울릉도)를 … 조선에 (15-176) 양도한다 하더라도 마쓰시마(지금의 다케시마)는 다케시마(지금의 울릉도)로부터 우리 가까운 쪽에 있다면 일본에 속한다. 조선도 이론이 있을 수 없다"고 하여, 만일 시찰의 결과 마쓰시마가 울릉도와 별개라면 이나바(因幡), 오키, 이와미(石見) 등에 돌려주지 않을 수 없다는 견해를 나타내고 있다.

메이지 13년 9월, 군함 아마기(天城)가 가서 실제로 이 섬을 측량한 결과, 이 문제의 마쓰시마는 울릉도이고, 울릉도 부속섬에 죽서(竹嶼)가 있다는 것이 명확해졌다.

이와 같은 마쓰시마 개척 신청서의 심의에서 분명해진 것은 메이지 초기에도 일본국 정부가 다케시마를 일본 고유의 영토로 인식하여, 그 인식에 입각하여 논의했다는 것이다.

(8) 한국 정부는 일본이 시마네현 고시에 의해 다케시마를 시마네현에 편입한 것은 1905년까지는 일본이 다케시마를 그 영토의 일부분으로 생각하고 있지 않았다는 유력한 증거라고 하고 있다. 그러나 일본국 정부가 종래의 일본 측 견해 및 금회의 견해에서 기술하고 있는 바와 같이 다케시마가 고래(古來)로부터 일본의 영토라는 것은 분명하며, 전술 (6)에서도 기술한 바와 같이 시마네현 고시보다 20여 년 전에 문제가 되었던 이른바 '마쓰시마 개척 (15-177) 신청서'를 심사한 외무성의 요략(要略)은 다케시마가 일본령에 속하고, 조선 측도 이론이 있을 수 없음을 명확히 하고 있다.

각의결정에 이은 시마네현 고시는 일본이 근대국가로서 다케시마 영유의사를 재확인하고, 이를 일본의 근대 행정구분 속에 편입하여 공시한 것으로, 이에 이은 일련의 사실은 다케시마에 대한 실효적 점유 및 경영에 의한 주권의 행사를 나타내는 것이다.

상기와 같이 시마네현 고시는 각의결정에 근거하여 시마네현 지사에 의해 발표되었고, 이에 관한 절차는 당시 일본이 채용하고 있었던 통상의 편입방법에 의한 것으로 다케시마에 특별히 취해진 조치는 아니다.

한국 측은 시마네현 고시가 비밀리에 이루어졌고, 다케시마 편입을 일본의 일반 국민들조차 알지 못했다고 주장하고 있지만, 이는 전혀 사실에 반하는 놀랄만한 주장이다. 실제로 시마네현 고시는 메이지 38년 2월 22일자 시마네현보에 게재되었고, 또한 동년 2월 24일자 산인(山陰)신문 제5912호에는 고시가 있었다는 사실 및 그 내용을 보도하고 있다.

또한 한국 정부는 일본국 정부의 고시는 외국에 **(15-178)** 통보되지 않았기 때문에 국제법상 아무런 효과를 갖지 않는다고 단정하고 있다. 그러나 국제법상 일반적으로 조약상 특별한 의무를 갖지 않는 경우(예를 들면 콩고 지역에 관한 1885년의 베를린의정서)를 제외하고 영토취득을 타국에 통고하는 것은 의무로 되어 있지 않다.

이에 관한 학설을 보면, 예를 들면 오펜하임(International Law I, 8판 559쪽)도, 구겐하임(Traite de Droit International Public Tome I, 441쪽)도 타국에의 통보를 영토취득의 조건으로 하지 않고 있다.

판례는 이미 일본국 정부가 지적한 바와 같이 1928년의 팔마스섬 사건에서는 콩고에 관한 1885년 베를린의정서 규정이 적용되지 않기 때문에 네덜란드 정부가 타국에 통보할 의무가 존재하지 않는다(An obligation for netherlands to notify to other Powers … did not exist.)고 판결했고, 1931년의 클리퍼튼섬 사건의 판결에서도 프랑스가 영토취득을 타국에 통보하지 않았다는 점에 관해 1885년의 베를린의정서에 규정되어 있는 통보의무는 이 경유에 적용되지 않으며, **(15-179)** 어떠한 방법이든 영토취득행위에 공시성이 부여되었다면 충분하다고 판결했다. 이들 두 판결은 모두 영토취득의 요건으로써 외국 정부에의 통보가 의무라고는 하지 않고 있다.

또한 한국 정부는 국제법협회의 1888년의 선언이 외국에의 고시를 필요로 하고 있다고 적고 있는데, 동 협회는 그해에 회합을 갖지 않았다.

따라서 이는 1888년의 국제법학회에 의한 선언이라고 생각되는데, 동 선언에서도 외국에의 통보는 필요요건이 아니다.

La notification de la prise de possession se fait, soit par

la publication dans la forme qui, dans chaque Etat, est en usage pour la notification des actes officiels, soit par la voie diplomatique

라고 하여, 각국의 관행에 따른 형식에 의한 공표라도 무방하다고 밝히고 있다. 이상과 같이 무주지 선점에 관한 학설, 선례가 외국 정부에의 통보가 의무적인 것은 아니라고 하고 있다면, 이미 고래로부터 일본이 이를 인식하고 유효하게 경영해왔던 지역이면서 더욱이 타국에게 빼앗겼던 적이 없는 지역에 관해서는 더욱 (15-180) 이러한 통보의무는 없는 것으로 보지 않으면 안 된다. 또한 다케시마의 경우에는 시마네현에서 고시가 발표되었고, 이 고시는 실로 상기 학설 또는 판례가 말하는 공시(notoriety) 또는 공표(publication)에 해당하는 것이다.

한국 정부가 일본의 행정기관에 의한 고시의 이러한 명백한 성격에 눈을 가리고, 단순히 외국에 통보가 되지 않았다는 것만을 가지고 다케시마의 시마네현 편입조치의 비밀성을 운운하는 것은 전혀 당치 않은 것이다.

나아가 한국 정부는 '1959년 1월 7일자 견해'에서 시마네현 고시에 의한 다케시마 편입은 "청일전쟁 이후 일본제국주의의 일련의 침략행위의 일환이었다"고 기술하고, 또한 1904년의 한일협약에 의한 외교고문의 임명이 다케시마 편입의 유효성과 관련 있는 것처럼 적고 있는데, 한국이 시마네현 고시 이전부터 다케시마를 유효하게 경영하고 있었다고 입증되지 않는 한 이러한 논의는 전혀 근거가 없다. 동 섬 편입이 침략행위인 것 같은 주권국에 대한 중대한 비난은 가장 고도의 확실성을 갖고 입증하지 않으면 안 되는 것으로, 한국이 전혀 사실에 반하는 독단으로 이러한 비난을 하는 것은 결코 용인할 수 없다.

(9) 한국 정부는 게다가 '1959년 1월 7일자 견해'에서 전후 연합국에 의한 일본 영토 처리방침에 관해 이를 다케시마 문제 해결의 중대한 열쇠라고 하고, 카이로선언, 연합국 총사령부 각서 SCAPIN 제677호 등에 의해 다케시마

의 일본국으로부터의 분리는 확정되었다고 기술하고 있다.

그러나 일본국 정부가 '1956년 9월 20일자 견해'에서 기술한 바와 같이 전후의 일본 영토 처리는 샌프란시스코강화조약에 의해 비로소 이루어졌다. 샌프란시스코강화조약은 한일병합 전 조선이 일본으로부터 분리독립하는 것을 인정한 것이지만, 한일병합 전부터 일본의 영토였던 영토를 독립한 한국에 새로이 할양한다는 의미는 전혀 포함되어 있지 않다.

한국 정부는 다케시마는 카이로선언에서 말하는 "폭력 및 강욕(强慾)에 의해 약취한" 지역이라고 주장하고 있지만, 일본국 정부가 종래의 견해에서 거듭 말해온 바와 같이, 다케시마는 고래로부터 일본국 및 일본국민이 평화리에, 나아가 공공연하게 이를 영유하여 유효하게 경영해왔고, 어떠한 외국으로부터도 이를 빼앗긴 적이 없는 지역이므로, 어떠한 의미에서도 일본국이 한국에게서 다케시마를 약취한 것이 아니라는 것은 분명하다.

(15-182) 한국 정부는 SCAPIN 제677호 및 1947년 6월 19일자의 '일본에 대한 항복 후의 기본정책'에 근거하여 다케시마의 일본으로부터의 분리가 확정되었다고 주장하고 있는데, 일본국 정부가 이미 지적한 바와 같이 SCAPIN 제677호는 포츠담선언 제8조를 특히 인용하여 동 지령이 연합국에 의한 일본의 제 소도의 최종적 결정이 아니라는 것을 명확히 하고 있고, 1947년의 대일기본정책은 '항복 후의 일본국에 관한 일반적 성명'으로, 어느 것도 다케시마의 소속을 구체적으로 확정한 것은 아니다.

또한 SCAPIN 제677호 자체도 다케시마는 명확히 조선과는 별개의 대상으로써 조선과는 별개 항목으로 규정되어 있어, 샌프란시스코강화조약이 SCAPIN 제677호에 의해 행정 분리된 울릉도, 제주도 및 다케시마 세 섬 중 울릉도 및 제주도 두 섬에 관해 일본의 포기를 규정하고, 다케시마에 관한 어떠한 규정도 두고 있지 않다는 사실은, 다케시마는 일본국이 독립을 승인한 '조선' 혹은 일본국이 권리, 권원 및 청구권을 포기한 '조선'에 포함되지 않는다는 것을 나타내는 것이다.

1962년 7월 13일

1965년 12월 17일 대한민국 정부 각서

한국 대표단은 1962년 7월 13일자 일본 외무성 구상서 No. 228/ASN과 관련하여 일본 외무성에 감사의 뜻을 전하며 다음과 같은 견해를 표명한다.

이미 여러 차례 명확히 밝혀진 바와 같이 독도는 대한민국 영토의 일부이며 대한민국은 독도에 대한 합법적인 영토관할권을 행사하고 있다. 일본 정부가 독도에 대한 소유권과 관련하여 제기한 일체의 주장은 전혀 고려할 가치가 없는 내용이다.

이 기회를 빌어 한국 대표단은 일본 외무성에게 한국 측이 확신하는 바를 재차 강조한다.

1965년 12월 17일, 도쿄

샌프란시스코강화조약
TREATY OF PEACE WITH JAPAN

Signed at San Francisco, 8 September 1951

Initial entry into force: 28 April 1952

WHEREAS the Allied Powers and Japan are resolved that henceforth their relations shall be those of nations which, as sovereign equals, cooperate in friendly association to promote their common welfare and to maintain international peace and security, and are therefore desirous of concluding a Treaty of Peace which will settle questions still outstanding as a result of the existence of a state of war between them;

WHEREAS Japan for its part declares its intention to apply for membership in the United Nations and in all circumstances to conform to the principles of the Charter of the United Nations; to strive to realize the objectives of the Universal Declaration of Human Rights; to seek to create within Japan conditions of stability and well-being as defined in Articles 55 and 56 of the Charter of the United Nations and already initiated by post-surrender Japanese legislation; and in public and private trade and commerce to conform to internationally accepted fair practices;

WHEREAS the Allied Powers welcome the intentions of Japan set out in the foregoing paragraph;

THE ALLIED POWERS AND JAPAN have therefore determined to conclude the present Treaty of Peace, and have accordingly appointed the undersigned Plenipotentiaries, who, after presentation of their full powers, found in good and due form, have agreed on the following provisions:

CHAPTER I
PEACE

Article 1

(a) The state of war between Japan and each of the Allied Powers is terminated as from the date on which the present Treaty comes into force between Japan and the Allied Power concerned as provided for in Article 23.
(b) The Allied Powers recognize the full sovereignty of the Japanese people over Japan and its territorial waters.

CHAPTER II
TERRITORY

Article 2

(a) Japan recognizing the independence of Korea, renounces all right, title and claim to Korea, including the islands of Quelpart, Port Hamilton and Dagelet.
(b) Japan renounces all right, title and claim to Formosa and the Pescadores.
(c) Japan renounces all right, title and claim to the Kurile Islands, and to that portion of Sakhalin and the islands adjacent to it over which Japan acquired sovereignty as a consequence of the Treaty of Portsmouth of 5 September 1905.
(d) Japan renounces all right, title and claim in connection with the League of Nations Mandate System, and accepts the action of the United Nations Security Council of 2 April 1947, extending the trusteeship system to the

Pacific Islands formerly under mandate to Japan.

(e) Japan renounces all claim to any right or title to or interest in connection with any part of the Antarctic area, whether deriving from the activities of Japanese nationals or otherwise.

(f) Japan renounces all right, title and claim to the Spratly Islands and to the Paracel Islands.

Article 3

Japan will concur in any proposal of the United States to the United Nations to place under its trusteeship system, with the United States as the sole administering authority, Nansei Shoto south of 29deg. north latitude (including the Ryukyu Islands and the Daito Islands), Nanpo Shoto south of Sofu Gan (including the Bonin Islands, Rosario Island and the Volcano Islands) and Parece Vela and Marcus Island. Pending the making of such a proposal and affirmative action thereon, the United States will have the right to exercise all and any powers of administration, legislation and jurisdiction over the territory and inhabitants of these islands, including their territorial waters.

Article 4

(a) Subject to the provisions of paragraph (b) of this Article, the disposition of property of Japan and of its nationals in the areas referred to in Article 2, and their claims, including debts, against the authorities presently administering such areas and the residents (including juridical persons) thereof, and the disposition in Japan of property of such authorities and residents, and of claims, including debts, of such authorities and residents against Japan and its nationals, shall be the subject of special arrangements between Japan and such authorities. The property of any of the Allied Powers or its nationals in the areas referred to in Article 2 shall, insofar as this has not already been done, be returned by the administering authority in the condition in which it now exists. (The term nationals whenever used in the present Treaty includes juridical persons.)

(b) Japan recognizes the validity of dispositions of property of Japan and Japanese nationals made by or pursuant to directives of the United States Military Government in any of the areas referred to in Articles 2 and 3.

(c) Japanese owned submarine cables connection Japan with territory removed from Japanese control pursuant to the present Treaty shall be equally divided, Japan retaining the Japanese terminal and adjoining half of the cable, and the detached territory the remainder of the cable and connecting terminal facilities.

CHAPTER III
SECURITY

Article 5

(a) Japan accepts the obligations set forth in Article 2 of the Charter of the United Nations, and in particular the obligations

(i) to settle its international disputes by peaceful means in such a manner that international peace and security, and justice, are not endangered;

(ii) to refrain in its international relations from the threat or use of force against the territorial integrity or political independence of any State or in any other manner inconsistent with the Purposes of the United Nations;

(iii) to give the United Nations every assistance in any action it takes in accordance with the Charter and to refrain from giving assistance to any State against which the United Nations may take preventive or enforcement action.

(b) The Allied Powers confirm that they will be guided by the principles of Article 2 of the Charter of the United Nations in their relations with Japan.

(c) The Allied Powers for their part recognize that Japan as a sovereign nation possesses the inherent right of individual or collective self-defense referred to in Article 51 of the Charter of the United Nations and that Japan may voluntarily enter into collective security arrangements.

Article 6

(a) All occupation forces of the Allied Powers shall be withdrawn from Japan as soon as possible after the coming into force of the present Treaty, and in any case not later than 90 days thereafter. Nothing in this provision shall, however, prevent the stationing or retention of foreign armed forces in Japanese territory under or in consequence of any bilateral or multilateral agreements which have been or may be made between one or more of the Allied Powers, on the one hand, and Japan on the other.

(b) The provisions of Article 9 of the Potsdam Proclamation of 26 July 1945, dealing with the return of Japanese military forces to their homes, to the extent not already completed, will be carried out.

(c) All Japanese property for which compensation has not already been paid, which was supplied for the use of the occupation forces and which remains in the possession of those forces at the time of the coming into force of the present Treaty, shall be returned to the Japanese Government within the same 90 days unless other arrangements are made by mutual agreement.

CHAPTER IV
POLITICAL AND ECONOMIC CLAUSES

Article 7

(a) Each of the Allied Powers, within one year after the present Treaty has come into force between it and Japan, will notify Japan which of its prewar bilateral treaties or conventions with Japan it wishes to continue in force or revive, and any treaties or conventions so notified shall continue in force or by revived subject only to such amendments as may be necessary to ensure conformity with the present Treaty. The treaties and conventions so notified shall be considered as having been continued in force or revived three months after the date of notification and shall be registered with the Secretariat of the United Nations. All such treaties and conventions as to which Japan is not so notified shall be regarded as abrogated.
(b) Any notification made under paragraph (a) of this Article may except from the operation or revival of a treaty or convention any territory for the international relations of which the notifying Power is responsible, until three months after the date on which notice is given to Japan that such exception shall cease to apply.

Article 8

(a) Japan will recognize the full force of all treaties now or hereafter concluded by the Allied Powers for terminating the state of war initiated on 1 September 1939, as well as any other arrangements by the Allied Powers for or in connection with the restoration of peace. Japan also accepts the arrangements made for terminating the former League of Nations and Permanent Court of International Justice.

(b) Japan renounces all such rights and interests as it may derive from being a signatory power of the Conventions of St. Germain-en-Laye of 10 September 1919, and the Straits Agreement of Montreux of 20 July 1936, and from Article 16 of the Treaty of Peace with Turkey signed at Lausanne on 24 July 1923.

(c) Japan renounces all rights, title and interests acquired under, and is discharged from all obligations resulting from, the Agreement between Germany and the Creditor Powers of 20 January 1930 and its Annexes, including the Trust Agreement, dated 17 May 1930, the Convention of 20 January 1930, respecting the Bank for International Settlements; and the Statutes of the Bank for International Settlements. Japan will notify to the Ministry of Foreign Affairs in Paris within six months of the first coming into force of the present Treaty its renunciation of the rights, title and interests referred to in this paragraph.

Article 9

Japan will enter promptly into negotiations with the Allied Powers so desiring for the conclusion of bilateral and multilateral agreements providing for the regulation or limitation of fishing and the conservation and development of fisheries on the high seas.

Article 10

Japan renounces all special rights and interests in China, including all benefits and privileges resulting from the provisions of the final Protocol signed at Peking on 7 September 1901, and all annexes, notes and documents supplementary thereto, and agrees to the abrogation in respect to Japan of the said protocol, annexes, notes and documents.

Article 11

Japan accepts the judgments of the International Military Tribunal for the Far East and of other Allied War Crimes Courts both within and outside Japan, and will carry out the sentences imposed thereby upon Japanese nationals imprisoned in Japan. The power to grant clemency, to reduce sentences and to parole with respect to such prisoners may not be exercised except on the decision of the Government or Governments which imposed the sentence in each instance, and on recommendation of Japan. In the case of persons sentenced by the International Military Tribunal for the Far East, such power may not be exercised except on the decision of a majority of the Governments represented on the Tribunal, and on the recommendation of Japan.

Article 12

(a) Japan declares its readiness promptly to enter into negotiations for the conclusion with each of the Allied Powers of treaties or agreements to place their trading, maritime and other commercial relations on a stable and friendly basis.

(b) Pending the conclusion of the relevant treaty or agreement, Japan will, during a period of four years from the first coming into force of the present Treaty

(1) accord to each of the Allied Powers, its nationals, products and vessels

(i) most-favoured-nation treatment with respect to customs duties, charges, restrictions and other regulations on or in connection with the importation and exportation of goods;

(ii) national treatment with respect to shipping, navigation and imported goods, and with respect to natural and juridical persons and their interests - such treatment to include all matters pertaining to the levying and collection of taxes, access to the courts, the making and performance of contracts, rights to property (tangible and intangible), participating in juridical entities constituted under Japanese law, and generally the conduct of all kinds of business and professional activities;

(2) ensure that external purchases and sales of Japanese state trading enterprises shall be based solely on commercial considerations.

(c) In respect to any matter, however, Japan shall be obliged to accord to an Allied Power national treatment, or most-favored-nation treatment, only to the extent that the Allied Power concerned accords Japan national treatment or most-favored-nation treatment, as the case may be, in respect of the same matter. The reciprocity envisaged in the foregoing sentence shall be determined, in the case of products, vessels and juridical entities of, and persons domiciled in, any non-metropolitan territory of an Allied Power, and in the case of juridical entities of, and persons domiciled in, any state or province of an Allied Power having a federal government, by reference to the treatment accorded to Japan in such territory, state or province.

(d) In the application of this Article, a discriminatory measure shall not be considered to derogate from the grant of national or most-favored-nation treatment, as the case may be, if such measure is based on an exception customarily provided for in the commercial treaties of the party applying it, or on the need to safeguard that party's external financial position or balance of payments (except in respect to shiping and navigation), or on the need to maintain its essential security interests, and provided such measure is proportionate to the circumstances and not applied in an arbitrary or unreasonable manner.

(e) Japan's obligations under this Article shall not be affected by the exercise of any Allied rights under Article 14 of the present Treaty; nor shall the provisions of this Article be understood as limiting the undertakings assumed by Japan by virtue of Article 15 of the Treaty.

Article 13

(a) Japan will enter into negotiations with any of the Allied Powers, promptly upon the request of such Power or Powers, for the conclusion of bilateral or multilateral agreements relating to international civil air transport.
(b) Pending the conclusion of such agreement or agreements, Japan will, during a period of four years from the first coming into force of the present Treaty, extend to such Power treatment not less favorable with respect to air-traffic rights and privileges than those exercised by any such Powers at the date of such coming into force, and will accord complete equality of opportunity in respect to the operation and development of air services.
(c) Pending its becoming a party to the Convention on International Civil Aviation in accordance with Article 93 thereof, Japan will give effect to the provisions of that Convention applicable to the international navigation of aircraft, and will give effect to the standards, practices and procedures adopted as annexes to the Convention in accordance with the terms of the Convention.

CHAPTER V
CLAIMS AND PROPERTY

Article 14

(a) It is recognized that Japan should pay reparations to the Allied Powers for the damage and suffering caused by it during the war. Nevertheless it is also recognized that the resources of Japan are not presently sufficient, if it is to maintain a viable economy, to make complete reparation for all such damage and suffering and at the same time meet its other obligations.

Therefore,

1. Japan will promptly enter into negotiations with Allied Powers so desiring, whose present territories were occupied by Japanese forces and damaged by Japan, with a view to assisting to compensate those countries for the cost of repairing the damage done, by making available the services of the Japanese people in production, salvaging and other work for the Allied Powers in question. Such arrangements shall avoid the imposition of additional liabilities on other Allied Powers, and, where the manufacturing of raw materials is called for, they shall be supplied by the Allied Powers in question, so as not to throw any foreign exchange burden upon Japan.

2. (I) Subject to the provisions of subparagraph (II) below, each of the Allied Powers shall have the right to seize, retain, liquidate or otherwise dispose of all property, rights and interests of

(a) Japan and Japanese nationals,

(b) persons acting for or on behalf of Japan or Japanese nationals, and

(c) entities owned or controlled by Japan or Japanese nationals,

which on the first coming into force of the present Treaty were subject to its jurisdiction. The property, rights and interests specified in this subparagraph shall include those now blocked, vested or in the possession or under the control of enemy property authorities of Allied Powers, which belong to, or were held or managed on behalf of, any of the persons or entities mentioned in (a), (b) or (c) above at the time such assets came under the controls of such authorities.

(II) The following shall be excepted from the right specified in

subparagraph
(I) above:
(i) property of Japanese natural persons who during the war resided with the permission of the Government concerned in the territory of one of the Allied Powers, other than territory occupied by Japan, except property subjected to restrictions during the war and not released from such restrictions as of the date of the first coming into force of the present Treaty;
(ii) all real property, furniture and fixtures owned by the Government of Japan and used for diplomatic or consular purposes, and all personal furniture and furnishings and other private property not of an investment nature which was normally necessary for the carrying out of diplomatic and consular functions, owned by Japanese diplomatic and consular personnel;
(iii) property belonging to religious bodies or private charitable institutions and used exclusively for religious or charitable purposes;
(iv) property, rights and interests which have come within its jurisdiction in consequence of the resumption of trade and financial relations subsequent to 2 September 1945, between the country concerned and Japan, except such as have resulted from transactions contrary to the laws of the Allied Power concerned;
(v) obligations of Japan or Japanese nationals, any right, title or interest in tangible property located in Japan, interests in enterprises organized under the laws of Japan, or any paper evidence thereof; provided that this exception shall only apply to obligations of Japan and its nationals expressed in Japanese currency.
(III) Property referred to in exceptions (i) through (v) above shall

be returned subject to reasonable expenses for its preservation and administration. If any such property has been liquidated the proceeds shall be returned instead.

(IV) The right to seize, retain, liquidate or otherwise dispose of property as provided in subparagraph (I) above shall be exercised in accordance with the laws of the Allied Power concerned, and the owner shall have only such rights as may be given him by those laws.

(V) The Allied Powers agree to deal with Japanese trademarks and literary and artistic property rights on a basis as favorable to Japan as circumstances ruling in each country will permit.

(b) Except as otherwise provided in the present Treaty, the Allied Powers waive all reparations claims of the Allied Powers, other claims of the Allied Powers and their nationals arising out of any actions taken by Japan and its nationals in the course of the prosecution of the war, and claims of the Allied Powers for direct military costs of occupation.

Article 15

(a) Upon application made within nine months of the coming into force of the present Treaty between Japan and the Allied Power concerned, Japan will, within six months of the date of such application, return the property, tangible and intangible, and all rights or interests of any kind in Japan of each Allied Power and its nationals which was within Japan at any time between 7 December 1941 and 2 September 1945, unless the owner has freely disposed thereof without duress or fraud. Such property shall be returned free of all encumbrances and charges to which it may have become subject because of the war, and without any charges for its return. Property whose return is not applied for by or on behalf of the owner or by his Government within the prescribed period may be disposed of by the Japanese Government as it may determine. In cases where such property was within Japan on 7 December 1941, and cannot be returned or has suffered injury or damage as a result of the war, compensation will be made on terms not less favorable than the terms provided in the draft Allied Powers Property Compensation Law approved by the Japanese Cabinet on 13 July 1951.

(b) With respect to industrial property rights impaired during the war, Japan will continue to accord to the Allied Powers and their nationals benefits no less than those heretofore accorded by Cabinet Orders No. 309 effective 1 September 1949, No. 12 effective 28 January 1950, and No. 9 effective 1 February 1950, all as now amended, provided such nationals have applied for such benefits within the time limits prescribed therein.

(c) (i) Japan acknowledges that the literary and artistic property rights which existed in Japan on 6 December 1941, in respect to the published and unpublished works of the Allied Powers and their nationals have continued in force since that date, and recognizes those rights which have arisen, or but for the war would have arisen, in Japan since that date, by the operation of any conventions and agreements to which Japan was a party on that date, irrespective of whether or not such conventions or agreements were abrogated or suspended upon or since the outbreak of war by the domestic law of Japan or of the Allied Power concerned.

(ii) Without the need for application by the proprietor of the right and without the payment of any fee or compliance with any other formality, the period from 7 December 1941 until the coming into force of the present Treaty between Japan and the Allied Power concerned shall be excluded from the running of the normal term of such rights; and such period, with an additional period of six months, shall be excluded from the time within which a literary work must be translated into Japanese in order to obtain translating rights in Japan.

Article 16

As an expression of its desire to indemnify those members of the armed forces of the Allied Powers who suffered undue hardships while prisoners of war of Japan, Japan will transfer its assets and those of its nationals in countries which were neutral during the war, or which were at war with any of the Allied Powers, or, at its option, the equivalent of such assets, to the International Committee of the Red Cross which shall liquidate such assets and distribute the resultant fund to appropriate national agencies, for the benefit of former prisoners of war and their families on such basis as it may determine to be equitable. The categories of assets described in Article 14(a)2(II)(ii) through (v) of the present Treaty shall be excepted from transfer, as well as assets of Japanese natural persons not residents of Japan on the first coming into force of the Treaty. It is equally understood that the transfer provision of this Article has no application to the 19,770 shares in the Bank for International Settlements presently owned by Japanese financial institutions.

Article 17

(a) Upon the request of any of the Allied Powers, the Japanese Government shall review and revise in conformity with international law any decision or order of the Japanese Prize Courts in cases involving ownership rights of nationals of that Allied Power and shall supply copies of all documents comprising the records of these cases, including the decisions taken and orders issued. In any case in which such review or revision shows that restoration is due, the provisions of Article 15 shall apply to the property concerned.

(b) The Japanese Government shall take the necessary measures to enable nationals of any of the Allied Powers at any time within one year from the coming into force of the present Treaty between Japan and the Allied Power concerned to submit to the appropriate Japanese authorities for review any judgment given by a Japanese court between 7 December 1941 and such coming into force, in any proceedings in which any such national was unable to make adequate presentation of his case either as plaintiff or defendant. The Japanese Government shall provide that, where the national has suffered injury by reason of any such judgment, he shall be restored in the position in which he was before the judgment was given or shall be afforded such relief as may be just and equitable in the circumstances.

Article 18

(a) It is recognized that the intervention of the state of war has not affected the obligation to pay pecuniary debts arising out of obligations and contracts (including those in respect of bonds) which existed and rights which were acquired before the existence of a state of war, and which are due by the Government or nationals of Japan to the Government or nationals of one of the Allied Powers, or are due by the Government or nationals of one of the Allied Powers to the Government or nationals of Japan. The intervention of a state of war shall equally not be regarded as affecting the obligation to consider on their merits claims for loss or damage to property or for personal injury or death which arose before the existence of a state of war, and which may be presented or re-presented by the Government of one of the Allied Powers to the Government of Japan, or by the Government of Japan to any of the Governments of the Allied Powers. The provisions of this paragraph are without prejudice to the rights conferred by Article 14.

(b) Japan affirms its liability for the prewar external debt of the Japanese State and for debts of corporate bodies subsequently declared to be liabilities of the Japanese State, and expresses its intention to enter into negotiations at an early date with its creditors with respect to the resumption of payments on those debts; to encourage negotiations in respect to other prewar claims and obligations; and to facilitate the transfer of sums accordingly.

Article 19

(a) Japan waives all claims of Japan and its nationals against the Allied Powers and their nationals arising out of the war or out of actions taken because of the existence of a state of war, and waives all claims arising from the presence, operations or actions of forces or authorities of any of the Allied Powers in Japanese territory prior to the coming into force of the present Treaty.

(b) The foregoing waiver includes any claims arising out of actions taken by any of the Allied Powers with respect to Japanese ships between 1 September 1939 and the coming into force of the present Treaty, as well as any claims and debts arising in respect to Japanese prisoners of war and civilian internees in the hands of the Allied Powers, but does not include Japanese claims specificially recognized in the laws of any Allied Power enacted since 2 September 1945.

(c) Subject to reciprocal renunciation, the Japanese Government also renounces all claims (including debts) against Germany and German nationals on behalf of the Japanese Government and Japanese nationals, including intergovernmental claims and claims for loss or damage sustained during the war, but excepting (a) claims in respect of contracts entered into and rights acquired before 1 September 1939, and (b) claims arising out of trade and financial relations between Japan and Germany after 2 September 1945. Such renunciation shall not prejudice actions taken in accordance with Articles 16 and 20 of the present Treaty.

(d) Japan recognizes the validity of all acts and omissions done during the period of occupation under or in consequence of directives of the occupation authorities or authorized by Japanese law at that time, and will take no action subjecting Allied nationals to civil or criminal liability arising out of such acts or omissions.

Article 20

Japan will take all necessary measures to ensure such disposition of German assets in Japan as has been or may be determined by those powers entitled under the Protocol of the proceedings of the Berlin Conference of 1945 to dispose of those assets, and pending the final disposition of such assets will be responsible for the conservation and administration thereof.

Article 21

Notwithstanding the provisions of Article 25 of the present Treaty, China shall be entitled to the benefits of Articles 10 and 14(a)2; and Korea to the benefits of Articles 2, 4, 9 and 12 of the present Treaty.

CHAPTER VI
SETTLEMENT OF DISPUTES

Article 22

If in the opinion of any Party to the present Treaty there has arisen a dispute concerning the interpretation or execution of the Treaty, which is not settled by reference to a special claims tribunal or by other agreed means, the dispute shall, at the request of any party thereto, be referred for decision to the International Court of Justice. Japan and those Allied Powers which are not already parties to the Statute of the International Court of Justice will deposit with the Registrar of the Court, at the time of their respective ratifications of the present Treaty, and in conformity with the resolution of the United Nations Security Council, dated 15 October 1946, a general declaration accepting the jurisdiction, without special agreement, of the Court generally in respect to all disputes of the character referred to in this Article.

CHAPTER VII
FINAL CLAUSES

Article 23

(a) The present Treaty shall be ratified by the States which sign it, including Japan, and will come into force for all the States which have then ratified it, when instruments of ratification have been deposited by Japan and by a majority, including the United States of America as the principal occupying Power, of the following States, namely Australia, Canada, Ceylon, France, Indonesia, the Kingdom of the Netherlands, New Zealand, Pakistan, the Republic of the Philippines, the United Kingdom of Great Britain and Northern Ireland, and the United States of America. The present Treaty shall come into force of each State which subsequently ratifies it, on the date of the deposit of its instrument of ratification.

(b) If the Treaty has not come into force within nine months after the date of the deposit of Japan's ratification, any State which has ratified it may bring the Treaty into force between itself and Japan by a notification to that effect given to the Governments of Japan and the United States of America not later than three years after the date of deposit of Japan's ratification.

Article 24

All instruments of ratification shall be deposited with the Government of the United States of America which will notify all the signatory States of each such deposit, of the date of the coming into force of the Treaty under paragraph (a) of Article 23, and of any notifications made under paragraph (b) of Article 23.

Article 25

For the purposes of the present Treaty the Allied Powers shall be the States at war with Japan, or any State which previously formed a part of the territory of a State named in Article 23, provided that in each case the State concerned has signed and ratified the Treaty. Subject to the provisions of Article 21, the present Treaty shall not confer any rights, titles or benefits on any State which is not an Allied Power as herein defined; nor shall any right, title or interest of Japan be deemed to be diminished or prejudiced by any provision of the Treaty in favour of a State which is not an Allied Power as so defined.

Article 26

Japan will be prepared to conclude with any State which signed or adhered to the United Nations Declaration of 1 January 1942, and which is at war with Japan, or with any State which previously formed a part of the territory of a State named in Article 23, which is not a signatory of the present Treaty, a bilateral Treaty of Peace on the same or substantially the same terms as are provided for in the present Treaty, but this obligation on the part of Japan will expire three years after the first coming into force of the present Treaty.

Should Japan make a peace settlement or war claims settlement with any State granting that State greater advantages than those provided by the present Treaty, those same advantages shall be extended to the parties to the present Treaty.

Article 27

The present Treaty shall be deposited in the archives of the Government of the United States of America which shall furnish each signatory State with a certified copy thereof.

IN FAITH WHEREOF the undersigned Plenipotentiaries have signed the present Treaty.

DONE at the city of San Francisco this eighth day of September 1951, in the English, French, and Spanish languages, all being equally authentic, and in the Japanese language.

For Argentina:
Hipólito J. PAZ

For Australia:
Percy C. SPENDER

For Belgium:
Paul VAN ZEELAND SILVERCRUYS

For Bolivia:
Luis GUACHALLA

For Brazil:

Carlos MARTINS

A. DE MELLO-FRANCO

For Cambodia:

PHLENG

For Canada:

Lester B. PEARSON

R.W. MAYHEW

For Ceylon:

J.R. JAYEWARDENE

G.C.S. COREA

R.G. SENANAYAKE

For Chile:

F. NIETO DEL RÍO

For Colombia:

Cipríano RESTREPO JARAMILLO

Sebastián OSPINA

For Costa Rica:

J. Rafael OREAMUNO

V. VARGAS

Luis DOBLES SÁNCHEZ

For Cuba:

O. GANS

L. MACHADO

Joaquín MEYER

For the Dominican Republic:

V. ORDÓÑEZ

Luis F. THOMEN

For Ecuador:

A. QUEVEDO

R.G. VALENZUELA

For Egypt:

Kamil A. RAHIM

For El Salvador:

Héctor DAVID CASTRO

Luis RIVAS PALACIOS

For Ethiopia:

Men YAYEJIJRAD

For France:

SCHUMANN

H. BONNET

Paul-Émile NAGGIAR

For Greece:

A.G. POLITIS

For Guatemala:

E. CASTILLO A.

A.M. ORELLANA

J. MENDOZA

For Haiti:

Jacques N. LÉGER

Gust. LARAQUE

For Honduras:

J.E. VALENZUELA

Roberto GÁLVEZ B.

Raúl ALVARADO T.

For Indonesia:

Ahmad SUBARDJO

For Iran:

A.G. ARDALAN

For Iraq:

A.I. BAKR

For Laos:

SAVANG

For Lebanon:

Charles MALIK

For Liberia:

Gabriel L. DENNIS

James ANDERSON

Raymond HORACE

J. Rudolf GRIMES

For the Grand Duchy of Luxembourg:

Hugues LE GALLAIS

For Mexico:

Rafael DE LA COLINA

Gustavo DÍAZ ORDAZ

A.P. GASGA

For the Netherlands:

D.U. STIKKER

J.H. VAN ROIJEN

For New Zealand:

C. BERENDSEN

For Nicaragua:

G. SEVILLA SACASA

Gustavo MANZANARES

For Norway:

Wilhelm Munthe MORGENSTERNE

For Pakistan:

ZAFRULLAH KHAN

For Panama:

Ignacio MOLINO

José A. REMON

Alfredo ALEMÁN

J. CORDOVEZ

For Peru:

Luis Oscar BOETTNER

For the Republic of the Philippines:

Carlos P. RÓMULO

J.M. ELIZALDE

Vicente FRANCISCO

Diosdado MACAPAGAL

Emiliano T. TIRONA

V.G. SINCO

For Saudi Arabia:

Asad AL-FAQIH

For Syria:

F. EL-KHOURI

For Turkey:

Feridun C. ERKIN

For the Union of South Africa:

G.P. JOOSTE

For the United Kingdom of

Great Britain and Northern Ireland:

Herbert MORRISON

Kenneth YOUNGER

Oliver FRANKS

For the United States of America:

Dean ACHESON

John Foster DULLES

Alexander WILEY

John J. SPARKMAN

For Uruguay:

José A. MORA

For Venezuela:

Antonio M. ARAUJO

R. GALLEGOS M.

For Viet-Nam:

T.V. HUU

T. VINH

D. THANH

BUU KINH

For Japan:

Shigeru YOSHIDA

Hayato IKEDA

Gizo TOMABECHI

Niro HOSHIJIMA

Muneyoshi TOKUGAWA

Hisato ICHIMADA

찾아보기

ㄱ

ㄴ

ㅂ

ㅅ

ㅇ

ㅈ

ㅊ

ㅋ

ㅌ

ㅍ

ㅎ

동북아역사재단 연구총서 100

독도 영토주권과 국제법적 권원 Ⅲ

초판 1쇄 인쇄 2022년 8월 10일
초판 1쇄 발행 2022년 8월 15일

지은이 도시환, 오시진, 서인원, 이성환, 강병근, 최철영
펴낸이 이영호
펴낸곳 동북아역사재단

등 록 제312-2004-050호(2004년 10월 18일)
주 소 서울시 서대문구 통일로 81 NH농협생명빌딩
전 화 02-2012-6065
팩 스 02-2012-6186
홈페이지 www.nahf.or.kr
제작·인쇄 역사공간

ISBN 978-89-6187-740-4 94910
978-89-6187-637-7 (세트)